上洋非线性编辑系统
入门与实战教程

主　编　中广上洋广电产品事业部

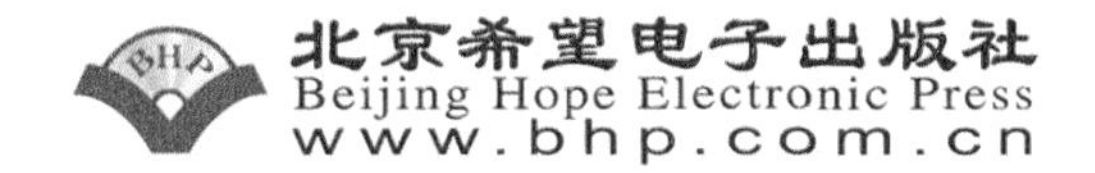

内容简介

本书基于性能卓越的非线性编辑软件 U-EDIT，深入讲解了 U-EDIT 软件的基本操作方法和使用技巧。全书共分 8 章，第 1～7 章介绍 U-EDIT 概述、资源的获取与管理、剪辑制作、特技制作、字幕制作、音频处理和节目输出，第 8 章则安排了“特技制作”“字幕制作”和“节目制作”三个综合实例的讲解。

本书强调理论与实践并重，技术与艺术融合，夯实理论基础，强化实践技能。全书结构合理，内容丰富，层次分明，实例详实，行文流畅，表达准确。各章节内容紧密围绕学习目标，结合教学过程中的重难点问题，讲解了大量极具实用价值的案例。每章均设有“本章小结”和“思考与练习”小节，其中，“本章小结”用于帮助读者提炼、巩固和理解所学知识，而“思考与练习”则用于培养读者运用知识技能解决实际问题的能力。

需要本书或技术支持的读者，请与北京海淀区中关村大街 22 号中科大厦 A 座 906 室（邮编：100190）发行部联系，电话：010-62978181（总机），传真：010-82702698，E-mail：bhpjc@bhp.com.cn。

图书在版编目（CIP）数据

上洋非线性编辑系统入门与实战教程 / 中广上洋广电产品事业部主编. — 北京 ：北京希望电子出版社, 2017.1

ISBN 978-7-83002-443-7

Ⅰ. ①上… Ⅱ. ①中… Ⅲ. ①非线性编辑系统－教材 Ⅳ. ①TN948.1

中国版本图书馆 CIP 数据核字(2017)第 020889 号

出版：北京希望电子出版社
地址：北京市海淀区中关村大街 22 号
中科大厦 A 座 906 室
邮编：100190
网址：www.bhp.com.cn
电话：010-62978181（总机）转发行部
010-82702675（邮购）
传真：010-82702698
经销：各地新华书店

封面：人聚悦尚（北京）图文制作有限公司
编辑：石文涛　刘　霞
校对：全　卫
开本：787mm×1092mm　1/16
印张：23.625
字数：560 千字
印刷：北京教图印刷有限公司
版次：2017 年 3 月 1 版 1 次印刷

定价：88.00 元

Preface 前言

非线性编辑既是一门技术，也是一门艺术，是技术与艺术高度融合发展的产物。随着非线性编辑方式的不断发展和数码摄像产品的广泛普及，非线性编辑已备受广大影视爱好者和专业人士的欢迎与关注。非线性编辑技术不但在电视台、电影厂和音像出版社等领域得到了越来越广泛的应用，而且还在多媒体资源开发、网络流媒体制作等计算机传媒领域得到了广泛的应用。为了适应广播电视、影视艺术、数字传媒和教育技术学专业的快速发展，满足人才培养的目标和要求，促进非线性编辑在广电机构、高校教育和其他专业影视机构中的应用、普及和提高，北京中广上洋科技有限公司推出了U-EDIT非线性编辑系统一书，帮助加快非线性编辑课程体系建设和精品教材的建设。

由于影视媒体非线性编辑涉及的内容非常广泛，对学习者的知识、能力和综合素质要求非常高。因此，编者在教材的内容取舍、体系结构的安排和难易程度的掌握上，进行了详细周密的分析、论证和安排。本书基于性能卓越的非线性编辑软件U-EDIT，简要介绍了影视媒体非线性编辑的基本理论知识和艺术基础，深入讲解了U-EDIT软件的基本操作方法和使用技巧。全书共安排了8章的内容，分别讲授了U-EDIT概述、资源的获取与管理、剪辑制作、特技制作、字幕制作、音频处理、节目输出和实例制作。

本书强调理论与实践并重，技术与艺术融合，夯实理论基础，强化实践技能。全书结构合理，内容丰富，层次分明，实例详实，行文流畅，表达准确。各章节的正文部分以读者为中心，紧密围绕学习目标，结合教学过程中的重难点问题，讲解了大量极具实用价值的实例。每章都安排了“本章小结”和“思考与练习”：“本章小结”有助于帮助读者提炼、巩固和理解所学知识，而“思考与练习”则将有助于培养读者运用知识解决实际问题的能力。

读者对象

- U-EDIT初学者
- 电视台的编辑人员、大中专院校和社会培训机构相关专业的学生
- 非线性编辑专业人员、广告设计人员和计算机视频设计人员
- 视频编辑爱好者

本书由北京中广上洋广电产品事业部主编，衷心感谢为本教材编写、校验、排版、图片处理等工作付出努力的同事们！谢谢！

本书在编写的过程中，参阅了大量的著作、教材和网站，并根据自身的特点，提炼出了非线性编辑的精华部分。限于编者的学识水平和编写经验，书中难免存在不当和错漏，敬请广大的读者朋友和同行批评指正。

目录

Content

第1章 U-EDIT概述

中广上洋的U-EDIT软件是目前流行的非线性编辑软件之一，是数码视频编辑的强大工具。它作为功能强大的多媒体视频、音频编辑软件，应用范围广泛，制作效果精美，足以协助用户更加高效地工作。U-EDIT软件以其新的合理化界面和各种高端工具，兼顾了广大视频用户的不同需求，在一个并不昂贵的视频编辑工具箱中，提供了前所未有的生产能力、控制能力和灵活性。U-EDIT软件是一个创新的非线性编辑应用软件，也是一个功能强大的实时视频和音频编辑工具，是视频爱好者们使用最多的视频编辑软件之一。

1.1 U-EDIT总体介绍

U-EDIT是广播级非线性编辑产品（如图1.1.1所示），基于Windows 7 64位操作系统，内置Cutelink系列超、高清视音频板卡，是集节目制作、包装、合成、三维图文、音频处理于一体的编辑平台，既可以满足新闻、专题类节目的生产要求，也可以胜任大型综艺节目的绚丽包装节目巅峰制作。

图1.1.1 U-EDIT非线性编辑产品

U-EDIT非编产品基于64位操作系统，为视频编辑用户提供了强大的性能和动力。本产品内置Cutelink系列板卡，该系列板块分为Cutelink HD和Cutelink II UHD两代。其中，Cutelink HD为全系列高清板卡，提供从HDMI到高清分量到HD SDI接口；Cutelink II UHD为超高清板卡，提供高质量4K HDMI接口和10bit 3G/SD/HDSDI接口。

U-EDIT非编产品基于广播级高品质的视音频处理技术，辅以最先进的软硬件和编解码技术、全新开放式交互性软件设计、用户内在需求的功能创新以及精心优化的工作流程，能够完全满足从单机到团队的全方位应用。

U-EDIT软件作为创意与剪辑工具，融合了先进的设计理念、多项业内领先技术、强大的三维字幕动画创作系统和实用的音频处理功能，为中小型电视台、广电机构、企事业宣传单位、教育及其它专业机构与个人提供强大、高效的编辑工具，实现巅峰创作。

1.2 U-EDIT模块介绍

U-EDIT软件提供了非常友好的人机交互界面，使视音频剪辑变得非常便捷。

U-EDIT编辑界面布局由资源管理器、素材调整窗、故事板播放窗和编辑故事板组成，其界面布局如图1.2.1所示。

图1.2.1　U-EDIT软件界面布局

资源库用来集中管理当前项目及引用项目中所使用到的全部视音频素材、字幕素材和故事板文件，如图1.2.2所示。

图1.2.2　资源管理器 – 资源库

字幕模板库用于管理各级、各类字幕模板，包括系统预制模板和用户自定义模板，如图1.2.3所示。

图1.2.3　资源管理器 – 字幕模板库

特技模板库包含系统提供的各类固化特技以及用户制作保存的特技效果，如图1.2.4所示，这些特技效果通过鼠标拖拽可直接应用到轨道素材上。

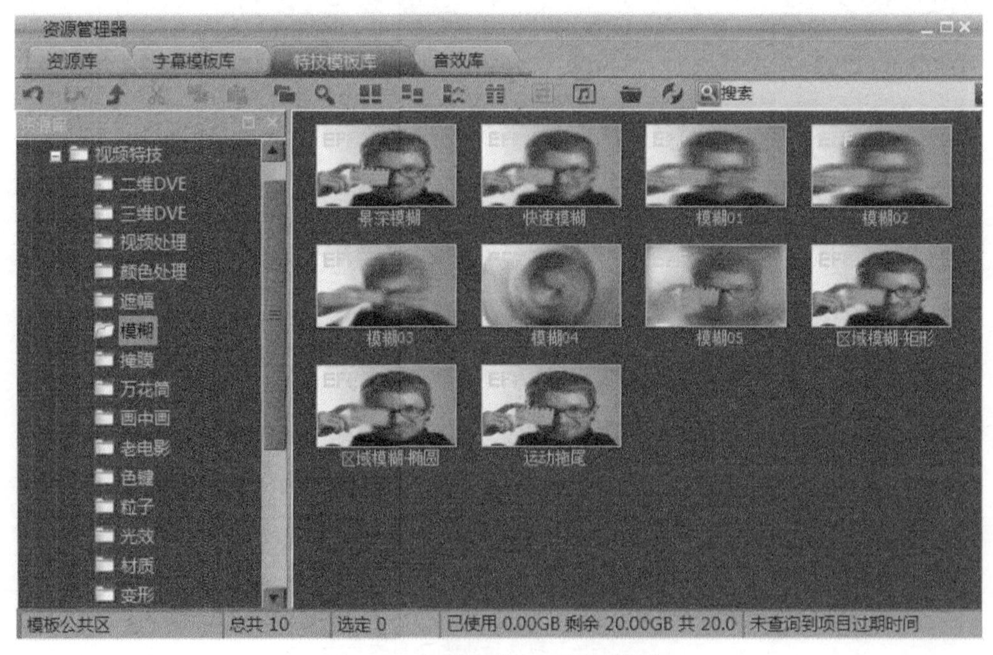

图1.2.4　资源管理器 – 特技模板库

音效库中预置了大量适用于音频制作的各类音频素材，也可根据需要不断丰富音效库的内容，如图1.2.5所示。

图1.2.5　资源管理器 – 音效库

素材调整窗用于观察素材的原始效果，可对原始素材进行精细剪辑；故事板回放窗用于观察故事板的编辑效果。素材调整窗与故事板播放窗可同时观察，以便对比影片编辑前后的差别，如图1.2.6所示。

图1.2.6　素材调整窗

在U-EDIT软件中，素材调整窗和故事板播放窗的整体布局非常相似。

- 在视窗顶部显示有素材名或当前编辑的故事板名称，中间为视窗主体，显示画面内容和音频。
- 在窗体的左上方和右上方各提供一级功能按钮，中间是一组时码显示。
- 在视窗下部是一组常用的播放和功能按钮，用于实现播放控制、入出点设置、标记点操作等功能。

故事板播放窗如图1.2.7所示，编辑故事板窗口如图1.2.8所示。

图1.2.7　故事板播放窗

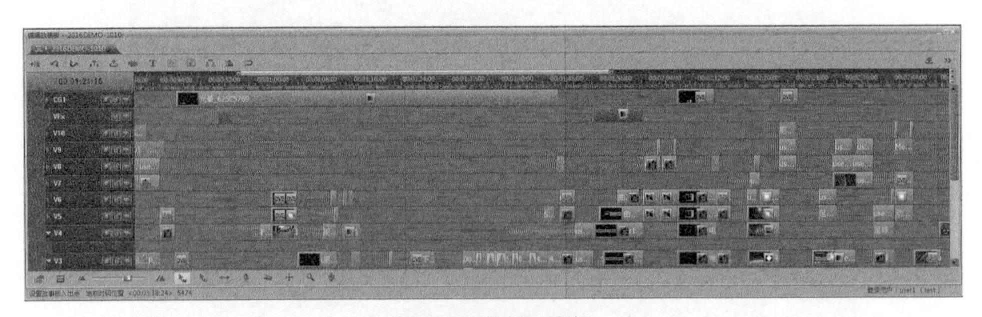

图1.2.8　编辑故事板

此外还有一些重要的模块，如“采集”模块、“特效”模块、“调音台”模块和“字幕”模块等。

（1）“采集”模块。执行“采集”→“视音频采集”命令，打开“视音频采集”窗口（如图1.2.9所示），在其中可对采集板卡输入的视频信号进行采集。在“采集”菜单命令下，还有其他采集方式，比如“1394采集”“图文采集”和“其他采集”→“导入P2素材”等。具体使用方式请参考“第2章 资源的获取与管理”。

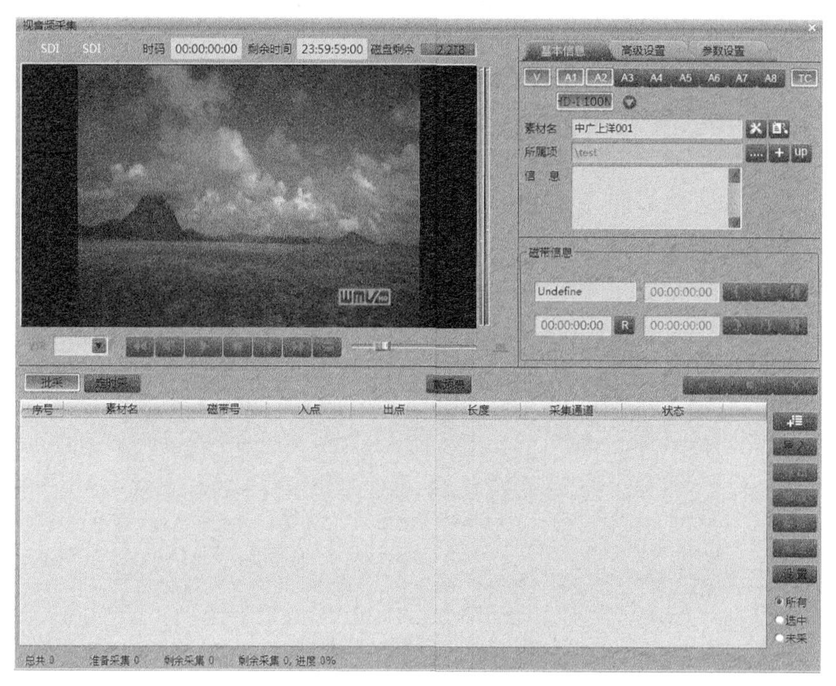

图1.2.9　“视音频采集”窗口

（2）“特效”模块。将视频素材下轨到故事板轨道上，使用鼠标左键选中该素材，按Enter键进入到“特技调整－素材特技（视频特技）”窗口，如图1.2.10所示。

图1.2.10　特技调整窗口

（3）“调音台”模块。执行“工具”→“选择调音台”命令，可打开“调音台”窗口，如图1.2.11所示。

图1.2.11　“调音台”窗口

（4）“字幕”模块。执行“字幕”→“项目”命令或是在“资源管理器”空白处单击鼠标右键并执行“新建”→“XCG项目素材”命令，均可进入字幕项目编辑窗口。字幕项目文件界面如图1.2.12所示。

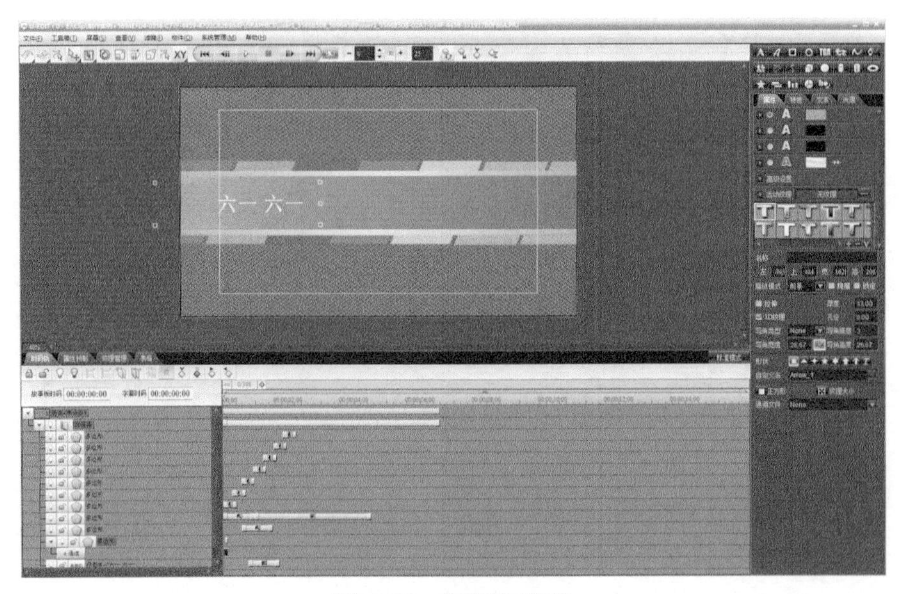

图1.2.12　字幕项目编辑

1.3　U-EDIT使用前的准备工作

1.3.1　设定编辑环境

在制作一个高清节目时，首先双击桌面“系统设置”快捷图标，启动系统设置工具，在“视频制式”中选择“1080/50i”选项，如图1.3.1所示。如要制作标清节目，则在“视频制式”中需选择“PAL”选项。

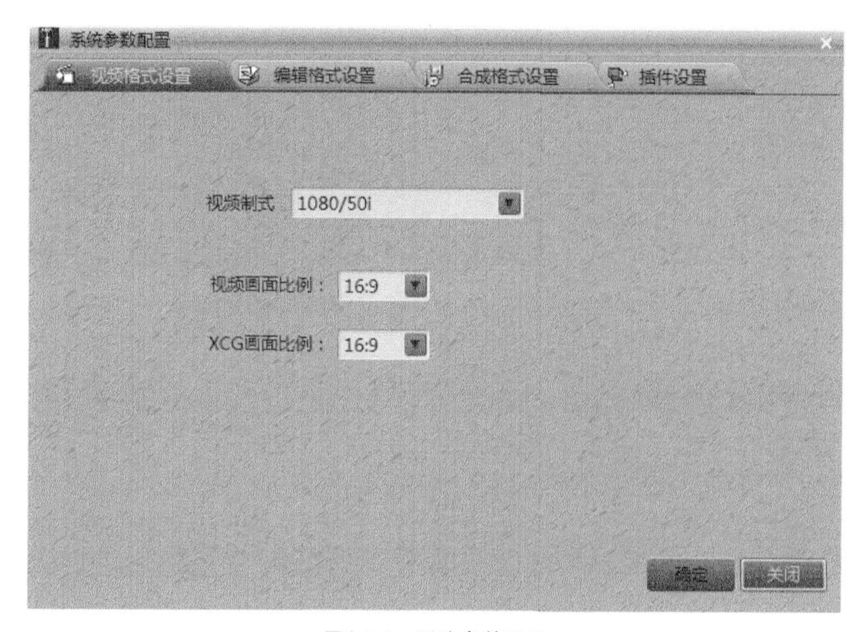

图1.3.1　系统参数配置

设置完毕之后，单击“确定”按钮，关闭该窗口。

1.3.2　启动U-EDIT

设置制式后双击桌面上U-EDIT软件的快捷图标，输入默认用户名（user1），单击“确定”按钮，登陆U-EDIT软件。

提示：出厂时默认预置的用户名是user1，密码为空。

1.3.3　新建项目

首次启动软件，需要先完成新建项目的工作，即：在登陆界面中单击“创建项目”按钮，在弹出的“新建项目”对话框输入项目名称“MY FIRST”，如图1.3.2所示。设置完成后单击“确定”按钮，即可进入非编系统。

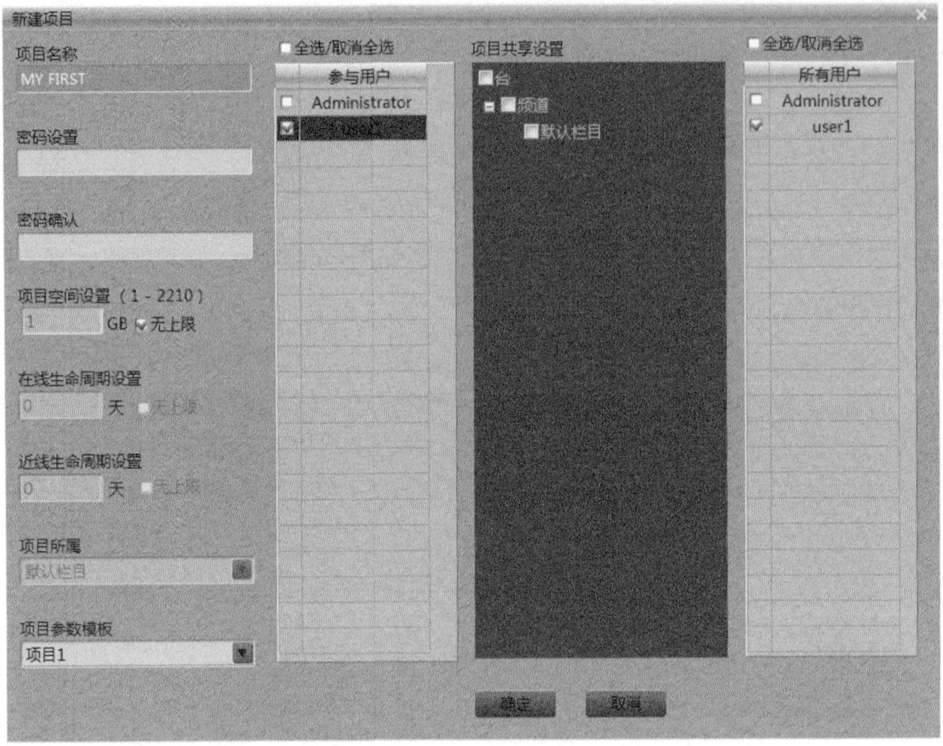

图1.3.2　新建项目

1.4　导入素材

在进行节目制作前，需要提前准备编辑所需的素材。常用的获取素材的方式有“采集”和“文件导入”。U-EDIT支持的采集方式有很多种，在第2章中会有详细介绍。

这里讲述采用导入的方式获取素材的方法。为了规范管理素材，先创建“素材”文件夹，双击进入该文件夹，将编辑所需的图片、视频和音乐等素材拖入U-EDIT，进行导入。既可以在U-EDIT资源管理器空白处单击鼠标右键并执行“导入”命令，也可以直接从Windows资源管理器将选中的素材拖入U-EDIT资源管理器中，完成导入。

1.5　剪辑第一部影片

本节我们将初步体验U-EDIT非编，并制作完成您的第一部影视作品。

1.5.1　新建故事板

在素材准备好、准备开始编辑之前，需要创建一个故事板文件。在资源管理器的右侧空白处，单击鼠标右键，执行“新建”→“故事板”命令，创建故事板。首先将这部影片取名为“Story”，如图1.5.1所示，然后单击“确定”按钮，一个全新的故事板编辑窗口展现在我们面前。

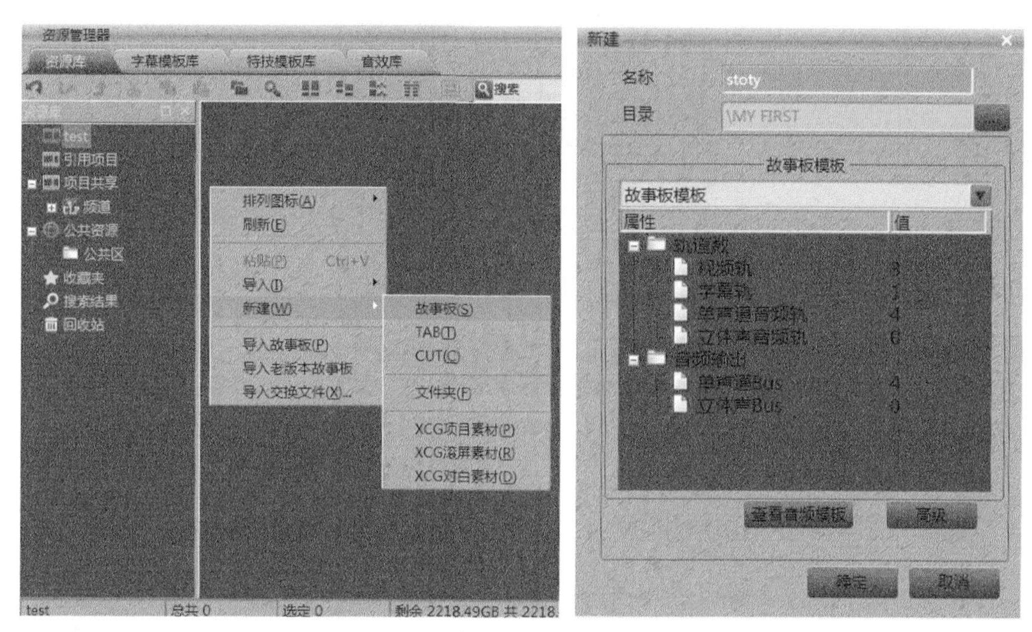

图1.5.1　新建故事板

1.5.2　将素材添加到轨道

接下来我们将开始素材的剪辑工作，首先向故事板添加素材。

向故事板上添加素材的方法有很多种，在不需要准确对位的情况下，通常只需直接将素材拖放到编辑轨道上即可。这种方法最常用。

如果只需要一段素材的部分内容上轨，可以双击该素材，将其调入素材调整窗中，拉动时间线浏览，打入、出点选出需要的片段，然后再拖放到轨道上。

故事板上的编辑窗口提供有视频轨、音频轨和字幕轨。视音频素材或纯视频素材要拖放到轨道头标识为“V”或“BG”的视频轨道上，纯音频素材则要拖放到标识为“A”的音频轨上。在将素材拖放到轨道时，为避免覆盖前面的素材，可以将拖动的素材慢慢靠近前一素材尾，通过软件自身的吸力将两素材首尾衔接。故事板轨道首如图1.5.2所示。

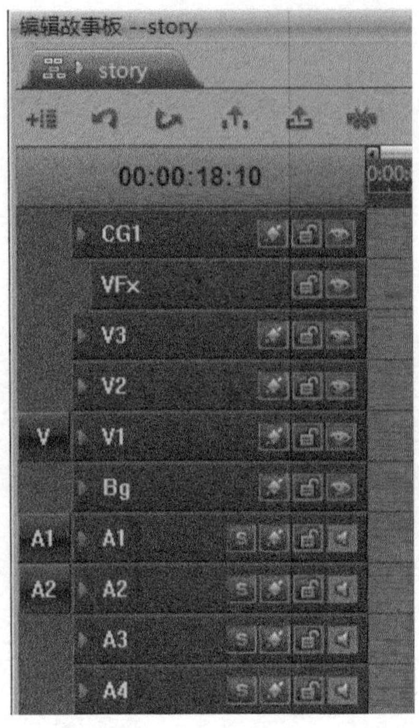

图1.5.2　故事板轨道首

1.5.3　实例制作主题短片

本节将制作一个主题为“优秀MV展播”的短片，由片头、内容和片尾三部分组成。其中，片头由“图片+标题字幕+背景乐”组成，内容由“10段MV视音频素材+字幕+转场特技”组成，而片尾由“三维窗口+滚屏字幕”组成。

（1）片头：图片+标题字幕+背景乐，效果如图1.5.3所示。

- 字幕使用“三维标版”→“小标版”→“娱乐类”→“A-表演节目名称”。
- 图片添加淡入特技，背景乐制作渐起渐落。

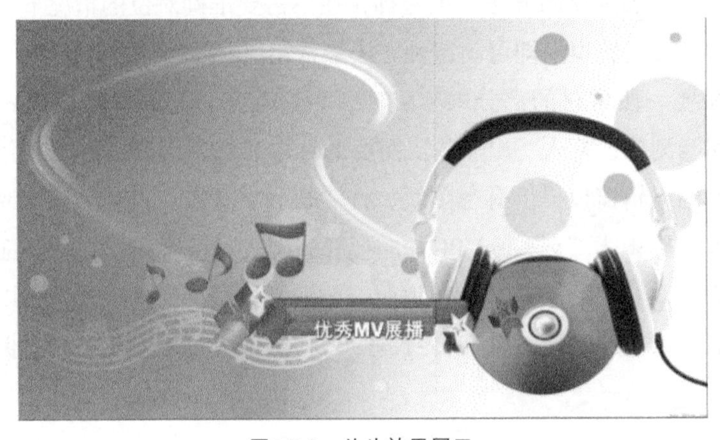

图1.5.3　片头效果展示

（2）内容：包括10段MV视音频素材，如图1.5.4所示。

- 素材的剪裁、删除、移动等编辑操作。
- 使用“闪黑”和“淡入淡出”过渡特技。

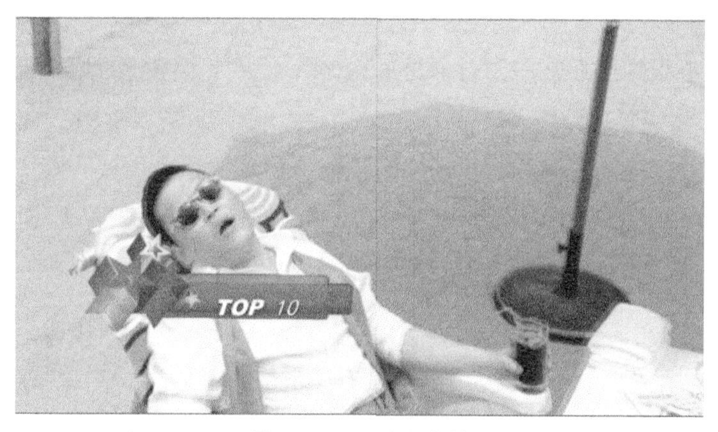

图1.5.4　MV片段素材

（3）片尾：三维窗口+滚屏字幕，字幕将使用“滚屏”→“上滚”，效果如图1.5.5所示。

- 使用三维动态窗口特技：“视频特技”→“三维DVE”→“三维14”。
- 滚屏使用二维特技制作平移效果：手动添加二维DVE特技，制作平移，将字幕稍微右移。

图1.5.5　片尾效果展示

接下来按照时间顺序来进行节目内容编辑。首先从片头开始，将片头所用的图片素材拖放到故事板的起始位置处，接下来前后衔接依次排放10段MV素材。

1.5.4　浏览故事板片段

素材排放完成之后，将时间线拉到故事板开始位置，按空格键，开始播放故事板上的内容。再次按空格键，可停止播放。也可以随时拉动时间线到故事板上所需的位置，单击进行播放。

1.5.5 剪掉不需要的画面

预览完故事板内容后，需要对素材进行剪裁，去掉不需要的片段。具体的操作方法如下所述。

Step 01 首先拖动时间线，找到故事板上不需要的片段位置，按快捷键F5，将片段剪断。原本完整的素材变为了两段，其中后面的部分是需要剪掉的，如图1.5.6所示。

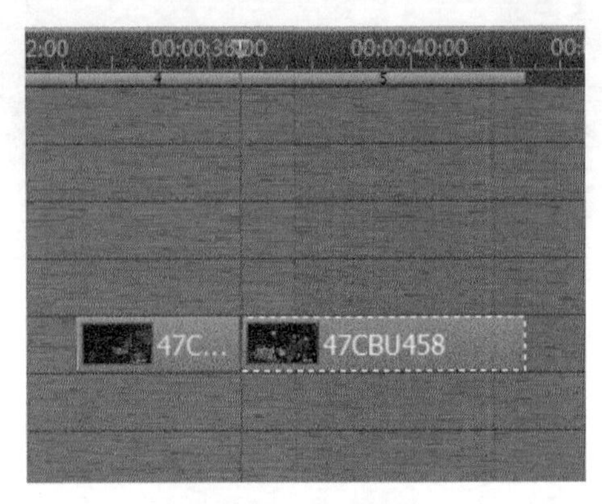

图1.5.6 剪断素材

Step 02 选中后面的片段，按住Ctrl键，同时单击Delete键，可将选中的片段删除，同时其后的素材将自动填补上来。也可以只按Delete键，其结果是删除的部分留出空缺，不会被后面素材填补。

另外，还有一种非常快速实用的剪辑方法。如果一段素材的头几秒（或尾几秒）不需要，可以这样操作：拖动时间线找到需要保留的画面位置，然后用鼠标左键拉动素材边缘至时间线的位置（有吸力功能），松开鼠标，可以看到，不需要的素材已被删除，如图1.5.7所示。

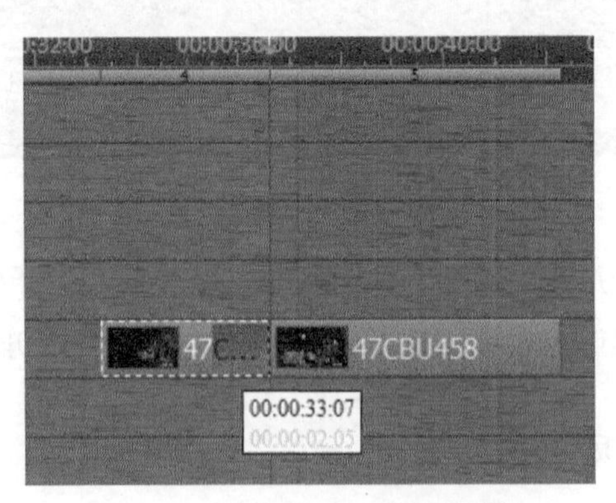

图1.5.7 利用时间线吸力裁剪素材

1.5.6　调整素材顺序

在剪辑中，如果发现准备排在下一位置的素材放在了别的素材后面，则需要在U-EDIT中调整素材的位置。

首先将编辑状态切换到插入模式，然后选中需要放在下一位置的素材，用鼠标将其拖拽到前一素材后面的尾部，松开鼠标，调整工作完成。调整完毕后，再将编辑状态切换回常用的覆盖模式。插入/覆盖模式如图1.5.8所示。

图1.5.8　插入/覆盖模式

此外，也可以将其他素材先拖拽到别的轨道或是故事板后面的空白处，此时应将需要排放在后面的素材移动好之后再移动其他素材。

接下来根据节目内容对素材进行依次剪裁。素材剪裁完成之后，在故事板上可能会出现空隙。可以使用键盘快捷键，快速调整素材在轨道上的位置。具体方法有两种，如下所述。

- 方法1：单击选中需要移动的素材，按组合键Ctrl+Shift+PgUp，该素材框自动向前对齐前一素材的尾部。如按组合键Ctrl+Shift+PgDn，则将自动对齐后面的素材。
- 方法2：将时间线移动到指定位置，选中后面需要移动的素材，按Shift+Ctrl+Home组合键，则选中的素材及其后的所有素材可快速与前一素材的尾部对齐。

1.5.7　保存故事板

通过上述操作，故事板的基本结构已搭建完成，执行菜单栏中的“保存”命令，保存已制作的节目。

1.6　影片包装

为了使影片变得更加精彩，在确定了故事板的基本结构之后，还需要对影片进行片头、节目内容及片尾三个方面的艺术效果包装。

1.6.1 片头包装

放大故事板，将时间线移动定位到片头位置。

Step 01 添加片头背景乐：将准备好的片头背景音乐拖拽到片头图片下方的音频轨道上，首帧与图片起始位置对齐。

Step 02 对片头图片制作淡入效果：选中片头图片，单击鼠标右键并在弹出的菜单中执行“添加淡入特技”命令。

Step 03 添加字幕：拖拽“三维标版”→“小标版”→“娱乐类”→“A–表演节目名称”到故事板片头图片的上一层轨道相应的位置。选中轨道上的字幕素材，按组合键Alt+X键，修改文字内容为“优秀MV展播”，如图1.6.1所示，单击“确定”按钮，关闭对话框。

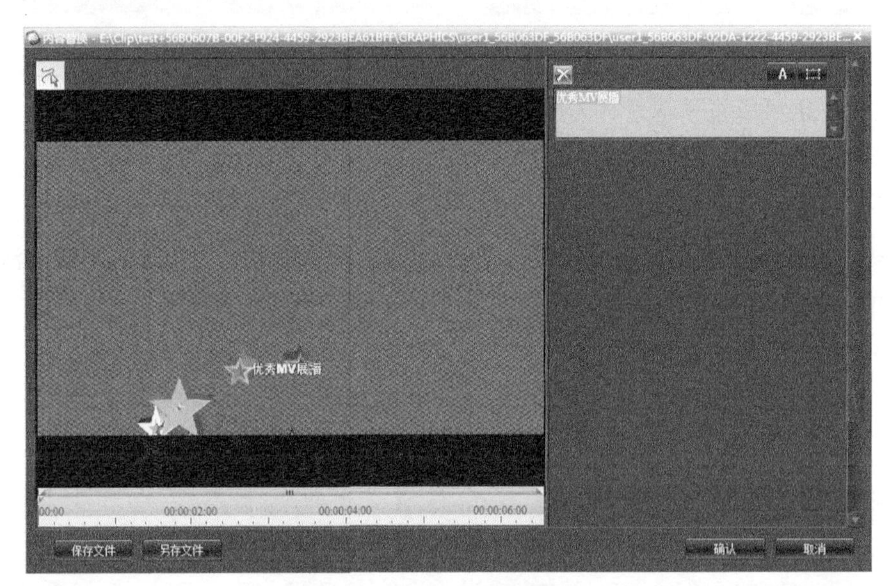

图1.6.1 快速修改字幕模板文字

考虑到节目时长，接下来将片头图片及背景音乐长度进行剪裁，将时间线定位到需要剪裁的位置，按F5键进行剪裁并删除不需要保留的部分。

最后对片头音乐制作渐起渐落效果。

Step 01 选中故事板下方工具栏中的“钢笔工具”，如图1.6.2所示，切换至“特技编辑模式”。

图1.6.2 钢笔工具

Step 02 拉动时间线，找到需要“从无到有”的位置点，设置关键点。

Step 03 选中首关键点，向下拉动关键点到最低，即电平值为0，如图1.6.3所示。

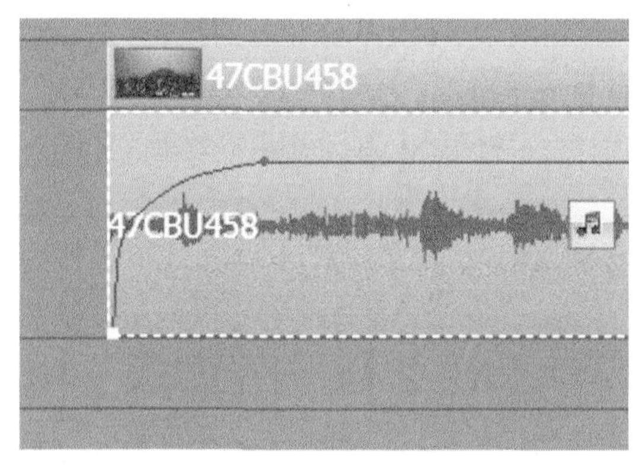

图1.6.3 利用“钢笔工具”调节音频

Step 04 播放故事板，可以听到声音渐起的效果。

Step 05 使用同样方法制作声音的渐落效果。

Step 06 满意后，单击“钢笔工具”按钮，恢复正常的素材编辑状态。

1.6.2 节目内容包装

在素材衔接位置添加转场特技“闪黑”，具体操作如下所述。

Step 01 将“特技模板库”→“转场特技”→“闪白”→“闪黑”特技拖拽到片头和内容素材衔接处。特技添加成功后，会在两素材衔接处看到转场特技标识，如图1.6.4所示。

图1.6.4 添加特技

Step 02 对后面的内容素材添加统一的“淡入淡出”特技：单击素材所在轨道的轨道头，选中该轨道的所有素材，按住Ctrl键，点选片头素材，取消片头素材的选取，选中后面的所有内容素材；按快捷键E，完成对内容素材添加默认的“淡入淡出”转场特技。

1.6.3 片尾包装

接下来我们对片尾进行包装，具体操作如下所述。

Step 01 将时间线移动定位到片尾位置，拖拽“滚屏”→“上滚”→“上滚-1”到故事板最后一条素材的上一层轨道，结尾处与最后一条素材的结尾位置对齐。

Step 02 移动时间线至故事板最后一条素材的相应位置，按F5键进行剪裁，素材剪为两段。然后从特技模板库拖拽“视频特技”→“三维DVE”→“三维14”到最后一条素材的后半段位置，为素材制作三维动态窗口效果，如图1.6.5所示。

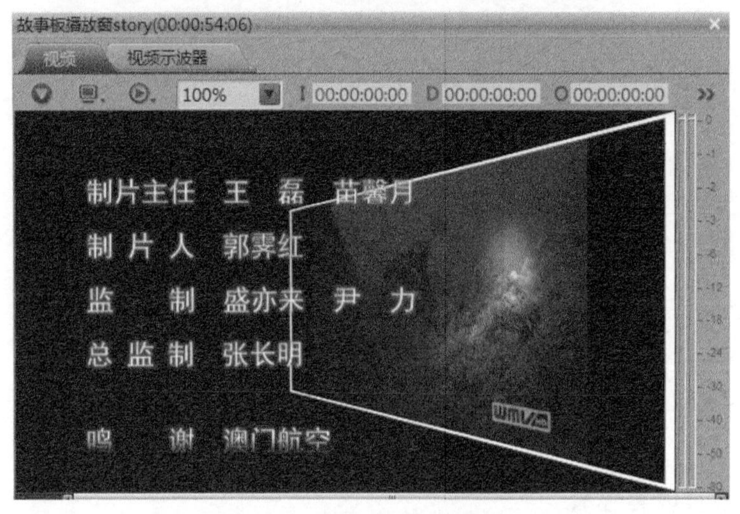

图1.6.5 添加三维动态特技

Step 03 然后再选中最后一条素材的后半段视频素材，单击鼠标右键并在弹出的菜单中执行“添加淡出特技”命令，制作淡出效果，如图1.6.6所示。

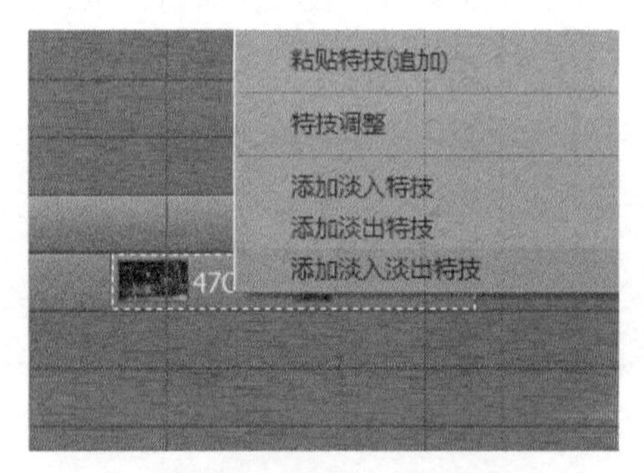

图1.6.6 添加淡入淡出特技

Step 04 包装制作完成之后，将时间线回到故事板起始位置，播放预览制作好的效果。预览无问题之后，保存故事板。

1.7 影片输出

最后将制作好的节目进行文件输出，具体操作如下所述。

Step 01 在故事板上打入出点，设置节目输出区域，执行“输出”→“故事板输出到文件”命令，如图1.7.1所示，打开“故事板输出到文件”界面。

提示：使用快捷键I可设置入点，使用快捷键O可设置出点。

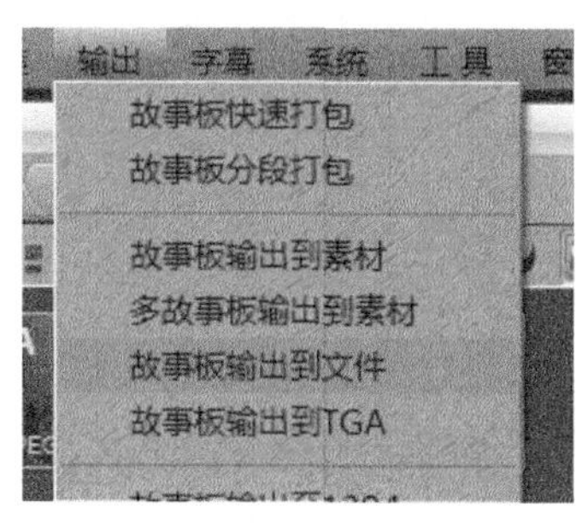

图1.7.1　故事板输出到文件

Step 02 选择要生成文件的视音频通道，配置要生成文件的目标格式。U-EDIT出厂时提供了10种默认的文件格式，用户可以直接使用默认值，或者在其基础上进行修改。

Step 03 输入要生成文件的名称，并选择生成文件在磁盘中的存放路径，如图1.7.2所示。

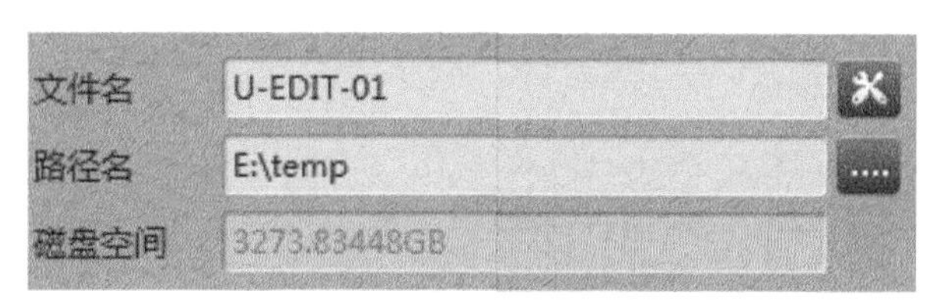

图1.7.2　设置输出路径

Step 04 将要输出的条目通过“添加按钮”添加到采集列表中，如图1.7.3所示。

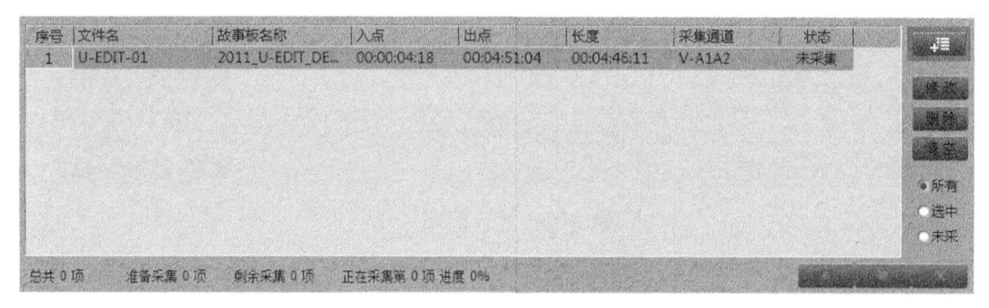

图1.7.3　添加采集任务

Step 05 单击“输出”按钮，弹出进度条，开始输出，输出结束后可以到相应的磁盘路径下查看生成的文件。

Step 06 非编使用完成后，关闭U-EDIT的工作窗口，执行“文件”→“退出”命令，或单击非编界面右上角的×按钮，退出非编软件。

1.8 U-EDIT参数设置

U-EDIT的参数设置包含“视频参数设置”和“用户喜好设置”。

1.8.1 视频参数设置

在U-EDIT中执行“系统”→“视频参数设置”命令，打开视频参数设置对话框。视频参数设置中包含了对编辑、播放、回显以及板卡工作状态的相关设置，可以说是非编系统的核心设置，所以不建议使用者随意去调节其中的参数。如果不小心将参数调乱，可以单击对话框下方的“导入”按钮，调入“C:\Dayang\backup”下的推荐配置文件，快速恢复到出厂参数状态。

系统配置文件提供了“视音频参数配置-均衡模式”“视音频参数配置-效率优先”和“视音频参数配置-质量优先”三个配置文件，以满足不同用户对非编质量和效率的不同需求，如图1.8.1所示。

图1.8.1 选择配置文件

U-EDIT默认参数为“视音频参数配置-均衡模式”，兼顾了编辑性能和输出质量。

当进行高清编辑时，比较偏重于非编的编辑效率和打包效率，软件的视音频参数设置可选择“视音频参数配置-效率优先”；当进行标清编辑或高标清混合编辑输出时，比较苛求于编辑和输出的质量，软件的视音频参数设置可选择“视音频参数配置-质量优先”。

1.8.2　用户喜好设置

U-EDIT充分考虑到不同用户的操作习惯，使用者可通过用户喜好设置对采集、编辑、回显、快捷键、特技等多方面进行个性化设定。

执行“系统”→“用户喜好设置”命令，打开“用户喜好设置”对话框，如图1.8.2所示。

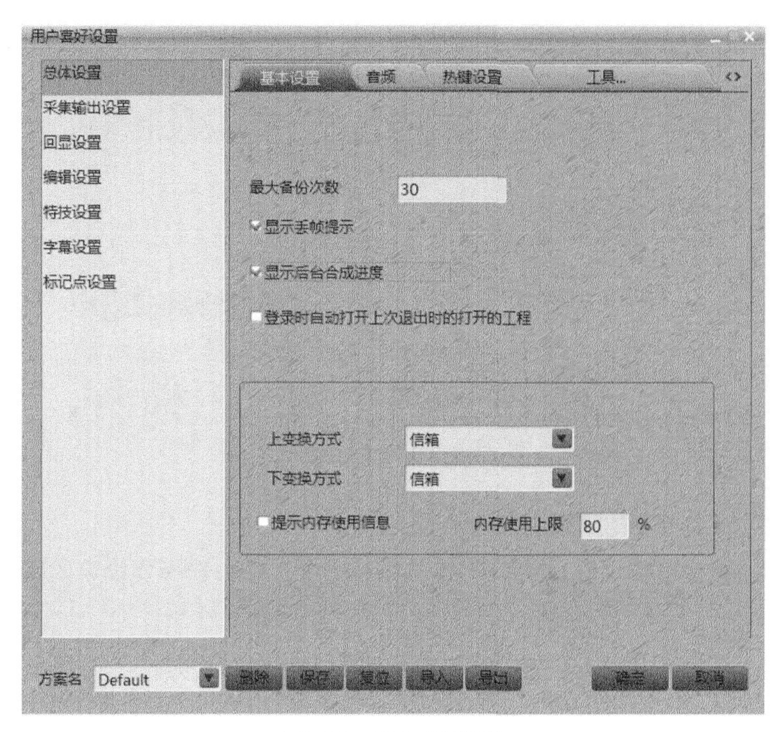

图1.8.2　用户喜好设置

用户喜好设置主要包括总体设置、采集输出设置、回显设置、编辑设置、特技设置、字幕设置和标记点设置。

1. 总体设置

总体设置中包含基本设置、音频设置、热键设置、工具栏设置和系统界面等，可以进行与编辑有关的初始状态的设置。

（1）基本设置：可以设定故事板的最大备份次数、是否显示丢帧提示、是否显示后台合成进度等。

（2）音频设置：可以设置在播放时显示出音频表、设置系统的音频表按模拟VU值显示音频电平等。

（3）热键设置：用户可以根据使用习惯设置快捷键。如图1.8.3所示。

举例，以设置入点功能为例，介绍如何修改系统的快捷键。

Step 01 在“选择热键设置组名”处，选择“故事板编辑窗口”选项。

Step 02 在“功能描述”列表中选择“打入点”选项。

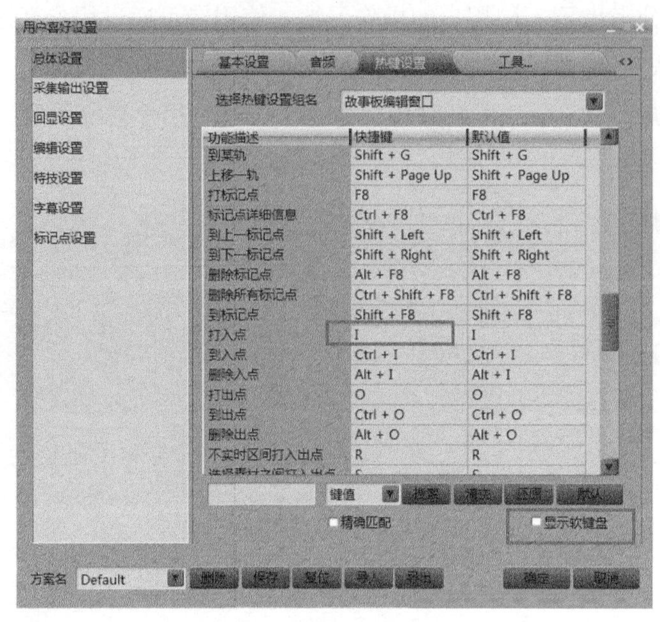

图1.8.3　热键设置

Step 03 勾选“显示软键盘”复选框。

Step 04 在弹出的软键盘窗口（如图1.8.4所示）中，选择要设定的新快捷键，此处选择P。

Step 05 此时可以看到，打入点对应的快捷键已经修改为P。

Step 06 关闭软键盘窗口，单击“确定”按钮。

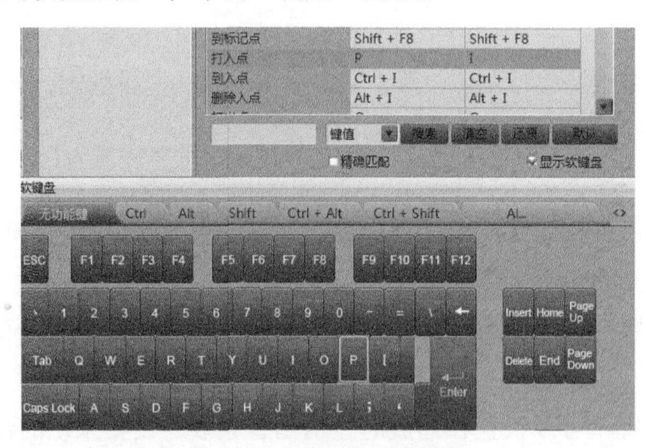

图1.8.4　热键更改－软键盘

Step 07 至此，我们就完成了快捷键的修改，在故事板编辑窗口中可使用快捷键P来给故事板设置入点。

（4）工具栏设置：可以自定义编辑按钮。在工具栏设置中，将工具栏的设置分为四组。

举例，以在故事板编辑窗口添加“和前素材靠齐”按钮为例，说明如何自定义工具栏，如图1.8.5所示。

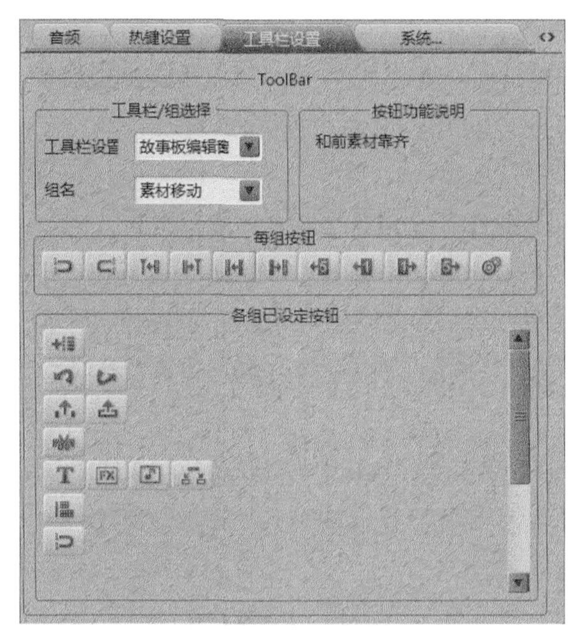

图1.8.5　自定义工具栏

Step 01 在工具栏设置中选择“故事板编辑窗口”选项。

Step 02 在组名中选择“素材移动”选项。

Step 03 在每组按钮中选择“和前素材靠齐”按钮。此时，在右上方的按钮功能说明中，将显示当前选中按钮的功能说明。

Step 04 使用鼠标将此按钮拖拽到各组已设定按钮中。

Step 05 至此，完成了和前素材靠齐按钮的添加，可以在各组已设定按钮中看到该按钮。

Step 06 单击“确定”按钮，可在当前打开的故事板编辑窗口上方看到，工具栏中已经添加了该按钮，如图1.8.6所示。

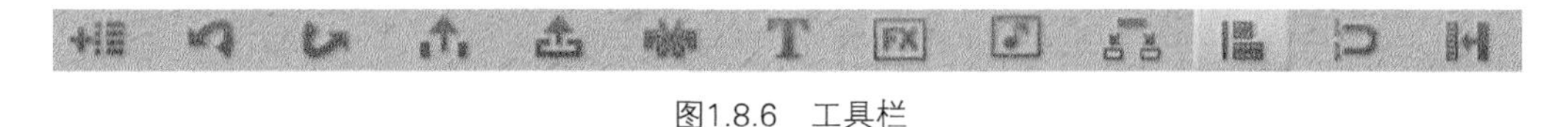

图1.8.6　工具栏

同样，如果想去掉工具栏中的某个功能按钮，只需要从各组已设定按钮中选中该按钮，并将该按钮拖出每组按钮中即可。

（5）界面设置：可以对软件的显示语言、字体大小等进行设置。

2. 采集输出设置

采集输出设置主要用于设定进行视音频采集或视音频文件输出时的处理方式。

3. 回显设置

回显设置主要用于进行预览时相关操作的设置。

4. 编辑设置

编辑设置包括通用设置、轨道设置、信息设置和时间线设置，可以根据个人操作习惯，对编辑中常用的一些操作方式进行预设。

5. 特技设置

在U-EDIT中，可以选中同轨道首尾相接的多段素材，统一添加转场特技，通过“用户喜好设置”中的特技设置，设定默认的转场方式，包括长度、预设模式等。

举例介绍如何设置默认的转场特技，如图1.8.7和图1.8.8所示。

Step 01 单击“选择”按钮，打开“系统特技设置”对话框。

Step 02 展开特技模板，将常用的特技模板拖拽进“系统特技设置”对话框。

Step 03 选中特技，单击“设置选中为默认特技”按钮。

Step 04 单击“确定”按钮，完成默认转场特技的预置。

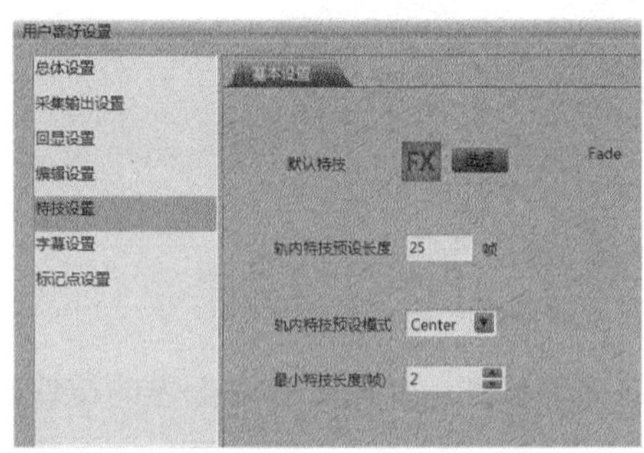

图1.8.7　特技设置

图1.8.8　更改默认特技

6. 字幕设置

通过字幕设置可以对字幕编辑的常用状态进行预设，如字幕操作的最大备份次数、首尾帧清屏、导入图片的默认适应方式等。

7. 标记点设置

在U-EDIT中提供了自定义标记点设置功能供用户使用，用户可以根据自己的需要，添加或者修改标记点的分类。

8. 用户喜好设置的导入和导出

不同用户在非编的使用中可能有各自的习惯和风格，如自定义的快捷键或者桌面工具等。为了保持这种风格的一致性，提高制作效率，可以将当前软件的用户喜好设置进行导出，然后在其他U-EDIT工作站的“用户喜好设置”对话框中导入，实现编辑操作习惯的迁移。

1.9　U-EDIT非编网管设置

U-EDIT网管工具适用于多用户非编制作和小型制作网中多栏目的应用，它基于项目管理的设计，能够方便地实现对非编的用户管理、栏目管理以及存储管理等功能。

1.9.1　启动

执行“开始”→“所有程序”→“Shineon”→“U-EDIT”→“常用工具”→“网管设置”命令，启动“非编单机网管工具”。在网管工具界面中主要包含“用户管理”和“业务管理”的设置，如图1.9.1所示。

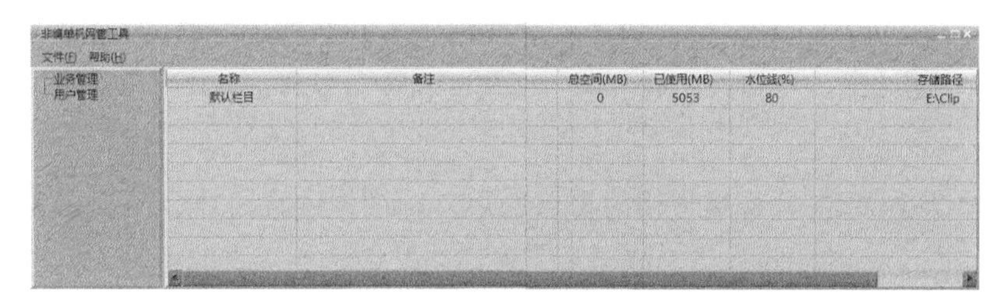

图1.9.1　网管工具界面

1.9.2　用户管理

“用户管理”主要用于实现U-EDIT用户的创建、属性修改和删除等操作。

举例，创建一个新用户user02。

Step 01 可在“用户管理”的右侧空白处单击鼠标右键，执行“添加”命令，打开“创建新用户”对话框，如图1.9.2所示。

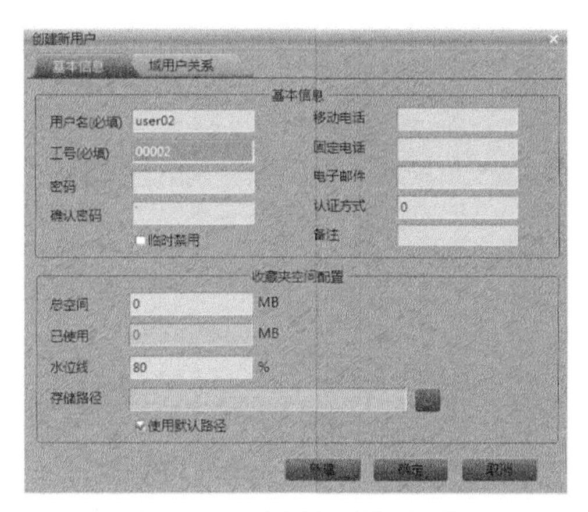

图1.9.2　“创建新用户”对话框

在创建新用户时，“用户名”和“工号”是两个必填项，其他项可根据需要自行设置或保持默认。但要注意的是，输入的新用户名和工号不能与已有的用户名及工号重复。

收藏夹是U-EDIT中为个人开辟的私有空间，在软件中对应“收藏夹”功能，专门存储个人收集、整理的视音频、图片、动画等素材资源。创建用户时，可根据实际需要设置收藏夹的空间大小和存储路径。系统默认的0MB意味着无上限；若勾选“使用默认路径”复选框，个人收藏夹的路径将位于所属的栏目下；取消勾选“使用默认路径”复选框，可指定收藏夹的存储路径。

Step 02 在此例中，我们只填写用户名（user02）和工号（00002）两个必填项，其他保持默认。

Step 03 在“域用户关系”页签中，可为创建的用户指定所属栏目，这是必须的步骤。在U-EDIT中，一个用户至少要归属于一个栏目，也可以同时归属于多个栏目，如电视台分管多个栏目的台领导。在此例中，我们选中左侧的“默认栏目”，单击“加载”按钮，将其添加到右侧的所属栏目中，这样user02用户就归属到“默认栏目”了。

说明：U-EDIT中只有属于相同栏目的用户，创建项目时才会出现在“参与人”列表中。换言之，不在同一栏目的用户，无法将其添加为项目的参与人，也就无法实现项目的协同制作了；如果需要此人参与到该项目中，需先在网管中将其归属到本栏目，再在软件中的项目属性中将其设置为项目参与人。

Step 04 单击“确定”按钮，创建user02用户。对于已有的用户，可以修改其属性，也可将其删除，如图1.9.3所示。

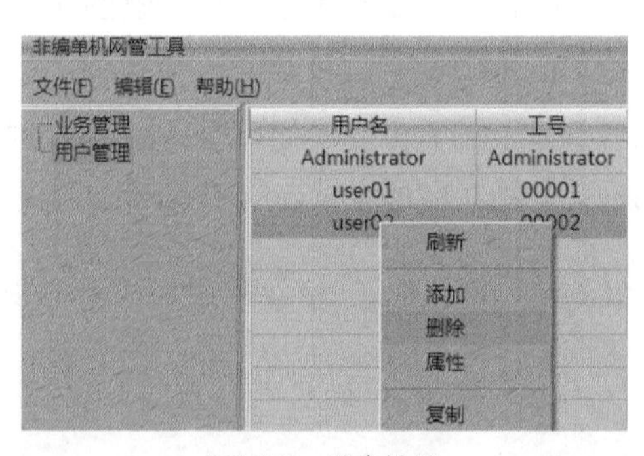

图1.9.3　用户设置

1.9.3　业务管理

业务管理也称栏目管理，用于栏目创建、属性修改和栏目删除等操作。在创建栏目时，需要综合考虑栏目总空间、默认视音频格式等设置。

举例，创建一个空间为2T的“专题”新栏目，如图1.9.4所示。

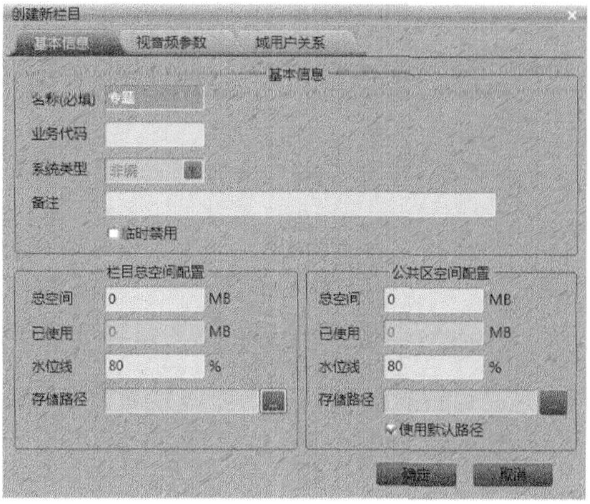

图1.9.4　创建新栏目

Step 01 在“业务管理”右侧空白处单击鼠标右键，执行“添加”命令，打开“创建新栏目”对话框。在“基本信息”页签中，输入栏目名称“专题”；在“栏目总空间”处配置栏目空间大小，系统默认的0 MB为无上限。在此例中，输入2048000 MB（2T）空间。存储路径也是必设项，此例指定E盘的“专题栏目”文件夹为栏目的存储路径。

Step 02 公共区用于保存本栏目的共享资源，如统一风格的字幕模板、片头片尾素材等，本栏目中的用户均可自由使用公共区内共享的资源。公共区的总空间不是必设项，若需设置则不能超出栏目的总空间。若保持勾选“使用默认路径”复选框，则公共区存储路径将位于该栏目下，取消勾选“使用默认路径”复选框，即可指定公共区的存储路径。在此例中，保持公共区的默认设置。

Step 03 在“视音频参数”页签中，可以设置U-EDIT中采集、合成、输出和互联的高、标清默认格式。可以右键依次添加所需格式，这样操作比较繁琐。我们可以先导入预置的“视音频格式”文件，如有需要再进行个别调整。导入格式文件的方法是：使用鼠标右键单击“分类”，执行“导入”命令，导入“C:\dayang\backup”目录下的“VAFormat-MPEG2I 25M”配置文件。这组配置的高清默认格式为MPEG2I-100M，标清默认格式为MPEG2I-25M。

Step 04 在“域用户关系”页签中，可以设置属于本栏目的用户，与用户管理中的栏目属性设置具有同等的作用。在此例中，选中左侧列表中user02用户，将其添加到“专题”栏目中。单击“确定”按钮，完成“专题”栏目的创建。

1.9.4　退出

在用户及栏目创建完成后，单击工具窗右上角的“关闭”按钮，关闭U-EDIT网管工具。

启动U-EDIT，以user02用户进入软件。由于user02同时属于“专题”栏目和“默认栏目”，在创建或打开项目时需要特别注意栏目的选择，尤其是创建项目时，该项目将占用所属栏目的总空间。

1.10 本章小结

本章从整体上介绍了U-EDIT非线性编辑软件，并通过主题短片的讲解，让读者了解如何使用U-EDIT完成节目剪辑，后续章节还会对各个模块做重点讲解。

1.11 思考与练习

1. 练习更改快捷键。
2. 如何设定栏目存储空间？
3. 以“青春”为主题，练习剪辑一部短片。

第2章 资源的获取和管理

资源的获取和管理是后期制作的基础环节，而U-EDIT是为用户提供对视频、音频、图文、特技、故事板等一系列资源进行全面管理的桌面平台。该平台基于数据库的管理技术，采用以项目（节目）集中的管理方式，提供针对素材的多种获取方式及全文检索等高端管理技术，其在资源管理的稳定性、安全性和操作速度上均有明显的优势。

2.1 导入素材

素材是后期编辑制作中的基本单元，在使用 U-EDIT 编辑之前，需要通过采集、导入、创建或生成等途径获取编辑所需的全部素材资源。

导入是最常用的获取素材的方式，视频、声音、图片等媒体文件都可以通过在资源管理器中的“导入”命令来添加到U-EDIT非编系统中，如图2.1.1所示。具体的操作方法如下所述。

图2.1.1 导入素材

Step 01 为了规范素材管理，在导入素材之前，需要先建立相应的文件夹，并为该文件夹命名。

Step 02 双击进入该文件夹，在右侧空白处单击鼠标右键，在弹出的菜单中执行“导入”→“导入素材”命令。

Step 03 在弹出的“素材导入”对话框中，单击“添加”按钮，查找对应的存储路径并选择所要导入的媒体文件。

Step 04 在要导入的素材中，有的是视音频分离的文件。在加载素材时系统提供了“匹配文件名”设置，勾选此项后，在添加文件时，系统将根据视音频成组命名规则预先进行判断，对于名称匹配的视音频文件，会视为一个视音频成组素材添加到导入列表中；如果未勾选此项，每个文件都将作为一个独立的素材添加到列表中。

Step 05 导入时支持批量添加多条素材，如图2.1.2所示。

图2.1.2　批量添加素材

Step 06 在已添加的素材列表中，可以逐一查看素材的文件属性信息，也可浏览其画面内容。

Step 07 有几种不同的素材导入方式：在“素材导入”界面“操作”一列的页签位置单击鼠标右键，在弹出的菜单中有“保留”“拷贝”“移动”和“转码”四种导入方式可供选择。系统默认的是“拷贝”方式。如果曾调整过其他方式，系统则会自动记忆上次的设置方式。这几种导入方式的主要区别是对源文件的处理不同。

- 以“保留”方式导入：速度最快，系统只是在资源管理器中建立素材信息，素材的数据文件仍然保留在原始路径下，不对其进行任何操作。
- 以“拷贝”方式导入：需要耗费一定时间，系统需要先将待导入素材的数据文件拷贝到系统预设的存储路径下，然后再在资源管理器中创建素材。
- 以“移动”方式导入：与拷贝方式类似，只是在拷贝完成后将删除原始路径下的数据文件，也就是对素材数据文件进行了剪切操作。
- 以“转码”方式导入：是对原有媒体文件的编码类型进行改变，主要对帧率不符的素材进行导入转码，并生成一个新的数据文件。

  ①将素材的导入方式选择为“转码”。

  ②单击“高级”按钮，弹出“转码格式设置”对话框。

  ③单击“添增”按钮，在打开的“转码格式设置”对话框中设置目标格式。

  ④单击“确定”按钮，返回转码设置对话框，再单击“确定”按钮，返回“素材导入”对话框。

  ⑤设置完成后，就已完成素材的转码导入了。

Step 08 确定好导入方式之后，单击“导入”按钮，开始素材导入。

Step 09 导入完成后，在资源管理器的对应目录下即可找到刚导入的素材。

熟悉Windows资源管理器操作的用户，也可以直接从Windows资源管理器中将选中的文件拖入U-EDIT资源库中，此时也将弹出“素材导入”对话框，完成素材的导入。

2.2 视音频采集

视音频采集是将输入的视音频信号数字化、编码生成数据文件的一种方式，通常用于传统磁带设备。

连接好外围录像机设备的电源线、视音频线、遥控线后，执行“采集”→“视音频采集”命令，打开如图2.2.1所示的“视音频采集”窗口。

2.2.1 视音频采集窗口

图2.2.1 “视音频采集”窗口

采集窗左侧是素材浏览区，右侧是参数设置区。素材浏览区主要包括视音频预览窗、输入接口状态、当前磁带时码、剩余时间、剩余磁盘，下排是采集方式切换和一组遥控录放机的控制按钮，以及批采、定时采方式的选择。在右侧的参数设置区中，除了素材基础属性设置外，还提供了采集视音频通道、采集格式、采集输入接口等相关设置。

2.2.2 视音频采集操作

1. 采集基本流程

下面我们通过几种常用的采集操作，来掌握视音频采集的基本流程。

Step 01 打开采集窗（如图2.2.2所示），如果视音频输入信号端口与软件端口类型匹配，此时在预览窗中可以看到正常的视频画面；如果预览窗为空（即黑屏），则需要核对参数设置中视音频输入类型是否设置正确。此外还需要注意一点，高、标清的输入信号必须要与当前编辑环境一致，否则信号也进不来。例如，当前编辑环境是标清环境，而接入的是HD SDI信号，此时也将看不到显示画面。

Step 02 如果已经正常连接好422遥控线，系统将显示所连接的VTR端口号。单击“播放”按钮，即可远程遥控录放机的走带、停止、快进、快退等操作。如果未正常连接422遥控线，或是录放机未将设置开关调节到REMOTE（遥控）状态，此时遥控端口为空，一组控制按钮显示为灰色（不可操作状态）。

Step 03 在VTR端口旁边有一个名为“VTR”的状态按钮，这个按钮非常重要，它是决定“硬采集”和“打点采集”的切换按钮。当按下点亮时，其为打点采集；而处于灰色状态时，则为硬采集。

Step 04 按“批采”和“定时采”按钮可展开批采集列表或定时采集列表，以实现相应的采集功能。

Step 05 在右侧的属性设置部分，提供了对采集素材基本信息的设置和输入视音频信号的预处理等功能。

图2.2.2 “视音频采集”窗口介绍

2. 硬采集

下面我们来了解硬采集的操作方法。

Step 01 硬采集的操作只需要播放、开始、结束三个步骤即可完成，是普遍采用的一种采集方式。

Step 02 单击“VTR”按钮，使其呈灰色状态。

Step 03 在右侧的“基本信息”页签中选择视音频通道，默认选择V、A1、A2，也可以根据需要只采集视频或只采集音频，或是采集多路音频。U-EDIT最多支持8路音频采集。

Step 04 选择生成的视音频格式。U-EDIT针对高、标清不同编辑环境，提供了默认的采集格式：标清为MPEG2-I 25M和MPEG4，高清为MPEG2-I 100M和TS 10M。它们主要应对制作网中高、低码率的应用。在单机应用中，通常标清只需要选择MPEG2-I 25M，高清则选择MPEG2-I 100M。如果对素材格式有特殊要求，也可以在“高级设置”页签中修改或增加新的视音频格式。

Step 05 输入素材名，单击“设置”按钮设置保存路径，单击“增加”按钮，可创建新路径并指定为保存路径。

Step 06 设置完成后，单击“播放”按钮（快捷键为空格键），播放磁带；到需要的画面时单击“开始录制”按钮，进行录制工作；单击“停止录制”按钮，结束采集。采集完成后，可在资源管理器设定的路径下找到所采集的素材。

3. 打点采集

如果说硬采集的特点是快捷，那么打点采集的特点则是精准。它的工作流程是：先播放浏览磁带，找到需要的片段，设置好入、出点时码，然后对设置的时码区域进行采集。通过422遥控协议，U-EDIT可以实现精确到帧的打点采集。下面介绍打点采集的操作方法。

Step 01 在设置好素材的格式、名称、路径等属性信息后，单击VTR按钮，使其呈点亮状态，即打点采集工作模式。

Step 02 单击“播放”按钮，浏览画面，寻找需要的片段。

Step 03 找到所需片段时，单击“设置入点”按钮（快捷键为I）；到片段结束位置时，单击“设置出点”（快捷键为O）。此处的时码信息将完全对应着磁带的时码信息。

Step 04 单击“开始采集”按钮，输入该盘磁带的磁带号，也可直接单击“确定”按钮，忽略输入磁带号。

Step 05 此时设备开始倒带，当找到设置的入点时码位置时，开始真正采集，到达出点时码位置时，采集结束，生成的素材将出现在资源管理器指定的路径下。

4. 批采集

批采集，可以理解为打点采集的一种扩展应用，是将设置好入出点的片段添加到批采集列表中，然后一次性完成采集工作。批采集的流程和打点采集很相似，具体的操作步骤如下所述。

Step 01 首先点亮“VTR”按钮，切到打点采集模式。

Step 02 单击“批采”按钮，展开批采集列表。

Step 03 设置好素材属性信息后，播放磁带，找到所需的片段打好入、出点。

Step 04 单击“添加” 按钮，将片段添加到批采列表中。

Step 05 重复寻找片段、打入出点、添加到批采列表的操作，直到将所有需要的片段编辑完成。

Step 06 单击“开始采集”按钮，弹出进度提示框，U-EDIT将依次完成列表中的采集任务。

Step 07 采集完成后，在关闭采集窗时可根据需要选择是否保存码单列表，以备需要时调入使用。

5. 定时采集

定时采集用于在设定时段内的视音频信号的自动采集和收录。在定时采集中，可以设置多个不同的采集时段，并可设置循环方式。

6. 辅助功能

U-EDIT的视音频采集中，除了常规采集功能外，还提供了一系统辅助功能，例如，对视频输入信号的亮、色、对比度和饱和度预处理，对音频增益的调节，四区域遮台标以及按镜头自动场景检测功能等，这里就不逐一展开介绍了。

2.3　1394采集

1394采集是通过标准的IEEE 1394接口将DV、HDV设备中的素材文件上载到U-EDIT的过程。在连接好1394设备后，进入U-EDIT软件，执行“采集”→“1394采集”命令，打开1394采集窗。

1394采集的操作与视音频采集十分相似，同样支持硬采集、打点采集和批采集，其不同之处在于：

（1）1394的输入端口和视音频格式均不需要设置，完全由U-EDIT识别判断。例如，当连接的是松下DV录放机，插入DV50的磁带，1394初始化时会自动识别采集格式为“DV50”，而不需要再单独设置。

（2）1394不需要接遥控线，IEEE 1394信号线既完成了数据的传输，又提供了远程控制信号。

在1394采集过程中，以下情况需要特别关注。

（1）要避免1394信号线热插拔。正确、安全的操作是首先连接好IEEE 1394信号线，然后再打开DV设备的电源开关，否则将会容易损坏1394接口，导致DV设备不被识别。

（2）判断DV设备或HDV设备是否被Windows系统识别，最常用的方法是通过Windows设备管理器来判断。当正常连接DV设备时，在设备管理器的最后位置会检测到“图像设备”；当正常连接HDV设备时，会在声音、视频和游戏控制器中检测到SONY HDV设备。使用此方法即可准确判断1394是否已被Windows系统所识别。

（3）在系统成功识别1394设备后，还要注意U-EDIT软件环境必须与DV或HDV相匹配。例如，当连接的是DV设备，U-EDIT需启动标清编辑环境；而当连接的是HDV设备，U-EDIT则需启动高清编辑环境。如果匹配错误，U-EDIT在打开1394采集窗时会提示“设备初始化失败”。

下面分别介绍1394的硬采集、打点采集和批采集操作的实现方法。

1. 硬采集

Step 01 进入1394采集窗，如果设备初始化正常，磁带画面可显示在回显窗中。

Step 02 单击“VTR”按钮，使其呈灰色状态。

Step 03 设置好素材名及素材的存储路径。

Step 04 单击“播放”按钮，当播放到所需画面时，单击“开始采集”按钮，进行采集。

Step 05 单击“停止”按钮，采集结束，素材将自动导入到资源库中。

2. 打点采集

Step 01 在1394采集窗中，点亮“VTR”按钮。

Step 02 遥控录像机播放磁带，在选定的画面打入点，在片段结束位置打出点。

Step 03 设置素材名及存储路径。

Step 04 单击“开始采集”按钮，在短暂的磁带预卷之后，开始采集入出点之间的片段。

3. 批采集

Step 01 点亮 VTR 按钮。

Step 02 展开批采集列表。

Step 03 遥控录像机，选定素材的入、出点片段。

Step 04 设置好素材名及存储路径。

Step 05 将设置好的片段添加到任务列表。

Step 06 重复上述操作，直至选出所有需要的片段。

Step 07 开始采集，系统依次完成所有采集任务。

2.4　专业新媒体设备采集

除了前面介绍的素材获取方式外，随着松下P2、索尼蓝光、EX等前期设备的普及，使用这些设备采集、编辑源码文件将会广泛应用。下面，我们将依次介绍P2、XDCAM、EX的采集。

2.4.1　P2采集

1. 设备驱动安装与连接

松下P2设备在使用前，通常需要先安装相应的驱动程序。可以从松下官方网站下载最新的P2驱动程序，也可以通过电话咨询松下客服，在他们的指导下完成驱动的正确安装。

2. P2采集基本流程

连接好P2设备后，执行“采集”→“其他采集”→“导入P2素材”命令或者直接按快捷键F11，打开如图2.4.1所示的“P2采集”窗口。

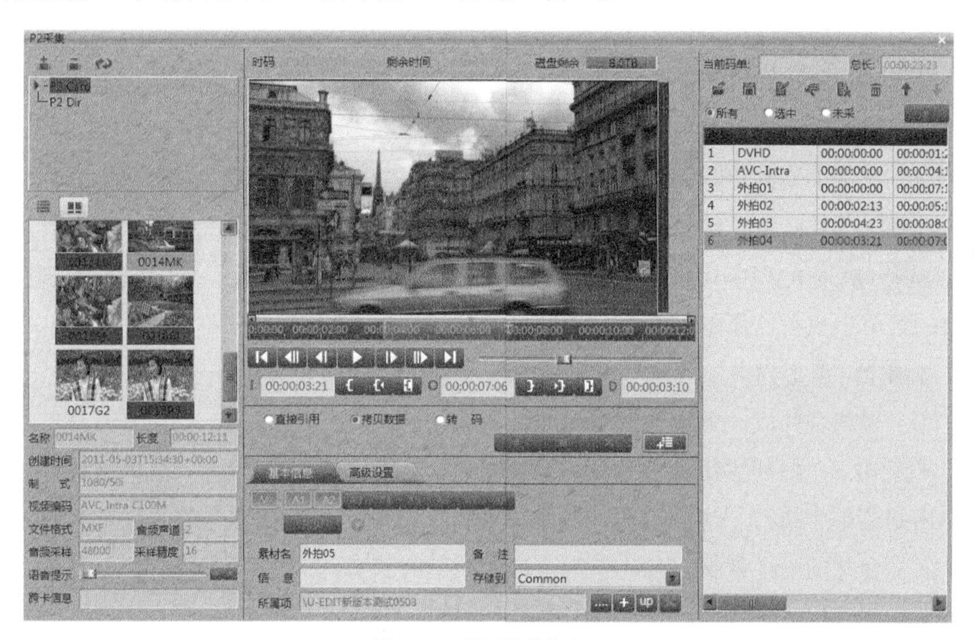

图2.4.1　“P2采集”窗口

通常情况下，P2素材将自动显示在左侧的列表中。若系统未识别出来，可单击“添加”按钮，指定P2所在的盘符。如果仍不能正常识别出P2卡上的素材，这可能与驱动安装有关，请确认驱动版本或联系松下售后排查问题。

在P2素材列表中，选中某一素材，其下将显示该素材的原始素材信息，双击调入预览窗播放浏览。

U-EDIT支持对单条P2素材导入和打点设置片段导入，也支持批量导入，甚至导入后合并为一条完整的素材。

针对P2卡上实体文件的不同处理方式，U-EDIT提供了“直接引用”“拷贝数据”和“转码”三种方式。直接引用，就是直接在P2卡上进行节目编辑，上载速度最快，但整个节目编辑过程不能抽出P2卡，否则素材将离线；拷贝数据，是将P2卡上视音频文件拷贝到当前项目路径下，之后的节目编辑将不再占用P2卡的资源；转码，则主要用于网络中高、低双码的编辑应用，单机较少使用。

3. P2采集步骤

（1）单条采集的步骤如下所述。

Step 01 双击P2列表中的素材，调入预览窗中浏览，默认为全长，可根据实际情况调整入、出点，截选出所需的片段。

Step 02 选择“拷贝数据”或“直接引用”的工作方式，推荐使用“拷贝数据”方式。

Step 03 设置素材名和存储路径，这里不需要设置视音频格式。“拷贝数据”的方式将会保持P2素材的原始视音频格式，它只是将原MXF封装变成AVI+WAV形式，方便后续的节目编辑。

Step 04 单击“开始采集”按钮，完成当前素材的采集，在资源管理器中可找到生成的素材。

（2）批量采集的步骤如下所述。

Step 01 设置好素材名、存储路径，以及“拷贝数据”的工作方式。

Step 02 在P2列表中框选或按组合键Ctrl+A，全选素材文件，单击鼠标右键，在弹出的菜单中执行“添加到任务列表”命令。

Step 03 单击列表上方的“开始采集”按钮，完成全部采集任务。

（3）采集合并成一个素材的步骤如下所述。

Step 01 在P2列表中框选或按组合键Ctrl+A，全选素材文件后，单击鼠标右键，在弹出的菜单中执行“生成组合任务”命令，此时添加到右侧任务列表中的素材不是多个而是合并的一个素材，总时长为全部素材的时长总和。

Step 02 单击列表上方的“开始采集”按钮，完成采集任务。

Step 03 在资源管理器中可找到刚采集生成的素材。

2.4.2 XDCAM采集

1. 驱动安装与设备连接

U-EDIT非编为与SONY专业的XDCAM设备的连接提供了三种不同的工作模式，对应着XDCAM三种不同的接口类型。

- 1394方式：XDCAM录放机通过1394接口与U-EDIT主机连接，这种方式需要在安装XDCAM设备驱动程序后，非编软件才可正常读写蓝光盘。
- FTP方式：通过以太网线与U-EDIT主机连接，不需安装设备驱动，但需要配置IP地址，保证XDCAM录放机与U-EDIT主机在同一网段。
- U1方式：通过USB数据线与U-EDIT主机连接，此方式需要安装U1驱动程序。

有关驱动的下载和安装这里不展开介绍，详情可咨询索尼售后客服。

2. XDCAM采集基本流程

在连接好XDCAM设备后，执行“采集”→“其他采集”→“XDCAM”命令或直接按快捷键F12，启动“XDCAM采集”窗口，如图2.4.2所示。

图2.4.2　“XDCAM采集”窗口

3. XDCAM采集步骤

Step 01 由于XDCAM存储介质的特质，导致XDCAM素材的采、编存在两种工作流程。

- 第一种，先采集低质素材，待节目编辑完成后，再将故事板重采集成高质，最后输出。其优点是低质上载速度快，不足是增加了重采集工作环节。
- 第二种，直接采集XDCAM光盘中的高质，完成节目编辑后输出。其不足在于上载时间相对较长，但可省去重采集的环节。

Step 02 首先根据XDCAM设备连接的接口类型，选择相应的工作模式（1394 /

FTP / U1)。

Step 03 正常情况下，XDCAM素材可自动显示在列表中。如果没有出现素材图标，可单击路径设置按钮，指定XDCAM所在盘符。若仍无素材图标，请确认XDCAM驱动是否安装正确，或联系索尼售后排查问题。

Step 04 XDCAM采集支持单条采集、截选片段采集或批量采集。

- 单条采集：双击列表中XDCAM素材，调入预览窗，如果不需要调整入、出点，设置好素材名和存储路径后，保持默认的“拷贝高质”，单击“开始采集”按钮，即可完成采集。
- 截选片段采集：如果需要对单条素材的多个片段进行采集，可以双击调入预览窗，设置好入出点，单击预览窗下的“添加”按钮，添加到右侧任务列表中，然后一次完成上载。
- 批量采集：设置好素材名和存储路径，保持默认的“拷贝高质”方式，框选列表中的XDCAM素材（也可使用组合键Ctrl+A全选），单击鼠标右键，在弹出的菜单在执行“添加到任务列表”命令，一次完成全部采集工作。

Step 05 使用低质工作流程采集时，可选择“拷贝低质”方式。将采集好的低质素材拖拽到故事板进行编辑，编辑完成之后保存故事板，并打开“故事板重采集（XDCAM）”窗口，连好设备，插入XDCAM光盘，系统将自动加入符合重采集条件的素材，单击“开始采集”按钮，至重采集完成，故事板替换成高质素材，即可进行输出。

2.4.3 EX采集

通过EX采集功能，可以将EX存储卡的素材采集到U-EDIT非编中使用。

1. 设备驱动安装与连接

XDCAM EX采用的SxS卡通常为ExpressCard接口，可以直接插到笔记本的Express Card插槽中使用。对于台式机，可安装专用的SxS驱动器，用于读取EX卡上的素材。当插入SxS卡或者连接驱动器后，需先安装相应的驱动程序。有关驱动的下载和安装可咨询索尼售后解决。

2. 采集基本流程

连接好EX设备后，执行“采集”→“其他采集”→“EX卡采集”命令，进入“EX卡采集”窗口，如图2.4.3所示。在U-EDIT中，同样支持EX素材的单条采集、批量采集、采集合并成一条素材等功能，支持“直接引用”方式（卡上编辑）和“拷贝数据”方式（采集到项目路径后再编辑）。由于EX卡采集界面和操作与P2采集完全一样，这里就不再展开介绍，请参考P2卡采集操作的介绍。

图2.4.3 “EX卡采集”窗口

需要注意的是，使用SONY EX 280、330等摄像机拍摄的EX卡素材，当采用UDF模式拍摄时，其文件夹结构与XDCAM相同，如需使用XDCAM采集功能，而不能用EX卡采集功能。

2.5 常规介质素材采集

2.5.1 DVD采集

使用DVD采集功能可以将DVD上的音频轨、视频轨转码为系统可以识别的、能够使用的视音频素材。在进行DVD采集之前，需先在资源管理器的空白处新建文件夹以管理DVD采集的素材。

进行DVD采集操作前，要先将DVD盘放入光驱，待系统正常识别后，执行“采集”→“其他采集”→“DVD”命令，打开“DVD采集”窗口，如图2.5.1所示。

DVD采集的具体操作如下所述。

Step 01 在左侧节目选择区中，可以选择要采集的素材段落。若文件有独立的多语配音或者字幕，可在其下方的DVD属性中进行选择。

Step 02 选择需要浏览的段落素材并双击，将素材添加到中间的预览窗口中。

Step 03 浏览素材，找到所需要的画面片段，并在片段首末位置处分别添加入、出点。

图2.5.1 “DVD采集”窗口

Step 04 选择要生成素材的视音频通道，通常保持默认；设置要生成素材的目标文件格式，DVD采集通常选用默认的I-25M格式。

Step 05 在素材名处设置素材名称，设置素材的存放路径。

Step 06 单击“采集当前任务”按钮，开始单条素材采集。

Step 07 若要进行批采集，可以多次添加素材到右侧的批采集任务列表。

Step 08 多次添加素材到任务列表后，单击“开始批采集”按钮开始批采集。两条进度条分别表示总进度和当前文件进度。

Step 09 采集结束后，生成的素材会以事先定义好的名称出现在素材库的指定目录下。

2.5.2 图文采集

图文采集窗口与视音频采集窗口非常相似。使用图文采集或者DPX采集功能，都可以方便地将已知的序列图像文件（图像串）合成为系统可以编辑的视频素材或者文件，以便于将其他系统中制作的图像序列文件调入非编系统中使用。

图文采集可以采集TGA、JPG等序列，不适用于DPX序列。DPX序列需使用DPX采集。图文采集和DPX采集的方法类似，此处我们以图文采集为例进行介绍。

执行“采集”→“图文采集”命令，打开“图文采集”窗口，如图2.5.2所示。这里我们先来介绍以下几个参数。

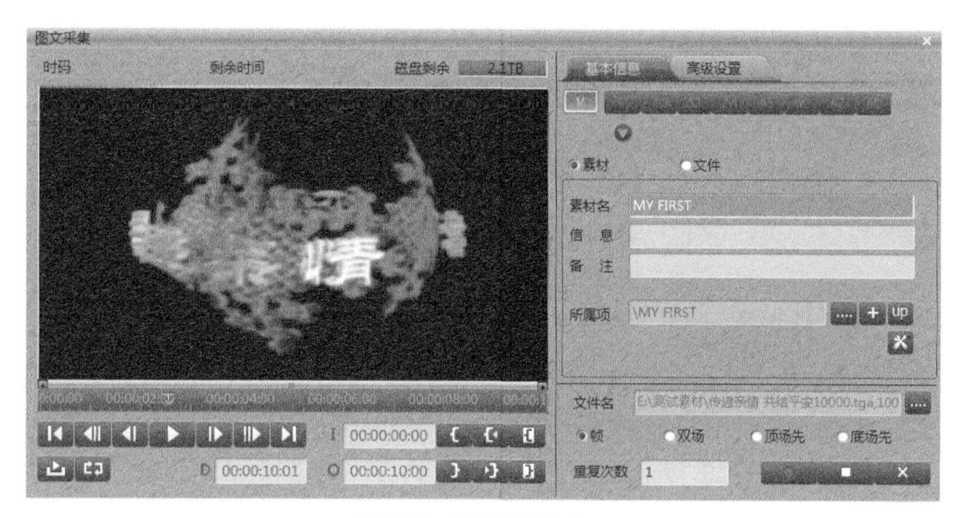

图2.5.2　“图文采集”窗口

● 文件名：用于指定图像序列的首帧图像文件。

● 帧/双场/顶场先/底场先：用于设置在采集时被选择的图像序列中的每一幅图，在最终的视频文件中是作为帧还是作为场去处理；如果作为场处理，又可设置双场方式、顶场先方式和底场先方式。通常，帧、场方式的选择与在第三方软件中合成图像序列时的方式设置保持一致。

● 重复次数：用于设置被选择的图像序列中的每一幅图在最终的视频文件中的重复次数。设置参数大于1，则可以生成慢动作视频素材。

图文采集的具体步骤如下所述。

Step 01 单击“文件名”的扩展按钮，在打开的对话框中找到图像序列的存储路径，并选择要合成的图像序列，如图2.5.3所示，单击“确定”按钮后，图像序列的视频图像将显示在图文采集的预览窗口中。

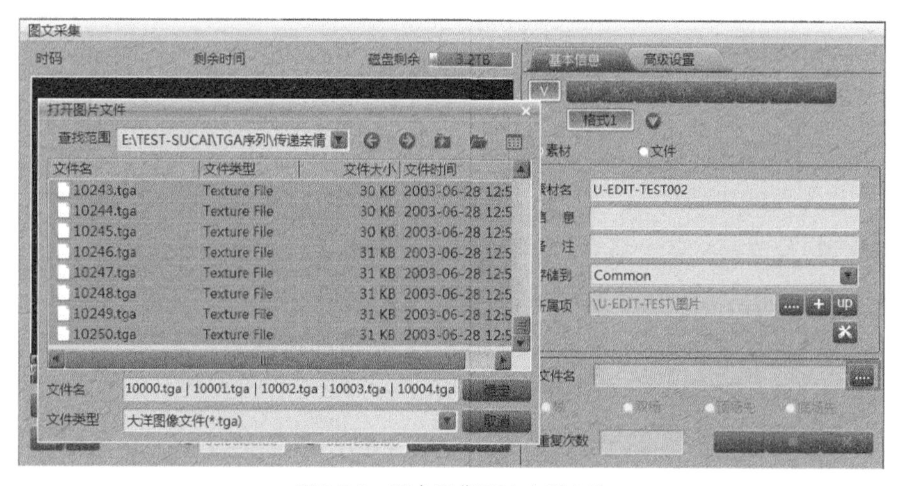

图2.5.3　图文采集TGA序列文件

Step 02 选择采集的视频文件格式，选中“素材”单选按钮。

Step 03 输入素材名，选择素材的存储路径。

Step 04 单击“采集” 按钮后开始采集，采集结束后生成的素材将自动导入到指定的存储路径下。

Step 05 若选中“文件”单选按钮，同样可以输入素材。

2.5.3 文件采集

文件采集，可以将已存在的视音频素材分解成更小的素材片段，从而有效精简长素材，释放硬盘空间，所生成的素材片段的视音频格式将与源文件保持一致。

执行“采集”→“文件采集”命令，打开“文件采集”窗口，如图2.5.4所示。文件采集界面与视音频采集界面有相似之处。素材采集的基本操作如下所述。

图2.5.4 “文件采集”窗口

Step 01 将需要分割的长素材调入“文件采集”窗口中，通过浏览素材，设置入出点，找出保留的片段内容。

Step 02 修改素材名，调整存储路径（所属项）。

Step 03 单击“添加块” 按钮，添加到采集列表中。

Step 04 重复第2步和第3步操作，完成全部片段的筛选。

Step 05 单击 按钮，完成文件采集。

Step 06 同理，采集磁盘上的媒体文件也可使用类似的操作方法，即：单击源文件后面的 设置按钮，加载磁盘上的文件，进行采集。

2.6　认识资源管理器界面

U-EDIT资源管理器从结构上可分为三个部分：标签页、功能按钮区和最下排的信息显示区。每个标签页由目录树和内容显示区构成，与Windows资源管理器十分相似。目录树列出了资源库的整体架构，可以直观、方便地在不同文件夹之间操作，而内容显示区与目录树相关联，将会显示出所选定文件夹中的内容，如图2.6.1所示。

图2.6.1　资源管理器界面

标签页由“资源库”“字幕模板库”“特技模板库”和“音效库”四个部分组成。

- 资源库：用于集中管理当前项目及引用项目中所使用到的全部视音频素材、字幕素材和故事板文件。
- 字幕模板库：用于管理各级、各类字幕模板，包括系统预制模板和用户自定义模板。
- 特技模板库：用于提供各类固化特技以及用户制作保存的特技效果，这些特技效果通过鼠标拖拽可直接应用到轨道素材上。
- 音效库：预置了大量适用于音频制作的各类音频素材，用户还可根据需要不断丰富音效库的内容。
- 收藏夹：用于存储用户喜好或常用的媒体资源，包括素材和故事板。收藏夹不受项目的限制，可视为项目之上的一个资源共享平台。被添加到收藏夹中的素材，即使原素材被删除也不会影响到收藏夹中素材的使用。

- 项目：包含主项目和引用项目。主项目为当前正在编辑的项目，其中管理着所有的素材和故事板；引用项目是在当前项目中所引用的其他项目。引用项目中的媒体文件可以被打开和调用，但不能修改、保存，可以另存为当前项目中的新故事板文件。
- 项目共享：它是一种跨用户、跨栏目的资源共享方式，可将项目共享给某个用户、某个栏目，甚至全部开放共享。
- 公共资源：用于存放本栏目的公共资源文件。归属本栏目的用户均可以使用和管理公共区内的媒体资源。
- 回收站：用于存放被用户删除的资源。这些资源并非真正被删除掉，其索引信息和实体文件仍然存在，通过还原可以恢复。素材还原时，如果原存储路径存在，会恢复到原路径下；如果原文件夹已被删除，将恢复到项目根目录下。
- 搜索结果：专门用于存放通过搜索栏查找到的素材和故事板。这些媒体资源可以是满足条件的本项目的资源，也可以是其他项目的资源。每当完成一次搜索，系统会自动更新搜索结果。可以将搜索结果中的素材拖拽到故事板上进行编辑。
- 公共区：用于存储栏目中常用的媒体资源，包括素材和故事板。公共区不受本栏目用户的限制，可视为栏目之上的一个资源共享平台。被添加到公共区的素材，本栏目内的所有用户均可访问使用，即使原素材被删除，也不会影响到公共区中素材的使用。

2.7 资源管理器的基本操作

常言道，巧妇难为无米之炊。在开始编辑之前，首先要准备好下锅的米。下面，我们先来梳理一下U-EDIT资源管理器的一些最基本的操作。

1. 项目

U-EDIT采用的是项目管理模式，创建项目是资源管理的首要任务。创建并进入到项目之中，资源管理器才会展现在我们面前，它是管理所有资源的主要平台。

2. 文件夹

首次进入新建的项目，建议在空白的资源管理器中通过创建文件夹来建立一个有序的资源管理体系，这样在日后使用资源时才会井然有序。例如，当为第一期节目准备素材前，可以在项目根级创建名为“第一期_***”的文件夹。在此文件夹内再创建“视频素材”“音频素材”“图片素材”等二级文件夹，然后对号入座导入媒体素材。

3. **导入、创建和生成媒体素材**

导入素材的操作比较常见，可以直接将需要的媒体文件从Windows资源管理器拖拽到U-EDIT资源管理器中的文件夹内，然后以默认的拷贝方式导入素材。

此外，还可以通过视音频采集、1394采集，或是P2、XDCAM导入模块创建更多的媒体素材，还有一部分是由故事板生成的新素材。

4. **素材内容浏览**

双击U-EDIT资源管理器中的素材，可以将素材调到素材调整窗中进行浏览。此外，可以将资源管理器切换到大图标模式，直接拉动滑块浏览素材，如图2.6.2所示。

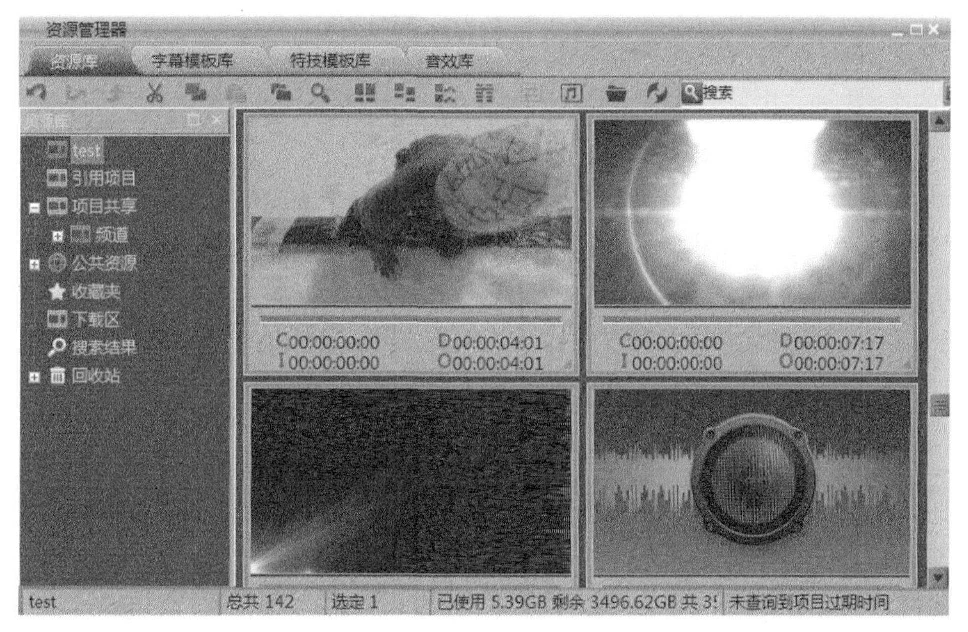

图2.6.2　素材浏览方式

可以选择有代表性的画面作为素材肖像，一目了然。如果一段素材中包含多个主题内容，可以打标记点为每个主题设置图标和备注信息，在素材属性窗中可查看到标记点信息。

5. **查看素材信息**

素材信息包含视音频编解码信息、数据文件信息、标记点信息、故事板引用信息等。在U-EDIT资源管理器中，素材图标上即能反映最精减的视音频信息；当我们将鼠标放置在素材图标上时，还会浮动出更加详细的信息项；而通过查看素材属性窗（如图2.6.3所示），则可以获得最全面的素材信息。综合运用上述方法，能够高效地掌握素材的基本状况。

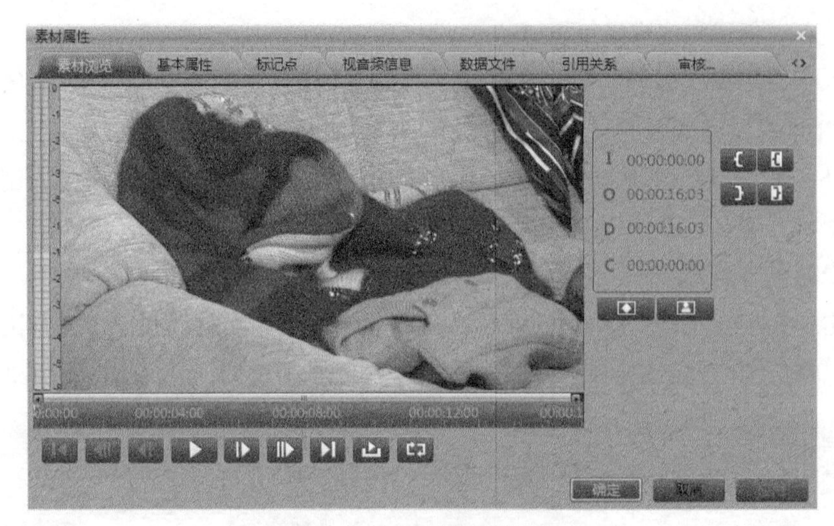

图2.6.3 “素材属性”对话框

6. **查找素材**

可以按名称在搜索栏中快速查找到所需的素材，这些素材都将会收集到资源管理器的搜索结果中，如图2.6.4所示。搜索栏的搜索范围不限于当前项目，对所有项目都有效。

图2.6.4 搜索结果

除搜索栏查找外，常用的还有筛选功能。它的特点是对当前项目进行多条件复合筛选。例如，可以方便地筛选出被当前打开的故事板所调用的名为***的字幕素材，甚至还可以增加创建时间的条件限制，如图2.6.5所示。

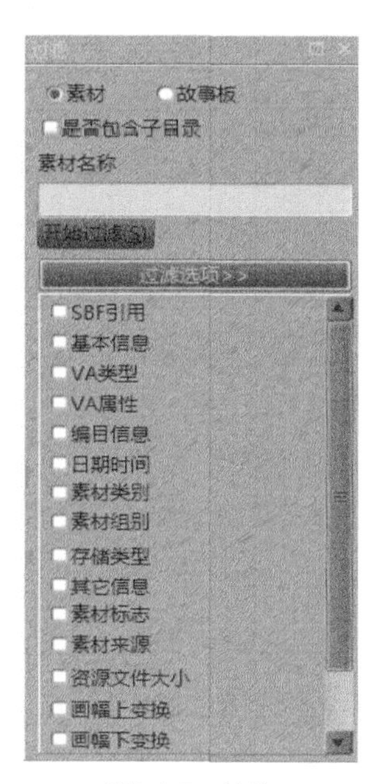

图2.6.5　筛选

此外，资源排序也可以帮助我们快速找到素材，例如，要查找最近两天编辑的故事板文件，可将资源管理器切换到列表显示模式，然后单击创建日期或修改日期字段名，系统将自动按时间排序。如果资源不多，即可快速显示出所需的故事板文件。

7. 导出

资源导出的目的在于备份和迁移。U-EDIT提供了对素材、故事板、特技模板、字幕模板，甚至整个项目的导出功能，如图2.6.6所示。导出的资源包含了全部素材的CLIP信息和实体数据文件。导出的媒体资源可以通过导入功能进行还原。

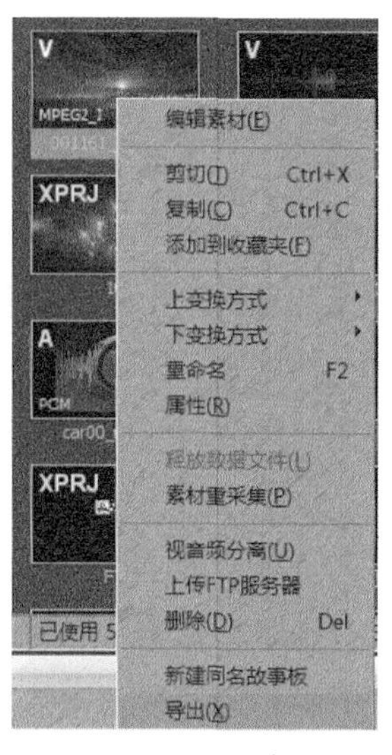

图2.6.6　导出

8. 删除

删除素材的目的在于释放空间。在U-EDIT中删除素材可以直接按Del键，将其放入回收站中，这种操作不会释放空间，只有进一步清空回收站后才会释放空间。也可以直接按组合键Shift+Delete，一次性彻底删除素材，此时素材将无法恢复。

在了解资源管理器的基本操作后，接下来我们将对U-EDIT资源管理器所提供的主要功能及其使用方法作更加详细的讲解。

2.7.1 项目操作

1. 新建项目

登陆U-EDIT软件时单击“新建项目”按钮，或是在进入软件后执行“文件”→“新建项目”命令，都可以创建一个新的项目。在设置对话框中输入项目名称，需要时可以设置项目的登陆密码、项目空间以及项目参与者等，设置完成后单击“确定”按钮，即可完成项目的创建，并进入到新建的项目中。

2. 打开和关闭项目

启动U-EDIT软件时，系统会自动打开最后一次编辑的项目和故事板文件。当希望切换到其它项目时，可执行“文件”→“打开项目”命令，在列表中选择需要打开的项目名称。此外，还可从“文件”→“最近编辑的项目”中选择需要打开的项目。

关闭项目的操作可执行“文件”→“关闭项目”命令，或在当前项目名称的右键菜单中执行“关闭项目”命令。

3. 删除项目

执行“文件”→“删除项目”命令，选择列表中的项目名称，确定后该项目及项目中所有资源均被删除（慎用此功能）。

提示：

- 正在编辑的项目无法被删除。
- 项目中的资源在删除时会进行判断，如果该资源被多个项目使用，只有在最后一个项目删除时才会被彻底删除，否则只删除素材在该项目中的索引信息。
- 整个项目的删除无法恢复，请在删除项目前导出备份，建议谨慎执行删除项目的操作。

4. 引用项目

通过引用项目可实现跨项目的资源调用。执行“文件”→“引用项目”命令，在列表中选择希望引用的项目名称，此时在资源库中即可显示出被引用的项目名称及结构，用户可以浏览、调用其中的资源，但无法删除和修改。被引用的项目如果设置有密码，则需输入正确的密码才可成功引用。

5. 项目导入/导出

项目导出用于项目的迁移或备份。执行“文件”→“导出项目”命令，在列表中选择需要导出的项目名称，指定存储路径，确定后即可完成项目的导出。需要注意的是，系统无法导出正在编辑的主项目和引用项目。

项目导入可实现对导出项目的完整还原，包括项目下的所有素材和故事板。执行“文件”→“导入项目”命令，指定文件夹中的.proj文件，确定后即可完成整个项目的导入。

6. 修改项目密码

U-EDIT允许对主项目添加或修改项目密码。在资源管理器的主项目名称处，执行右键菜单的“修改密码”命令，在弹出的设置对话框中提供原密码，同时给出新密码，确定后即可完成密码的修改。如果希望增设项目密码，可在设置对话框中保持旧密码为空，给出新密码，确定即可。

2.7.2　导入操作

导入是获取媒体资源的重要途径之一。U-EDIT支持对多种格式的视频、音频、图片、动画等文件的导入，同时支持对导出资源的再次导入还原。

在资源库右侧空白处执行右键菜单“导入”→“素材”命令，或是直接从Windows资源管理器中将需要的文件拖入U-EDIT资源管理器，均可实现素材的导入。

1. 从CLIP导入

从CLIP导入功能用于将U-EDIT导出的视音频、字幕素材重新导入还原，具体的操作步骤如下所述。

Step 01 在资源管理器右侧空白处，执行右键菜单“导入”→“CLIP文件导入素材”命令，打开导入对话框。

Step 02 找到需要导入的CLIP文件夹，选择其中的.clp文件。

Step 03 单击“确定”按钮，素材将被导入到资源库的当前路径下。

从CLIP导入的素材会携带原素材的全部信息，包括入出点信息、肖像信息、备注信息等。

2. 批量导入CLP文件

批量导入CLP文件功能用于批量还原从U-EDIT导出的素材文件。具体的操作步骤如下所述。

Step 01 在资源管理器右侧空白处，执行右键菜单“导入”→“批量导入CLIP文件”命令，打开导入对话框。

Step 02 找到需要导入的CLIP文件夹组，单击“确定”按钮，素材将被自动批量导入到资源库的当前路径下。

提示：批量导入命令需指向CLIP文件夹组而非具体的文件，该文件夹组实际就是批量导出的素材的集合。

3. 导入故事板

导入故事版功能用于还原从U-EDIT导出的故事板文件，具体的操作步骤如下所述。

Step 01 在资源库中创建一个文件夹，用于存放即将导入的故事板及其素材。

Step 02 在资源库文件夹右侧空白处，执行右键菜单“导入故事板”命令，打开导入对话框。

Step 03 找到需要导入的EDL文件夹，选中其中的.edl文件。

Step 04 单击“确定”按钮，故事板开始导入，在进度条中将显示导入进度。

Step 05 故事板导入完毕，故事板文件及其素材将被存储在当前文件夹下。

4.导入特技模板

U-EDIT提供了特技模板的导入和导出功能，它将方便用户对自制的特技效果进行有效备份或迁移。从U-EDIT中导出的特技模板以.xef后缀名存在于磁盘中，导入时选择.xef文件即可还原。具体的操作步骤如下所述。

Step 01 展开特技模板库的“视频特技”（如果导入音频特技模板，则需展开音频特技），根据希望导入的特技类型选择视频滤镜或是转场特技，在其中创建一个新文件夹，用来放置即将导入的特技模板。

Step 02 进入新创建的文件夹，在右侧空白处执行右键菜单“导入/导入特技模板”命令。

Step 03 在弹出的对话框中指定.xef文件所在路径及文件名。

Step 04 单击“确定”按钮，特技效果图标将出现在特技模板库中。

提示：

当系统判断U-EDIT中已存在同名的特技模板时，会弹出“新建”“覆盖”“略过”的提示窗，可根据需要进行选择。

- 新建：在当前特技库中创建一个新的特技图标，作为新的特技效果存在。
- 覆盖：用导入的特技模板覆盖原同名的特技模板。
- 略过：放弃当前模板的导入操作。

5. 导入字幕模板

U-EDIT提供了字幕模板导入和导出功能，方便用户对自制的字幕模板进行有效备份或迁移。从U-EDIT中导出的字幕模板以.xcg后缀名存在于磁盘中，在导入中指定.xcg文件即可恢复还原字幕模板。具体的操作步骤如下所述。

Step 01 首先确定导入的字幕模板类型，系统提供镜头、滚屏、唱词、动画和图片五大类字幕模板。

Step 02 选择相应类型文件夹，在右侧空白处执行右键菜单“导入/导入字幕模板”命令。

Step 03 在弹出的对话框中指定.xcg文件所在磁盘路径及文件名。

Step 04 单击“确定”按钮，字幕模板图标将出现在模板库中。

6. 导入项目

导入项目功能用于对U-EDIT导出项目的整体还原，具体的操作步骤如下所述。

Step 01 执行“文件”→“导入项目”命令。

Step 02 选择目标项目文件夹中的*.proj文件，单击“确定”按钮，开始导入。

Step 03 完成后将自动弹出导入成功提示，项目导入完成。

2.7.3　素材浏览

在浏览素材的内容时，通常双击该素材将其调入素材调整窗中，然后按空格键进行播放，或是拉动时间线快速浏览画面。此外，还可以切换到资源管理器大图标显示模式，对素材进行浏览和粗剪，具体的操作方法如下所述。

Step 01 在资源管理器中，单击相应按钮，以“编辑模式”显示资源库资源。

Step 02 此时，素材图标将变为大图标显示，可按空格键播放，也可以拉动滑块浏览素材。

Step 03 拉动滑杆左右两端的红、绿标记，可以修改素材的入、出点，进行素材的粗剪。

> 提示：
>
> 使用鼠标双击资源管理器中的视音频素材、字幕素材和故事板文件，可将其打开。视音频素材打开后将被调入素材调整窗中，字幕素材将被调入字幕编辑窗中，而故事板文件将在故事板编辑窗中打开并处于编辑状态。

2.7.4　查看素材属性

使用鼠标右键单击资源库中素材，在右键菜单中执行“属性”→“素材属性”命令，可打开“素材属性”窗口。该属性窗由素材浏览、基本属性、标记点、视音频信息、数据文件、引用关系、审核历史、场记单等八个属性页组成，可以查看并修改部分属性信息。

- 素材浏览：用于浏览素材内容、修改入出点、设置关键帧、更改素材肖像等操作。

- 设为肖像：用于设置当前帧为素材肖像。选择有代表性的画面作为素材肖像会起到很好的提示作用。系统默认视频素材的首帧为素材肖像，单击此按钮可更改肖像图标，单击“应用”或者“确定”按钮，素材信息即被更新。
- 设置标记点：标记点可以帮助我们快速了解素材概要，同样有很好的提示作用。在素材浏览窗中，将时间线放置在有代表性的画面处，单击“设置标记点”按钮即可生成标记点。当切换到“标记点”页签，可以看到标记点画面，还可对标记点编辑备注信息。
- 基本属性：提供素材详细特征描述，包括素材的创建日期等，方便用户对素材的查询、调用和归档。用户还可以在本页签中修改素材名称、序列号、描述信息等，单击“应用”按钮后修改即可生效。
- 标记点：该页签以列表或缩略图方式显示素材的所有标记点。在缩略图模式下，用户可以看到标记点的图像和时间码，单击“设置肖像”按钮可以更改肖像图标。缩略图方式下双击图标，然后在素材调整窗中可快速跳转到该标记点位置。在列表方式下，双击标记点信息栏或标记点备注栏，可修改标记点信息或备注信息。
- 视音频信息：该页签帮助我们了解素材的视音频属性，包括视音频的编码类型、画幅尺寸、音频的声道数、采样bit等。
- 数据文件：该页签帮助我们了解素材对应的实体文件的存储位置信息，这对于分析和解决一些素材无法正常使用的问题很有帮助。页签中记录了视音频文件的文件名、存放路径、文件大小、磁带号、磁带入出点位置等信息。
- 引用关系：该页签用于查询当前素材的引用与被引用状况。当选择“**引用的资源”时，列表中将显示出该素材所引用的全部资源。当选择“引用**资源”时，列表中将显示出引用了当前素材的故事板或素材。通过查看引用关系，可以帮助我们确定素材的有效性，是否可以被清除。
- 审核历史：主要用于网络应用领域，对于单机版U-EDIT软件，暂不提供此功能。
- 场记单：主要用于编辑素材的同期声和场记单信息。

2.7.5 查看故事板属性

在故事板属性窗中可以查看故事板的详细属性信息，包括创建日期、修改日期、编目信息、SBF实体文件的存储信息以及引用和被引用的关系信息等。在资源管理器的资源库中选中SBF文件，执行右键菜单“属性”命令，可打开故事板属性窗。

> 提示：
>
> 除故事板属性窗外，U-EDIT还提供了故事板编辑属性窗，方便查看当前编辑的故事板的各项属性，包括故事板时长信息、标记点以及操作记录等。故事板编辑属性窗可以从故事板回显窗的扩展菜单中打开，快捷键为Ctrl+C。特别说明，故事板的操作记录非常有用，在操作记录列表中选择任一记录，可以快速恢复到该编辑状态。

2.7.6　导出媒体资源

导出媒体资源的目的在于资源的备份或迁移。

1. 导出素材

导出素材的具体操作步骤如下所述。

Step 01 在资源库中选中需要导出的素材，支持使用Ctrl和Shift键多选操作。

Step 02 执行素材的右键菜单“导出”命令，弹出路径设置对话框。

Step 03 指定存储路径，单击“确定”按钮，即可导出素材。

Step 04 导出完成后，在目标路径下将生成以该素材名命名的文件夹，其中包含所有的数据文件和信息文件。

Step 05 导出的素材可以使用“从CLP文件导入”命令进行还原。

2. 导出故事板

导出故事版的具体操作步骤如下所述。

Step 01 在资源库中选中需要导出的故事板文件（SBF），支持文件多选，执行右键菜单“导出”命令，弹出路径设置对话框。

Step 02 指定存储路径，单击“确定”按钮，弹出参数设置对话框。

Step 03 系统默认导出故事板的全部内容，也可以根据实际情况选择“仅输出故事板结构”或“仅输出故事板结构和字幕”。

Step 04 单击“确定”按钮，故事板开始导出。

Step 05 导出完成后，在目标路径下将生成以该故事板命名的文件夹，其中包含所有的数据文件和信息文件。

Step 06 导出的故事板可以通过“导入故事板”命令进行还原。

3. 导出特技模板

导出特技模板的具体操作步骤如下所述。

Step 01 在特技模板库中选中需要导出的特技效果（支持多选），执行右键菜单“导出”命令，弹出路径设置对话框。

Step 02 指定存储路径，单击“确定”按钮，即可完成导出。

Step 03 导出的特技模板以.xef文件将保存在于指定的路径下。

Step 04 导出的特技模板可以使用“导入特技模板”命令进行还原。

4. 导出字幕模板

导出字幕模板的具体操作步骤如下所述。

Step 01 在字幕模板库中选中需要导出的字幕模板（支持多选），执行右键菜单“导出”命令，弹出路径设置对话框。

Step 02 指定存储路径，单击“确定”按钮，即可完成导出。

Step 03 导出的字幕模板以.xcg文件将保存在于指定的路径下。

Step 04 导出的字幕模板可以使用“导入字幕模板”命令进行还原。

5. 导出项目

导出项目的具体操作步骤如下所述。

Step 01 执行“文件”→“导出项目”命令，在弹出的列表中选择需要导出的项目名称（支持多选）。

Step 02 单击“确定”按钮，指定存储路径。

Step 03 继续单击“确定”按钮，项目即被导出。

Step 04 导出完成后，目标路径下将生成以该项目命名的文件夹，其中包含所有的素材和EDL文件。

Step 05 导出的项目可以使用“项目导入”命令进行还原。

2.7.7 快速搜索

位于资源管理器工具栏中的快速搜索栏，可以按名称查找媒体资源，结果将显示在资源库的“搜索结果”中，直到下一次搜索结果更新。快速搜索的搜索范围可以是当前项目，也可以是其他项目。搜索结果中的素材允许在素材调整窗中浏览和上轨编辑，但不能修改和删除。

快速搜索的具体操作步骤如下所述。

Step 01 在资源管理器工具栏的快速搜索栏中单击鼠标，进入文字输入状态。

Step 02 输入需要查找的媒体文件名，支持模糊查询。

Step 03 单击“查找”按钮或按回车键，满足条件的资源将显示在搜索栏中。

2.7.8 资源过滤

使用过滤功能可通过主关键字在庞大的资源库中筛选出所需要的媒体素材。单击相应按钮，目录树下方将显示过滤条件设置区。U-EDIT资源管理器支持对故事板引用关系、素材基本信息、VA属性、日期时间等进行组合条件过滤。

- 是否包含子目录：勾选此项后，条件过滤对资源库各级子目录均有效，否则仅对当前目录有效。
- 资源名称：按名称关键字进行条件筛选。
- 过滤选项：
  - SBF引用：按故事板引用关系进行筛选。系统提供“被当前SBF引用素材”“不被当前SBF引用素材”“被任意SBF引用素材”和“不被任意SBF引用素材”四个条件设置项。
  - 基本信息：通过关键字、描述和备注信息，进行高级筛选。
  - VA类型：根据视音频的不同分类，即视频、音频、KEY、视音频、图像、VBI进行高级筛选。当勾选图像类型后，还可进一步设置子类型过滤条件，包括XCG工程文件、滚屏、对白、TGA图、位图、JPEG图等。
  - VA属性：通过限定素材的视音频格式及素材长度进行高级筛选。
  - 日期时间：通过限定创建日期或者修改日期进行高级筛选。

举例，过滤名称中包含news字段的视频素材，且该素材创建时间为五日之内，具体的操作步骤如下所述。

Step 01 在媒体库中单击 按钮，显示出条件设置窗。

Step 02 在素材名称处输入“news”，同时单击“过滤选项”展开高级条件设置。

Step 03 勾选VA类型，同时勾选上“视频”设置项。

Step 04 勾选日期时间。由于U-EDIT自动以当前时间为参照，所以只要勾选“前__日”并在输入框中填写“5”即可。

Step 05 单击 开始过滤(S) 按钮，满足条件的结果将出现在右侧显示区。

2.7.9　资源排序

在资源管理器中的任何显示模式下都可以按选定的关键字进行排序，其方法是使用鼠标右键单击右侧空白处，在“排列图标”中选择需要的主关键字。系统默认按名称进行排序。

此外，切换到列表或详细列表模式时，通过表头字段名可实现快速排序的功能，具体的操作步骤如下所述。

Step 01 在列表的表头字段名处，单击鼠标左键，可按当前字段名升序或降序排列。

Step 02 使用鼠标右键单击表头字段名，在弹出的列表中可勾选或取消某字段类型的显示。

Step 03 选择最下面的“其他”项，可调整字段的显示顺序。

2.7.10 资源复制/剪切/粘贴

在资源管理器中，素材和故事板的复制/剪切/粘贴操作完全符合Windows资源管理的操作习惯，使用组合键Ctrl+C和Ctrl+V可进行资源复制，使用组合键Ctrl+X和Ctrl+V可进行资源剪切。也可以选中某素材或故事板文件，直接拖入目录树中选定的文件夹，实现资源的迁移。

除上述操作外，资源管理器右键菜单和工具栏中按钮操作同样可以实现对选中素材的复制、剪切和粘贴操作。

2.7.11 资源删除

在资源管理器中删除素材或故事板主要有以下几种方法。

- 选中媒体文件后，执行右键菜单“删除”命令(快捷键为Del)，媒体文件被删除到回收站。此时媒体文件的元数据和实体文件还存在，可以随时还原回来。
- 进入回收站，执行右键菜单中的“删除”或“清空回收站”命令，将彻底删除媒体文件的元数据和数据文件，此操作后将不可恢复。
- 资源库中选中媒体文件后按组合键Shift+Del，将直接删除媒体文件的元数据和数据文件，不可恢复。

提示：误删除资源将给使用者带来不可挽回的损失，U-EDIT提供了必要的数据保护机制，最大限度地降低可能的损失。

（1）删除提示：当删除的素材被故事板或其他项目引用时，或故事板文件处于打开编辑状态时，系统将弹出提示，请慎重执行删除操作。

（2）禁止删除：正在素材调整窗中预览的素材，以及当前故事板引用的素材，均被系统锁定，无法删除。

（3）回收站：按Del键删除的素材被放进回收站，可以还原。

在资源管理器中删除项目的操作步骤如下所述。

Step 01 执行“文件”→“删除项目”命令，弹出项目列表。

Step 02 选择需要删除的项目（支持多选），确定后项目及项目中相关资源全部被删除，不可恢复。

需要注意的是，由于删除项目涉及资源较广泛，建议慎用此命令。

提示：

- 正在打开的主项目无法删除。
- 加密的项目，密码不正确，无法删除。
- 删除过程将提供该项目的资源数量以及引用关系，请确认后再进行删除。

2.8 本章小结

本章详细讲解了非编中资源的获取方式，包括素材的直接导入、视音频采集、新媒体与常规介质的采集等。另外，本章还详细阐述了资源管理器相关常用操作，包括素材、项目的浏览、搜索、过滤、删除等操作。

2.9 思考与练习

1. 项目管理有几种方式？
2. 故事板是如何管理的？
3. 练习常用的几种素材导入方式和采集方式。
4. 练习特技模板的导入和导出。

第3章 剪辑制作

法国新浪潮电影导演戈达尔："剪辑才是创作的正式开始。"

剪辑既是制作工艺过程中一项必不可少的工作，也是艺术创作过程中所进行的最后一次再创作。

大量素材经过选择、取舍、分解与组接，最终经过制作完成一个连贯流畅、含义明确、主题鲜明并有艺术感染力的作品，U-EDIT剪辑技术更加简单可控，帮助后期人员能够更快速有效地完成剪辑工作，从而为节目后期制作提供了强大的技术支撑。

3.1 剪辑基本概念

好的影视作品不单单是故事情节好，还要从剪辑角度来表现，只有剪辑得生动多彩，才能体现一部作品的优秀。剪辑是影片艺术创作过程中的最后的一次再创作。视频剪辑就是组接一系列拍好的镜头，每个镜头必须经过剪裁，才能融合为一部影片。

影片拍摄完成后，依照剧情发展和结构的要求，将各个镜头的画面和声带，经过选择、整理和修剪，然后按照蒙太奇原理和最富于银幕效果的顺序组接起来，成为一部结构完整、内容连贯、含义明确并具有艺术感染力的影片。剪辑是电影声像素材的分解重组的整体工作，也是一部影片摄制过程中的一次再创作。

3.2 剪辑工作区

启动U-EDIT非编软件，在进入项目后，将展现一个资源管理窗口。如需展示U-EDIT编辑界面的全貌，需要创建或打开一个故事板文件，如图3.2.1所示。

图3.2.1　U-EDIT编辑界面

U-EDIT编辑界面主要由资源管理器窗口、回放窗（素材调整窗和故事板播放窗）和故事板编辑窗组成。资源管理器用于组织、存储和有效管理编辑中所用到的资源，回放窗和故事板编辑窗相结合使用，可以完成大部分的编辑工作。

3.2.1　回放窗

回放窗分为素材调整窗和故事板播放窗两个视窗，如图3.2.2所示。素材调整窗用于观察素材的原始效果，可对原始素材进行精细剪辑；故事板回放窗用于观察故事板的编辑效果。素材调整窗与故事板播放窗同时观察，便于对比影片编辑前后的差别。

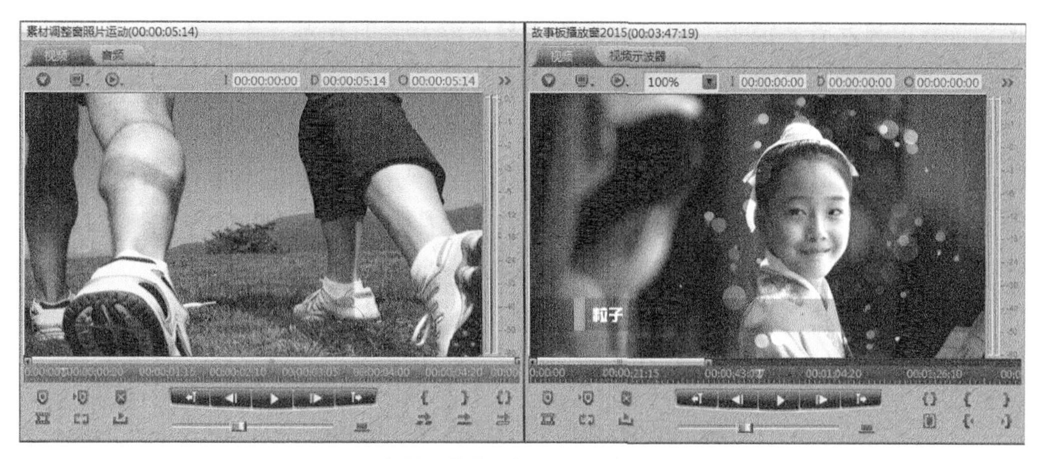

图3.2.2　素材调整窗（左）和故事板播放窗（右）

在U-EDIT中，素材调整窗和故事板播放窗的整体布局非常相似：视窗顶部显示有素材名或当前编辑的故事板名称；中间为视窗主体，用于显示画面内容和音频，窗体的左上方和右上方各提供一级功能按钮（下面有详细介绍），中间是一组时码显示；视窗下部是一组常用的播放和功能按钮，用于实现播放控制、入出点设置、标记点操作等功能。

1. 素材调整窗和故事板播放窗的打开

正常情况下，执行“窗口”→“编辑模式”命令，将会打开标准的双窗口编辑界面。如果不小心关闭了素材调整窗，可以通过以下三种方法重新打开。

（1）执行“窗口”→“素材调整窗口”命令。

（2）双击资源管理器中的视音频素材，或是先在资源管理器中选中素材，执行右键菜单中的“编辑素材”命令。

（3）双击故事板上的视音频素材，或是先选中轨道上的素材，执行右键菜单中的“在当前素材调整窗口打开当前选中素材”或“在新素材调整窗口打开当前选中素材”命令。

故事板播放窗在打开或创建故事板文件时会自动开启，如果手动关闭了故事板播放窗，可以通过执行“窗口”→“故事板播放窗”命令重新打开。

下面从窗体主体、设置按钮和扩展菜单三个方面详细介绍素材调整窗和故事板播放窗中所提供的各项功能。

2. 窗体及播放控制

（1）窗体部分。素材调整窗和故事板播放窗的窗体组成有所不同。

素材调整窗的窗体由视频窗和音频窗组成。对于视音频文件或者故事板文件，都可以调入素材调整窗中进行浏览。素材调整窗除用于显示画面内容外，还可以切换到音频窗显示音频波形，故事板则用于显示混音后的效果，音频窗对音频的浏览和打点可以精确到1/4帧。借助音频窗中的波形，可以方便、直观地截取所需要的素材片段。

故事板播放窗的窗体由视频窗和视频示波器组成。视频示波器带有超标警示线，可以显示全彩色电视信号的波形图、矢量图、直方图和分列图等，用于客观分析素材或故事板画面的亮度、颜色及对比度，以确保画面的亮度和色度电平符合标准。

（2）播放控制。在回放窗的下方提供了一组播放控制按钮，如图3.2.3所示，用于对素材或故事板进行预览或是逐帧搜索。

图3.2.3　播放控制

- “前一节点”和“后一节点”：快捷键分别为PageUp和PageDown。单击该按钮，时间线在节点间跳转。对单条素材来说，节点包括素材头、尾、标记点和入出点；对故事板来说，节点除包括素材头、尾、标记点和入出点外，还加上故事板上素材间的节点。
- “播放”和“暂停”：快捷键为空格键。单击该按钮，开始播放；再次单击该按钮，停止播放。
- “时间线左移1帧”和“时间线右进1帧”：单击该按钮，时间线将向左或向右移动1帧。
- “JOG”和“定比播放”：可实现正向或反向的变速播放和定比播放，如图3.2.4所示。

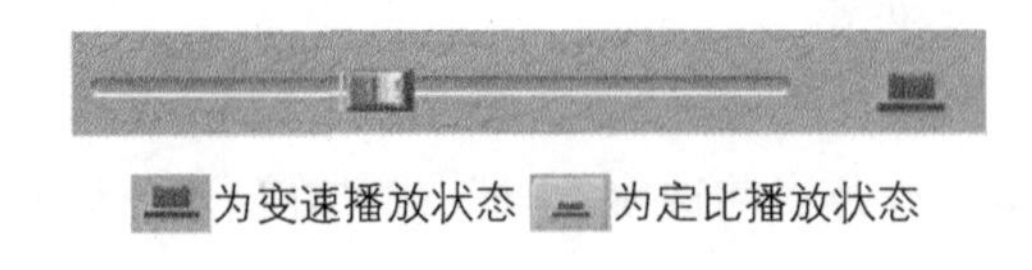

图3.2.4　“JOG”和“定比播放”

■ 在变速播放状态下，鼠标拉动中间的滑块，向右拉动为正向播放，向左拉动为反向倒放，滑块越靠近滑杆边侧，播放速度越快。滑块上的数值标识快放和慢放的程度：数值=1，为常速播放；数值<1，为慢速播放；数

值>1，为快速播放。

■ 单击按钮即可切换到定比播放模式。此时，滑块数值=1，为常速；向左拉动滑块，数值在0 ~ 1间变化，为慢放；向右拉动滑块，数值在1 ~ 10间变化，为快放。当确定速度值后，松开鼠标，单击播放按钮或按空格键，回放窗将以所设定的速度比进行播放。

提示：

拖动时间线浏览时提供了吸力功能，当时间线接近节点时会自动吸附；按住Alt键进行操作，可忽略吸力功能。

（3）时间标尺。窗体下部的时间标尺（如图3.2.5所示）用于显示时间线所在的准确位置。在时间轴上，白色框所示区域表示工作区域。对于素材调整窗而言，只有在工作区的素材片段才会被添加到编辑轨道上；而故事板的工作区即为节目的输出区域。工作区左边的三角为入点标记，右边三角为出点标记，拉动入、出点标记可以调整工作区的位置和范围。

图3.2.5　时间标尺

（4）缩放栏。时间轴的上端提供有缩放栏（如图3.2.6所示），用于对回放窗进行缩放和浏览操作。具体的操作方法为：使用鼠标左键拉动缩放栏两端的标记，可以无级缩放时码轨的显示，使用鼠标右键在时间标尺上左右滑动，也可以缩放时码轨的显示；使用鼠标左键点住缩放栏中间位置左右拖动，可以浏览素材；鼠标双击缩放栏，可以快速放大或恢复显示比例。

图3.2.6　缩放栏

3. 设置按钮区

在回放窗左上角提供了一组设置按钮，主要用于对回放窗的显示属性和播放属性进行设置。

（1）最新编辑记录。用于提供最近浏览过的素材或编辑过的故事板的列表，按时间顺序排列。可以直接选择列表中的资源打开浏览或编辑。最新编辑记录为我们提供了又一个快速打开媒体资源的方式。

（2）显示设置。用于对回放窗所显示的各项信息进行设置，包括时码信息、标记点信息、入出点信息等，如图3.2.7所示。具体的内容如下所述。

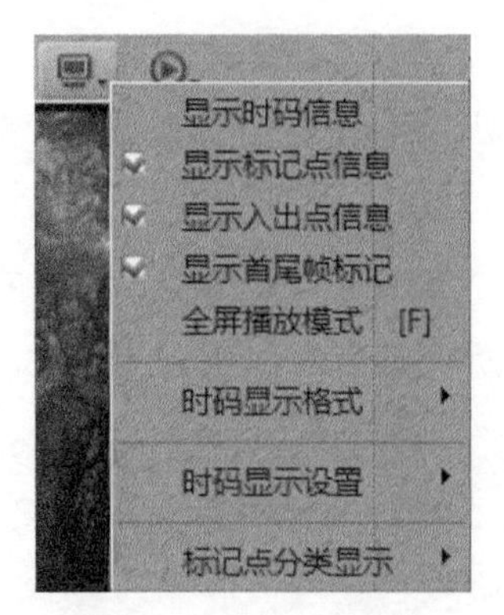

图3.2.7 显示设置列表

- “显示时码信息”：勾选此项将显示时码信息，时码的显示类型（CTL码/TCR码）在时码显示格式中设定。
- “显示标记点信息”：勾选此项，当时间线移动到标记点处时，视频窗左下角将显示出该标记点的标记信息。
- “显示入出点信息”：勾选此项，当时间线到入点或出点位置时，在视频窗两侧边缘将显示出一排三角形标志，表示时间线处于入点或出点位置。
- “显示首尾帧标记”：勾选此项，当时间线位于素材或故事板的首尾帧时，视频窗两侧底部将显示出三角形标志，表示时间线处于起始位置或终止位置。
- “全屏播放模式”：选择此项，将进入画面的全屏播放模式。该模式下可以深入浏览画面细节，开始播放后会自动隐藏播放控制按钮。全屏播放模式的快捷键是F键，按ESC键可退出全屏模式。
- “时码显示格式”：用于设置叠加在画面上的时码类型，系统默认为TC码，也可选择TCR码。当选择TC码时，将显示CTL当前时码；当选择TCR码时，将显示磁带的TCR码信息。
- “时码显示设置”：提供四组时码方案，方案中的I代表入点时码，O代表出点时码，C代表当前时码，D代表入出点间的时长。系统默认为IDO时码显示，用户可根据需要进行选择。
- “背景样式”（仅故事板播放窗）：用于设置故事板播放窗在画面非全屏时的背景状态，提供黑、白和棋盘格三种选择，系统默认为黑背景。
- “标记点分类显示”（仅故事板播放窗）：用于设置故事板播放窗和编辑窗中仅显示指定类型的标记点信息，提供全部、Default以及用户自定义的标记点类型选项。系统默认显示全部标记点信息，当勾选某一类型或某几类型时，时间轴将仅显示指定类型的标记点信息，未指定的标记点将不被显示。用户自定义标记点类型是在用户喜好设置中创建完成。

（3）播放设置。用于设置素材调整窗与故事板播放窗在播放时的同步关系，两窗口均有“打开并跟随”和“联动”选项，其设置效果是一样的，如图3.2.8所示。具体内容如下所述。

图3.2.8　联动设置

- “打开并跟随”：勾选此项，在浏览时故事板时间线所在位置的素材被自动调入素材调整窗，同时自动匹配当前画面，素材调整窗将跟随故事板同步移动。如果故事板存在多轨视频素材，最上层的素材将被打开并跟随。
- “联动”：勾选此项，在素材调整窗和故事板播放窗中时间线将保持联动，即两窗口时间线同步移动，并且保持相对的偏移。

在影片制作中如果希望在故事板上添加有特技的素材时同步观察其原始画面，可以通过以下四步来实现。

Step 01 双击故事板素材，将其调入素材调整窗中。

Step 02 在素材调整窗中勾选播放设置中的“联动”选项。

Step 03 单击素材调整窗面板中的匹配帧按钮，两回放窗将自动锁定到相同画面。

Step 04 在故事板编辑窗中拉动时间线浏览，此时在素材调整窗中将同步看到原始素材的画面。

4. 回放窗扩展菜单

在回放窗的下排提供一组编辑中经常用到的工具按钮，这些按钮允许根据用户喜好进行自定义调整，而面板中编排不下的工具按钮被收集在扩展菜单中，其中的各项功能如下所述。

- “抓取单帧”：将回放窗当前画面保存为静帧素材或TGA（或BMP）图，其快捷键为S。
- “显示VU表”：执行该命令将弹出标准音频VU表，用以在浏览素材时便于预监每路音频状态和输出电平，其快捷键为F7。
- “时码到指定位置”：执行该命令可使时间线跳转到指定的编辑点位置。在设置对话框（如图3.2.9所示）中，可以输入绝对时码，也可以输入与当前时码的偏移量来指定时间线跳转的目标位置，其快捷键为G。

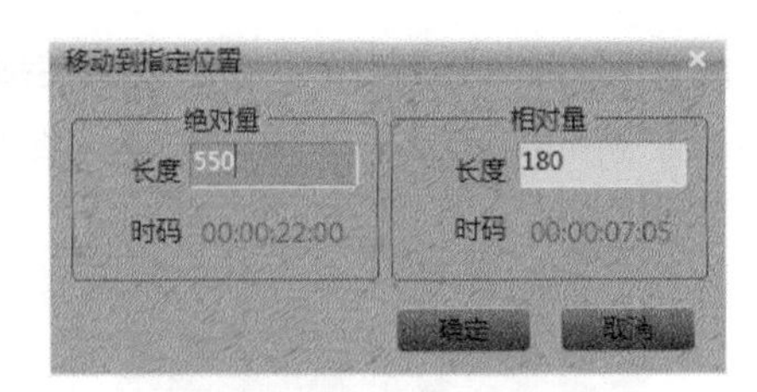

图3.2.9　时码到指定位置

- “到入点”和“到出点”：用于使时间线跳转到素材或故事板的入/出点位置，其快捷键分别为Ctrl+I和Ctrl+O。
- “到头”和“到尾”：用于使时间线跳转到素材或故事板的起始位置/终止位置，其快捷键分别为HOME和END。
- “左进”和“右进”：用于在节点间进行左右跳转。对于素材调整窗，“前一节点”和“后一节点”包括了素材的头、尾、标记点和入出点；而对故事板播放窗，将包括所有素材的头、尾、标记点、入出点以及素材间的节点，其快捷键分别为PageUp和PageDown。
- “当前位置播放”：用于设置播放时码线当前位置前2秒或是当前位置后2秒的内容。其具体方式由用户喜好设置来确定，系统默认从当前位置前2秒开始播放，到当前位置停止。其快捷键为P。
- “素材属性”和“故事板属性”：用于查看当前编辑的素材或故事板的属性信息。素材属性包括基本信息、标记点信息、引用关系信息、索引帧信息等；故事板属性除上述信息外还提供了操作记录信息（如图3.2.10所示），方便查看每一步编辑记录，可以选中某步的操作退回到之前的编辑状态。当故事板正常保存并退出U-EDIT软件时，这些操作记录即被自动清空。由于记录每步操作都需要占用一定的资源，系统默认备份30步操作，用户可以在喜好设置中调整最大备份次数。

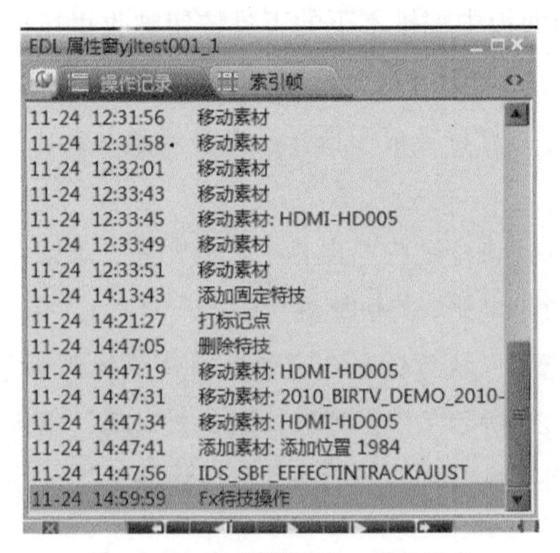

图3.2.10　故事板属性 – 操作记录

● “素材分解”（仅素材调整窗）：用于将源素材按场景内容按照设定长度抽取关键帧或是生成多个子素材段，以便分解出关键镜头，提升素材剪辑效率，其快捷键为C。素材分解的具体操作如图3.2.11所示。

图3.2.11　素材分解（按关键帧分解）

● “按关键帧分解”：选择本选项，可对源素材按场景内容按照设定长度抽取出关键帧，在窗口中可显示已设关键帧数目，然后单击“素材调整”窗口中的“开始分解素材”按钮（红色按钮），即可进行素材分解。

● “按定长分解”：选择本选项，然后单击对应的+按钮，可打开“定比抽帧参数设置”对话框（如图3.2.12所示），设置定比抽帧间隔。设置完毕之后，单击抽定长帧按钮，最后单击“素材调整”窗口中的“开始分解素材”按钮（红色按钮），即可进行素材分解。

图3.2.12　素材分解（按定长分解）

- “音频特技”（仅素材调整窗）：执行该命令可调出音频特效调整窗，从中可针对素材的音频部分进行特效处理，最后生成一段新的音频素材，其快捷键为E。
- “设置素材使用信息”（仅素材调整窗）：用于设置源素材的视频、音频（V、A）的使用有效性，只有视频或音频有效时才可以添加到故事板轨道上。例如，当希望仅使用调整窗中源素材的视频和第1路音频而不使用第2路音频时，可以设置V和A1有效，取消A2勾选，此时添加到轨道只有素材的视频和第1路音频，如图3.2.13所示。其快捷键为T。

图3.2.13　设置素材使用信息

- “更新素材”（仅素材调整窗）：在素材调整窗中所做的修改（如重新设置入、出点或是添加标记点），只有执行更新命令后，修改的内容才会写入数据库的素材信息中。其快捷键为Y。
- “素材播放音频设置”（仅素材调整窗）：用于设置素材调整窗中音频轨道与输出通道间的对应关系。A代表音频轨道，OUT代表输出通道，系统默认A1输出到OUT1、A2输出到OUT2，以此类推，如图3.2.14所示。

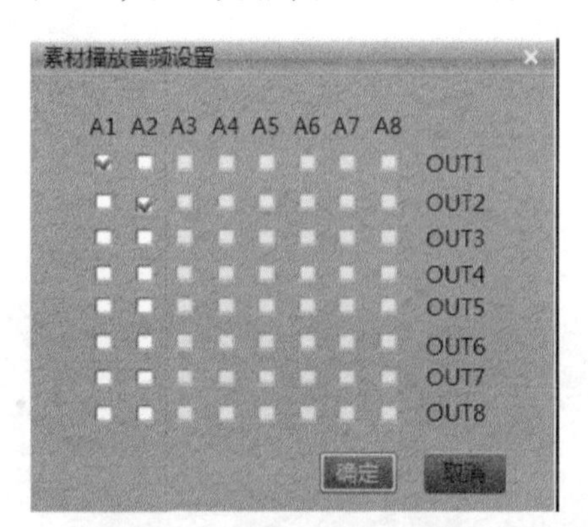

图3.2.14　素材播放音频设置

- “TC”（仅素材调整窗）：用于设置素材调整窗中时间轴的时码显示类型。系统默认显示CTL码，当勾选此项后将显示磁带的TCR码，前提是素材CLIP信息中要带有TC码信息（只有打点采集的素材才具有TC码信息）。
- “适配添加”（仅素材调整窗）：该命令用于将调整窗中所截选的视音频片段添加到故事板入出点区域的指定轨道上，通常被添加的素材会做变速处理，以适配故事板的入出区域，其快捷键为Alt+M。

- “插入添加”（仅素材调整窗）：以插入方式向故事板指定轨道添加视音频素材。如果故事板编辑窗中设置有入点，那么添加的素材入点对齐编辑窗的入点。如果故事板上未设置入点，则添加的素材入点与时间线对齐。
- “覆盖添加”（仅素材调整窗）：以覆盖方式向故事板指定轨道添加视音频素材。同插入添加方式，如果故事板编辑窗中设置有入点，素材入点与编辑窗的入点对齐；如果故事板上未设置入点，则素材的入点与时间线对齐。
- “替换添加”（仅素材调整窗）：用素材调整窗中的片段替换故事板上选中的素材，其长度为轨道上素材的长度。如果调整窗中素材的长度不足，系统会弹出提示“源素材长度不够”并停止替换操作。
- “故事板输出到磁带”（仅故事板播放窗）：该命令与主菜单中“输出/故事板输出到磁带”命令的功能相同，用于故事板遥控打点输出到录机。
- “故事板标清预览”（仅故事板播放窗）：用于在高清项目中预览标清4：3的输出效果，可选择信箱、变形、切边和窗口四种下变换方式，如图3.2.15所示。

图3.2.15　故事板标清预览

提示：

（1）故事板的“指定轨道”是轨道头的V、A标识所设定的素材添加的目标轨道。

（2）“覆盖”是一种标准的线性电视编辑模式。以覆盖方式添加或移动素材时，将覆盖掉目标位置的空间，无论此空间是否有素材存在。

（3）“插入”是一种从电影胶片剪辑方式中演变而来的编辑模式，是一种标准的非线性编辑模式。以插入方式添加或移动素材时，将不会覆盖掉目标位置的空间和素材，其原来位置的素材将被向后移动。

- “工具按钮设置”：用于在自定义回放窗面板中设置常用工具。执行该命令将弹出功能按钮窗（如图3.2.16所示），将所需的按钮图标拖拽到回显窗面板区，即可替代掉原面板区的功能按钮。

图3.2.16　工具按钮设置

3.2.2　故事板编辑窗

故事板编辑窗是时间线编辑的主要场所，由故事板标签页、工具栏、轨道头和时码轨编辑区组成，如图3.2.17所示。

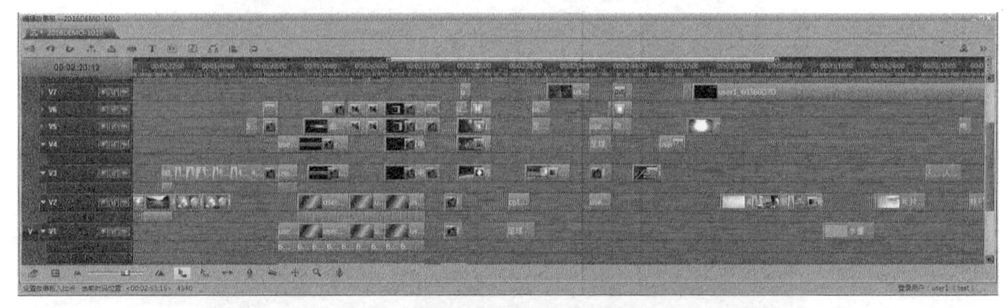

图3.2.17　故事板编辑窗

1. 故事板标签页

在故事板标签页上将显示有故事板名称。在多故事板同时编辑的情况下，带有小箭头的故事板为当前正在编辑的故事板，其标记为，非当前编辑的故事板标记为；使用鼠标左键单击小箭头可以弹出快捷菜单，从中可实现“新建”“保存”“另存”和“关闭”等操作，如图3.2.18左图所示。

通过故事板标签页的右键菜单，还可以设置标签的显示位置，系统默认为“向上”，即在窗口顶部显示故事板标签页，也可自行设置为“向左”显示或“向下”显示，如图3.2.18右图所示。

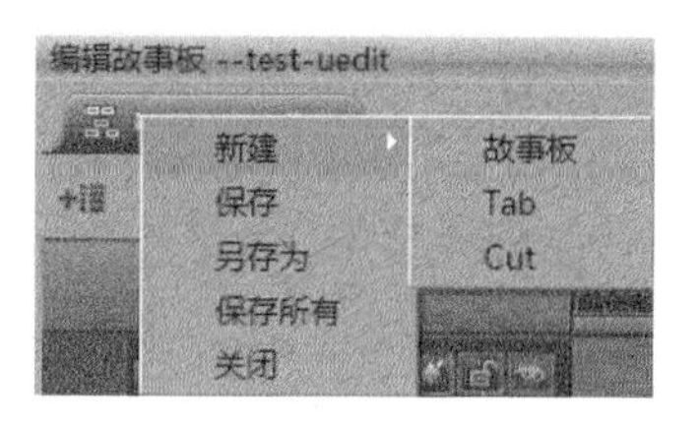

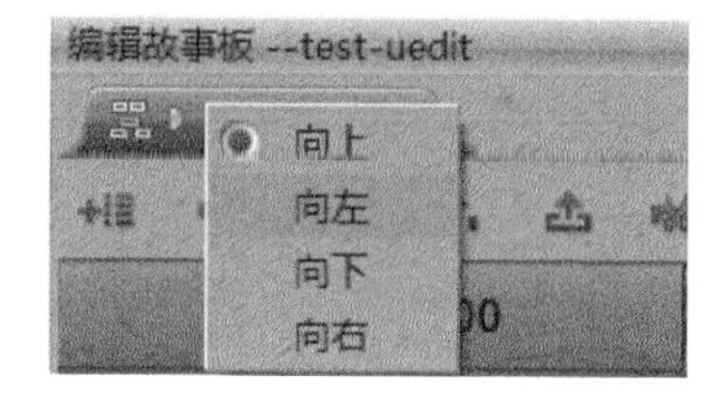

图3.2.18 故事板标签页

2. 编辑窗上方工具栏

编辑窗工具栏中涵盖了大部分的编辑功能，用户可以在用户喜好设置中定义工具栏的初始状态，精简不常用的工具按钮，创建一个简明、个性化的编辑环境。

还可以根据需要随时添加或精减故事板的工具按钮，其具体方法是：单击编辑窗右侧的设置按钮，在列表中选取需要的按钮图标，工具栏上将显示出相应的按钮图标。»按钮用于展示工具栏中所有编辑工具，直接单击即可执行相应的操作。

3. 编辑窗下方工具栏

编辑窗下方的工具栏中提供了常用的编辑工具和设置工具，以及必要的状态信息，如图3.2.19所示。

图3.2.19 编辑窗下方工具栏

- 显示设置：用于快速调整故事板编辑窗内轨道及素材的显示状态，也可以在用户喜好设置中定义其初始值。
  - 标记点分类显示：用于选择故事板编辑窗中标记点的显示类型，系统默认显示全部的标记点，用户可根据需要指定显示某一类或某几类标记点。在U-EDIT软件的用户喜好设置中，可以根据具体应用设置多组不同颜色、不同添加方式的标记点方案，如音乐标记、镜头标记等。此处，通过标记点分类显示，可选择性地显示需要的标记点信息。
  - 勾选“特技图标”“倒放图标”“变速图标”“失去同步标志”“切点”和“素材余量”等设置项，在编辑窗中将显示出相应的标识信息。其中，“切点”指素材片段间的衔接点；红色切点标记可以帮助我们清楚地判断素材间是否紧密衔接，避免编辑中的夹帧情况产生；浅蓝色的“素材余量”信息向我们展示出该素材允许调节的有效范围，在拖动素材边缘进行剪切时很有帮助。
  - 素材肖像中提供了“首帧”“首尾帧”和“胶片”三个选项，系统默认显示素材的“首帧”肖像，用户也可以选择素材首尾帧或是逐帧显示（胶片模式），不过胶片模式占用资源较大，会严重影响编辑效率。素材信息主要指轨道上素材名称的显示；勾选“音频素材”选项，轨道上将显示出音频的波形图。

- 分栏设置：该按钮用于在单栏、双栏和三栏的轨道编辑模式间切换。单栏为传统模式。双栏是将视频和音频分栏操作的模式，对于多轨道复杂故事板的编辑的视、音频对位提供了良好的工具。三栏是将V1、A1、A2轨套在中间栏，对特殊编辑应用提供了方便。系统默认为单栏编辑。
- 比例缩放工具：单击按钮，时间单位缩小一个等级（快捷键为减号）；单击按钮，时间单位放大一个等级（快捷键为加号）。时间单位最小为10、最大为100。拖动中间滑块可以达到同等缩放效果。
- 覆盖移动工具：使用覆盖移动工具在轨道上移动素材或素材块时，将覆盖掉目标位置上的原有素材。
- 插入移动工具：使用插入移动工具在轨道上移动素材或素材块时，不会覆盖掉目标上的素材，原素材将被向后移动。

提示：

覆盖和插入工具是轨道编辑状态的一种属性，对于从资源管理器拖入的素材同样有效，但对于从素材调整窗中添加的素材，取决于所采用的具体的添加方式。

- TRIM工具：选取此工具后，被选中的轨道上最靠近时间线的素材接点可以进行trim操作，用于对镜头间的剪辑点进行精确的单帧编辑。系统提供了两种TRIM编辑方式——双窗口编辑和四窗口编辑，分别针对两个镜头之间的剪辑点和三个镜头之间的剪辑点操作。完成TRIM调整后，再次单击该按钮或是双击轨道空白处，可恢复正常的编辑模式。
- 钢笔工具：选择钢笔工具即进入特技曲线调整模式，此时可以在故事板上对特技曲线操作，如“添加关键点”“删除关键点”及“关键点曲线调整”操作，但无法对素材操作。通常，用钢笔工具调整音频增益或是视频透明度非常方便。

下面以音频增益的曲线调整为例，介绍钢笔工具的使用方法。

首先选择钢笔工具，在轨道的音频素材上会显示出蓝色增益线。在时间线所在位置处单击鼠标，可在增益曲线上添加关键点。选中关键点上下拖动，可调节该点的增益值；在按住Ctrl键的同时左右拖动关键点，可调节该点的位置，以改变关键点间变化的程度。如图3.2.20所示，通过关键点的添加和调整，可以快速制作出音频渐起渐落的效果。

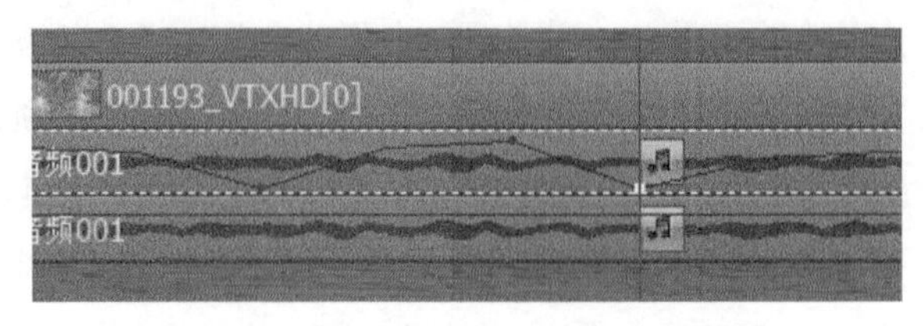

图3.2.20　特技模式下手动调节音频增益

同样，视频素材也可以通过钢笔工具快速制作淡入淡出效果：选中视频素材，右键展开列表选择添加特技“Fade”，视频素材上会出现红色的淡入淡出曲线。通过关键帧的添加和调整，也可以方便地制作出视频画面淡入淡出的效果，如图3.2.21所示。

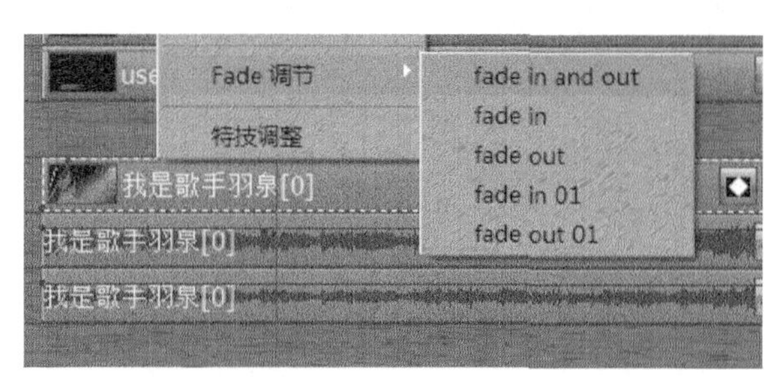

图3.2.21　特技模式下为视频添加淡入淡出特技

提示：

- 视频透明度：调整范围为0 ~ 100，正常状态为100。
- 音频素材gain：调整范围为-∞ ~ +12db，正常状态为0db。
- 音频轨道gain：调整范围为-∞ ~ +12db，正常状态为0db。
- 音频轨道pan（仅当立体声输出时才有）：调整范围为-100 ~ +100，正常状态为0。

- 切分工具：选择切分工具，鼠标将变为刀片形状，此时使用鼠标在素材上单击即可切断素材。对于初学者而言，这是一个简单实用的编辑工具。

提示：

切分工具不同于切分素材工具，两者在使用上也截然不同。切分工具使用起来简单直白，刀片在素材上单击即可切断素材，无论这个素材是否被选中，是否与其他素材成组，刀片只对当前素材有效。而切分素材工具在使用时相对复杂，如果轨道上时间线位置有选中的素材，按快捷键F5后选中的素材将被切分；如果轨道上时间线位置没有选中的素材，则沿时间线纵向全部素材被切分。

- 平移工具：选取平移工具，可以横向或纵向移动故事板面板，方便对故事板的浏览和查看。此时轨道上的素材和特技曲线都是不可编辑操作的。
- 放大镜工具：选择放大镜工具，使用鼠标左键在轨道上单击，可以横向放大（按Alt键为缩小）时间线，等同于故事板缩放栏的操作。使用鼠标在轨道头单击，可以纵向放大（按Alt键为缩小）轨道高度。
- 配音工具：选择配音工具进入故事板配音模式，可实现故事板轨道的快速配音功能。切换到配音模式后，系统将弹出配音控制器，同时锁定视频轨，音频轨道首会出现录制按钮，用于设置录音轨道。故事板配音的具体操作请参见“第6章　音频处理”。

● 后台打包状态：用于控制后台打包合成的开启状态，显示打包进度。控制开关点亮后，启用后台打包，进度条将显示当前打包的总进度，如图3.2.22所示。

图3.2.22 后台打包状态

提示：后台打包是指对不实时的紫色区域进行依次打包，若中途需要停止打包，点灭控制开关即可。

● 丢帧提示：用于显示当前播放的故事板实时状况，如图3.2.23所示。实时状态时丢帧提示始终为0，故事板播放也实时，否则需要打包处理后再进行节目的输出。

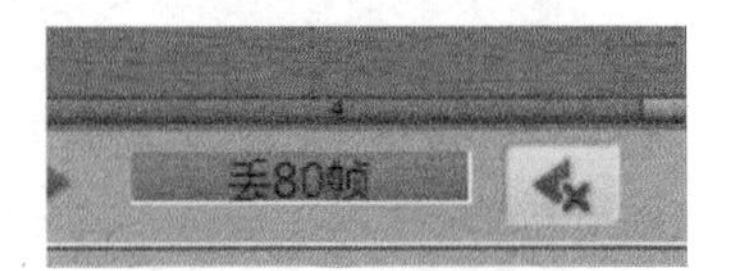

图3.2.23 丢帧提示

4. 编辑窗轨道首工具栏

当在创建故事板时，选用不同的故事板模板，默认的轨道种类和数量以及轨道的状态参数会各不相同。下面将对不同种类的轨道首工具栏（如图3.2.24所示）进行介绍。

（1）视频编辑轨道。编辑窗中V轨（Video视频轨）和Bg轨（BackGround背景轨）都属于视频轨道，用于放置和编辑视频、静止图像、字幕等素材。每个视频轨都拥有自己的KEY轨和多个FX轨，以实现对轨道进行统一的特效处理。编辑中可以根据需要，任意增加视频轨道的数量。

● 视频轨道名称：编辑窗中每个轨道都有自己的名称，如BG、V1等。我们也可以根据需要为轨道另起名称，以区别不同轨道的功用。例如，如需将V3轨命名为“news”，可以进行如下操作。

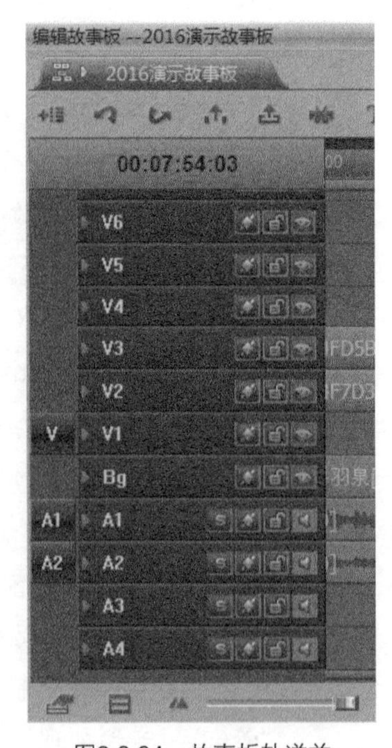

图3.2.24 故事板轨道首

Step 01 在V3轨的头部单击鼠标右键，在右键菜单中执行“轨道名自定义”命令，如图3.2.25所示。

Step 02 在弹出的对话框中输入名称“news”。

Step 03 单击“确定”按钮后即可看到V3轨头部已显示出“news”自定义名称。

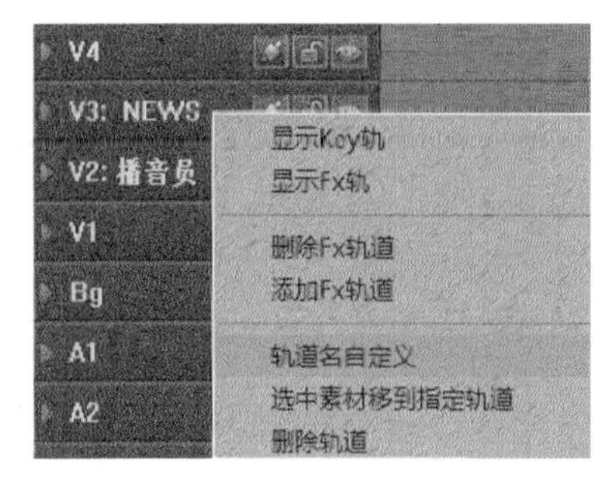

图3.2.25　轨道名自定义

- “关联开关”：其作用是将不同的轨道关联在一起。系统默认为轨道之间存在关联关系，此时对任一轨道的素材操作，对其他轨道上的素材也同样起作用。例如，以抽取方式删除某轨道上的素材（按组合键Ctrl+Del），其后的素材也会自动跟进。由于轨道间存在着默认的关联关系，所以其他轨道上的素材也会一同向前跟进。单击该图标使其呈解除关联状态（即处于轨道非联动状态），此时该轨道的操作对其他轨道将不起作用，同样，其他轨道的操作也不会影响到该轨道。
- “锁定开关”：表示当前轨道为开锁状态，可以进行常规的编辑操作。单击该图标，使其呈锁定状态，此时将无法进行任何编辑操作。在节目制作完成时，如需针对某个轨道进行修改，可以将其他轨道锁定保护起来，这样可以避免修改过程中可能出现的误操作。
- “轨道有效开关”：表示轨道有效可见，可以进行常规的编辑操作。单击该图标，使其呈无效状态，表示该轨道不可见并且已被锁定，无法进行轨道相关的任何操作。在编辑中，有时为了看清楚某个轨道的输出效果，会临时将其他轨道设置为无效，等调整完毕再将这些轨道恢复为有效状态。如图3.2.26所示。

图3.2.26　轨道有效/无效按钮

- “缩进”按钮：单击该按钮可以展开或收起该轨道的附加轨（视频轨包含附加FX轨和KEY轨；音频轨只包含一个FX轨，并不可附加）。视频轨每个轨道拥有1个KEY轨和多个FX轨，以实现针对轨道的统一特效处理。如图3.2.27所示。

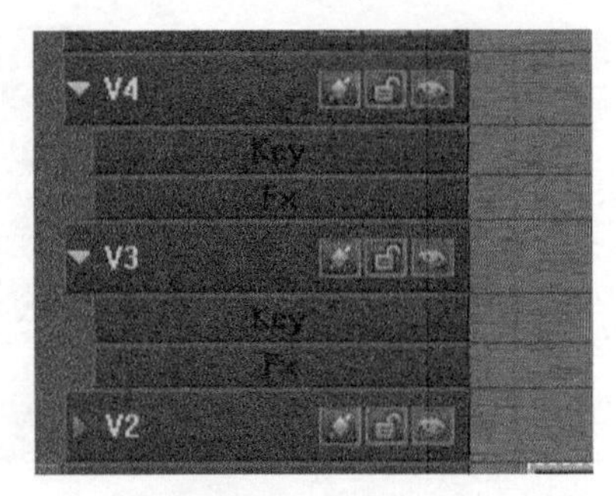

图3.2.27　缩进按钮

● “视频目标轨设置”：轨道前端的“V”用于指定视频素材添加的目标轨道位置。鼠标拖移 V 图标可调整目标轨道的设置位置，如图3.2.28所示。该标志对于从素材调整窗拖拽素材片段到故事板播放窗的添加方式非常必要。另外，在右键菜单中取消对“V”的勾选，可以实现只向轨道上添加音频而不添加视频的操作。

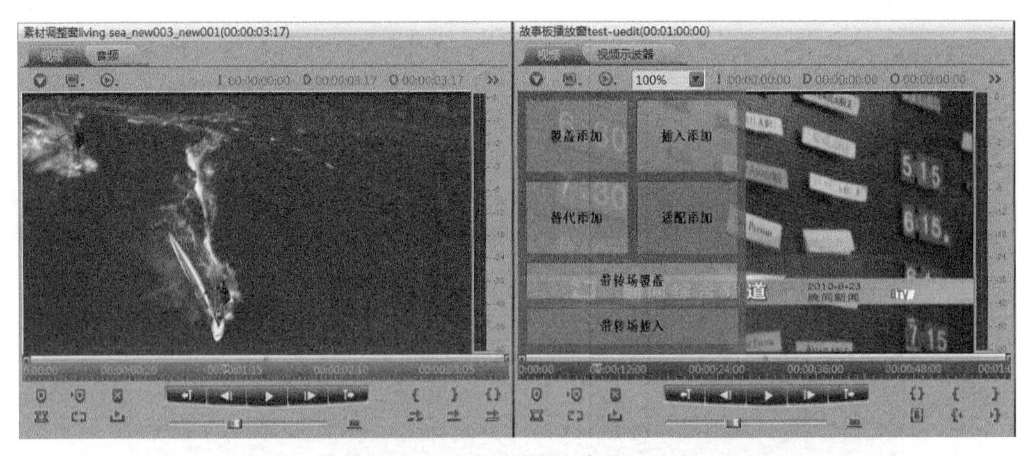

图3.2.28　在素材调整窗中添加素材

例如，在素材调整窗中选择好所需要的片段之后，按住鼠标左键，从素材调整窗滑到故事板播放窗即会弹出添加方式，选择所用的方式，可完成添加素材到指定轨道的操作。取消“V”的勾选，只向轨道添加音频，没有视频。

● 视频轨道首右键菜单：提供与视频轨道相关的操作命令，如“添加FX轨道”“删除FX轨道”“轨道名自定义”“轨道高度”等，如图3.2.29所示。

■ “显示Key轨”：勾选此项 显示Key轨 ，然后单击缩进按钮，此时在轨道首将会看到Key

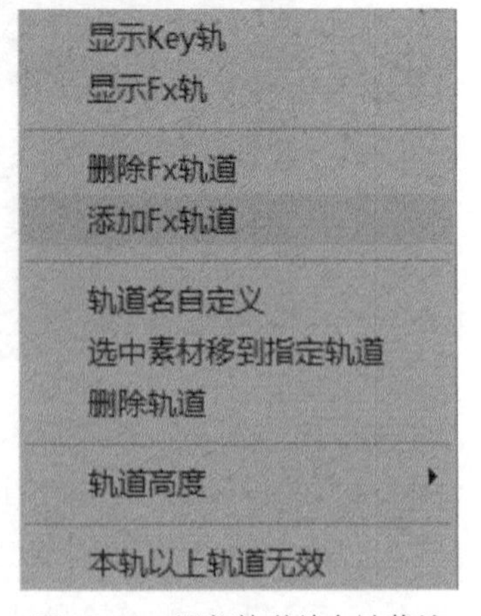

图3.2.29　视频轨道首右键菜单

轨及其他轨道显示，系统默认为显示有效。Key轨可以对主轨道做键的处理，其原理是：通过带Alpha通道的视频或图文为主轨道上的视频做键叠加效果，从而透出下层的画面。取消了Key轨显示，并不等于取消了Key轨特技效果，只有在删除了Key轨上的特技素材后，特技效果才被去除。

■ “显示Fx轨”：勾选此项 显示Fx轨 ，然后单击缩进按钮，此时在轨道首将会看到Fx轨及其他轨道显示，系统默认为显示有效。附加Fx轨可将视频特效作用于主轨道，从而实现为同轨的多段视频添加统一的视频特效。与Key轨不同，对主轨道可以添加多个附加Fx轨，灵活运用多轨Fx特技，可以实现更加交错复杂的视频效果。有关Fx轨特技制作方法请参见“第4章 特技制作”。

■ “删除Fx轨道”：在对应的视频主轨道单击鼠标右键，每执行一次右键菜单中的“删除Fx轨道”命令，主轨道最下一层的Fx轨道就会被删除。

■ “添加Fx轨道”：在对应的视频主轨道单击鼠标右键，每执行一次右键菜单中的“添加Fx轨道”命令，在主轨道上将会增加一个Fx轨道。

■ “轨道名自定义”：用户可以自定义轨道名称。原系统默认轨道名称与用户自定义的轨道名称将共同显示。例如：将V1轨道重新命名为“news”，则将显示为“V1：news”。

■ “选中素材移到指定轨道”：选中素材，然后在轨道首单击鼠标右键，在右键菜单中执行“选中素材移到指定轨道”命令，在打开的“选中素材移到指定轨道”对话框中输入轨道号（即指定轨道），其他轨道的排列顺序将依次自动变更，如图3.2.30所示。如图3.2.31所示，将V3轨移动到V1轨，原V1及V2轨道将依次上移。

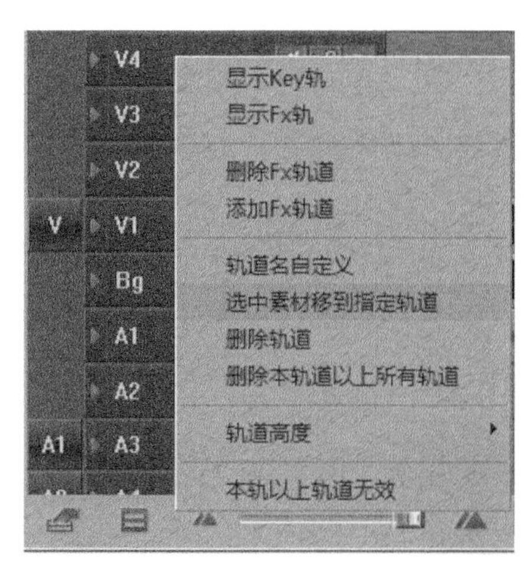

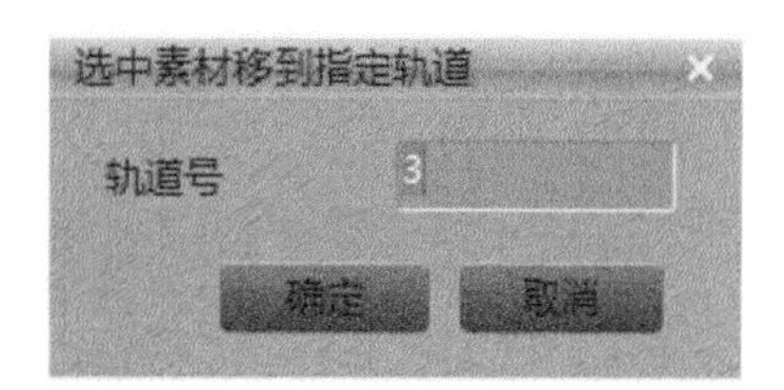

图3.2.30 选中素材移动到指定轨道

图3.2.31　选中素材移动到指定轨道的结果

- “删除轨道”：删除当前的轨道。
- “本轨以上轨道无效”：设置后，当前轨道之上（不包括本轨道）的所有视频轨将为无效。在对复杂节目修改时，可以一次性屏蔽掉上层的多个轨道，等修改完毕再将其恢复。
- “所有轨道有效”：可使所有设置为无效的轨道全部有效。
- “轨道高度”：按系统定义的大、中、小级别调整当前轨道高度。也可手动调节轨道高度，将鼠标放置在相邻视频轨之间，当鼠标标识形状由单箭头变为双箭头时，按住鼠标左键上下拖动，即可实现轨道高度的调节。
- “删除本轨以上所有轨道”：删除当前轨道之上的所有视频轨道，不包括当前轨道。当有新添加的视频轨道时，该操作有效，若只有故事板创建时默认的视频轨道，该操作无效且在轨道首右键展开列表中不显示该操作命令。

（2）音频编辑轨道。音频轨道（Audio）用于放置和编辑音频素材，如图3.2.32所示。音频轨道首的轨道名称、声音开关、锁定开关和关联开关的含义与视频轨道完全相同，下面着重介绍音频轨道首特有的功能属性。

图3.2.32　音频轨道

- “SOLO独奏开关”：点亮此开关，将只能听到当前轨的声音输出，其他音频轨自动关闭。
- “简化的UV表”：音频轨道头显示简化的UV表，以便预览音频输出。UV表的个数与音频轨道属性有关，单声道显示一个UV表，双声道则显示立体声UV表，如图3.2.33所示。

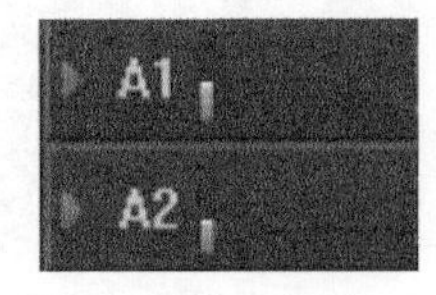

图3.2.33　绿色显示即为简化的UV表

- “配音开关”：在故事板配音模式下，音频轨道头会增加配音开关，用于设置配音文件自动添加的目标轨道。
- “音频目标轨道设置”：音频目标轨道的设置较视频的设置复杂一些，不仅需要确定目标轨道的个数、位置，还需要确定对应到源素材的音频的内容。

举例说明音频目标轨道的设置方法。如果希望将四路音频的源素材的第3路和第4路音频添加到编辑窗的A1、A2音频轨上，具体的操作方法为：首先，在A1轨道的最前端（设置目标标识的位置）单击鼠标右键，在弹出的快捷菜单中选择“A3”选项，这表明，A1轨将放置来自源素材的第3路音频，再在A2轨上选择右键菜单中的“A4”选项，表明A2轨将放置来自源素材的第4路音频。通过上述设置，源素材的音频部分将按照需求添加到故事板上。

- “调音台STRIP特技”：用于为音频主轨道添加预置的音频特技。当在列表中选择添加了MAINGAIN（音频增益）特技后，单击缩进按钮可显示出Fx轨，此时会看到Fx轨中间出现一条淡绿色的电平线。使用钢笔工具可以实现轨道曲线的参数调整。

（3）图文轨。图文轨是专用于放置和编辑字幕素材的轨道，图文轨位于所有轨道的最上层，如图3.2.34所示。按照自上而下的显示原则，可以实现字幕优先显示的功能，主要用于消除Fx特技对字幕产生的影响。例如，以往在非编中对影片整体做了16：9的遮幅处理后，遮幅范围内的字幕难免受到影响，如果借助图文轨就可以解决字幕受限的问题。

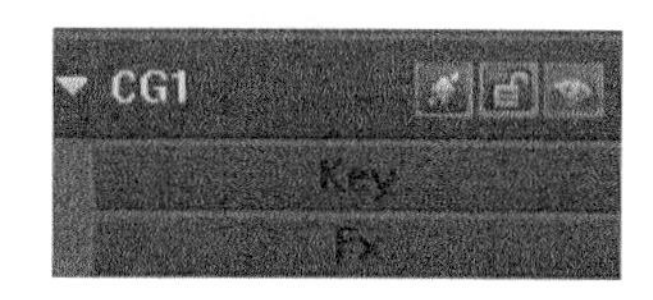

图3.2.34　图文轨

系统默认只有1个图文轨，用户可根据需要添加多个图文轨。

展开图文轨，可以看到图文轨也包含有附加Fx轨和Key轨，右键菜单项与视频轨也完全一样，如图3.2.35所示。

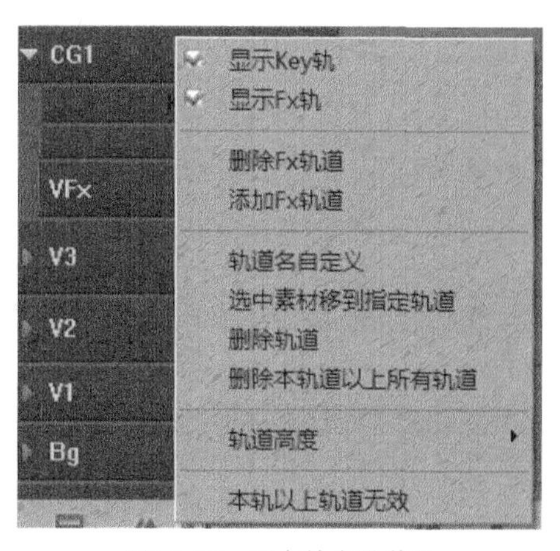

图3.2.35　图文轨右键菜单

（4）VFx总视频特技轨。如果说附加Fx轨是对主轨道做的特技处理，那么总视频特技轨VFx可以理解为是对整个故事板（除图文轨）做的特技处理，在VFx总特技轨上添加的特技效果会纵向作用于整个视频轨道，如图3.2.36所示。例如，在节目编辑完成后，通过总视频特技轨可为影片添加统一的视频限幅特技，用以最大程度地保证符合广播级的播出标准。

图3.2.36　VFx总视频特技轨

（5）时间线编辑区。编辑窗的中间部分是时间线编辑区。编辑区的上部有时间标尺和缩放条，中间是编辑轨道，最右侧提供用于轨道上下浏览的滑动条，如图3.2.37所示。

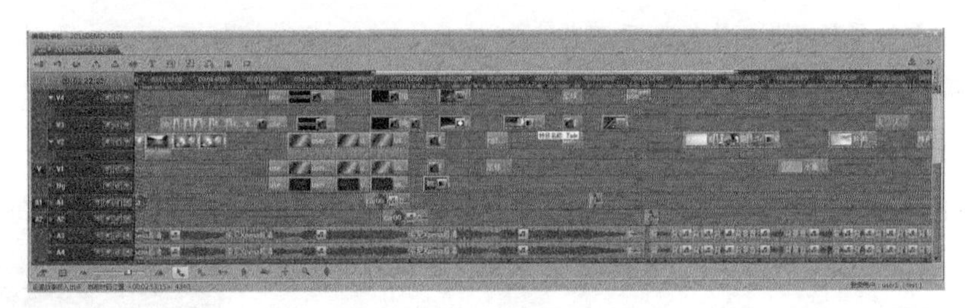

图3.2.37　时间线编辑区

（6）时间标尺。带有时间刻度的标尺可以准确告诉我们当前时间线所在位置以及标记点信息。这里的标记点包括了故事板的入出点和时间线上的标记点。入出点间的淡蓝色区域表示故事板的工作区，也叫输出区，如图3.2.38所示。

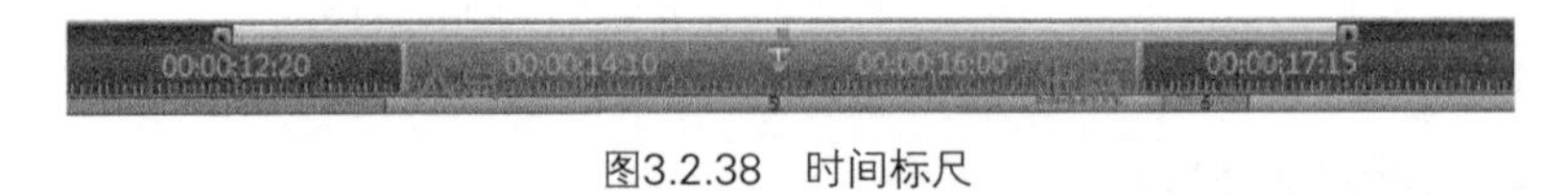

图3.2.38　时间标尺

可以用鼠标右键在时间标尺上操作，来快速实现轨道的缩放。当按住鼠标右键在时间标尺上向右滑动时，标尺上会出现一段紫色的彩条，此时松开鼠标，紫色的区域会自动放大为故事板的编辑区域。相反，按住鼠标右键向左滑动，系统会缩小显示比例，如图3.2.39所示。

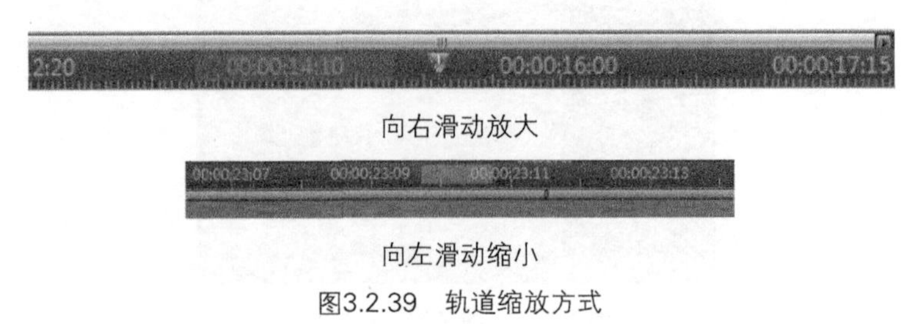

图3.2.39　轨道缩放方式

（7）缩放条。除了鼠标右键操作可以缩放编辑轨之外，位于时间标尺上方的灰色缩放条同样可以实现轨道的无级缩放，如图3.2.40所示。具体方法如下：

- 使用鼠标左键选中缩放条的起点（或终点），向左（或向右）拖动，可以无级缩放时码轨。
- 使用鼠标左键点住缩放条中间的灰色区域左右拖动，可以浏览故事板。
- 鼠标双击缩放条，可以快速放大或恢复编辑轨的显示比例。

图3.2.40　故事板轨道缩放条

（8）时间线和时间码。时间线的操作在编辑中非常重要，拉动时间线不仅可以浏览故事板，还可以帮助定位素材在轨道上的准确位置。时间码客观反映着时间线的位置，在U-EDIT中是以“时：分：秒：帧”的方式来显示时间码。编辑窗的左上角显示当前时间码，同时拉动时间线浏览故事板时，时间标尺上也会浮现出时间码，方便用户的使用，如图3.2.41所示。

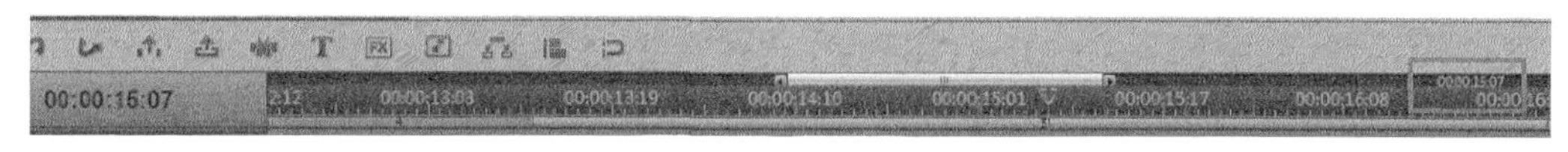

图3.2.41　时间码

提示：

当在故事板播放窗中将勾选显示设置中的“显示时码信息”选项时，时间码会实时显示在故事板播放窗的画面上，以便编辑人员对时码的查看和控制。

（9）轨道高度调整和编辑窗纵向浏览。在编辑中，我们经常会对轨道的高度进行调整，或是对多层轨道做纵向浏览，而编辑窗右侧则提供了相应的工具，如图3.2.42所示。

当希望对所有轨道的高度做统一调整时，可以单击+按钮加宽轨道，单击-按钮使轨道变窄。当仅需要调整某一轨道的高度时，可以在主轨道首的位置选择右键菜单中的“高”“中”“低”三个档次，或是直接拉动轨道下边线来调整高度。

在多轨的编辑中，可以拉动编辑窗右侧的滑杆来纵向浏览多层轨道。如果音频编辑同视频编辑一样复杂，还可以选择分栏编辑模式，通过右侧滑杆可以分别浏览视频轨或是音频轨的编辑状态。

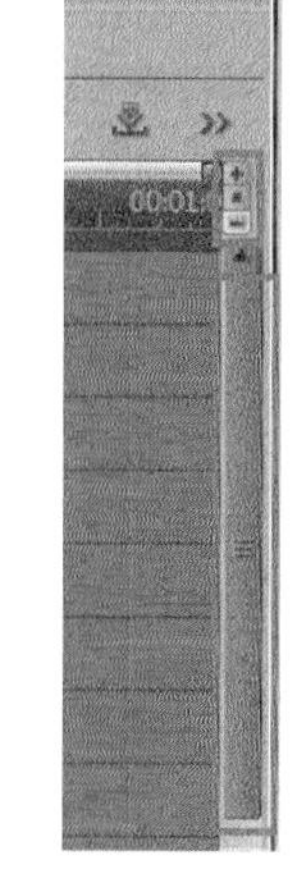

图3.2.42　故事板高度调整按钮

3.3 剪辑操作

影片编辑是将已经采集或收集导入的媒体素材，按一定规则剪辑、编排成序列的过程。很多编辑人员习惯先进行粗剪，完成整个节目的结构搭建后再进行细调。细调的工作主要包括添加转场特技、制作叠化、添加字幕以及对声音的精细调整。编辑完成后，通常可得到一个编辑决策表（即EDL），在U-EDIT中被称作故事板。图3.3.1所示为剪辑流程。

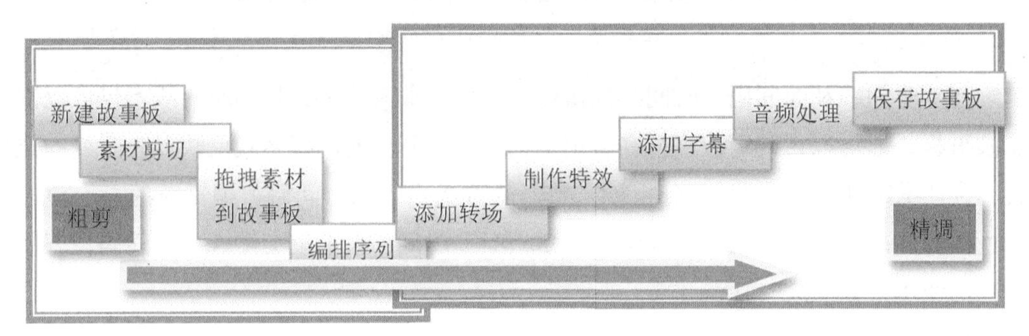

图3.3.1 剪辑流程

3.3.1 新建或打开故事板

1. 新建故事板

在U-EDIT项目中，编辑制作的第一步工作就是创建故事板文件：执行“文件”→“新建”→“故事板”命令，在打开的“新建”对话框（如图3.3.2所示）中设置参数后单击“确定”按钮，即可创建一个新故事板；也可以在资源管理器右侧的空白处，执行右键菜单中“新建”→“故事板”命令，实现新建故事板；此外，在当前编辑的故事板页签名处单击▷按钮，执行“新建”→“故事板”命令，同样也可以创建一个新故事板。

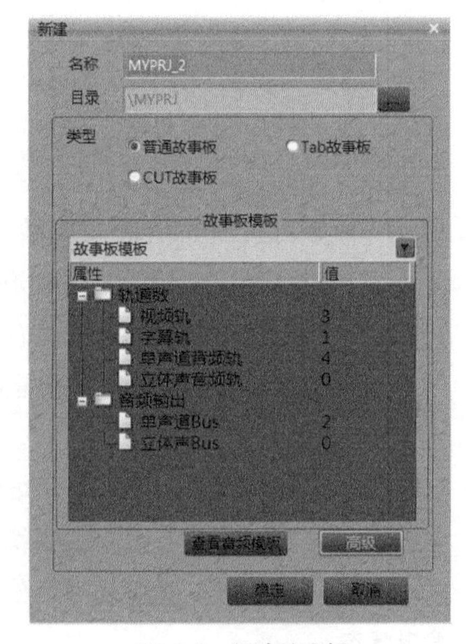

图3.3.2 新建故事板

在故事板设置窗中，系统默认的故事板名称是“当前项目名_序号”，用户可以重新命名故事板。单击目录对应的…设置按钮，可指定故事板文件在资源管理器中的存储位置，否则系统会默认存放在项目的根目录下。一般情况下，保持其他设置项不变，单击 确定 按钮，即可打开一个全新的空白故事板。

2. 创建故事板模板

在新建故事板时，如果对故事板的默认轨道数或音频输出有特殊要求时，可从故事板模板列表中选择适合自己的模板，如果没有适合的模板也可以创建新模板。下面举例说明如何创建特殊要求的故事板模板，如图3.3.3所示。

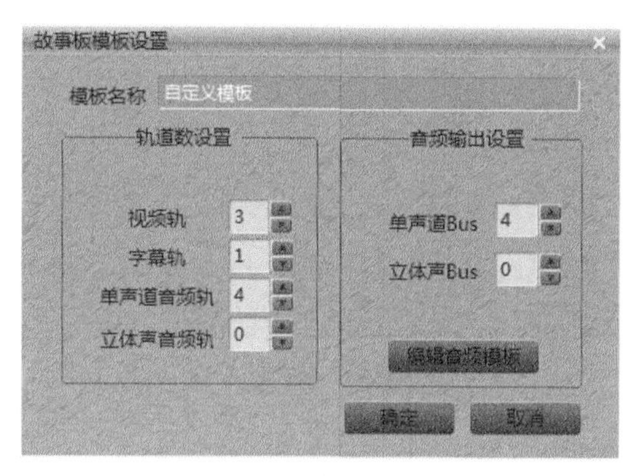

图3.3.3　创建故事板模板

举例：创建一个带有3轨视频轨、1轨字幕轨和6轨单声道音频轨的故事板，并且6轨音频分别对应板卡的6个音频输出通道。具体的操作步骤如下所述。

Step 01 执行“新建”→“故事板”命令，打开“新建”对话框，如图3.3.4所示。

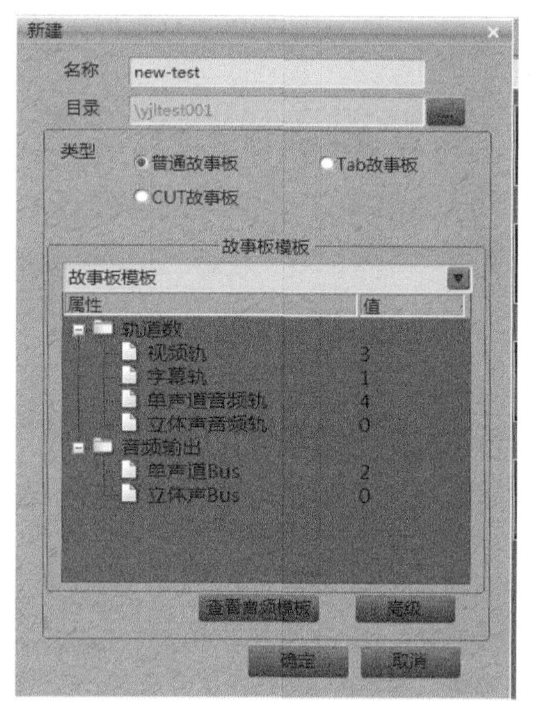

图3.3.4　故事板新建对话框

Step 02 单击“高级”按钮，展开“故事板模板管理”对话框，如图3.3.5所示，可以看到故事板默认状态下的视频轨、字幕轨、单声道音频轨等的数量。

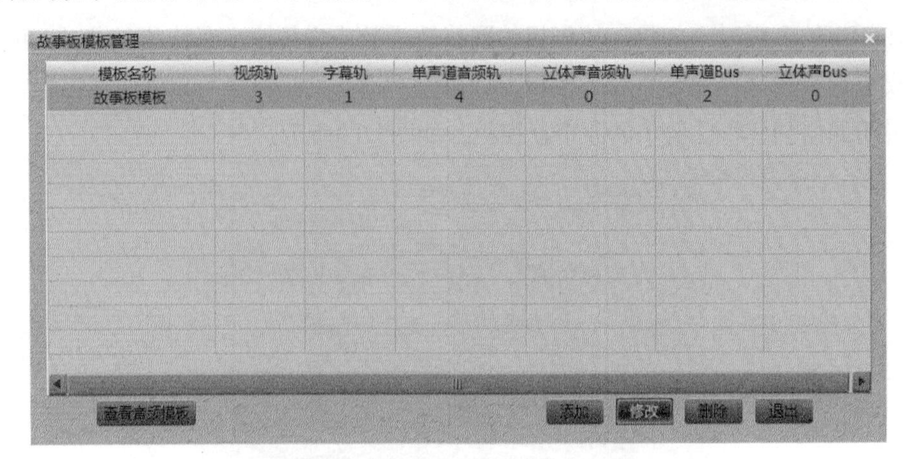

图3.3.5　新建故事板默认状态设置

Step 03 单击“添加”按钮，打开“故事板模板设置”对话框。此例中修改模板名称为“6 - AUDIO”，设置单声道音频轨为“6”、单声道BUS输出为“6”，其他参数保持不变，如图3.3.6所示。

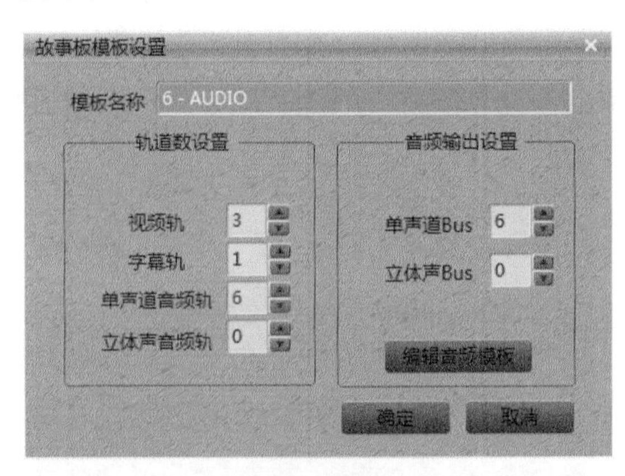

图3.3.6　修改故事板默认状态设置

Step 04 单击“编辑音频模板”按钮，在弹出的调音台中（如图3.3.7所示）设置TRACK与BUS的对应关系，以实现每个音频轨道对应一个输出通道。

Step 05 设置完成后关闭调音台，关闭“故事板模板设置”对话框。

Step 06 在“故事板模板管理”对话框中选择“6—AUDIO”模板类型，此时在下方的属性窗中可以查看到该模板的各类轨道数目，单击“查看音频模板”按钮还可以查看音频轨道与输出的设置关系。

Step 07 在设置好故事板名称和保存路径后，单击“退出”按钮，满足特殊要求的故事板创建完成。

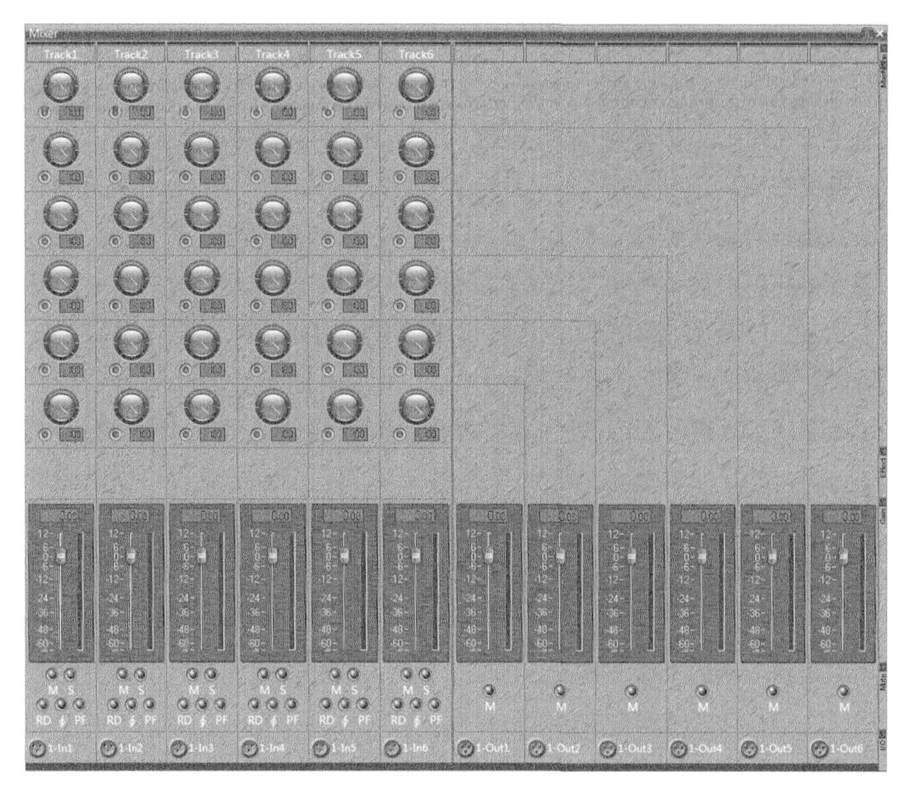

图3.3.7 调音台

3. 版本管理故事板

在资源管理器中双击文件后缀为SBF的故事板文件即可打开故事板，也可以从“文件”菜单的“最近编辑的故事板”列表中选择打开相应的故事板。

U-EDIT提供了独特的故事板即时备份机制，每一步操作都记录在案。从故事板播放窗打开故事板属性，查看操作记录，选择时间点即可跳转到之前的步骤。当出现意外后，系统会提供故事板的备份列表，以供用户选择恢复到故事板中某一步的编辑状态。

如果异外关闭了故事板，当下次双击打开时，系统会弹出恢复对话窗，其列表中将显示关闭前所做的编辑操作，此时选择“最新备份恢复文件”，单击确定按钮后，系统将以最后一步操作的自动备份恢复当前的故事板。

需要注意的是：为保险起见，建议先单击最下排的备份按钮，将系统自动备份的文件进行保存，然后再单击确定按钮，打开故事板。如果故事板打开时提示损坏，还可以选择其他时间点的备份文件进行还原。

4. 故事板增减轨道

故事板轨道头涵盖了节目制作中的常用功能，包括添加/删除轨道数量、对轨道重命名、设定轨道的可视/锁定状态等。当新建一个故事板时，轨道的数量是固定的。系统默认为4轨视频、4轨音频和1轨CG轨、1轨VFX轨。在编辑中如果希望增加更多轨道，可以单击“增加轨道”按钮，输入相应类型轨道的数量即可。使用鼠标右键单击轨道头，在弹出的菜单中执行“删除轨道”命令，可删除当前轨道。

5. 故事板缩放

当编辑较长的故事板时，熟练掌握故事板的缩放和平移浏览操作是非常必要的。

当需要将故事板某一区域放大时，可以将鼠标放在编辑窗的时间轴上，按住鼠标右键向右滑动，松手后滑出的紫色区域即被放大，填充到整个编辑窗中。双击缩放栏，编辑窗会自动恢复到默认状态。

除了以上U-EDIT特有方式外，也可以按照传统的操作方式：拉动缩放栏边缘，或是敲击键盘上的1～9数字键，以及“+”和“-”号，这些方法都可以快速缩放时间轴。在U-EDIT V2.2版本之后，又增加了鼠标中键（即滚轮）的缩放操作：在按住Ctrl键同时，上下滚动鼠标的滚轮，可以基于时线无级缩放故事板。

对于长故事板的全局浏览，可以通过使用鼠标左键选中缩放栏左右移动来实现，或是使用编辑窗下排的平移工具进行浏览，也可以打开故事板的索引窗，右键设定范围区域后，左右移动区域框来快速定位目标位置。

6. 标记点

如果一段较长的素材包含了多个主题内容，可以借助标记点来为每个主题进行标识和备注，方便日后编辑选材时能够快速找到所需的主题镜头。常用的标记点快捷键有F8（设置标记点）、Ctrl+F8（设置标记点并添加备注信息）、Shift＋左、右方向箭头】（标记点左右跳转）和Alt＋F8（删除当前标记点）。需要注意的是：在素材窗中设置的标记点不会记录在素材信息里，如果希望这些信息跟着素材走，需要从扩展菜单中执行“更新素材”命令，只有这样，标记点信息才会保存到素材属性中。

3.3.2　向轨道添加素材

1. 从资源管理器直接拖拽素材上轨

拖拽操作是日常工作中最常用、最高效的素材上轨方式。通常，素材片段已做过前期的剪辑整理，一个片段代表了一段完整内容。可以先在资源管理器中点选或框选所需的素材，然后再一次性拖放到编辑轨道上。具体的操作步骤如下所述。

Step 01 在资源管理器中，按住Ctrl键依次点选素材，一次性拖入编辑窗，视音频素材将按照点选顺序依次平铺在轨道上。

Step 02 按住Alt键，只添加素材的视频部分或音频部分，这取决于素材放在V轨还是A轨。

2. **素材剪辑后上轨**

当素材较长且由多组镜头构成时，可以先将素材调入素材调整窗中，浏览并找到所需要的镜头片段，设置好入出点，之后再从素材调整窗拖到编辑轨或故事板播放窗中。

为提高效率，可以在用户喜好设置中将时间线移动方式设置为“自动到尾”。这样在多次添加素材后时间线将永远在最后位置，以便下一次的素材添加。具体的操作步骤所下所述。

Step 01 将素材调入素材调整窗，设置入出点。

Step 02 在编辑窗中设置目标轨道，并将时间线移到需要的时码位置。

Step 03 将素材调整窗中的片段拖拽到故事板播放窗中的“覆盖添加”区域（如图3.3.8所示），素材将自动上轨；也可直接将片段拖拽到故事板的编辑轨道上。

Step 04 重复前两步操作，直至整个素材中有用片段依次添加到轨道。

图3.3.8　故事板播放窗的“覆盖添加”

3. **插入添加**

插入添加是一种标准的非线性电视编辑模式，素材在添加到故事板上时，将不会覆盖掉目标位置的空间和素材，原来位置的素材将向后移动。

4. **覆盖添加**

覆盖添加是一种标准的线性电视编辑模式，素材在添加到故事板轨时将覆盖掉目标位置的空间，无论此空间是否有素材存在且无论故事板轨道处于何种编辑状态。

5. **传统的三点编辑**

将设置好入出点的素材片段添加到故事板的指定位置处，并保持素材的长度和播放速度不变。具体的操作步骤所下所述。

Step 01 将素材调入素材调整窗中，设置入出点片段。

Step 02 在故事板设置入点（或出点）。

Step 03 确定V、A目标轨道。

Step 04 根据需要，将素材片段拖拽到故事板播放窗的“覆盖添加”或“插入添加”区域，完成上轨操作。

提示：

若故事板上设置的是入点，则上轨的素材起始端与入点对齐；若设置的是出点，则上轨的素材的尾端与出点对齐。

6. 四点编辑

四点编辑是通过素材调整窗和故事板编辑区同时设置入出点，以实现将所需素材片段替换到节目指定区域的功能。该操作可选择素材变速或不变速以适应填充故事板设置的区域。具体的操作步骤所下所述。

Step 01 将素材调入素材调整窗中，设置入出点片段。

Step 02 在故事板目标区域中设置入出点。

Step 03 设定V/A1/A2目标轨道。

Step 04 将素材片段拖拽到故事板播放窗中的“替换添加”方式，所选片段替换到故事板指定范围。

需要注意的是，用于替换的素材片段不能短于故事板所设置的范围。

我们也可以选择将素材片段拖拽到故事板播放窗中的“适配添加”方式，所选片段变速后将填充到故事板的指定区域。

3.3.3 素材的剪辑（粗剪）

1. 素材的选取

对轨道上素材除了修剪长度，经常会需要移动或调整素材的位置。在移动前，需要掌握快速选中素材的方法。

- 全选：按Ctrl+A组合键，当前故事板的全部素材将被选中，选中的素材会被虚框包围。
- 框选：在轨道空白处按下鼠标左键，拖出矩形框，松手后，框内沾边的素材即被选中。
- 跳选：按住Ctrl键同时，使用鼠标左键点选素材。
- 同轨选中：按住Shift键，使用鼠标左键点选某素材，与该素材同轨的后面全部素材被选中，这样可以方便地统一前移或后移。
- 同轨全部选中：使用鼠标左键单击轨道头，本轨的全部素材将被选取，这样可以方便地制作统一转场特技。

2. 素材的裁剪

对轨道上素材长度进行修剪的方法很多，通常方法是先切分素材，再删除不需要的部分。使用刀片工具可以方便地切分轨道上的素材。

另外一种切分方法是使用快捷键F5可沿时间线剪裁。需要注意的是，当选中素材后按F5键，将对选中的素材进行剪切；如果未选中任何素材就按F5键，则将沿时间线纵向全部剪切。

素材切分后，可先选中不需要的部分，再按Del键进行删除。也可按Ctrl+Del组合键，抽取删除，可以看到在删除素材的同时，后面的素材将自动跟进填补出现的空间。

还有一种更加直接方便的方法：将时间线移到素材需要剪切的位置，然后将鼠标放在素材边缘，拉动，到时间线位置放手，之前的部分将被剪掉。同理，也可以剪掉后面不需要的部分。

使用快捷键也可以实现相同操作，记住它们，在使用中将会更加快捷：快捷键Shift+I，以时间线为参考修改素材的入点；快捷键Shift+O，以时间线为参考，修改素材的出点。

3. 素材移动

素材移动的操作在编辑中十分普遍，最常使用的就是拖动素材移动。此外我们再来介绍一些常用的素材移动方法。

- 借助时间线先确定好移动的位置，然后使用快捷键移动选中的素材或素材块。
- 将时间线跳转到故事板的起始位置，然后选中素材，按Ctrl+Home组合键，素材头将对齐时间线。
- 如果希望素材全部前移到时间线位置，按Shift+Ctrl+Home组合键即可。同理，快捷键Ctrl+End和Shift+Ctrl+End的作用是使素材尾对齐时间线和全部后移对齐时间线。
- 当需要将素材与前面的素材尾衔接时，可以使用快捷键Ctrl+Shift+PageUp。
- 如果需要将该素材及后面全部内容与前素材尾衔接时，可以先在按Shift键同时单击该素材，选中该素材后的全部素材，然后使用Ctrl+Shift+PageUp组合键，与前面素材对齐。同理，与后面素材对齐的快捷键是Ctrl+Shift+PageDown。
- 对于选中的素材，除了和时间线对齐，或与前面素材对齐外，还可以单帧以5帧移动。
    - 按Ctrl+PageUp组合键，将选中的素材左移5帧。
    - 按Ctrl+PageDown组合键，将选中的素材右移5帧。
    - 按Ctrl+PageLeft组合键，将选中的素材左移1帧。
    - 按Ctrl+PageDown组合键，将选中的素材右移1帧。

4. 轨道素材交换

传统非编中，交换同轨素材位置的操作十分繁琐，需要先移开前面的素材，将后面素材前移，再将那段素材移回。U-EDIT提供了交换镜头功能，按Shift+X组合键或单击“交换镜头”按钮，可以将同轨两段素材调换位置，而不会出现轨道的空隙。

对于素材轨间移动，可以在选中素材后直接拖动，即可实现不同轨道间的移动；也可以在选中素材后按Shift+G组合键，在打开的“输入目标轨道”对话框（如图3.3.9所示）中选择目标轨道即可。

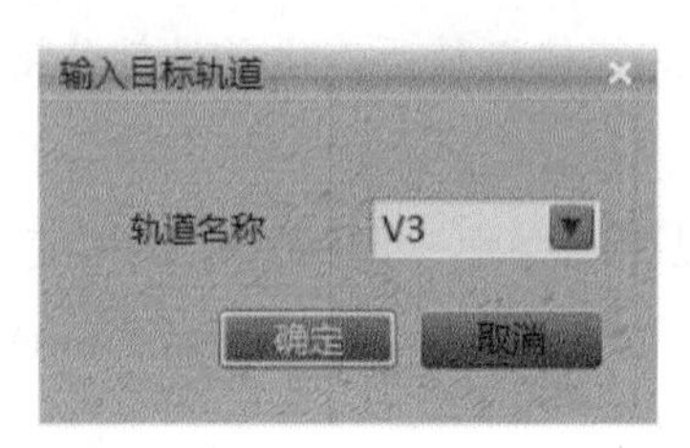

图3.3.9 素材移动

需要注意的是，当视音频成组素材进行轨间移动时，音频也会相应发生改变，如果希望只对视频跨轨移动而音频保持不变，可以先用鼠标中键选中视频部分，纵向移动到目标轨道，然后再用鼠标左键选中成组素材进行轨内移动。

5. 素材的建组和解组

当视音频素材添加到轨道后会视为成组素材进行统一处理，如成组素材移动、删除等。当需要对成组素材中的一部分内容进行操作时，可以先将其解组，处理后再重新编组。也可以用鼠标中键点选成组素材的部分内容，而不需要真正解组，例如，使用鼠标中键选中成组视音频中的视频，将其删除，而音频不改变。

有时，出于操作方便考虑，常会将多个素材进行编组。编组的快捷键是F4键，而解组的快捷键是F3键。

6. 素材有效和无效

与故事板轨道有效、无效的作用相近，我们可以设置某些素材暂时处于无效状态，以便更好地观察其他素材的输出效果。

Step 01 轨道上选中素材，执行右键菜单中的“设置素材无效”命令。

Step 02 被设置为无效的素材在轨道上将显示为灰色图标，且播放时在故事板播放窗中将看不到画面。

Step 03 再次执行此命令，可恢复有效。

7. 素材透明度调整

在U-EDIT中，可以为素材添加淡入淡出特技，调整素材素材透明度，具体的操作步骤如下所述。

Step 01 选中素材，按回车键打开特技调整窗。

Step 02 添加淡入淡出特技。

Step 03 调节灰度值，直至满意。

Step 04 关闭特技调整窗，完成制作。

此外，也可使用钢笔工具快速实现素材透明度的调节，具体的操作步骤如下所述。

Step 01 选择编辑窗中的钢笔工具。

Step 02 在需要调整透明度的素材上单击鼠标右键，执行右键菜单中的“添加特技/FADE”命令。此时可以看到在素材上出现了一条红色水平线，它代表素材的灰度值，如图3.3.10所示。系统默认为100，即素材为不透明度状态。

Step 03 在按住Alt键的同时，使用鼠标左键向下拉动电平线，观察故事板播放窗的混叠效果。达到满意后，再次单击钢笔工具，恢复正常编辑状态。

图3.3.10　素材透明度调整曲线

3.4　高级剪辑

前面讲到的内容都是一些比较基础的操作，接下来介绍的是一些高级剪辑技巧。使用这些高级剪辑操作，有助于完成比较绚丽的视音频包装效果。

3.4.1　素材快、慢、倒、静效果制作

1. 素材变速

定长和定速播放都是对素材做变速调整，分别适用于长度确定和速度确定的调整场合。长度变短，速度变快；长度变长，速度变慢。

（1）定长播放。具体操作如下所述。

Step 01 在故事板轨道上选中需要改变播放长度的视频素材，在被选中的素材上单击鼠标右键，执行右键菜单中的“设置素材的播放长度”命令。

Step 02 在打开的“素材播放长度”对话框（如图3.4.1所示）中，系统默认的长度为素材原有的长度：当输入的长度小于该值时播放长度变短，当输入的长度大于该值时播放长度变长。勾选“变速播放”复选框可以实现素材的快慢放调整。

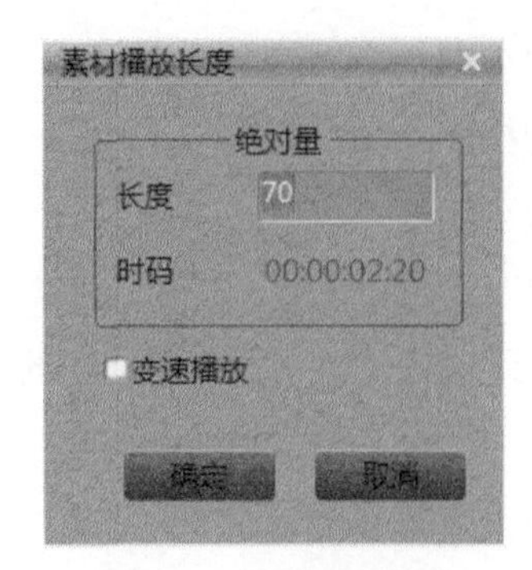

图3.4.1　素材长度调整

Step 03 经过定长且变速调整后的素材在故事板上将显示变速标志。

（2）定速播放。具体操作如下所述。

Step 01 在故事板轨道上选中需要改变播放速度的视频素材，在被选中的素材上单击鼠标右键，执行右键菜单中的“设置素材的播放速度”命令。

Step 02 在打开的“设置素材播放速度”对话框（如图3.4.2所示）中设置“播放速度”参数，其中，“1”为正常速度；当输入>1的数值，素材将快放；输入<1的数值，素材将慢放。

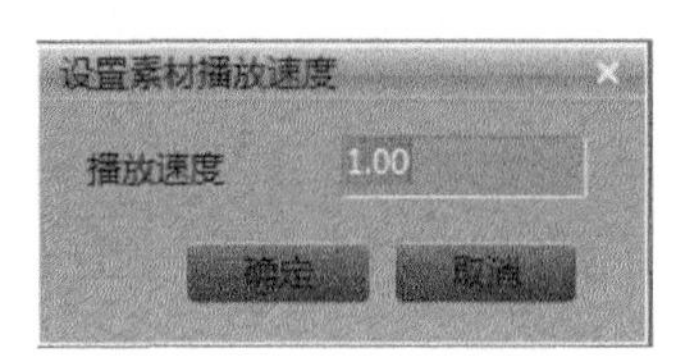

图3.4.2　素材播放速度调整

Step 03 经过变速调整后的素材在故事板上显示变速标志。

除上述定长和定速外，在U-EDIT中对素材变速处理的方法还有很多种。

2. 时间线对齐法

Step 01 在轨道上选中需要调整的视频素材，移动时间线到目标位置处。

Step 01 单击工具栏中的“修改素材入点且变速”按钮，或按Ctrl+Shift+I组合键，素材的首帧会调整到时间线位置而出点不变，素材被变速处理，变速后的素材显示变速标志，如图3.4.3所示。

图3.4.3　素材变速处理

Step 03 同理，单击工具栏中的“修改素材出点且变速”按钮，或按Ctrl+Shift+O组合键，素材入点不变，出点会调整到时间线位置且变速处理。

3. 拖动调整法

在轨道上选中需要调整的素材，在按住Ctrl键的同时，使用鼠标拉动素材起始位置的边缘或是结尾位置的边缘进行拖动，松开鼠标后素材即被变速处理。这种方式的特点是操作简便，对速度要求不需要很精确。

对于成组的视音频素材的变速处理，系统默认对视频和音频部分同时变速调整。也可以只选择其中的视频或音频作为调整对象，其操作方法是用鼠标中键单击成组素材中的某一部分内容。

4. 素材倒放

素材倒放可以实现素材由末帧向首帧倒置播放的效果，其长度和速度保持不变。选中轨道上需要倒放的素材，执行右键菜单中的“素材倒放”命令。在执行操作后，素材图标上会出现向左的倒放标志。再次执行此操作，素材可恢复正常播放。

5. 素材静帧

使用编辑窗的右键菜单命令，可以方便地为轨道上整段素材或素材局部制作静帧效果。

- 选中轨道上的素材，执行右键菜单中的“设置素材静帧”命令，整个素材冻结为首帧画面。
- 拉动时间线到素材上希望开始静止的画面，执行右键菜单中的“设置素材当前时码为静帧”命令，素材在时间线位置处被截断，且后面的素材从当前位置开始静帧。

6. 高级曲线变速

在U-EDIT中提供的高级曲线变速调整工具，可以对素材不同片段间的速度进行处理，方便实现快、慢、倒、静结合在一起的平滑过渡效果。

Step 01 选中轨道上的视频素材，执行右键菜单中的“素材快慢放调整”命令，打开调整界面。素材快慢放不支持对视音频成组素材的处理，需用鼠标中点单独选取视音频部分进行变速处理。

Step 02 在调整过程中单击曲线可添加关键点，以此来调整曲线的倾斜度，改变两个关键点之间片段的持续时间。换言之，就是对每段时间的重新分配。分配的时间短一些就是快放，长一些就是慢放。调整后不改变素材的总长度，不会影响故事板原有的结构。

Step 03 完成所有关键点的添加和调整后，可做曲线整体平滑处理，可使快慢放镜头之间的过渡平滑，画面十分流畅。

Step 04 调整完成后可在故事板上浏览处理后的效果。

3.4.2 素材释放和替换

释放并替换轨道上的素材与替换添加素材有所不同，主要表现在对轨道原有素材的特技属性继承的处理上不同。

替换添加素材是对轨道素材的完全替换，替换后原来素材的特技信息全部丢失。而释放并替换与此不同，它先解除与原素材的链接关系，但仍保留着故事板上原素材的长度位置信息和特技信息。当替换新素材后，素材长度和特技效果都将保持不变。释放并替换素材的具体操作如下所述。

Step 01 选中轨道上需要释放并替换的素材，执行右键菜单中的“释放素材”命令，此时素材图标将显示为灰色斜条纹，播放时已无画面。

Step 02 从资源管理器中选中新素材并拖拽到斜纹素材上，松开鼠标，在打开的“素材替换设置”对话框（如图3.4.4所示）中选择匹配方式。

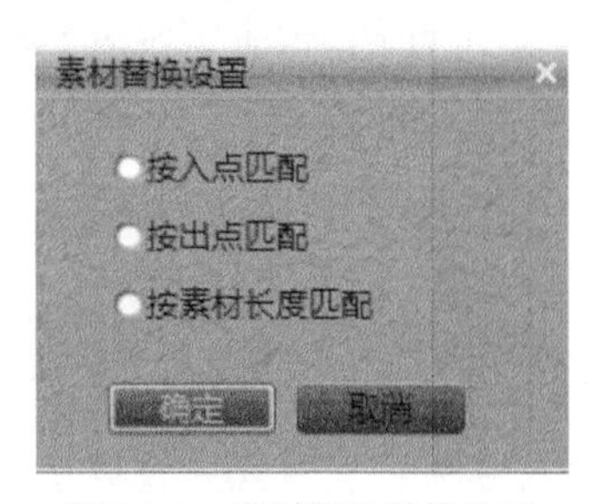

图3.4.4 素材释放替换设置

系统提供三种匹配方式：“按入点匹配”是指新素材的入点与释放素材的入点对齐，长出的部分被删除；“按出点匹配”是指新素材的出点与释放素材的出点对齐，长出的部分被删除；“按素材长度匹配”是指新素材将变速调整以适应原来素材的长度空间。

提示：

在选择按入点匹配或按出点匹配时，当新素材长度短于轨道素材，将以新素材长度结束，轨道会出现空白部分。

3.4.3 虚拟素材

对于多个视频轨道的内容，可以通过全部选中轨道上的素材，按快捷键S为选中部分快速添加出点，执行右键菜单中的“生成虚拟素材”命令（如图3.4.5所示），多条轨道素材将会合成为一条素材，可以在这条虚拟素材上直接添加特技，如图3.4.6所示，特技对虚拟素材包含的所有轨道上的素材都有效。

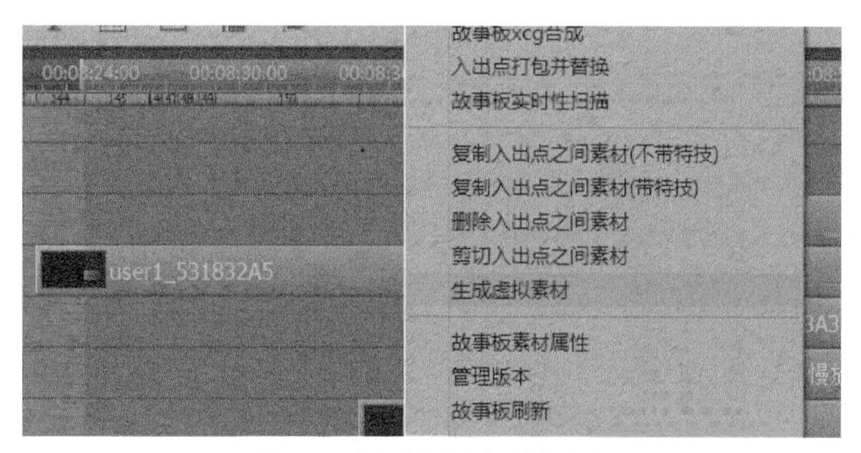

图3.4.5　执行“生成虚拟素材”命令

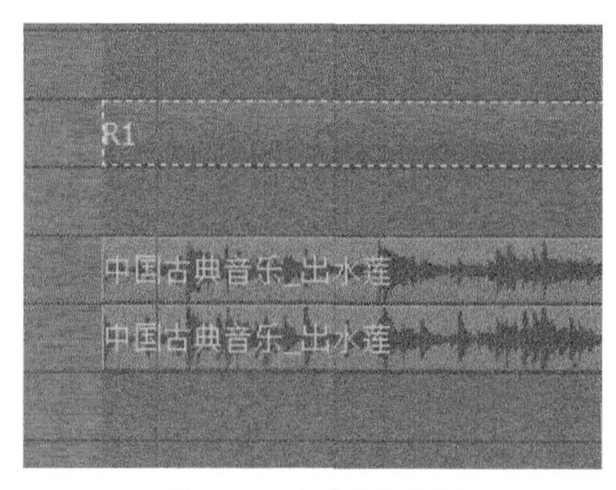

图3.4.6　生成虚拟素材

3.4.4　Z键快速剪辑

U-EDIT具备一键式素材剪辑上轨功能，即使用Z键实现素材快速剪辑上轨。这种方法特别适用体育类、会议类节目的剪辑制作。具体的操作方法如下所述。

Step 01 新建故事板，将时间线放置起始位置，设置轨道首V、A1、A2标志，确定素材添加的轨道位置，如图3.4.7所示。

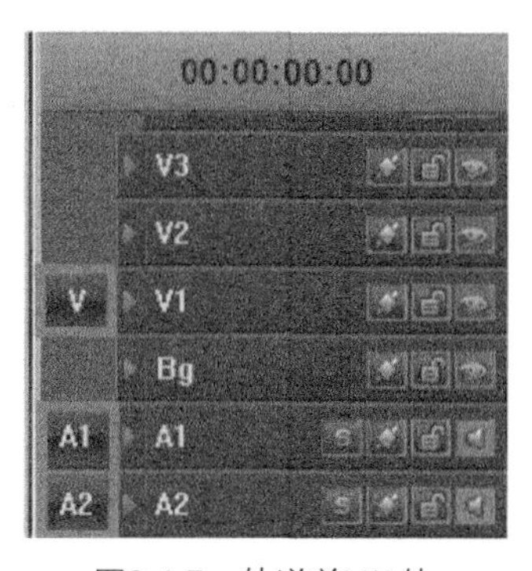

图3.4.7　轨道首V/A轨

Step 02 双击素材库中的素材，将其调入素材调整窗中。

Step 03 播放调整窗素材，在出现所需片段时按下快捷键Z，系统将标记出起始位置（时码轨上出现蓝色竖线标记），如图3.4.8所示。

图3.4.8　使用快捷键Z打入、出点

Step 04 素材继续播放到所需片段的结束位置时，再次按快捷键Z，系统将标记出结束位置，同时被节选的片段自动添加到故事板轨道上。在整个标记和添加素材的过程中，素材窗始终保持播放状态，直到全部素材播放完毕，如图3.4.9所示。

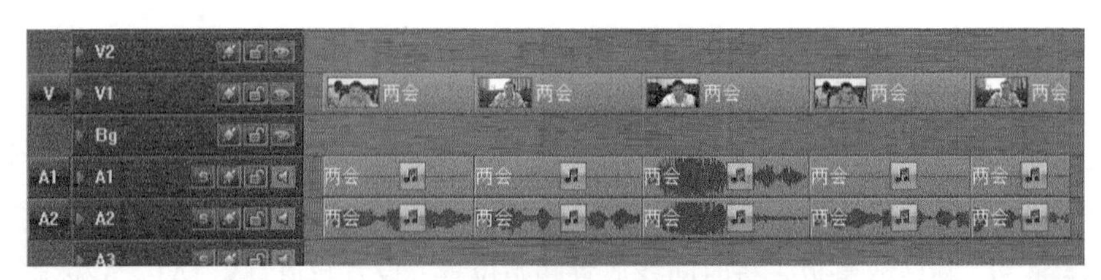

图3.4.9　使用快捷键Z自动下轨

3.4.5　多镜头剪辑

使用U-EDIT中的多镜头编辑功能，可以实现多机位拍摄的视音频素材同步浏览和剪辑，类似于切换台的操作。在剪辑完成后，还可以对分镜头片段进行镜头替换等修改调整。多镜头编辑的基本操作有三步：视音频对位与编组、多镜头切换和轨道微调。具体的操作方法如下所述。

1. 对位编组

Step 01 将音频和多路视频素材（也可以是多路视音频素材）依次拖放到不同的

编辑轨道上。

Step 02 借助音频波形图，将多路视音频进行准确对位，选中所有素材，执行右键菜单中的“素材按音频对齐”命令，如图3.4.10所示。

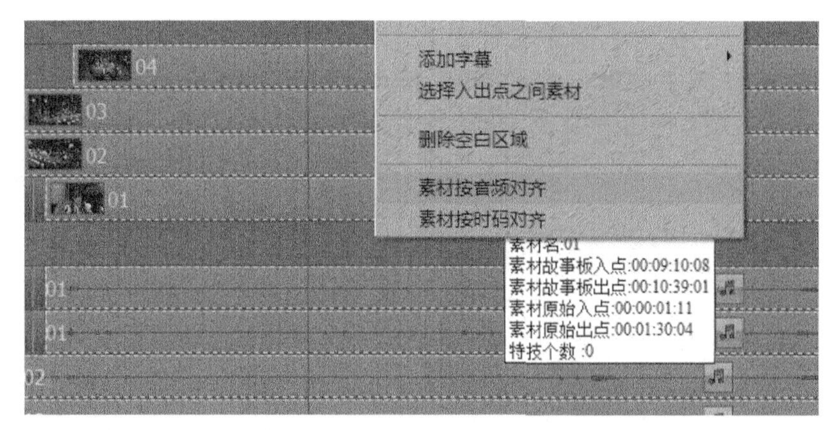

图3.4.10　多镜头素材按音频对齐

Step 03 移动时间线，裁剪不需要保留的内容片段。

Step 04 框选裁出的所有素材段，执行右键菜单中的“生成Group素材”命令，在输入名称后单击“确定”按钮，即可将多轨视音频素材合并为一段素材，如图3.4.11所示。

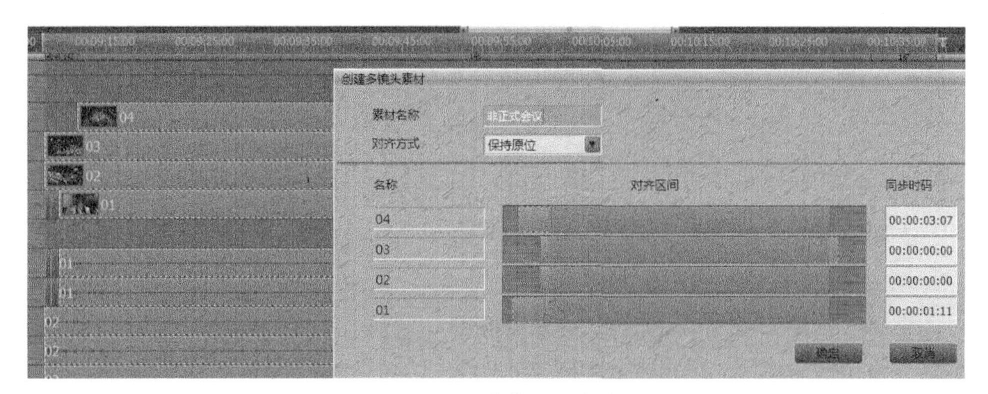

图3.4.11　多镜头素合成

Step 05 选中编组的素材，执行工具菜单的“多镜头编辑”命令，打开编辑窗。

2. 多镜头切换

（1）镜头剪切。具体操作如下所述。

Step 01 在多镜头编辑窗口中会显示出多路镜头画面，单击“播放”按钮可浏览画面内容，可在故事板播放窗输出剪切后的主画面。

Step 02 勾选“音频随动”选项后，单击“开始”按钮，开始多镜头的播放和剪辑。

Step 03 单击预览窗中的独立小窗口，或单击下排的数字键（对应键盘的数字键），可切换不同镜头，如图3.4.12所示。小窗口的数字编号顺序为自上而下、自左至右，即左上为1，横排向右依次为2，排满第一行后排第二行。

图3.4.12 多镜头编辑挑选镜头

（2）镜头替换。在镜头剪辑完成后，如果需要对镜头进行替换调整，可进行如下操作。

Step 01 选中需要替换的片段，按快捷键S设置入出点，然后使用鼠标单击所需的窗口（或按数字键），再单击“替换镜头”按钮（快捷键为P），完成镜头替换。

Step 02 也可以只替换入出点间的任意区域内容：拉动时间线到希望替换的镜头起始位置，设置入点，再拉动时间线到结束位置，设置出点；使用鼠标单击替换的镜头窗口，按快捷键P，完成所设区域的镜头替换。

（3）保存编辑退出。在确认剪辑完成后，单击编辑窗右上角的“关闭”按钮，返回故事板编辑窗，此时V1轨的素材已被剪切成多个小片段。

3. 轨道镜头微调

在故事板编辑轨道上，可对多镜头剪辑素材的微调包括“镜头替换”和“镜头接点调整”，也可以返回到多镜头编辑窗再进行重新剪辑。

（1）快速替换镜头。选中轨道上剪辑后的片段，按快捷键Tab或执行右键菜单中的“切换Group素材镜头”命令，如图3.4.13所示，可依次替换该点位置处的其他镜头，直至满意。

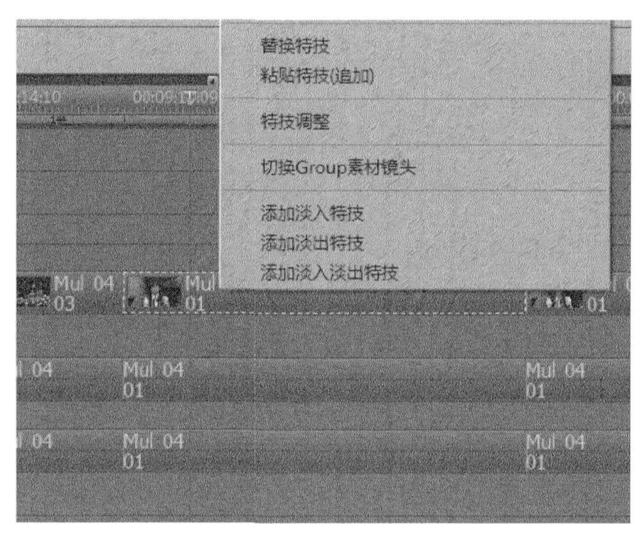

图3.4.13　切换Group素材镜头

（2）调整接点位置。单击故事板编辑窗下排的Trim工具（快捷键为Shift+T），将鼠标光标放置在片段接点位置（鼠标显示为双向箭头），左右移动，可调整衔接点的位置。此时故事板播放窗可同时显示接点前后的画面，如图3.4.14所示。调整完成后，双击编辑窗空白处或再次单击Trim工具，即可返回正常编辑状态。

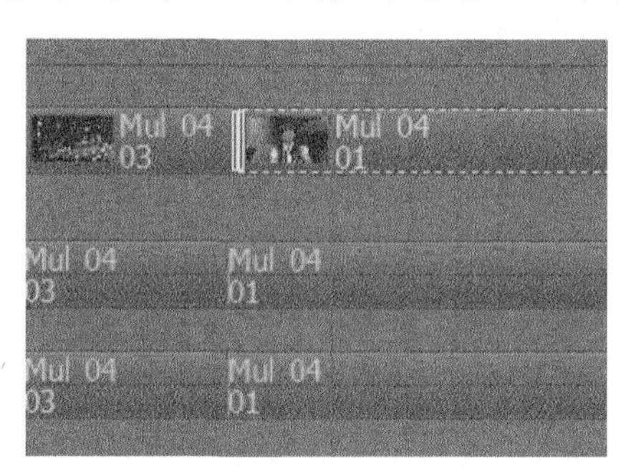

图3.4.14　Trim工具微调

（3）返回多镜头编辑窗。单击V1轨的轨道头，选中本轨中的全部素材，执行工具菜单中的“多镜头编辑”命令，在打开的窗口中可重新对多镜头素材进行编辑或替换镜头。

3.4.6　Trim编辑

Trim编辑也叫多窗口编辑，如图3.4.15所示，可以对相邻素材的剪辑点（节点）

进行精确的单帧调整。在正常的编辑模式下，选中两个或三个同轨衔接的素材后，选取Trim工具即可进入Trim编辑状态，可以对两素材间的节点或是三个素材间的两个节点进行调整。

图3.4.15 Trim编辑故事板播放窗口显示

双击故事板空白处或是再次单击Trim按钮，退出Trim编辑，恢复到正常的编辑状态。在进入Trim编辑时，系统自动默认离时间线最近的节点为编辑点，也可直接单击素材间的节点来选取编辑点。需要注意的是，Trim工具对素材的扩展调节需要有充足的素材余量。下面依次介绍Trim编辑的四种方式及其实现的效果。

1. 波动（Rolling）

波动方式主要用于对两素材间接点的调节，可同时调整前一素材的尾帧画面位置和后一素材的首帧画面位置，两个素材的内容将同时改变，而两个素材的总长度保持不变。其操作方法为：直接使用鼠标拖动素材接点处，或是使用键盘方向键逐帧精细调节，如图3.4.16所示。

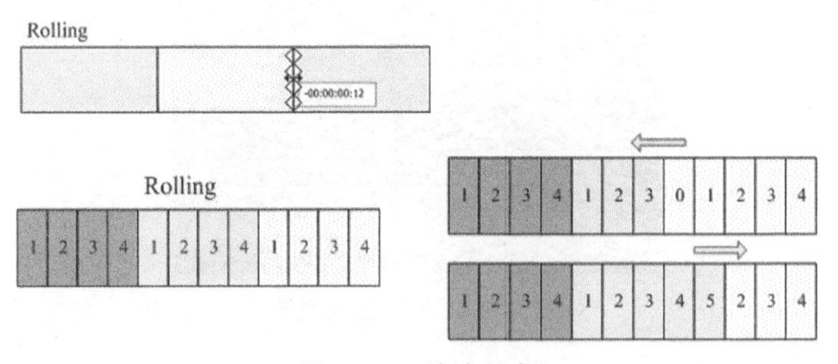

图3.4.16 波动方式

2. 涟漪（Ripple）

涟漪方式也主要用于两素材间接点的调节，与波动方式的不同之处在于，拉动接点移动时会调整前一素材的尾帧画面位置，后面的素材跟随，前一素材的长度和内容不变。其操作方法为：按住Ctrl键的同时使用鼠标拖动素材接点处，或是使用快捷键Ctrl+方向键逐帧精细调节，如图3.4.17所示。

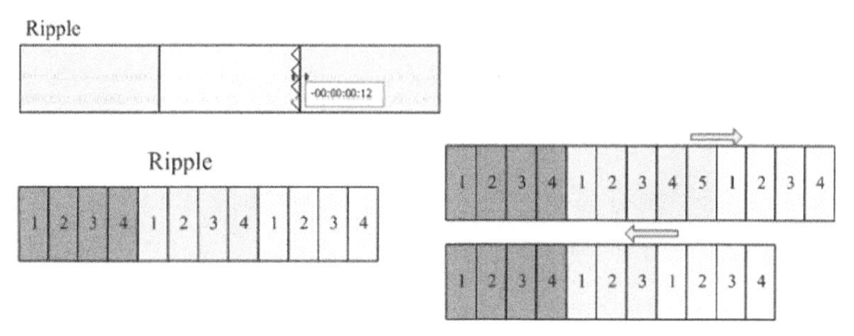

图3.4.17　涟漪方式

3. 移动（Slide）

移动方式用于三段素材两接点的调节，选中中间素材平移，可同时调整前一素材的尾帧画面位置和后一素材的首帧画面位置，中间素材的长度和内容保持不变，前后两个素材的内容相应改变。其操作方法为：直接使用鼠标拖动中间素材移动，或是使用键盘的方向键逐帧精细调整，如图3.4.18所示。

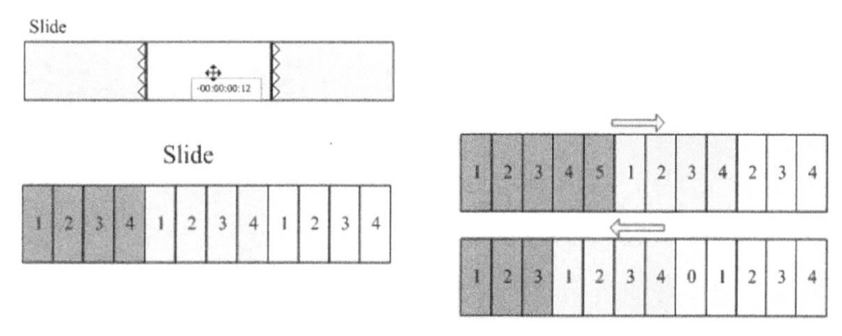

图3.4.18　移动方式

4. 滑动（Slip）

滑动方式也用于三段素材两接点的调节，与移动方式不同之处在于，选中中间素材平移，可同时调整中间素材的首帧画面位置和尾帧画面位置，中间素材自身画面内容改变而素材长度不变，对前后素材无影响。其具体操作方法为：在按住Ctrl键的同时使用鼠标拖动中间素材，或是使用快捷键Ctrl+方向键逐帧精细调整，如图3.4.19所示。

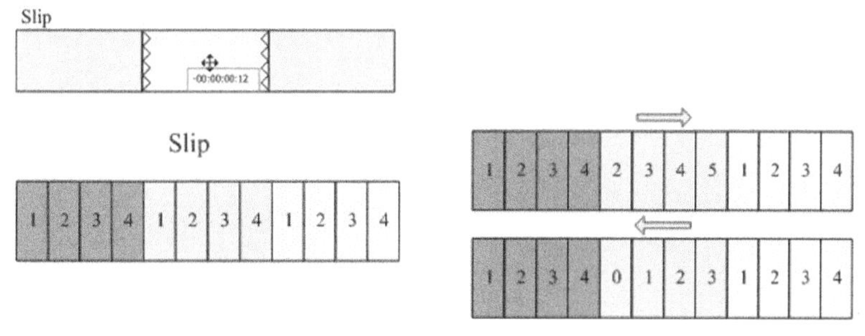

图3.4.19　滑动方式

提示：

需要进行Slide（移动）或Slip（滑动）三段素材两节点的编辑时，必须先选中三段同轨衔接的素材，再单击Trim工具按钮进入Trim编辑，否则只会出来两素材一节点的Trim编辑方式。

3.5 本章小结

本章介绍了剪辑的基本概念，详细说明了非编剪辑区域、故事板的创建和使用、素材的添加等基本剪辑操作，而且还介绍了部分高级剪辑的技巧。读者在掌握基本剪辑技巧的基础上，应多加练习，根据需要掌握常用的高级剪辑技巧，素材剪辑工作才会得心应手。

3.6 思考与练习

1. 什么是剪辑？
2. 将素材添加到故事板上有几种方式？
3. 在粗剪过程中有哪些常用的快捷键？
4. 制作素材快、慢、倒、静效果。
5. 练习多镜头编辑。

第4章 特技制作

特技通常用于增强视频的艺术效果，可以添加在两个场景之间过渡，也可以作用于视频本身，即转场特技和视频特辑。

转场特技是指编辑电视节目和影视节目时，在不同的镜头与镜头间加入的过渡效果。转场特技被普遍运用到影视媒体作品创作中，是比较普遍的技术手段。转场特技不仅增强了影视媒体作品的表现力，还进一步凸显了作品的风格。

与转场特技不同，视频特技是对画面本身所做的处理，有些软件把这类特技称为滤镜，常见的有颜色调整、画面效果、二三维DVE等。U-EDIT支持对视频同时添加多个视频特效，并可以方便地更改特技的优先级和有效性。本章就分别对转场特技和视频特技作介绍。

4.1 转场特技制作

转场特技是指前后相邻两个素材的组接方式，相邻素材之间如果没有加转场特技就是硬切的效果。转场特技在后期制作中应用比较广泛，因此在U-EDIT中提供了多种添加转场特技的制作方法。

4.1.1 添加转场特技

1. 快速添加转场特技

同时选中同一轨首尾相连的两段素材或多段素材，按快捷键E，在多个素材接点处将自动添加系统默认的转场特技，如图4.1.1所示。

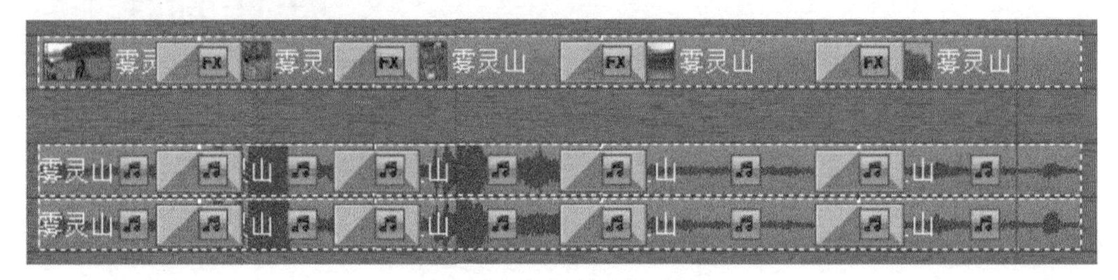

图4.1.1　快速添加转场特技

2. 拖入转场模板

在资源管理器的特技模板库（如图4.1.2所示）中预置了丰富的转场特技，利用这些特技可以快速制作转场效果。

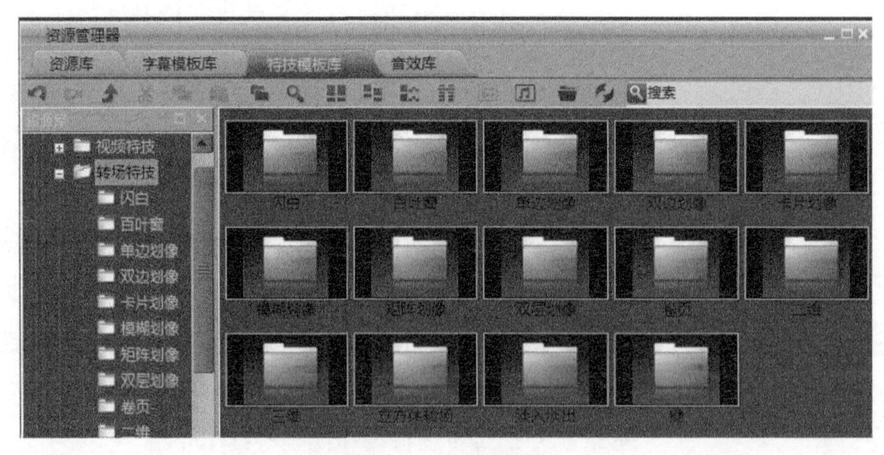

图4.1.2　特技模板库

展开资源管理器窗口中“特技模版库”页签，在特技模版库中选中某转场特技，并将其拖拽到素材接点处。在打开的转场特技窗中单击“确定”按钮，即可添加指定效果的转场特技。图4.1.3所示为单边划像特技。

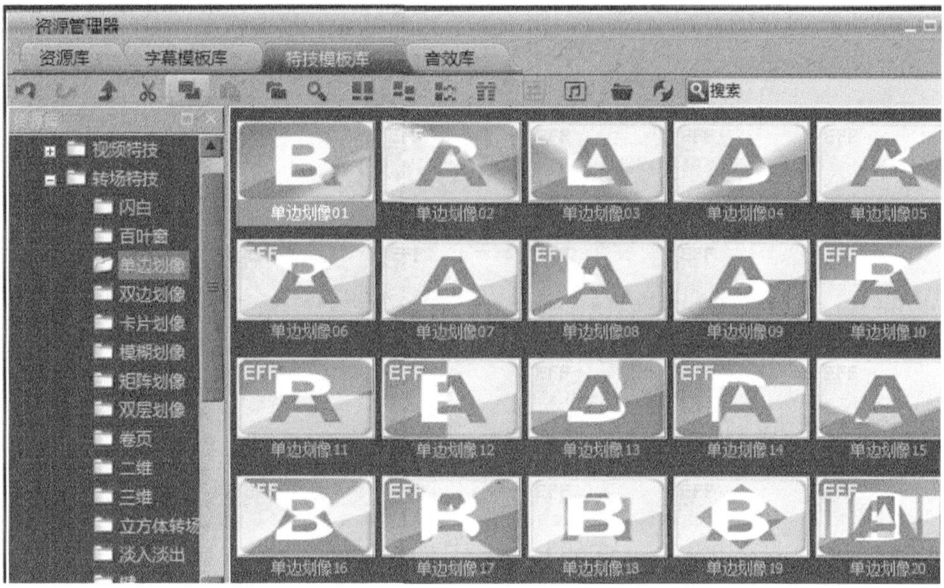

图4.1.3　单边划像特技

3. 使用快捷键X移动后面的素材

在按住快捷键X的同时，使用鼠标拖动轨道后面的视频素材前移，当该素材与前面素材产生交叠时会自动添加转场特技。如果对当前的转场特技不满意，可以重新从特技模板库中拖拽其他特技到素材重叠处，替换当前特技效果。

4.1.2　调整转场属性参数

1. 特技长度调整

（1）简单调整。简单调整是指只调整时长或对齐方式。在故事板轨道上直接拖拽转场特技的左边缘或右边缘，即可调整时长，如图4.1.4所示。

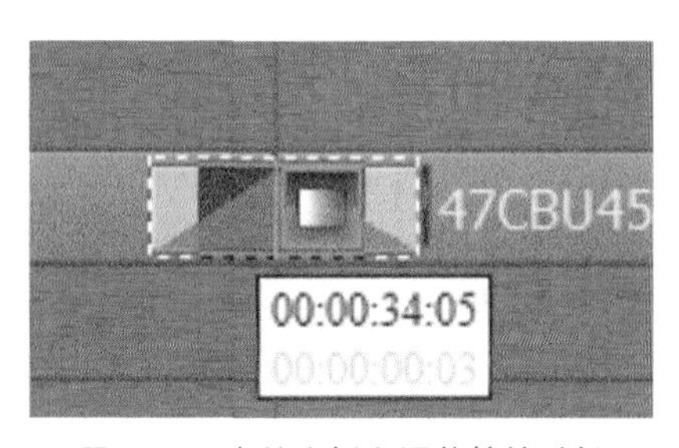

图4.1.4　在故事板上调整特技时长

（2）复杂调整。选中轨道上的转场特技图标，单击故事板工具栏的“转场特技编辑”按钮，在打开的“特技设置”对话框中可以进行复杂调整，如图4.1.5所示。

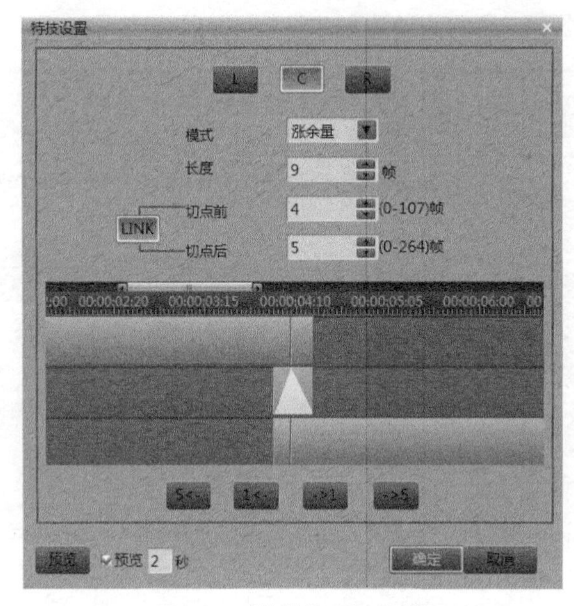

图4.1.5 “特技设置”对话框

2. 涨余量和静帧过渡模式

在添加转场或者调整转场长度时，都会涉及到如何补画面的问题，U-EDIT提供了“涨余量”和“静帧过渡”两种模式，如图4.1.6所示。

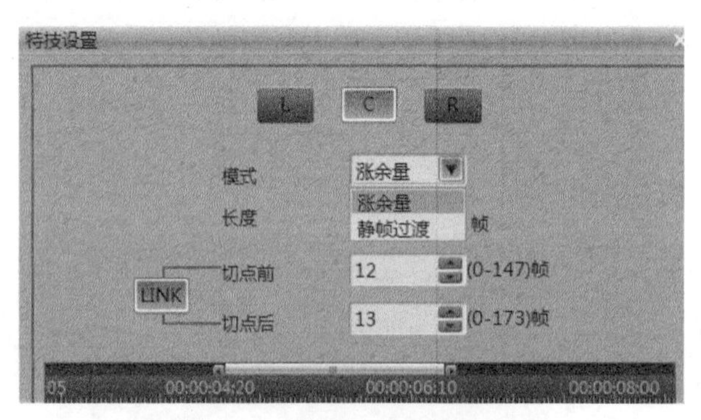

图4.1.6 转场特技设置界面局部

- 涨余量：用素材的前后余量信息补齐所需画面。
- 静帧过渡：把素材接点处的画面做静帧，分别向前后补齐。

对于视音频素材同时做转场，因为音频无法做静帧，所以音频只能使用涨余量的方式。

4.1.3 调整转场效果

U-EDIT提供了丰富的二、三维转场特技，将选中的转场模板拖放到FX图标上，可以制作出不同的转场效果。

如果希望进一步细调效果参数，可选中FX图标，然后按回车键，在打开的特技调整窗中可对每一个特技参数进行调整。关于特技调整窗的使用，后续章节会有详细介绍，此处不展开讲解。

4.1.4 预置转场特技类型

U-EDIT默认的转场类型是淡入淡出，在用户喜好设置中可设置所需的默认转场特技类型。

Step 01 从系统菜单打开用户喜好设置窗，如图4.1.7所示。

Step 02 选择特技设置，单击“选择”按钮，在特技设置窗中只有一个Fade特技，可以选择所需的转场类型拖入特技设置窗，然后选中，并单击“设置为默认特技”，单击“确定”按钮后，默认转场效果将更改为新定义的转场效果。

图4.1.7 “系统特技设置”对话框

4.2 视频特技制作

在U-EDIT中，对素材添加特技，可使图像看起来更加绚丽多彩，使枯燥的视频作品变得生动起来，从而产生不同于现实的视频效果。例如，在同一视频中的不同位置设置不同的颜色，可以使视频的颜色变化丰富多彩，从而产生时空变化效果。

所谓视频特技，实际上就是利用视频滤镜。而滤镜处理的过程就是将原有素材或已经处理过的素材，经过软件中内置的数字运算和处理，将处理好的素材按照使用者的要求输出。运用视频特技，可以修补视频素材中的缺陷，也可以产生特别的视觉效果。

4.2.1 为轨道素材添加特技

在故事板编辑中为素材添加视频特技有如下四种方法。

（1）选中素材，按回车键，在打开的特技调整窗中添加所需的特技类型，调整特技参数，完成特技效果的制作。

（2）在特技模板库中选择所需效果的特技模板，拖放到素材上，被赋予特技的素材上会显示FX特技图标。播放添加了特技的素材，如果发现效果不是特别理想，可以选中素材按回车键，重新打开特技调整窗微调特技参数。

（3）将轨道上其他素材的特技复制粘贴到新的素材上，如多路音频的特技调节，可以先调好一路音频的特技效果，再进行多路特技的复制。

（4）如果希望在添加新特技的同时保留已添加的特技效果，可以按住Ctrl键，将特技模板拖放到该素材上，此时该素材图标上将显示有两个FX特技。按回车键进入特技调整窗，可以看到在特技列表中先后添加了两个视频特技。

4.2.2 特技编辑窗

1. 整体布局

U-EDIT中的特技编辑窗是特技制作和效果调整的主要场所。选中轨道的素材后按回车键或单击工具栏中的FX图标，均可进入特技调整窗，如图4.2.1所示。

初始时在特技调整窗左侧会显示扩展特技列表，如果感觉界面太满，可以单击工具栏首个FX按钮，收起扩展特技列表，使用右键菜单来添加特技。被添加的特技将会显示在“已添加特技”列表中。U-EDIT允许为素材添加多个特技。

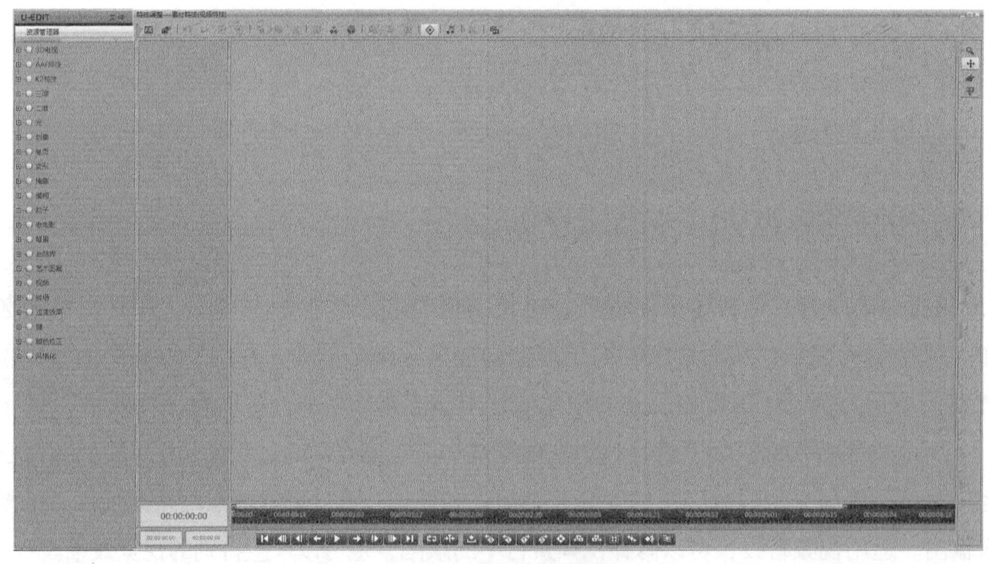

图4.2.1　特技调整界面

单击某特技，右侧将显示特技的参数设置和特技编辑区。不同特技类型，其具体的特技调整方式和参数有所不同。

特技调整窗的上排是一组常用工具栏，包括：复制、粘贴特技，保存特技模板，显示图形界面等。右侧的工具栏比较特殊，它与故事板播放窗相关联，用于回显窗中的特技调节，主要有以下四个工具。

- 放大镜工具：用于放大监视窗口、故事板播放窗口的画面。
- 移动工具：用于移动监视窗口、故事板播放窗口的画面。
- 快速调节模式：选中后可关闭参数调节的实时回显效果，提高运行速度。
- 禁用窗口调节：选中后可关闭在故事板回放窗上调整素材的功能，实现完整监看。

除了上述四个通用的调整工具外，不同特技还有相应的工具按钮。灵活运用这些特技工具，可以制作出丰富的视频效果，如虚拟大屏效果等。以二维窗口特技为例，介绍几个工具。

- 顶点工具：用于拖拽界面的顶点来修改视频素材的形状。
- 掩膜工具：选中后可以在故事板回放窗中通过鼠标拖拽来做掩膜区域的调整。
- 柔化工具：选中后可以在故事板回放窗中通过鼠标拖拽来做边缘柔化的调整。
- 缩放工具：选中后可以在故事板回放窗中通过鼠标拖拽对素材进行缩放处理。

编辑窗最下排是一组与关键帧操作相关的功能按钮，用于对特技关键帧的调整和调节。关于它们，在后面的关键帧部分会有详细介绍。

2. 特技列表

特技列表的相关操作主要有：

- 对已添加到特技列表的特技，选中后按Del键可删除该特技。
- 从近期历史记录中快速添加使用过的特技。
- 使用鼠标右键单击某特技，可对特技进行复位，即各参数恢复到初始值。

当为素材添加了多个特技，特技的添加顺序会影响到最终的综合表现。例如，为素材同时添加了三维和光晕特技，当三维在上、光晕在下，光晕效果不受三维限制。而点中光晕前的小图标上移，放在三维特技上面，这里光晕效果会被限制在三维窗口内。此例反映出，对视频添加光晕滤镜后再做三维窗口和先对视频做三维窗口处理再添加光晕滤镜是两种不同的综合效果。

此外，当添加了多个特技而希望只对某个特技进行调整时，可以暂时关闭其他特技，使其无效，待调整完毕再恢复有效。具体的操作方法为：单击特技名前的勾选，禁用该特技；恢复勾选，则特技恢复有效。

3. 保存特技模板

可以将调整好的视频特技或转场特技保存成特技模板，如同系统预置的特技模板一样，直接应用到素材上，这将大大提高节目的制作效率。具体的操作步骤如下所述。

Step 01 在特技调整窗口中单击“特技存盘”按钮，打开特技存盘窗口。

Step 02 勾选“视频特技”选项后，保存的特技只能应用于视频特技。

Step 03 勾选“视频转场特技”选项后，保存的特技只能应用于转场特技。

Step 04 同时勾选两个选项，保存的特技既可以应用于转场特技，也可以应用于视频特技。

Step 05 在右侧图像区域中可设置特技的肖像。

Step 06 在下方的GIF模块中，单击“生成特技”按钮，可预览动画。

Step 07 输入特技名称，单击“保存”按钮。

Step 08 在保存目录中设置保存路径，单击“确定”按钮即可。

4.2.3 关键帧操作

在特技调整中，关键帧的作用非常重要，它标识和记录了一个时间点的特技状态，如位置、大小等。通常，变化的特技至少需要两个关键帧来描述，第一个关键帧开始，第二个关键帧结束，二者之间的变化由计算机自动处理而成。如果仅设置一个起始关键帧，那么整个的特技状态将保持不变。下面介绍特技调整窗中关键帧的常用方法。

1. 添加关键帧

- 拉动时间线，找到需要添加关键帧的位置，然后单击“增加关键帧”按钮。
- 直接改变特技状态，如位置、大小等，系统会自动在该点处创建关键帧。
- 将鼠标光标放在时间线下方，待出现“+”时单击鼠标左键，即可添加关键帧。

2. 关键帧的选择

- 单击按钮（快捷键为Ctrl+A），即可选择全部关键帧。
- 使用鼠标直接单击或框选，被选中的关键帧显示为黄色。

3. 删除关键帧

- 选中关键帧，按Delete键，即可删除该关键帧。
- 单击“删除”按钮。

4. 调整关键帧距离

- 调整关键帧距离，可以改变特技的变化程度：在按住Ctrl键的同时，用鼠标拖动关键帧，即可移动关键帧。

● 选中关键帧，通过单击“左移一帧”、“右移一帧”、“左移5帧”或“右移5帧”按钮，进行精细调节。

5. **复制关键帧状态**

● 选中某关键帧，单击上方的复制按钮，然后选中需要赋值的关键帧，单击粘贴按钮即可。

● 可以单击复制按钮，拉动时间先到某一位置，再单击粘贴按钮，系统将自动产生关键帧。

● 选中某关键帧，单击“向前拷贝”按钮，可将前一关键帧的属性赋值给当前帧。

6. **保存关键帧属性**

● 选中调整特技参数的关键帧，单击右侧的“暂存属性”按钮，保存属性值。当需要赋予新的关键帧时，单击“暂存属性”按钮即可。

4.2.4　常用视频特技

1. 二维DVE

（1）二维特技应用实例。二维特技在日常节目中使用非常广泛，可实现画中画、掩膜、马赛克、柔化、彩色边框、阴影、风格化效果。下面通过实例介绍U-EDIT中二维DVE特技的调整方法，实现的画中画效果如图4.2.2所示。

图4.2.2　画中画效果

在该例中，视频画面使用了二维缩放、位移、边框、阴影参数调节。具体的调节方法如下所述。

Step 01 将需要添加特技的视频素材和背景素材分别放置在故事板的V2和V1轨上，如图4.2.3所示。

图4.2.3　需使用特技的轨道说明

Step 02 选中需要添加特技的视频素材，按回车键，打开特技调整窗。

Step 03 从特技列表中展开“二维”，双击“二维DVE”特技，即可将二维特技加载到视频素材上，如图4.2.4所示。

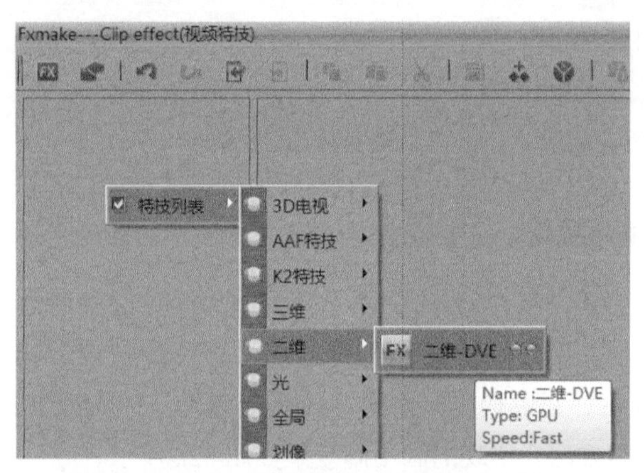

图4.2.4　二维DVE特技的在特技列表中的位置

Step 04 在右侧的调整窗中，黄色线框代表了视频素材，灰色区域为输出画面区域，如图4.2.5所示。

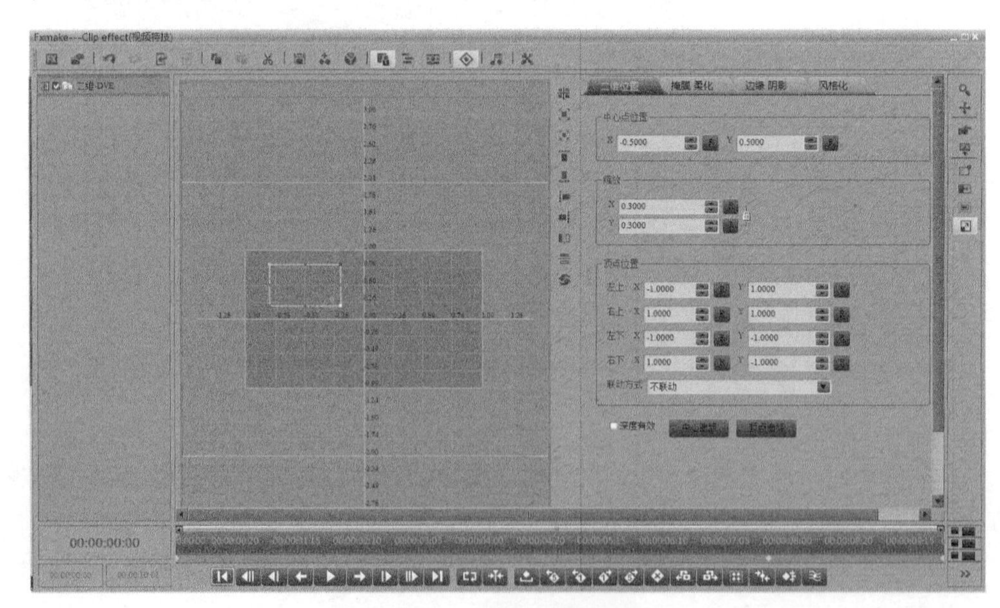

图4.2.5　二维DVE特技界面

Step 05 在“二维位置”页签中可改变实际素材的大小和位置。本例将参照图4.2.6设置“中心点位置”和“缩放”参数。

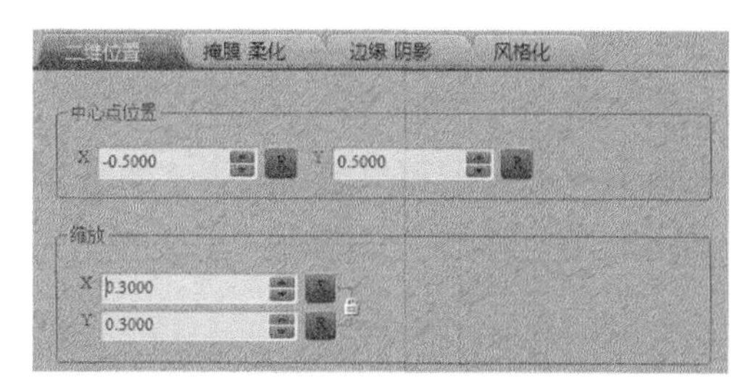

图4.2.6　二维DVE特技界面位置页签

Step 06 在“边框 阴影”页签中可以调整素材的边框和阴影属性。本例将参照图4.2.7设置边框属性和阴影属性。

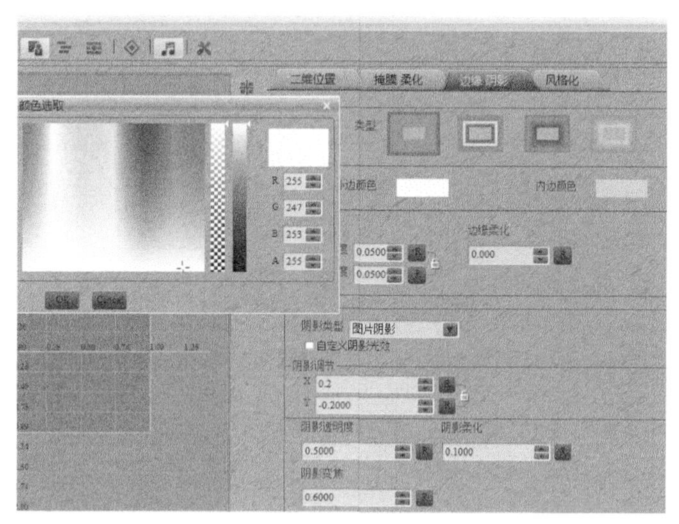

图4.2.7　二维DVE特技界面边缘阴影页签

Step 07 调整结束后，即可在故事板播放窗上看到调整后的效果，如图4.2.8所示。

图4.2.8　画中画效果

（2）二维特技基本属性。二维特技包括“二维位置”“掩膜 柔化”“边框 阴影”和“风格化”四个页签，每个页签控制不同的参数。此外，还可使用素材调整窗右侧的特技调整工具按钮，通过鼠标拖拽，在调整窗界面或故事板回放窗上调整素材的顶点、位置、掩膜、柔化、缩放属性。下面详细介绍各页签的使用。

①二维位置：用于控制素材的大小和位置，该页签如图4.2.9所示，页签中各参数的功能详见表4.2.1所示。

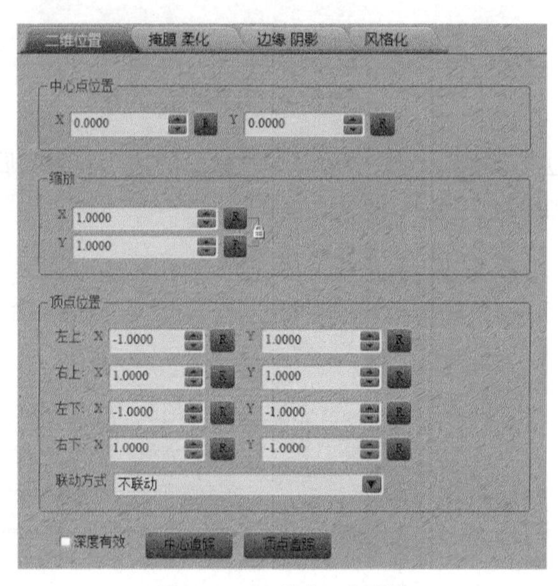

图4.2.9 “二维位置”页签

表4.2.1 “二维位置”页签参数的功能

功能	描述
中心点位置X	素材的中心点X、Y位置坐标
中心点位置Y	
缩放X	素材缩放X、Y轴缩放比例 联动按钮控制联动关系：“锁定”状态，表示X、Y参数联动；“开锁”状态表示X、Y参数解除联动
缩放Y	
顶点位置	素材四顶点的X、Y轴位置坐标
联动方式	改变素材四顶点位置参数时，可选择联动方式，共有“联动”“左右联动”“上下联动”“对角联动”和“全联动”五种联动方式
深度有效	勾选时该素材可与其他素材组合创作三维深度效果，不勾选时三维深度效果无效
中心追踪	以单点追踪的模式启动追踪模块
顶点追踪	以多点追踪的模式启动追踪模块

②掩膜 柔化：用于控制素材的掩膜和柔化参数，该页签如图4.2.10所示，页签中各参数的功能详见表4.2.2所示。

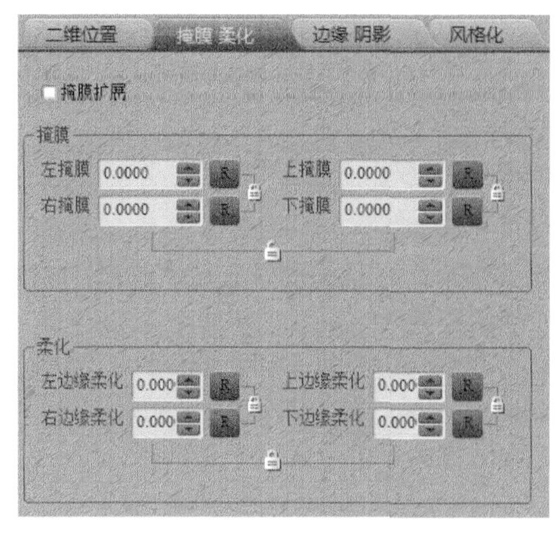

图4.2.10　“掩模 柔化”页签

表4.2.2　“掩模 柔化”页签参数的功能

功能	描述
掩膜扩展	勾选时掩膜调节效果为掩膜+缩放，不勾选时仅有掩膜效果
掩膜	设置素材四边缘的掩膜位置。联动按钮用于控制联动关系，“锁定”状态表示参数联动，“开锁”状态表示参数解除联动
柔化	设置素材四边的柔化效果，可通过联动按钮控制联动关系

③边框阴影：用于控制素材的边框和阴影属性，该页签如图4.2.11所示，页签中各参数的功能详见表4.2.3所示。

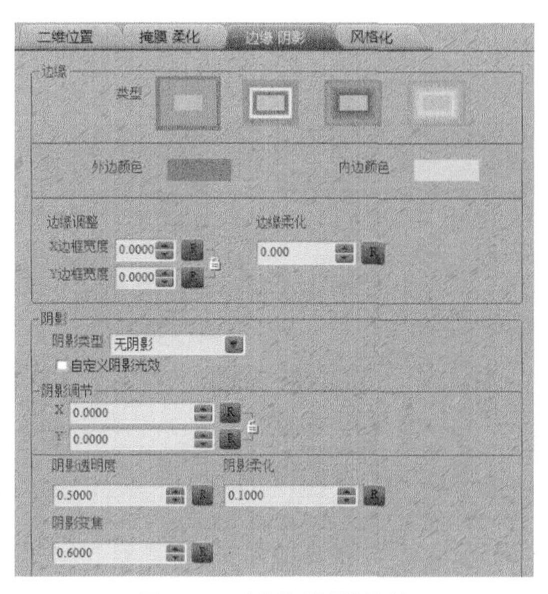

图4.2.11　“边缘 阴影”页签

表4.2.3 “边缘 阴影”页签参数的功能

功能	描述
边缘类型	选择边框类型
外边颜色	控制边框外边缘颜色
内边颜色	控制边框内边缘颜色
边缘调整	设置X、Y边框宽度，可通过联动按钮控制联动关系
边缘柔化	设置柔化边框边缘
阴影类型	选择“无阴影”“图片阴影”“掩膜阴影”或“单色阴影”等阴影类型
阴影调节	设置阴影中心点X、Y轴坐标，可通过联动按钮控制联动关系
阴影透明度	控制阴影透明度
阴影柔化	控制阴影边缘的柔化程度
阴影变焦	控制阴影画面的模糊程度

在勾选“自定义阴影光效”复选框后，将激活下面的参数，如图4.2.12所示，具体参数的功能详见表4.2.4所示。

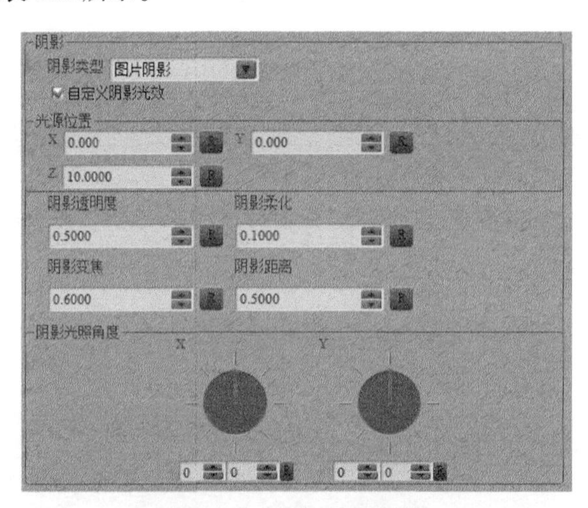

图4.2.12 自定义阴影光效

表4.2.4 自定义阴影参数的功能

功能	描述
自定义阴影光效	勾选后可控制阴影的光源位置、阴影距离、光照角度等参数
光源位置X、Y、Z	设置阴影光源的空间位置
阴影距离	设置阴影反射面距离原画面的距离
阴影光照角度	设置阴影光源照射原画面的角度X、Y

④风格化：用于控制素材的透明度、柔化、马赛克等风格化参数，该页签如图

4.2.13所示，页签中各参数的功能详见表4.2.5所示。

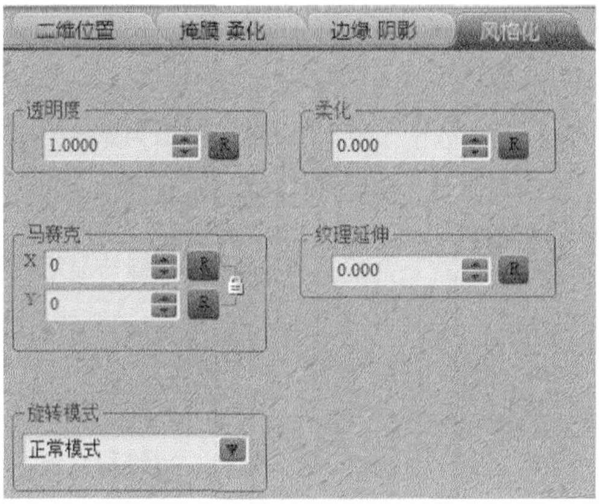

图4.2.13 “风格化”页签

表4.2.5 “风格化”页签参数的功能

功能	描述
透明度	控制素材透明度
柔化	控制素材柔化程度
马赛克	设置素材X、Y轴方向的马赛克化程度，可通过联动按钮控制联动关系
纹理延伸	控制素材纹理缩放程度
旋转模式	设置素材旋转模式，有四种模式，分别为“正常模式”“左右翻转”“上下翻转”和“对角翻转”

⑤工具按钮：在素材预览窗和素材调整窗右侧均设有素材调整按钮，如图4.2.14所示，可以通过使用鼠标拖拽来调整素材画面，各按钮的功能详见表4.2.6所示。

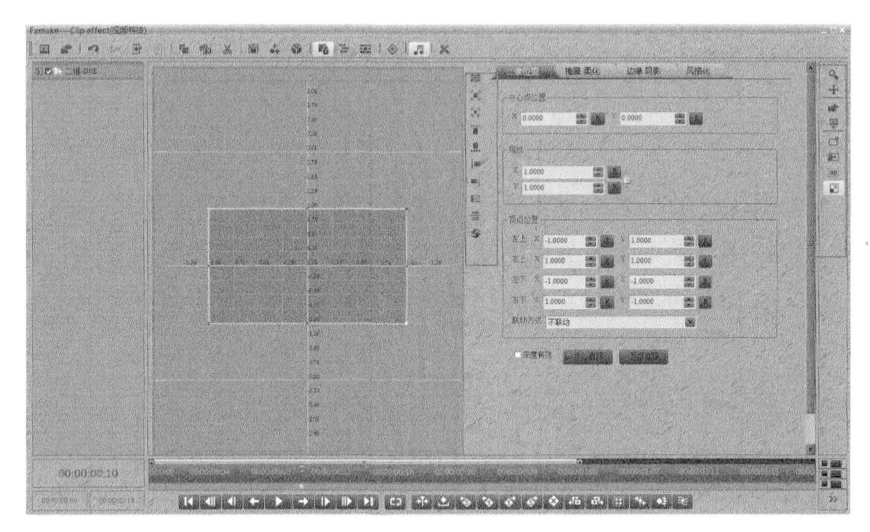

图4.2.14 二维DVE特技界面

表4.2.6　各按钮的功能

图标	功能	快捷键	描述
	中心点复位	无	中心点复位
	最大化	无	素材复原为原始大小，中心点不变
	最小化	无	素材大小缩放为0，中心点不变
	移动到最上	无	素材上边缘与显示边缘平齐
	移动到最下	无	素材下边缘与显示边缘平齐
	移动到最左	无	素材左边缘与显示边缘平齐
	移动到最右	无	素材右边缘与显示边缘平齐
	水平翻转	无	素材水平翻转
	垂直翻转	无	素材垂直翻转
	全部复位	无	素材所有缩放、位移、翻转属性复位
	放大镜工具	无	放大监视窗口、故事板播放窗口的画面
	移动工具	无	移动监视窗口、故事板播放窗口的画面
	快速调节模式	无	选中后可关闭参数调节的实时回显效果，提高运行速度
	禁用窗口调节	无	选中后可关闭在故事板回放窗上调整素材功能，实现完整监看
	顶点调节	无	使用鼠标拖拽素材边框设定顶点位置
	掩膜调节	无	使用鼠标拖拽素材边框设定掩膜边缘
	柔化调节	无	使用鼠标拖拽素材边框进行边缘柔化
	缩放调节	无	使用鼠标拖拽素材边框进行画面缩放

2. 三维DVE

（1）三维特技应用实例。三维特技可实现三维空间画中画、掩膜 柔化、彩色边框、阴影、风格化效果，如在节目的结尾时主题画面由全景逐渐演变为带有纵深感的倾斜画面。下面通过实例介绍U-EDIT软件三维-DVE特技的调整方法，效果如图4.2.15所示。

在本例中，视频画面使用了缩放、位移、边框、阴影参数调节，具体的调节方法如下所述。

Step 01 将需要添加特技的视频素材和背景素材分别放置在故事板的V2、V1轨上，如图4.2.16所示。

图4.2.15　三维DVE特效

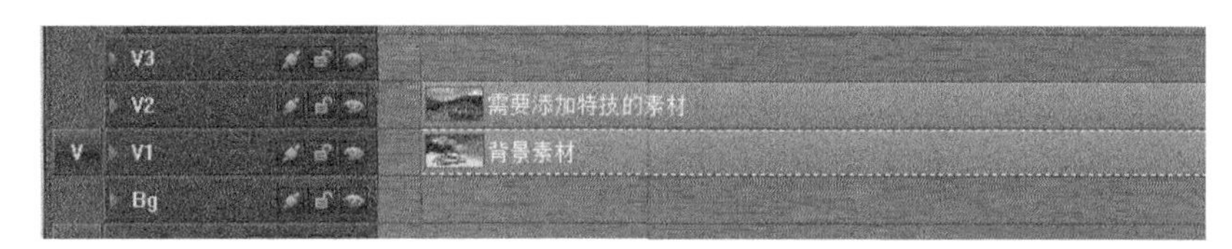

图4.2.16　三维DVE特技应用轨道说明

Step 02 选中素材上需要添加特技的视频素材，按回车键，打开特技调整窗。

Step 03 从特技列表中展开“三维”，双击“三维 - DVE”特技，如图4.2.17所示，三维特技将被加载到视频素材上。

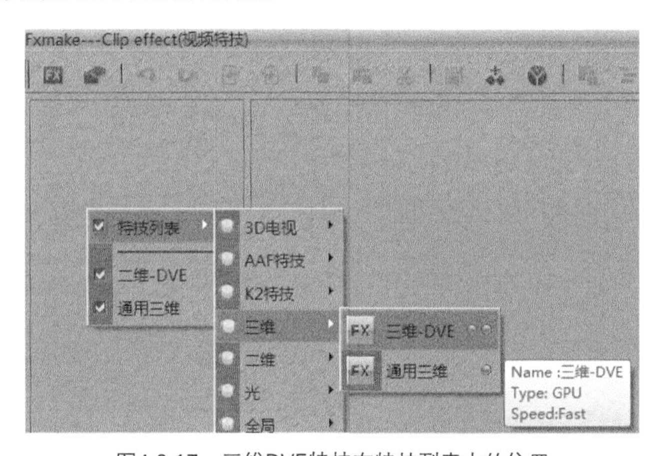

图4.2.17　三维DVE特技在特技列表中的位置

Step 04 在右侧的调整窗中，黄色矩形代表了视频素材，灰色区域内部为输出画面区域，如图4.2.18所示。

Step 05 在“空间位置”页签中可以修改素材的位置、缩放、公转点、旋转角度。本例将参照图4.2.19设置“位置”“缩放”和“角度”参数。

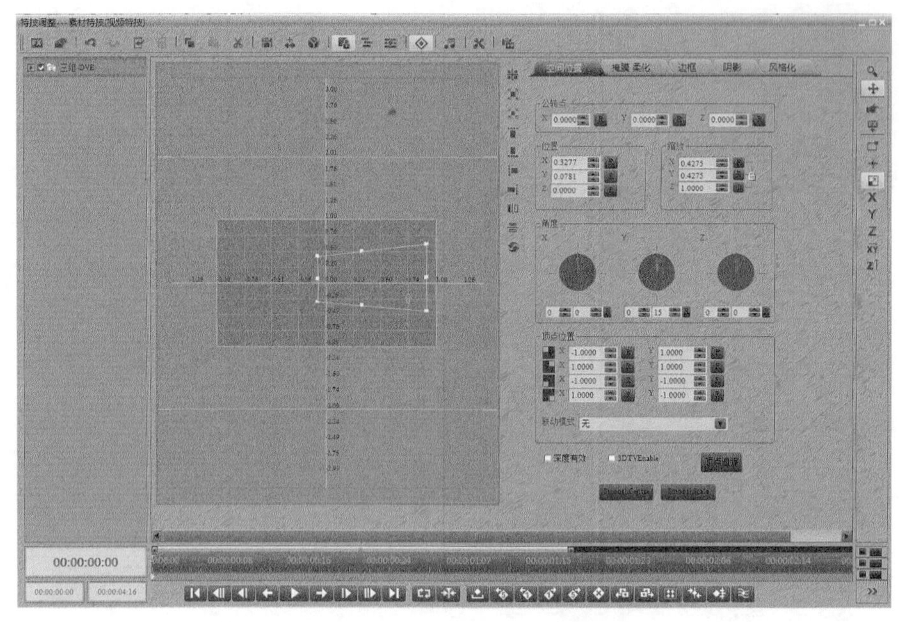

图4.2.18　三维DVE特技界面

Step 06 在“边框”页签中可修改素材的边框模式、颜色。在本例中，修改边角为圆角，并参照图4.2.20设置各参数。

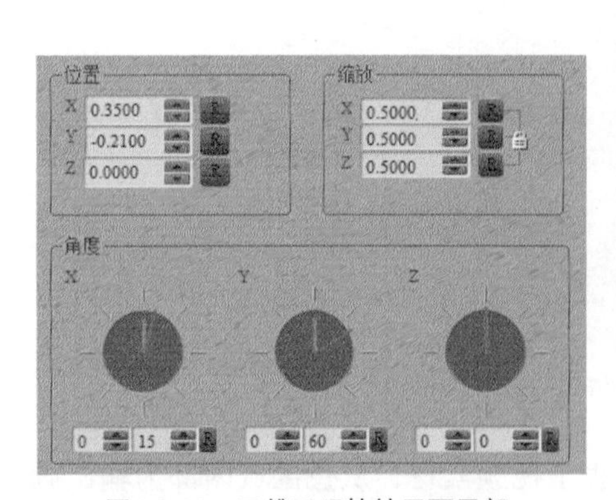

图4.2.19　三维DVE特技界面局部

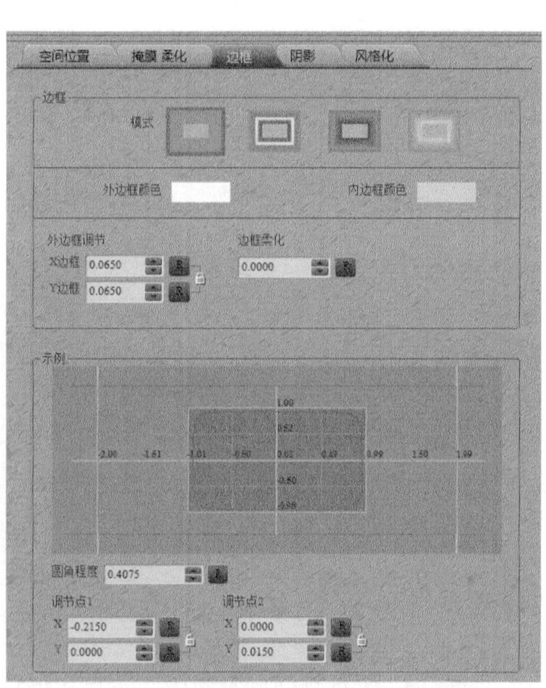

图4.2.20　三维DVE特技界面边框页签

Step 07 在“阴影”页签中，参照图4.2.21修改素材的阴影参数。

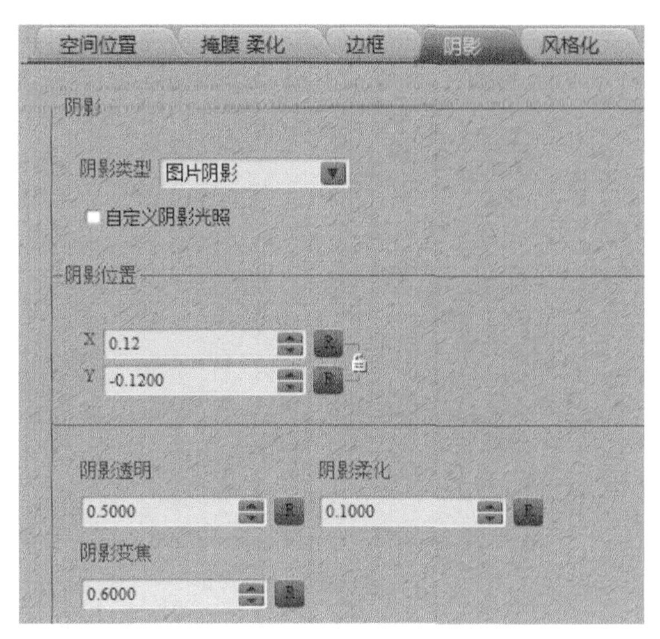

图4.2.21 三维DVE特技界面阴影页签

Step 08 调整结束后，可在故事板播放窗上看到调整后的效果，如图4.2.22所示。

图4.2.22 三维DVE效果

（2）三维特技基本属性。三维特技包括空间位置、掩膜 柔化、边框、阴影、风格化五个页签，每个页签控制不同的参数。此外，还可使用素材调整窗右侧的特技调整工具按钮，通过鼠标拖拽，在调整窗界面或故事板回放窗上调整素材的顶点、公转点、位置、掩膜、柔化、缩放属性。各页签的详细介绍如下所述。

①空间位置：用于控制素材在三维空间中的大小和位置，如图4.2.23所示，页签中各参数的功能详见表4.2.7所示。

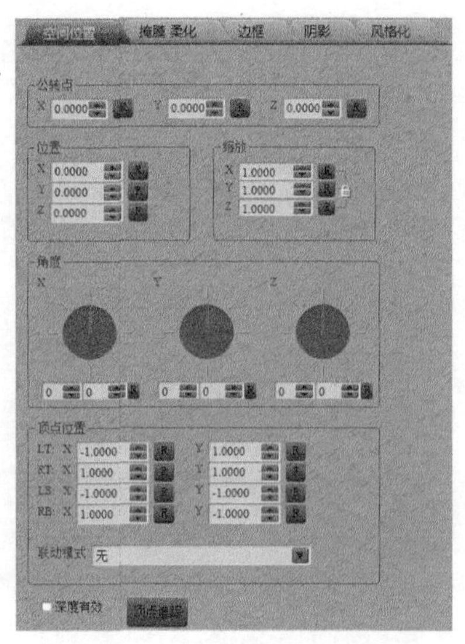

图4.2.23 “空间位置”页签

表4.2.7 “空间位置”页签参数的功能

功能	描述
位置	设置素材的中心点X、Y、Z位置坐标
公转点	设置素材公转点在X、Y、Z位置坐标
缩放	设置素材缩放X、Y、Z轴缩放比例，可使用联动按钮控制联动关系，锁定状态表示X、Y、Z参数联动，开锁状态表示X、Y、Z参数解除联动
顶点位置	设置素材四顶点的X、Y轴位置坐标
联动模式	改变素材四顶点位置参数时，可选择联动方式，共有不联动、左右联动、上下联动、对角联动和全联动五种联动模式
深度有效	勾选时，该素材可与其他素材组合创作出三维深度效果；不勾选时，三维深度效果无效
顶点追踪	以单点追踪的模式启动追踪模块

②掩膜 柔化：用于控制素材的掩膜和柔化参数，如图4.2.24所示，页签中各参数的功能详见表4.2.8所示。

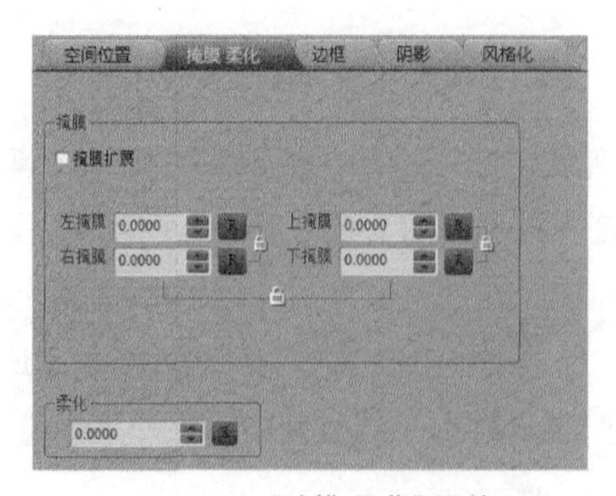

图4.2.24 “掩模 柔化”页签

表4.2.8　“掩膜 柔化”页签参数的功能

功能	描述
掩膜	设置素材四边缘掩膜位置，可使用联动按钮控制联动关系，锁定状态表示参数联动，开锁状态表示参数解除联动
掩膜扩展	勾选时，掩膜调节效果为掩膜+缩放，不勾选时仅有掩膜效果
柔化	设置素材四边的柔化效果

③边框：用于控制素材的边框参数，如图4.2.25所示，页签中各参数的功能详见表4.2.9所示。

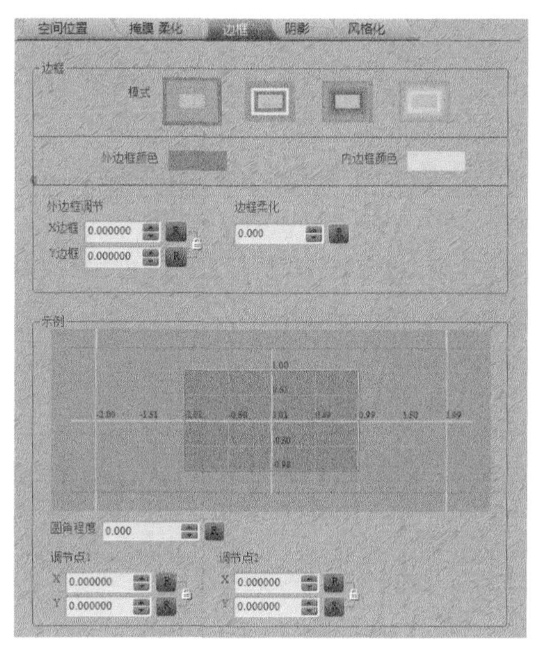

图4.2.25　“边框”页签

表4.2.9　“边框”页签参数的功能

功能	描述
边框模式	选择边框模式，包括单色边框、渐变色边框、双层边框等
外边框颜色	设置外边框颜色
外边框颜色	设置内边框颜色
外边框调节	设置X、Y边框，分别控制横纵边框的宽度
边框柔化	设置边框柔化程度
圆角程度	将素材四个角转变为圆角的程度
调节点1	设置圆角调节点1在X、Y轴上的位置
调节点2	设置圆角调节点2在X、Y轴上的位置

④阴影：用于控制素材的阴影参数，如图4.2.26所示，页签中各参数的功能详见表4.2.10。

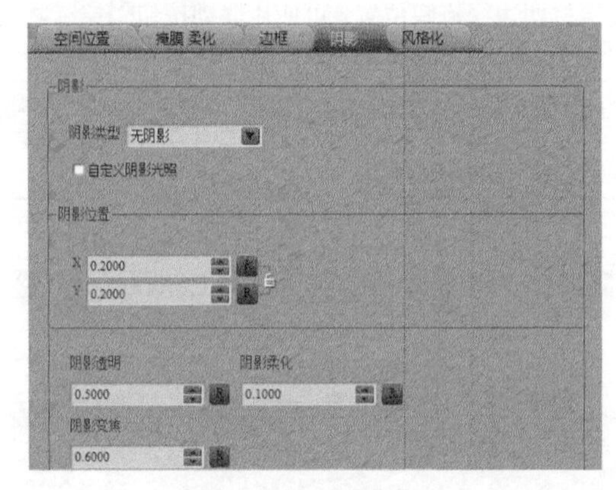

图4.2.26 “阴影”页签

表4.2.10 “阴影”页签参数的功能

功能	描述
阴影类型	设置阴影类型，包括无阴影、掩模阴影、颜色阴影和图片阴影
阴影调节	设置阴影在X、Y轴上的位置
阴影透明度	设置阴影的透明度
阴影柔化	设置阴影边缘的柔化程度
阴影变焦	设置阴影的变焦程度

当勾选“自定义阴影光照”选项后，将激活下面的参数，如图4.2.27所示，具体参数的功能详见表4.2.11所示。

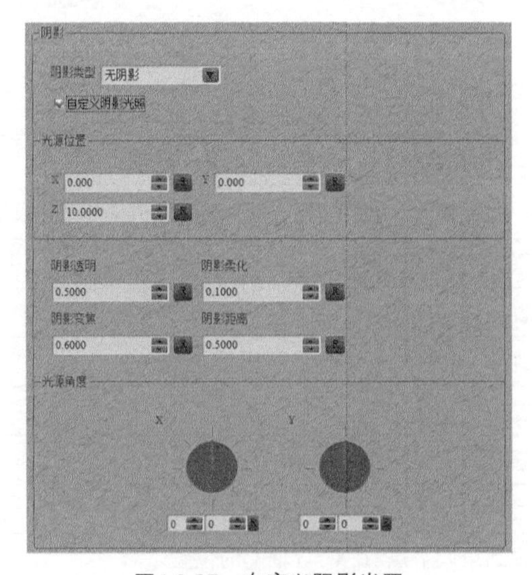

图4.2.27 自定义阴影光照

表4.2.11　自定义阴影光照各参数的功能

功能	描述
自定义阴影光照	勾选后可打开自定义阴影光照界面
光源位置	设置阴影的空间位置
阴影透明	设置阴影的透明度
阴影柔化	设置阴影边缘的柔化程度
阴影变焦	设置阴影的变焦程度
阴影距离	设置阴影与原素材的距离
光源角度	设置光源相对素材的X、Y轴的照射角度

⑤风格化：用于控制素材的透明度、纹理、翻转参数，如图4.2.28所示，页签中各参数的功能详见表4.2.12。

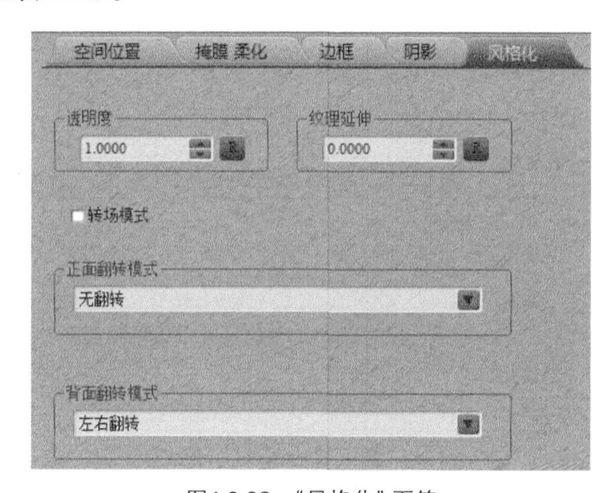

图4.2.28　“风格化”页签

表4.2.12　“风格化”页签参数的功能

功能	描述
透明度	控制素材透明度
纹理延伸	控制素材纹理延伸程度
转场模式	使用3D-DVE特技制作转场特技时，可切换转场模式
正面翻转模式	使用3D-DVE特技制作转场特技时，可设定正面是否进行水平、垂直、对角翻转
背面翻转模式	使用3D-DVE特技制作转场特技时，可设定背面是否进行水平、垂直、对角翻转

（3）工具按钮：在素材预览窗和素材调整窗的右侧有素材调整按钮，可以通过鼠标拖拽来调整素材画面。

①通用按钮：如图4.2.29所示，页签中各参数的功能详见表4.2.13。

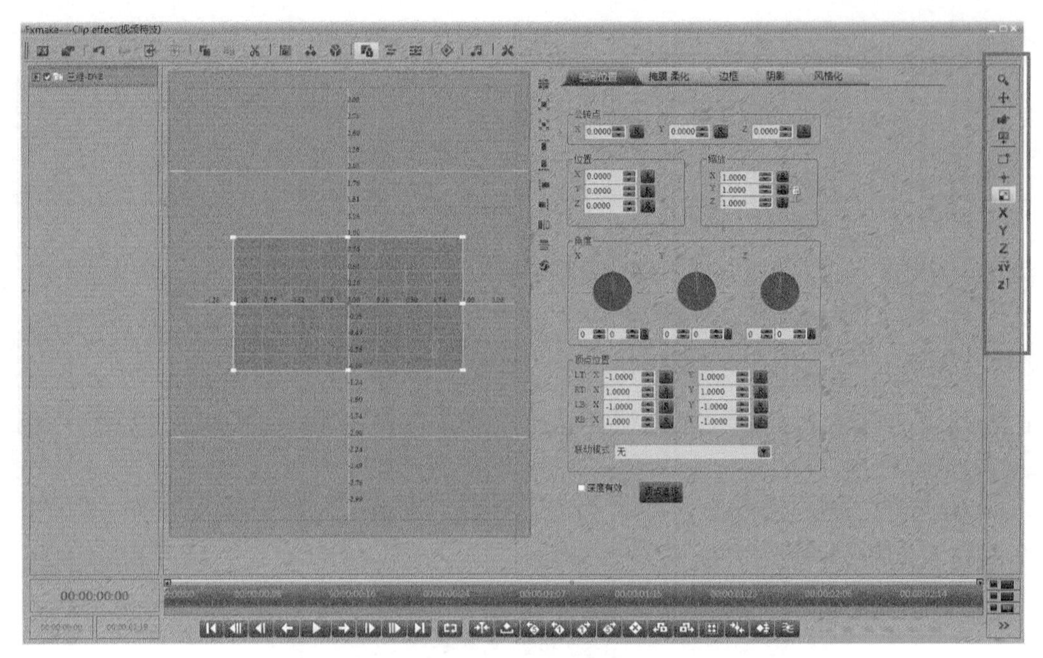

图4.2.29 通用按钮

表4.2.13 各通用按钮的功能

图标	功能	快捷键	描述
	放大镜工具	无	放大监视窗口、故事板播放窗口的画面
	移动工具	无	移动监视窗口、故事板播放窗口的画面
	快速调节模式	无	选中后可关闭参数调节的实时回显效果，提高运行速度
	禁用窗口调节	无	选中后可关闭在故事板回放窗上调整素材功能，实现完整监看
	顶点调节	无	使用鼠标可拖拽素材边框设定顶点位置
	缩放调节	无	使用鼠标可拖拽素材边框进行画面缩放
X	X轴旋转	无	使用鼠标可通过拖拽回显窗口的黄色触点实现素材画面绕X轴旋转（如图4.2.30和图4.2.31所示）
Y	Y轴旋转	无	使用鼠标可通过拖拽回显窗口的黄色触点实现素材画面绕Y轴旋转（如图4.2.32和图4.2.33所示）
Z	Z轴旋转	无	使用鼠标可通过拖拽回显窗口的黄色触点实现素材画面绕Z轴旋转（如图4.2.34和图4.2.35所示）
XY	平面移动	无	在锁定画面的横纵比和Z轴位置的情况下，通过鼠标拖拽素材画面，单独改变画面的中心点平面位置
Z↑	纵向移动	无	在锁定画面的横纵比和中心点平面位置的情况下，通过鼠标拖拽素材画面，单独改变画面的Z轴位置

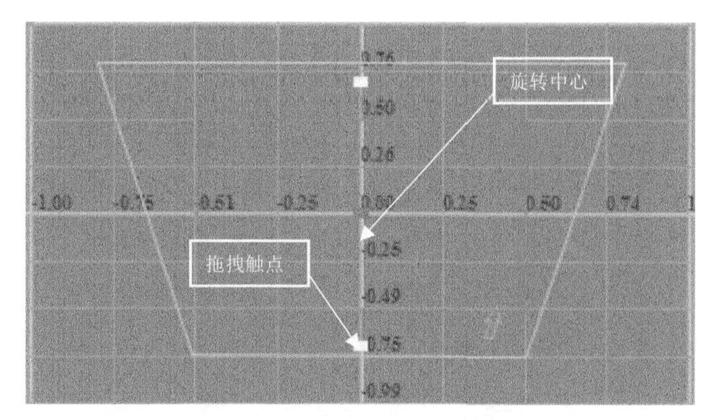

图4.2.30　拖拽触点实现X轴旋转

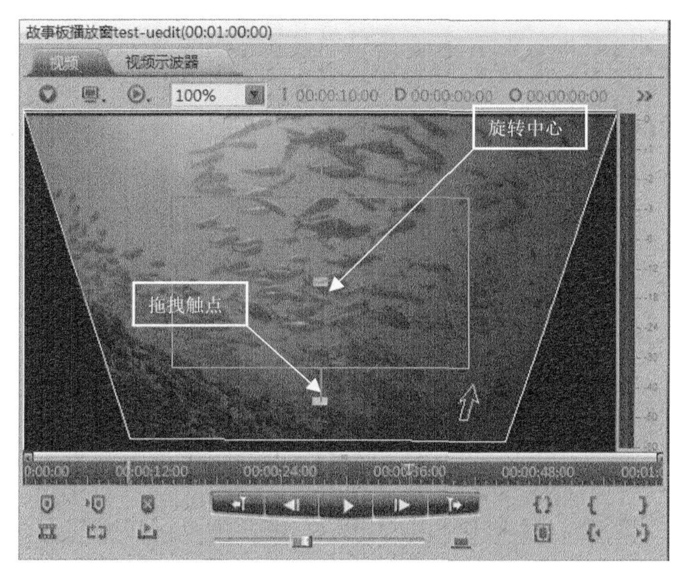

图4.2.31　在故事板播放窗口进行位置调整

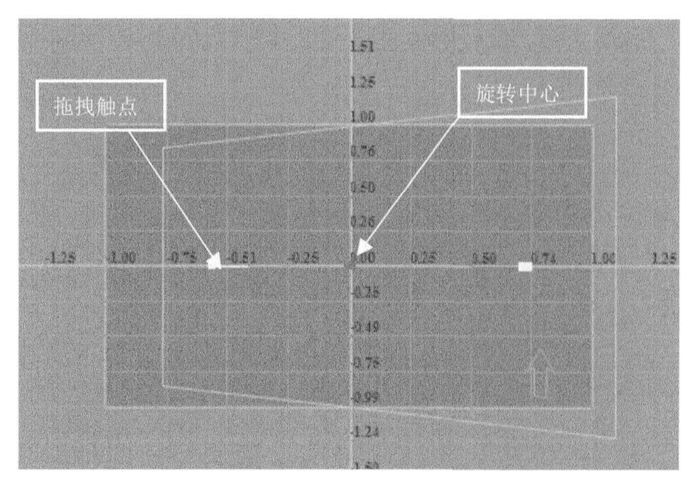

图4.2.32　拖拽触点实现Y轴旋转

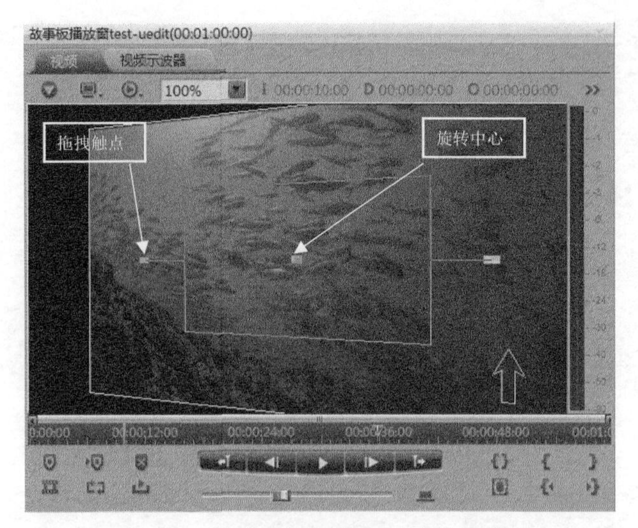

图4.2.33　在故事板播放窗口进行位置调整

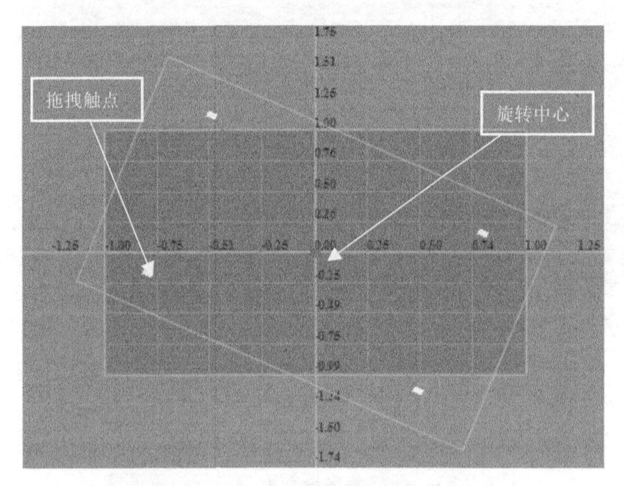

图4.2.34　拖拽触点实现Z轴旋转

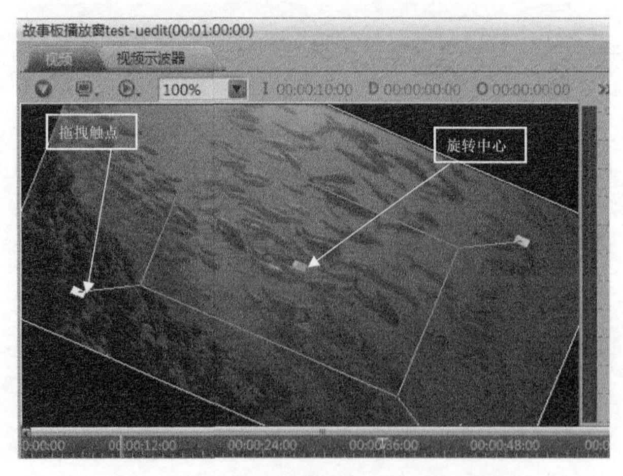

图4.2.35　在故事板播放窗口进行位置调整

②空间位置专属：如图4.2.36所示，页签中各参数的功能详见表4.2.14。

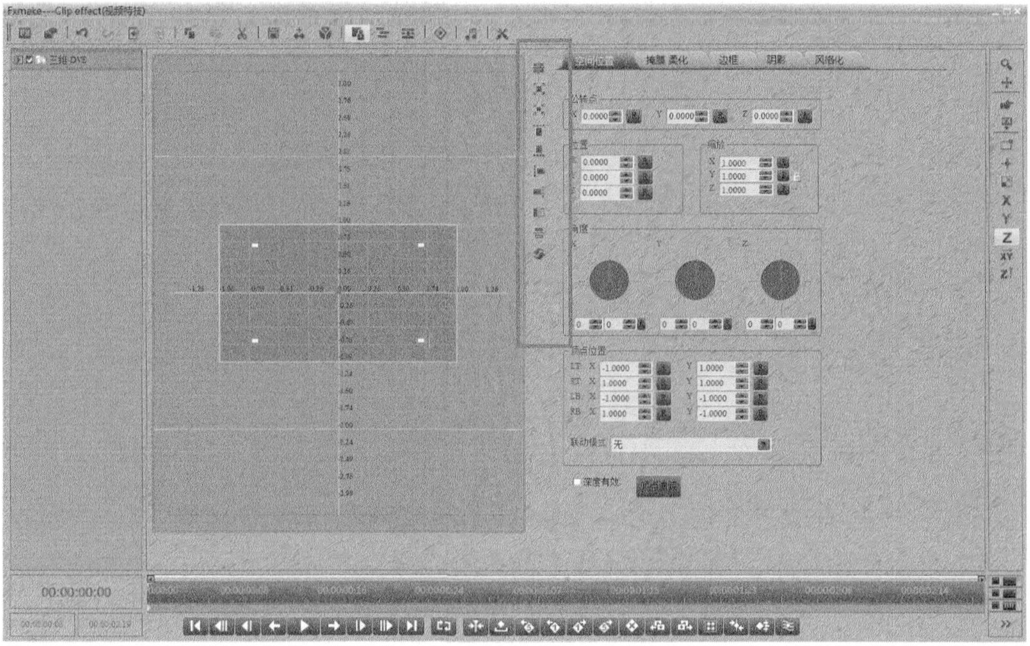

图4.2.36　空间位置专属

表4.2.14　空间位置专属中各参数的功能

图标	功能	快捷键	描述
	中心点复位	无	中心点复位
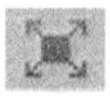	最大化	无	素材复原为原始大小，中心点不变
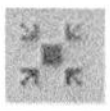	最小化	无	素材大小缩放为0，中心点不变
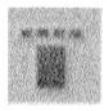	移动到最上	无	素材上边缘与显示边缘平齐
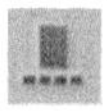	移动到最下	无	素材下边缘与显示边缘平齐
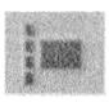	移动到最左	无	素材左边缘与显示边缘平齐
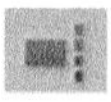	移动到最右	无	素材右边缘与显示边缘平齐
	水平翻转	无	素材水平翻转
	垂直翻转	无	素材垂直翻转
	全部复位	无	素材所有缩放、位移、旋转属性复位

③掩膜 柔化专属：如图4.2.37所示，页签中各参数的功能详见表4.2.15。

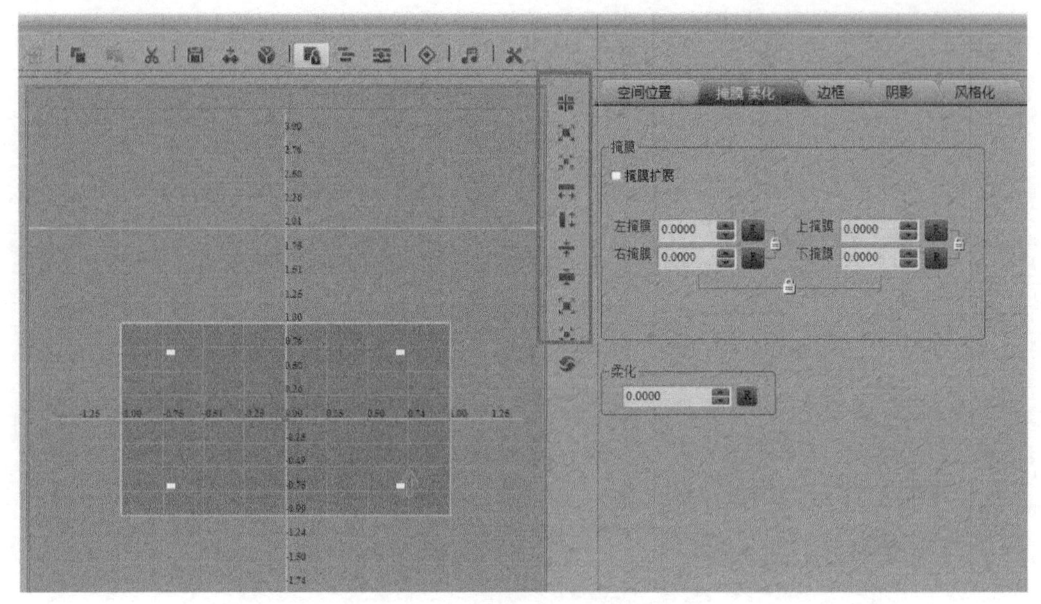

图4.2.37　掩膜 柔化专属

表4.2.15　掩膜 柔化专属中各参数的功能

图标	功能	快捷键	描述
	中心点复位	无	中心点复位
	最大化	无	掩膜复原为原始大小，中心点不变
	最小化	无	掩膜缩放为最小，中心点不变
	水平最大化	无	素材左右边缘复原
	垂直最大化	无	素材上下边缘复原
	1.85遮幅	无	自动实现1.85遮幅
	1.66遮幅	无	自动实现1.66遮幅
	柔化最高	无	柔化程度最高
	柔化最低	无	柔化程度最低
	全部复位	无	素材所有掩膜、柔化属性复位

3. 掩膜

在U-EDIT软件中，简单的掩膜处理可直接使用二维-DVE或三维-DVE完成，而掩膜扩展特技可以实现局部掩膜、局部马赛克、局部柔化效果。掩膜特技可以与追踪功能组合实现局部掩膜、马赛克、柔化的追踪效果。

（1）基本掩膜应用实例。在U-EDIT软件中，简单的掩膜处理可直接使用二维-DVE或三维-DVE完成。下面以实例介绍使用二维-DVE特技实现简单掩膜效果，如图4.2.38所示。

图4.2.38　掩模特技效果图

该例中，视频画面使用掩膜调节，具体的操作步骤如下所述。

Step 01 选中素材上需要添加特技的视频素材，按回车键，打开特技调整窗。

Step 02 从特技列表中展开“二维”菜单，双击“二维-DVE”特技，如图4.2.39所示，二维特技将被加载到视频素材上。

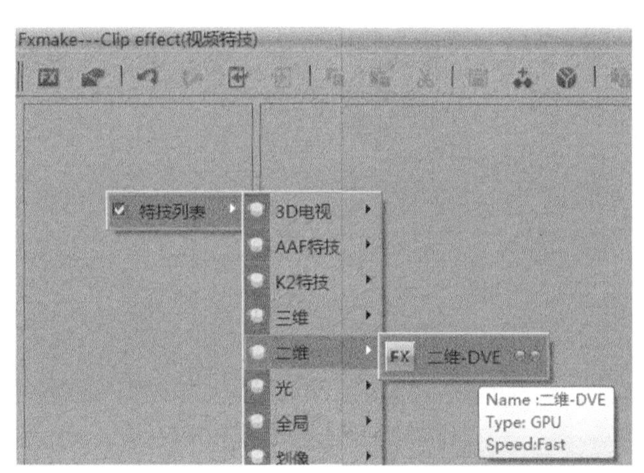

图4.2.39　二维DVE特技在特技列表中的位置

Step 03 在右侧的调整窗中，绿色矩形框表示进行大小、位移调整后的素材区域，素材黄色矩形代表了进行掩膜调整后的素材区域，灰色区域内部为输出画面区域，如图4.2.40所示。

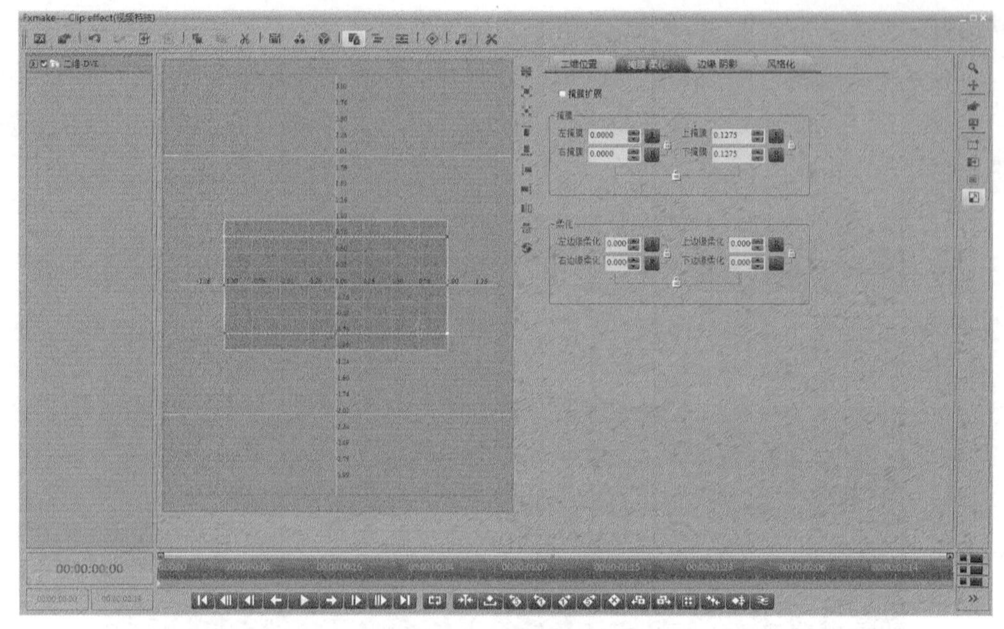

图4.2.40　素材调整区域

Step 04 在“掩膜 柔化”页签中调整矩形四边的掩膜参数：修改左右与上下边框的联动按钮为开锁状态，设置上掩膜=0.1675、下掩膜=0.1675。

Step 05 调整结束后，可在故事板播放窗上看到调整后的效果，如图4.2.41所示。

图4.2.41　掩膜特技效果图

掩膜调整可使用特技调整窗口右侧的工具按钮，通过鼠标拖拽直接在特技调整窗预览窗口和故事板播放窗口上调整。

Step 06 选择掩膜按钮，使用鼠标拖拽特技调整窗预览窗口和故事板播放窗口上的黄色线框和角点，如图4.2.42和图4.2.43所示。

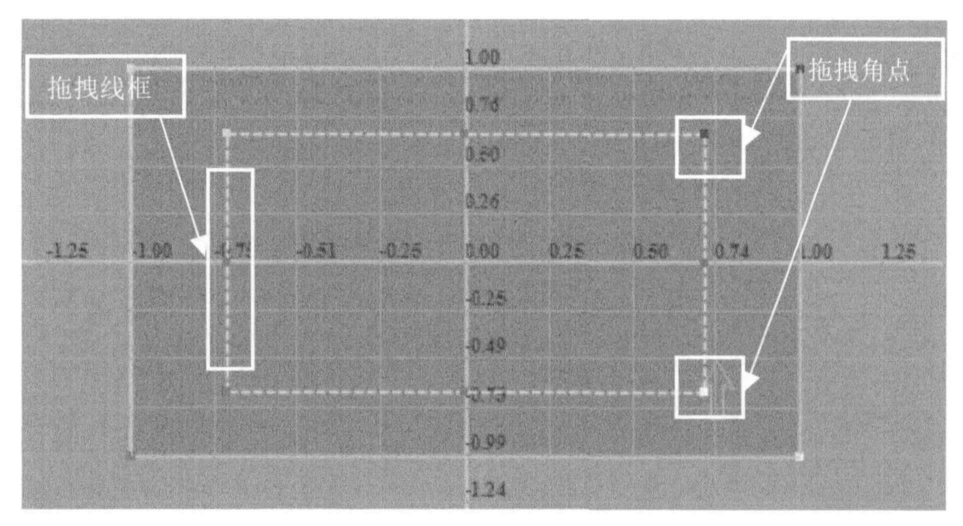

图4.2.42　二维DVE特技掩模柔化页签局部

图4.2.43　打开二维DVE特技界面后在故事板播放窗口可进行位置调整

Step 07 在故事板播放窗口上进行调整时，需关闭禁用窗口调节（PARAMxFX）模式。

Step 08 拖拽线框和角点时，可以通过掩膜参数界面中的联动按钮控制掩膜各边的联动关系：锁定状态表示参数联动，开锁状态参数解除联动。

（2）手绘掩膜应用实例——局部掩膜。在U-EDIT软件中，可使用高级掩膜特技实现局部掩膜效果。下面以实例介绍使用高级掩膜特技实现手绘局部掩膜功能，效果如图4.2.44所示。

图4.2.44　掩膜特技效果图

该例中，视频画面使用高级掩膜调节，具体方法如下所述。

Step 01 将需要添加掩膜特技的视频素材和背景素材分别放置在故事板的V2和V1轨上，如图4.2.45所示。

图4.2.45　添加掩膜特技的轨道说明

Step 02 选中素材上需要添加特技的视频素材，按回车键，打开特技调整窗。

Step 03 从特技列表中展开“掩膜”菜单，双击“高级掩膜”特技，高级掩膜特技将被加载到视频素材上，如图4.2.46所示。

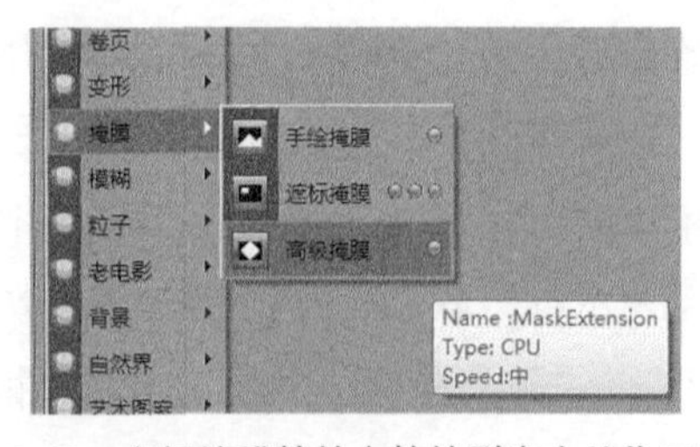

图4.2.46　高级掩膜特技在特技列表中的位置说明

在右侧的调整窗中，掩膜特技由“掩膜设置”页签和“调节”页签两个页签组成。“掩膜设置”页签用于处理掩膜参数，分为以下三块区域，如图4.2.47所示。

- 掩膜类型选择区域：选择掩膜调节和监看的类型。
- 监看区域：预览效果、进行掩膜绘制。
- 掩膜调整区域：控制每个掩膜的具体参数。

图4.2.47　高级掩膜特技界面

Step 04 “调节”页签用于在确定掩膜区域后，调节边缘、局部马赛克、局部柔化参数，如图4.2.48所示。

图4.2.48　高级掩膜特技界面调节页签

Step 05 在“掩膜设置”页签中可对掩膜类型和区域进行设置：监看模式=图片、膜类型=手绘曲线，并在选中手绘曲线工具后在监视区域勾勒掩膜区域，如图4.2.49所示。

图4.2.49　高级掩膜特技界面手绘曲线

Step 06 在“调节”页签中对掩膜处理参数进行设置：勾选Alpha调节，X轴边缘柔化=0.089，Y轴边缘柔化=0.053。

Step 07 调整结束后，可在故事板播放窗上看到调整后的效果，如图4.2.50所示。

图4.2.50　掩模特技效果图

（3）手绘掩膜应用实例——局部马赛克、局部柔化。在U-EDIT软件中，可使用掩膜扩展特技实现局部马赛克、局部柔化效果。我们经常会看到电视中一些被采访的当事人面部被加上马赛克效果，用以保护当事人的真实身份。下面以实例介绍使用掩膜扩展特技实现椭圆形状局部马赛克及柔化功能，效果如图4.2.51、图4.2.52和图4.2.53所示。

图4.2.51　应用手绘掩模特技的原始画面

图4.2.52　应用手绘掩模特技的局部马赛克效果

图4.2.53　应用手绘掩模特技的局部柔化效果

该例中，画面使用局部马赛克和局部柔化调节，具体方法如下所述。

Step 01 选中素材上需要添加特技的视频素材，按回车键，打开特技调整窗。

Step 02 从特技列表中展开“掩膜”菜单，双击“掩膜扩展”特技，掩膜扩展特技将被加载到视频素材上。

Step 03 在“掩膜设置”页签中对掩膜类型和区域进行设置：监看模式=图片、掩膜类型=椭圆，并在选中手绘曲线工具后在监视区域勾勒掩膜区域，如图4.2.54所示。

图4.2.54　手绘掩膜特技的应用区域选择

Step 04 在“调节”页签中对掩膜处理参数进行设置，具体如下：

- 局部马赛克效果：修改X轴边缘柔化=0.075，Y轴边缘柔化=0.075，X方向马赛克=0.146，Y方向马赛克=0.160。
- 局部柔化效果：修改X轴边缘柔化=0.075，Y轴边缘柔化=0.075，X方向柔化=0.342，Y方向柔化=0.365。

Step 05 调整结束后，即可在故事板播放窗上看到调整后的效果，如图4.2.55和图4.2.56所示。

图4.2.55　应用手绘掩膜特技的局部马赛克效果

图4.2.56　应用手绘掩膜特技的局部柔化效果

4. 马赛克

（1）基本马赛克应用实例。马赛克特技可对画面产生马赛克效果。接下来通过实例介绍U-EDIT软件中马赛克特技的调整方法，效果如图4.2.57所示。

图4.2.57　马赛克特技效果

该例中，视频画面使用马赛克调节，具体方法如下所述。

Step 01 选中素材上需要添加特技的视频素材，按回车键，打开特技调整窗。

Step 02 从特技列表中展开“风格化”菜单，双击“基本马赛克”特技，如图4.2.58所示，马赛克特技将被加载到视频素材上。

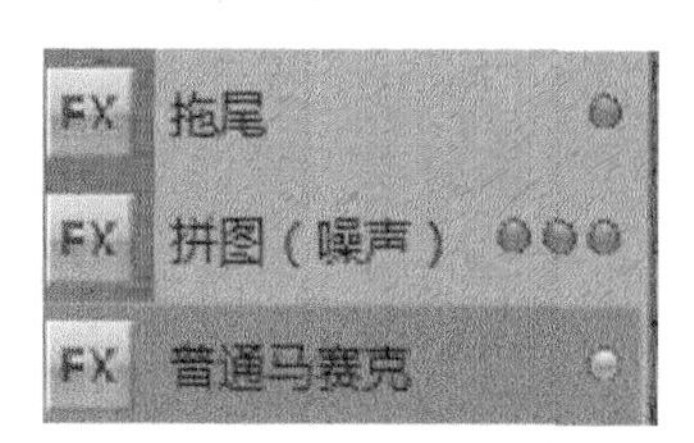

图4.2.58　选择马赛克特技

Step 03 普通马赛克特技可控制马赛克画面的横纵区块数目和中心点位置：列=3、行=3，如图4.2.59所示。

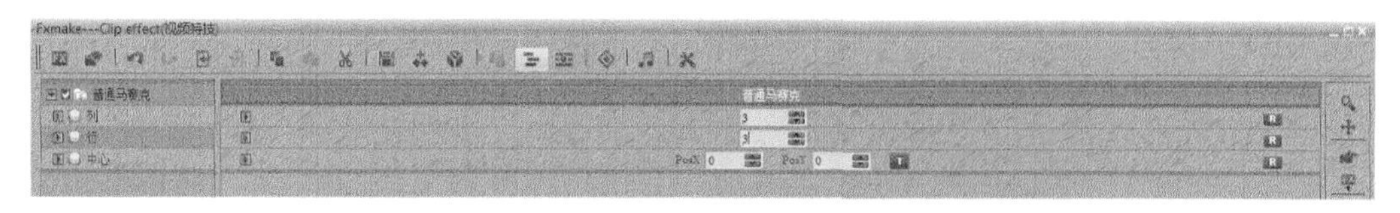

图4.2.59　马赛克特技界面

Step 04 调整结束后，即可在故事板播放窗上看到调整后的效果，如图4.2.60所示。

（2）局部马赛克与追踪马赛克。局部马赛克可以使用掩膜或掩膜扩展特技完成。详见手绘掩膜应用实例。追踪马赛克是掩膜扩展特技与追踪功能的组合，详见“8.1.1 制作动态跟踪马赛克”。

图4.2.60　马赛克特技效果

5. 色键

（1）色键特技应用实例。色键是抠出画面颜色中特定色相的一种方法，可透出底层的背景。在实际应用中以抠蓝和抠绿最为常见，效果也最好。为保证尽可能理想的抠像效果，建议在前期拍摄中适当照亮背景屏幕和前景素材，并且用于抠像的素材尽可能采用低压缩比、高质量的编码格式。下面以实例介绍色键特技的使用方法，效果如图4.2.61、图4.2.62和图4.2.63所示。

图4.2.61　抠像后特技效果

图4.2.62　抠像前原始素材

图4.2.63　抠像用背景画面

该例中使用色键调节，具体方法如下所述。

Step 01 将需要添加色键特技的视频素材和背景素材分别放置在故事板的V2和V1轨上，如图4.2.64所示。

图4.2.64　选择要抠像的轨道

Step 02 选中素材上需要添加特技的视频素材，按回车键，打开特技调整窗。

Step 03 从特技列表中展开“键”菜单，双击“色键”特技，色键特技将被加载到视频素材上，如图4.2.65所示。

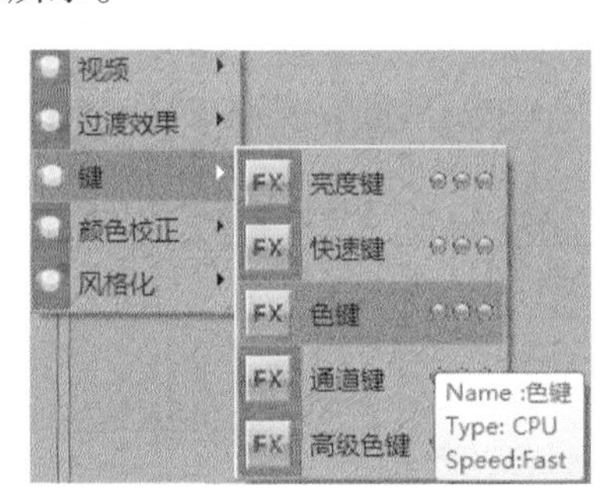

图4.2.65　选择色键特技

Step 04 在参数调节区域对参数进行设置：色调=-24.326，色度范围调节=158.543，饱和度=577.752，中心点调节=0，色键边缘柔化=0，色度抑制=1。

Step 05 调整结束后，可在故事板播放窗上看到调整后的效果，如图4.2.66所示。

图4.2.66　抠像合成后的效果

（2）色键特技基本属性。

色键特技特技调整窗中包含抠色预览区域和参数调节区域。抠像预览区域可预览进行抠像处理的颜色区域，可使用鼠标拖拽颜色节点进行调节，而参数调节区域包括抠像相关的各项参数，如图4.2.67所示，各按钮及参数的功能详见表4.2.16。

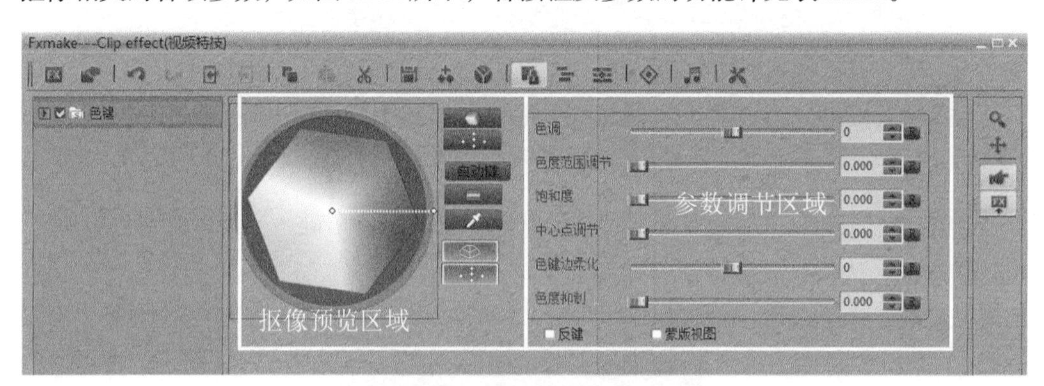

图4.2.67　色键特技界面参数调整区

表4.2.16　各按钮及参数的功能

图标	功能	描述
	色盘	在色盘上使用鼠标拖拽颜色节点选择抠像颜色区域
	显示色盘	以色盘方式显示当前画面的抠像范围
	显示素材颜色分布	以素材颜色分布方式显示当前画面的抠像范围
自动键	自动键	自动抠除当前画面的背景颜色

续表

图标	功能	描述
	预置色键	预置色键，单击后弹出颜色选择窗口，从窗口中选择颜色后，程序自动对选中颜色进行抠像处理
	颜色选取	颜色选取，单击颜色选取后，选取需要抠除的颜色，程序自动对选中颜色进行抠像处理
	颜色区域连线	显示抠像颜色区域连线
	颜色区域节点	显示抠像颜色区域节点
无	色调	抠像颜色区域中心色调
无	色度范围调节	抠像颜色区域色度范围
无	饱和度	抠像颜色区域饱和度
无	中心点调节	抠像颜色区域中心点
无	色键边柔化	抠像颜色区域边缘柔化
无	色度抑制	抠像颜色区域色度抑制程度
无	反键	对当前选中的抠像颜色区域使用反键
无	蒙版视图	以蒙版方式显示抠像效果

（3）高级色键特技应用实例。在U-EDIT软件中，新添加了高级色键特技。高级色键特技可以利用吸管工具快速进行抠像处理，而且可以与掩膜工具组合实现局部抠像、局部颜色抑制。下面，以实例介绍高级键特技的使用方法，效果如图4.2.68、图4.2.69和图4.2.70所示。

图4.2.68　抠像后合成效果

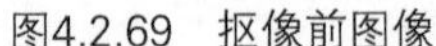

图4.2.69 抠像前图像

图4.2.70 抠像合成用背景画面

该例中使用高级色键调节，具体方法如下所述。

Step 01 将需要添加高级色键特技的视频素材和背景素材分别放置在故事板的V2和V1轨上，如图4.2.71所示。

图4.2.71 选择抠像的轨道

Step 02 选中素材上需要添加特技的视频素材，按回车键，打开特技调整窗。

Step 03 从特技列表中展开“键”菜单，双击“高级色键”特技，高级色键特技将被加载到视频素材上，如图4.2.72所示。

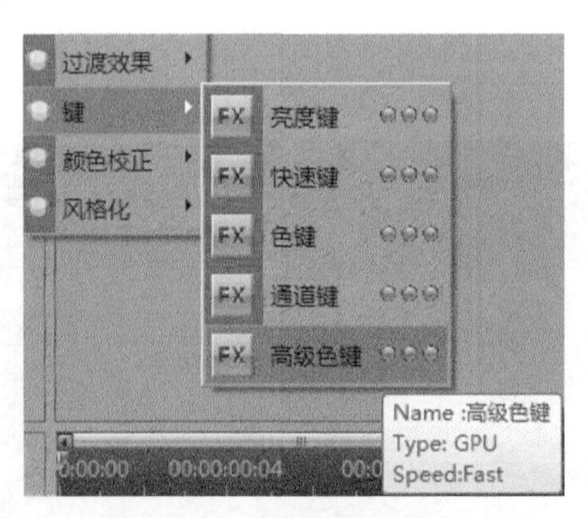

图4.2.72 选择高级色键特技

Step 04 高级色键的特技调整窗中包含预览窗口和参数选项，如图4.2.73所示。先在特技调整窗中对参数进行设置，然后选中右侧的颜色选取按钮，在预览窗口中勾选需要抠除的颜色，即可完成抠像处理，如图4.2.74所示。

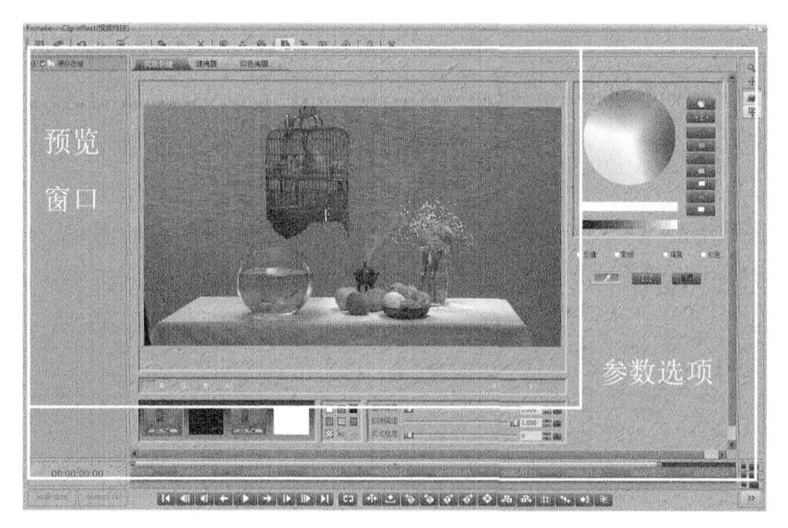

图4.2.73　高级色键特技界面

图4.2.74　选择需要抠除的颜色

Step 05 处理完成后，在故事板播放窗上可看到处理后的效果，如图4.2.75所示。

图4.2.75　抠像后合成效果

（4）高级色键特技基本属性。高级色键特技可以调节抠像参数、调用抠像预置，与掩膜工具组合还可实现局部抠像、局部颜色抑制效果。

高级色键的特技调整窗中包含高级键页签、键掩膜、抑色掩膜调节页签，具体介绍如下所述。

①“高级色键”页签包括预览窗口区域和参数选项区域，如图4.2.76所示，页签中各参数的功能详见表4.2.17。

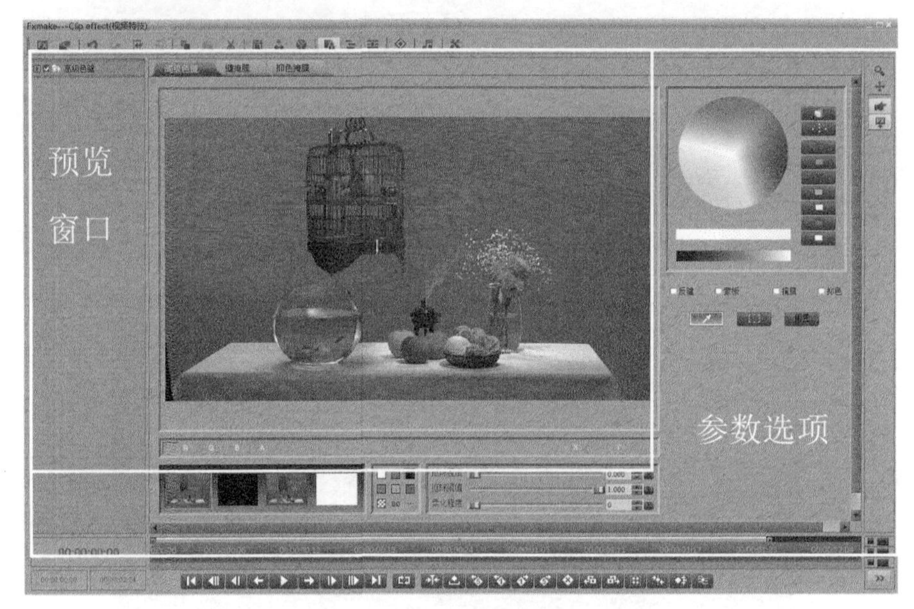

图4.2.76　高级色键界面

- 在预览窗口区域中可预览素材，通过调节下方的预览模式按钮，可以得到4种预览效果，依次为原始画面、主透区、抠像结果、蒙版视图，如图4.2.77所示。

图4.2.77　高级色键界面蒙版视图

- 参数选项右上方的色盘表示当前抠除的颜色信息，可使用鼠标拖拽调节抠像色度范围，而下方的饱和度和亮度调节工具可对抠像颜色范围进行辅助调节。
- 对于抠像处理来说，由于摄像条件限制，需要抠除的颜色与需要保留的颜色间可能会有混叠。在此情况下，进行抠像处理后画面可能会有毛边出现。针对这种情况，可以使用抑色工具抑制画面中多余的颜色。

表4.2.17　“高级色键”页签各参数的功能

图标	功能	描述
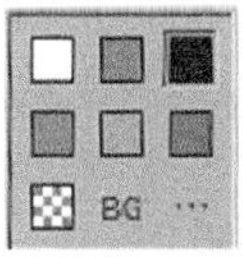	素材预览背景选择	选择单色背景、透明背景、自定义颜色背景
无	抠除程度	控制抠像程度
无	抠除阈值	控制抠像阈值
无	柔化程度	控制抠像区域边缘的柔化程度
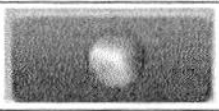	显示色盘	以色盘方式显示当前画面的抠像范围
	显示材颜色分布	以素材颜色分布方式显示当前画面的抠像范围
	抠除红色	选中后抠除红色
	抠除黄色	选中后抠除黄色
	抠除蓝色	选中后抠除蓝色
	抠除绿色	选中后抠除绿色
	抠除青色	选中后抠除青色
	抠除白色	选中后抠除白色
	颜色选取工具	选择颜色选取工具后，在预览窗口中按住鼠标左键不放，勾选出一条经过所有需要抠除颜色的线条，即可完成抠像颜色勾选
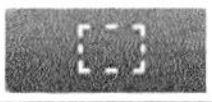	比对工具	在预览画面中可以比对抠像前后的效果
无	反键	选中后反选当前抠像区域
无	蒙版	以蒙版视图显示抠像效果
无	掩膜	开启键掩膜功能
无	抑色	开启抑色掩膜功能
无	抑色窗口	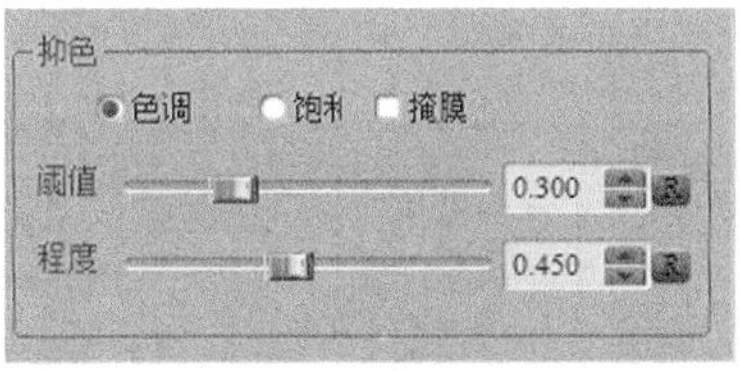
无	色度	以色度为标准进行抑色处理
无	饱和度	以饱和度为标准进行抑色处理
无	阈值	抑色处理阈值
无	程度	抑色处理程度
无	掩膜	启用抑色掩膜功能

②“键掩膜”页签可对素材进行局部抠像处理，如图4.2.78所示。

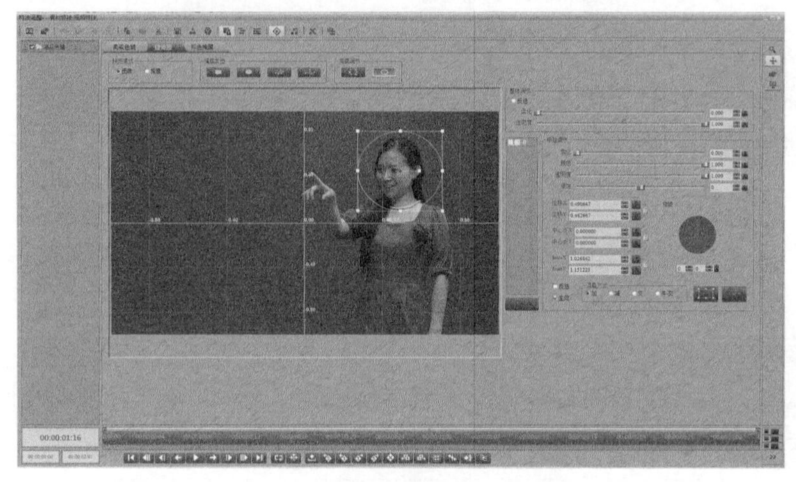

图4.2.78　高级色键界面使用键掩模

- 先选中“高级色键”页签中的掩膜项，键掩膜功能才会起作用。
- 在“键掩膜”页签中使用掩膜工具绘制形状，即可实现抠像特技与掩膜特技的叠加，即掩膜内部具有抠像效果，掩膜外部无抠像效果。例如：以椭圆选框勾选当前素材中的鸟笼，并调节柔化=82，可得到如图4.2.79和图4.2.80所示的效果。

图4.2.79　局部抠像效果

图4.2.80　整体抠像效果

- “抑色掩膜”页签可对素材进行局部抑色处理，需先选中“高级色键”页签中的抑色项后，抑色掩膜功能生效，如图4.2.81所示。

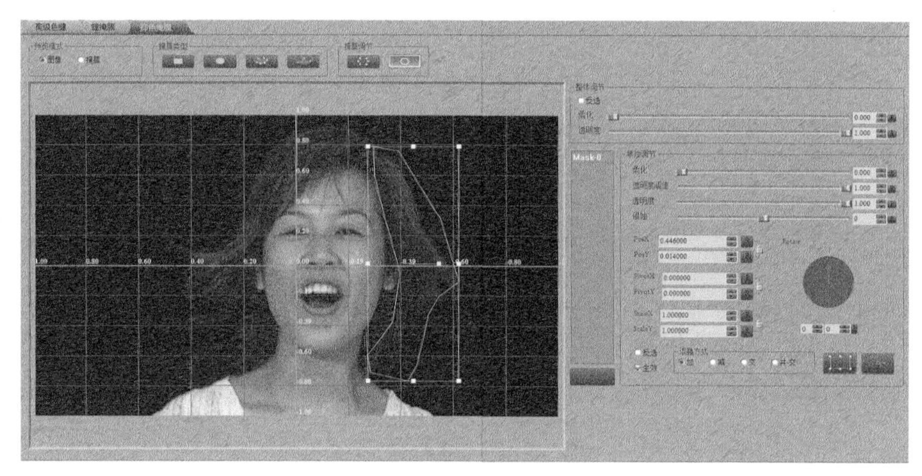

图4.2.81　高级色键界面抑色功能

- 在“抑色掩膜”页签中使用掩膜工具绘制形状，即可实现抠像特技、掩膜特技、抑色工具的叠加，即对掩膜内的颜色区域进行抑色处理。例如：以手绘选框选取人右侧头发部分，可得到以下效果，抠像处理后头发边缘的绿色残留被抠除，留下干净的图像，如图4.2.82所示。

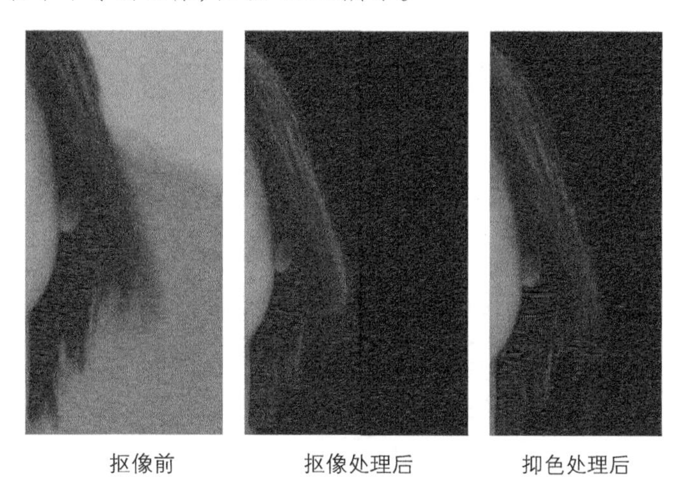

抠像前　　抠像处理后　　抑色处理后

图4.2.82　抑色处理情况

6. **颜色校正**

由于时间、天气等客观条件限制，或是主观上的失误，可能造成前期拍摄的素材画面亮度失常、颜色偏移，也有可能在后期制作中，需要达到一种增强的艺术效果。这些情况下，我们会用到素材的颜色校正。

U-EDIT中提供了全新的颜色校正特技。它可以对原始素材的整体亮度、色度、色彩饱和度和对比度进行实时调节，也可以对素材的局部色彩进行调节。

（1）高级校色应用实例。在U-EDIT软件中，整体颜色平衡可以使用高级校色特技来完成。下面以实例介绍使用高级校色特技实现颜色平衡效果，效果如图4.2.83所示。

高级校色前　　高级校色后

图4.2.83　高级校色效果

该例中，使用了高级校色中的自动颜色平衡，具体方法如下所述。

Step 01 选中素材上需要添加特技的视频素材，按回车键，打开特技调整窗。

Step 02 从特技列表中展开“颜色校正”菜单，双击“高级校色”特技，高级校色特技将被加载到视频上，如图4.2.84所示。

图4.2.84　选择高级校色特技

Step 03 在三段式色盘调节选项，单击高亮部分的吸管工具，选择预览窗口中的白色部分，如图4.2.85所示。

Step 04 调解结束后即可在故事板播放窗上观察到调节效果，如图4.2.86所示。

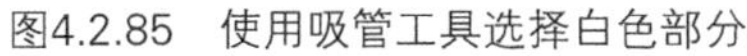
图4.2.85　使用吸管工具选择白色部分

图4.2.86　自动白平衡效果

（2）高级校色基本属性。高级校色的特技调整窗中包括预览区域、示波器区域、三段式颜色调节区域、可见光曲线调节区域、参数调节区域、自动平衡区域，如图4.2.87所示，各区域的功能具体介绍如下所述，各区域中的参数功能详见表4.2.18。

● 预览区域，用于查看调节后的镜头效果。

● 示波器区域，用于以示波器方式查看当前镜头的色度信息、亮度信息等。

● 可见光曲线调节区域，用于调整可见光的色度、饱和度、亮度、gamma曲线。

● 三段式颜色调节区域，以色盘和HSV控件分别调节暗部、中亮部、高光部三个颜色区间。

● 校色参数调节区域显示与颜色校正相关的各项参数。

● 自动平衡区域，提供了自动平衡、自动高光平衡、自动暗部平衡、自动对比平衡按钮，用于对当前镜头进行自动颜色平衡。

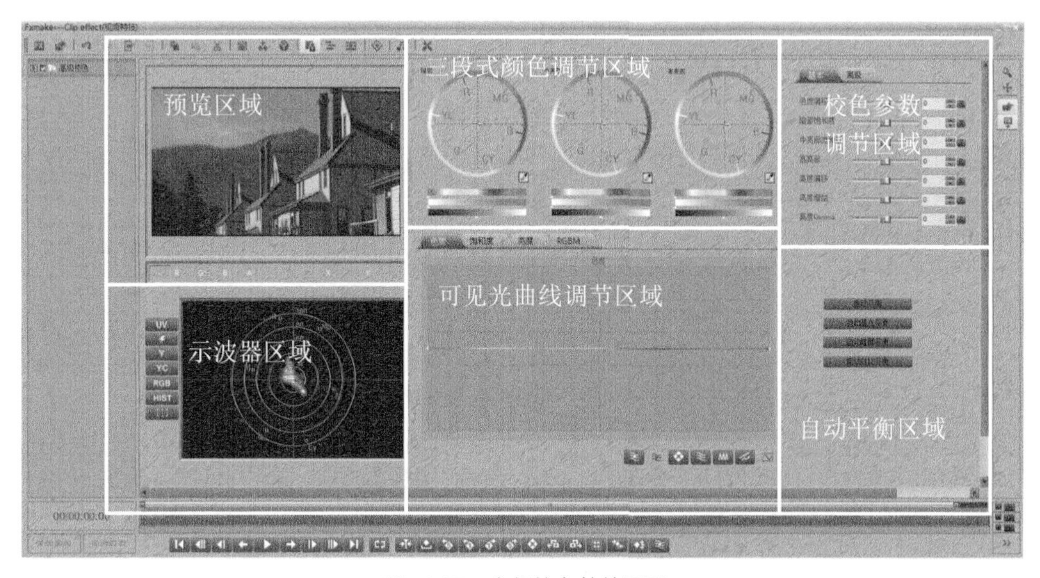

图4.2.87　高级校色特技界面

表4.2.18 各参数的功能

图标	功能	描述
预览区域		
无	预览窗口	实时预览颜色校正后的画面
示波器区域		
无	示波器区域	查看当前画面色度信息
UV	UV信息图	更改示波器显示画面为UV信息图
	闪电分量图	更改示波器显示画面为闪电分量图
Y	Y分量图	更改示波器显示画面为Y分量图
YC	YC分量图	更改示波器显示画面为YC分量图
RGB	RGB分量图	更改示波器显示画面为RGB分量图
HIST	直方图	更改示波器显示画面为直方图
	对比模式	在预览窗口上查看校色处理前后的画面
三段式颜色调节区域		
	RGB色盘	通过鼠标拖拽可实现RGB空间内的暗部、中亮部、高光部的颜色调节
	HSV校色工具	通过鼠标拖拽可实现HSV空间内的颜色调节
	吸管工具	选中颜色后，以当前颜色为基准进行自动白平衡处理
可见光调节区域		
无	色度调节曲线	在“色度调节”页签中，以曲线的方式调节可见光谱范围内颜色的色度gamma曲线，并可以应用右下角的曲线预置
无	饱和度调节曲线	在“饱和度调节”页签中，以曲线的方式调节可见光谱范围内颜色的饱和度gamma曲线，并可以应用右下角的曲线预置
无	亮度调节曲线	在“亮度调节”页签中，以曲线的方式调节可见光谱范围内颜色的亮度gamma曲线，并可以应用右下角的曲线预置
无	RGBM调节曲线	在“RGBM调节”页签中，以曲线的方式分别调整红、蓝、绿、亮度的gamma曲线，并可以应用右下角的曲线预置
	设置曲线状态	设置关键帧曲线状态，可设定自由、折线、混合
	设置关键点模式	设置关键帧模式，可设定动态、静态、无效、断点、组合

续表

图标	功能	描述
	删除关键点	删除关键点
	采取曲线平滑	对颜色调节曲线进行曲线平滑处理
	采取直线段离散	对颜色调节曲线进行直线段离散处理
	恢复曲线默认值	恢复曲线默认值
	曲线状态预置	将当前颜色调节曲线替换为预置线型
校色参数调节区域		
无	色度偏移	调节画面的色度
无	暗部饱和度	调节素材的暗部饱和度
无	中亮部饱和度	调节素材的中亮部饱和度
无	高亮部饱和度	调节素材的高亮部饱和度
无	亮度偏移	调节素材的亮度偏移
无	亮度增益	调节素材的亮度增益
无	亮度gamma	调节素材的亮度gamma
无	红色偏移	调节素材的红色色度偏移
无	红色增益	调节素材的红色色度增益
无	红色gamma	调节素材的红色色度gamma
无	绿色偏移	调节素材的绿色色度偏移
无	绿色增益	调节素材的绿色色度增益
无	绿色gamma	调节素材的绿色色度gamma
无	蓝色偏移	调节素材的蓝色色度偏移
无	蓝色增益	调节素材的蓝色色度增益
无	蓝色gamma	调节素材的蓝色色度gamma
自动平衡区域		
无	自动平衡	对素材进行自动颜色平衡调节
无	自动高光平衡	对素材进行自动高光平衡调节
无	自动暗部平衡	对素材进行自动暗部平衡调节
无	自动对比平衡	对素材进行自动对比度平衡调节

（3）“色度调节曲线”页签。在该页签中，通过鼠标拖拽色度曲线，改变画面上各颜色区域的色度信息，每个关键点都可以使用贝塞尔调节工具改变曲线状态，如图4.2.88所示。

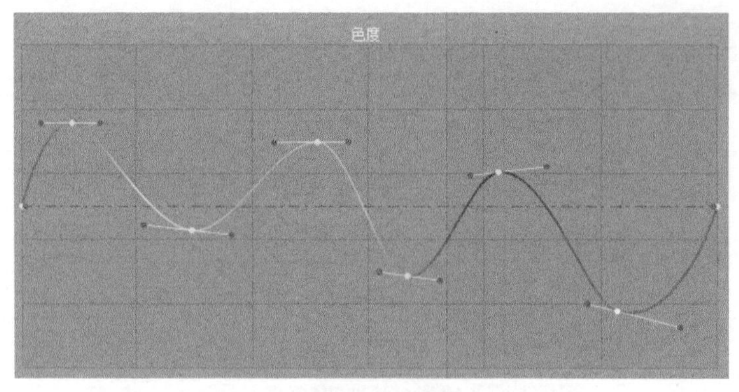

图4.2.88　高级校色特技色度调节曲线

在“RGBM调节曲线”页签中，通过鼠标拖拽红、蓝、绿、亮度分量曲线，改变画面上各颜色的分量信息，每个关键点都可以使用贝塞尔调节工具改变曲线状态，如图4.2.89所示。

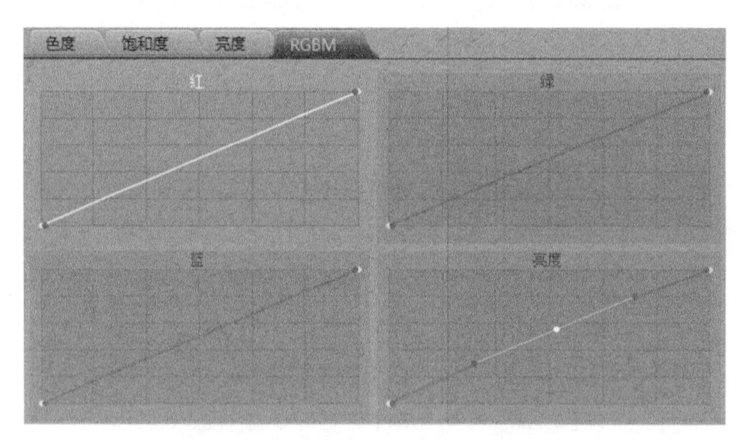

图4.2.89　高级校色特技RGBM调节曲线

（4）局部颜色校正应用实例。在很多的节目制作中，需要对素材画面进行分区域、分色度的调节。在U-EDIT软件中，素材的局部颜色调节可以使用局部校色特技来完成。下面以实例介绍使用局部校色特技实现局部校色效果，效果如图4.2.90所示。

处理前

处理后

图4.2.90　局部校色特技效果

该例中，使用了局部校色中的局部校色，具体方法如下所述。

Step 01 选中素材上需要添加特技的视频素材，按回车键，打开特技调整窗。

Step 02 从特技列表中展开“颜色校正”菜单，双击“局部校色”特技，局部校色特技将被加载到视频上，如图4.2.91所示。

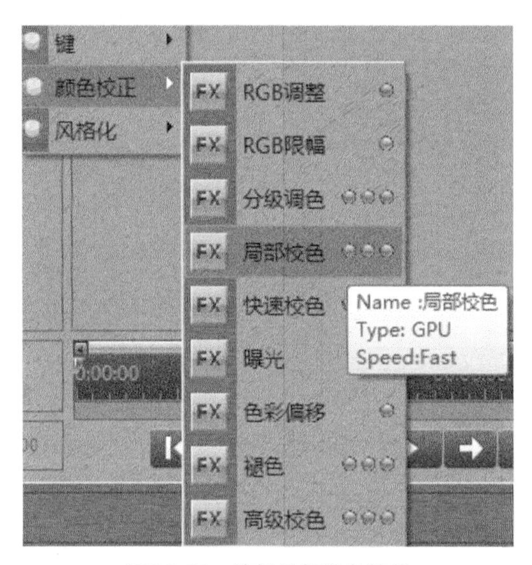

图4.2.91　选择局部校色特技

Step 03 使用鼠标在“局部校色”页签中勾选需要调节的颜色（鼠标在预览区域中自动变为吸管工具），如图4.2.92所示。

图4.2.92　局部校色特技选择需要调节的颜色

Step 04 选取颜色选区后，单击预览窗口的第四项预览方式——键视图，即预览颜色选区状态，如图4.2.93所示。调整校色参数调节区域参数：色度偏移=20。

Step 05 调节完成后，即可在故事板播放窗上看到到处理后的效果，如图4.2.94所示。

图4.2.93 局部校色特技键视图

图4.2.94 局部校色特技处理效果

（5）局部颜色校正基本属性。局部颜色校正特技可以与掩膜工具组合实现手绘局部区域校色效果。

局部校色特技调整窗中包括“局部校色”页签和“掩膜”页签。

“局部校色”页签用于调节选色区域和颜色调整参数，包括：预览区域、示波器区域、三段式颜色调节区域、可见光曲线调节区域、颜色选区参数调节区域、校色参数调节区域，如图4.2.95所示，各区域中的参数功能详见表4.2.19。

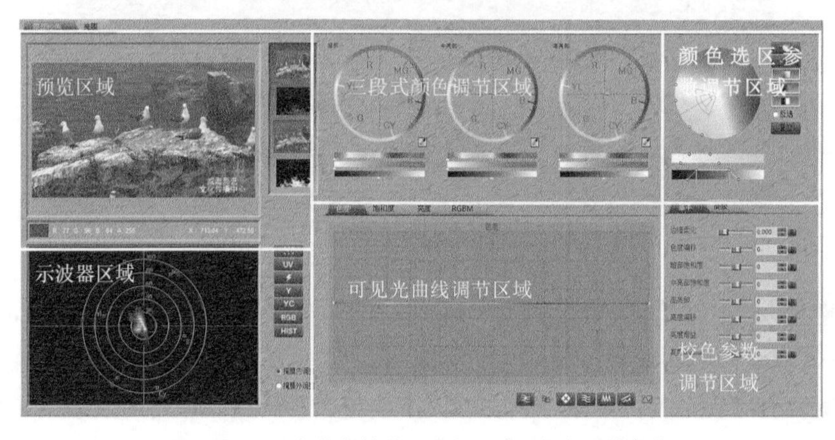

图4.2.95 局部校色特技界面色区域和颜色调整参数

表4.2.19　各区域中的参数功能

图标	功能	描述
预览区域		
无	预览窗口	实时预览颜色校正后的画面
	预览原始画面	预览区域功能按钮纵排第一项，预览原始画面
	预览颜色选区	预览区域功能按钮纵排第二项，预览最终的颜色选区，彩色部分即为选中的颜色选区
	预览输出画面	预览区域功能按钮纵排第三项，预览进行局部选色调节后的输出画面
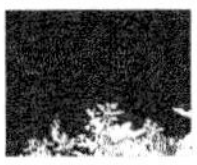	以键视图方式预览颜色选区	预览区域功能按钮纵排第四项，以键视图预览最终的颜色选区，白色部分即为选中的颜色选区
示波器区域		
无	示波器区域	查看当前画面色度信息
	对比模式	在预览窗口上查看校色处理前后的画面，框内是处理后的画面 
UV	UV信息图	更改示波器显示画面为UV信息图
	闪电分量图	更改示波器显示画面为闪电分量图
Y	Y分量图	更改示波器显示画面为Y分量图
YC	YC分量图	更改示波器显示画面为YC分量图
RGB	RGB分量图	更改示波器显示画面为RGB分量图
HIST	直方图	更改示波器显示画面为直方图
三段式颜色调节区域		
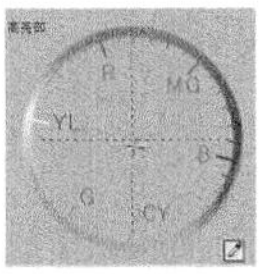	RGB色盘	通过鼠标拖拽可实现RGB空间内的暗部、中亮部、高光部的颜色调节

续表

图标	功能	描述
	HSV校色工具	通过鼠标拖拽可实现HSV空间内的颜色调节
	吸管工具	选中颜色后，以当前颜色为基准进行自动白平衡处理
可见光调节区域		
无	色度调节曲线	在“色度调节”页签中，以曲线的方式调节可见光谱范围内颜色的色度gamma曲线，并可以应用右下角的曲线预置。调节图形参考附图中的色度调节曲线
无	饱和度调节曲线	在“饱和度调节”页签中，以曲线的方式调节可见光谱范围内颜色的饱和度gamma曲线，并可以应用右下角的曲线预置。调节图形与附图中的色度调节曲线相同
无	亮度调节曲线	在“亮度调节”页签中，以曲线的方式调节可见光谱范围内颜色的亮度gamma曲线，并可以应用右下角的曲线预置。调节图形与附图中的色度调节曲线相同
无	RGBM调节曲线	在“RGBM调节”页签中，以曲线的方式分别调整红、蓝、绿、亮度的gamma曲线，并可以应用右下角的曲线预置。调节图形参考附图中的RGBM调节曲线
	设置曲线状态	设置关键帧曲线状态，可设定自由、折线、混合
	设置关键点模式	设置关键帧模式，可设定动态、静态、无效、断点、组合
	删除关键点	删除关键点
	采取曲线平滑	对颜色调节曲线进行曲线平滑处理
	采取直线段离散	对颜色调节曲线进行直线段离散处理
	恢复曲线默认值	恢复曲线默认值
	曲线状态预置	将当前颜色调节曲线替换为预置线型
颜色选区参数调节区域		
	色盘	使用鼠标拖拽色盘上的节点及线段实现颜色选区的手动调节
	饱和度调节工具	使用鼠标若拽工具条上的节点实现颜色选区饱和度的手动调节
	亮度调节工具	使用鼠标若拽工具条上的节点实现颜色选区亮度的手动调节
	显示色盘	以色盘方式显示当前画面的抠像范围
	显示素材颜色分布	以素材颜色分布方式显示当前画面的抠像范围

续表

图标	功能	描述
	色度有效	色度调节有效
	饱和度有效	饱和度调节有效
	亮度有效	亮度调节有效
无	反选	反选颜色选区
复位	复位	选色区域复位
校色参数调节区域		
无	边缘柔化	调节选色区域的边缘柔化程度
无	色度偏移	调节画面的色度
无	暗部饱和度	调节素材的暗部饱和度
无	中亮部饱和度	调节素材的中亮部饱和度
无	高亮部饱和度	调节素材的高亮部饱和度
无	亮度偏移	调节素材的亮度偏移
无	亮度增益	调节素材的亮度增益
无	亮度gamma	调节素材的亮度gamma
无	红色偏移	调节素材的红色色度偏移
无	红色增益	调节素材的红色色度增益
无	红色gamma	调节素材的红色色度gamma
无	绿色偏移	调节素材的绿色色度偏移
无	绿色增益	调节素材的绿色色度增益
无	绿色gamma	调节素材的绿色色度gamma
无	蓝色偏移	调节素材的蓝色色度偏移
无	蓝色增益	调节素材的蓝色色度增益
无	蓝色gamma	调节素材的蓝色色度gamma

“掩膜”页签用于调节掩膜参数，除监看模式区域外，该页签中的所有设置参数与掩膜参数相同，具体参数请参考高级掩膜特技基本属性。

监看模式分为“图片”“键视图”“Selkey”和“Result”四项，如图4.2.96所示，具体介绍如下：

- 图片：以图片方式预览掩膜区域。
- 键视图：以键视图方式预览掩膜区域。
- Selkey：以键视图方式预览在“局部校色”中已选定的颜色选区。

- Result：以键视图方式预览掩膜与“局部校色”中已选定的颜色选区叠加后的最终颜色选区。

图4.2.96　局部校色特技界面

（6）局部颜色校正高级处理。局部颜色选区与掩膜工具可组合使用，实现对颜色选区手绘调整，可去除颜色选取中多余的部分。下面以实例说明。

Step 01 给视频素材添加局部颜色校正特技后，在预览窗口中选取绿色，得到绿色选区，打开键视图预览时，发现右上角有噪点区域（红框内），如图4.2.97和图4.2.98所示。

图4.2.97　局部校色特技（选择颜色选区）

图4.2.98　局部校色特技（颜色选区键视图）

Step 02 使用掩膜工具将画面右上方噪点区域去除。

Step 03 在掩膜页签中的Selkey模式下，使用手绘曲线工具勾选需要去除的噪点区域，勾选结果为画面中黄色线框。

Step 04 勾选整体调节→反选项，如图4.2.99所示。

图4.2.99　局部校色特技（组合键视图）

Step 05 在掩膜页签中的Result模式下，查看组合效果。

Step 06 在局部校色页签中，调节色度偏移=40。

Step 07 调解结束后，可在故事板回放窗上观察到调节效果，如图4.2.100所示。

图4.2.100 局部校色特技效果

7. 跟踪

视频跟踪模块用于对视频中某些特征点进行分析获取运动路径，可分为单点跟踪、四点跟踪、多点跟踪和面跟踪。跟踪效果在节目制作中经常使用。在U-EDIT中，视频跟踪模块常与二维特技、掩膜特技、颜色校正及抠像的掩膜模块等组合使用。

用户可在特技调整窗口中单击跟踪按钮进入到模块。常见的按钮有：默认界面中对任意一个位置参数进行路径跟踪的、2D DVE中中心追踪和顶点追踪、二维粒子中的跟踪掩膜扩展插件和其他带掩膜窗口插件中的和等。

下面以实例介绍单点跟踪和四点跟踪功能的应用。

（1）单点跟踪应用实例。在节目制作中经常会遇到这种情况：注释文字/图片需要跟随镜头上的主体物件运动，使用单点跟踪可轻松实现该功能。

单点跟踪一般用于对中心点进行跟踪，例如，在二维DVE中对中心点跟踪中心追踪，在掩膜扩展中对掩膜中心点跟踪，在二维粒子中得到粒子跟随视频的运动路径跟踪，或在默认界面中对任意一个位置参数进行路径跟踪。

接下来介绍以单点跟踪方式实现注释文字跟随镜头主体运动的步骤。在本例中，采用二维DVE特技的中心点追踪功能，使用素材B对素材A中的赛车车体进行单点跟踪，使文字一直浮于赛车上方，效果如图4.2.101和图4.2.102所示。

素材A

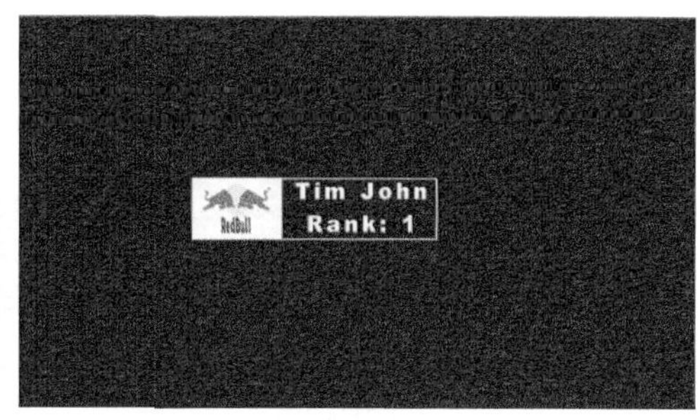

素材B

图4.2.101　二维DVE特技的中心点追踪使用的素材

图4.2.102　二维DVE特技的中心点追踪处理后的效果

Step 01 将素材B放在V2轨上，素材A放在V1轨上，入出点对齐，如图4.2.103所示。

图4.2.103　二维DVE特技选择应用的轨道

Step 02 选中素材B，按回车键，打开特技调整窗。

Step 03 从特技列表中展开“二维”菜单，双击“二维DVE”特技，二维DVE特技将被加载到视频上。

Step 04 在“二维位置”页签中单击“中心追踪”按钮，启动跟踪模块，如图4.2.104所示。

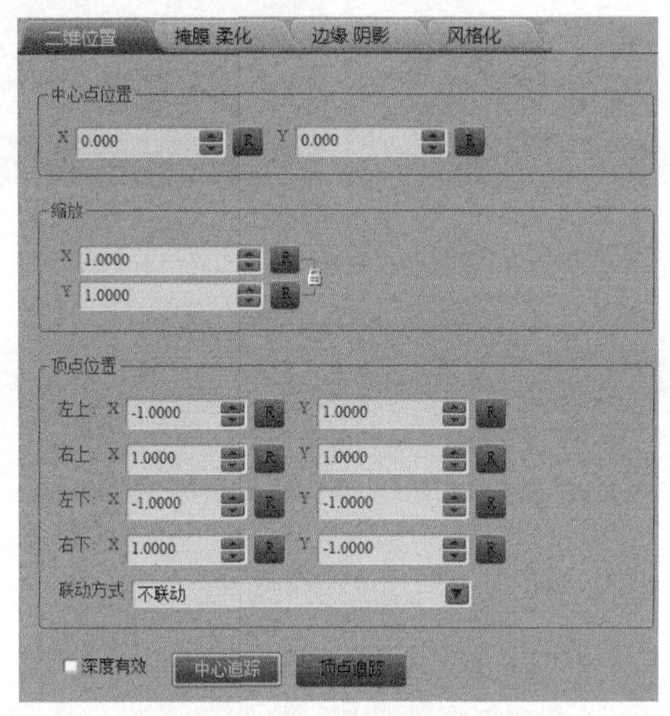

图4.2.104 “二维位置”页签

Step 05 修改跟踪轨道设置界面参数：勾选轨道1及目录下的Child Track A、Child Track TS、Child Track B、Child Track Key和Child Track Fx五项，单击“确定”按钮，进入跟踪界面，如图4.2.105所示。

图4.2.105 二维DVE特技的中心点追踪选择跟踪的轨道

Step 06 拖拽跟踪点到需要跟踪的位置，如图4.2.106所示。

图4.2.106　二维DVE特技的中心点追踪界面

Step 07 可拖拽跟踪框区与模板框区之间的区域（下图中绿色区域）实现跟踪点的快速移动，如图4.2.107所示。

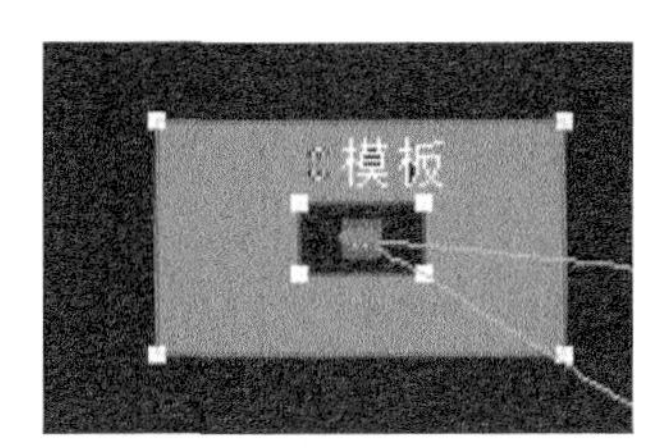

图4.2.107　二维DVE特技的中心点追踪界面局部

拖拽跟踪中心点进行移动时，跟踪点附近区域会以局部放大方式显示，如图4.2.108所示。

图4.2.108　二维DVE特技的中心点追踪界面局部选择要跟踪的点

Step 08 选择跟踪点，单击“参数设置”按钮，设置跟踪参数：跟踪类型=模板，模板更新类型=自适应，角点类型=Harris模式，跟踪点检测=20，区域阈值=0.5，路径平滑=50，模板宽度=58，模板高度=32，搜索宽度=192，搜索高度=108，如图4.2.109所示。

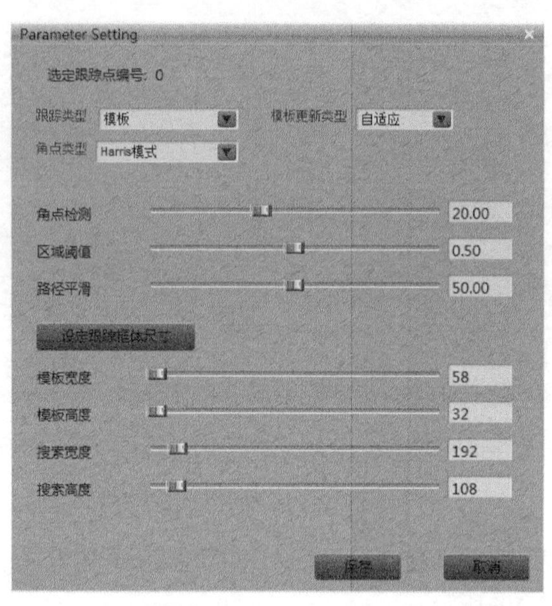

图4.2.109　二维DVE特技的中心点追踪界面参数设置

Step 09 设置跟踪点和轨迹点的偏移量。

Step 10 单击“不分离”按钮，切换路径显示方式为可分离。拖拽跟踪中心轨迹点上移，使轨迹点位于镜头中的汽车上方，如图4.2.110所示。

图4.2.110　二维DVE特技的中心点追踪界面局部

Step 11 单击跟踪区域中的“跟踪”按钮，开始跟踪；跟踪结束后，单击“隐藏路径”按钮，切换路径显示方式为显示路径，可预览到跟踪点运动轨迹，如图4.2.111所示。

图4.2.111　二维DVE特技的中心点追踪界面局部

Step 12 单击“保存”按钮，保存并退出追踪模块，二维特技时间线上将自动添加关键帧，如图4.2.112所示。

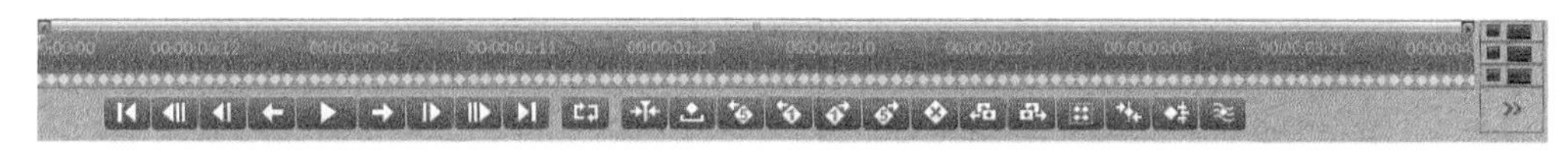

图4.2.112　二维DVE特技的中心点追踪界面局部自动加载关键帧

Step 13 回到故事板上，可在故事板播放窗上预览到动态跟踪效果，如图4.2.113所示。

图4.2.113　二维DVE特技的中心点追踪效果

（2）面跟踪应用实例。面跟踪也可以方便制作虚拟大屏效果，相对于四点跟踪，面跟踪的作用区域为选择的整个画面，跟踪效果更加平滑稳定。

Step 01 选取素材A作为背景，素材B替换素材A的部分区域内容，并跟踪A镜头缩放，如图4.2.114和图4.2.115所示。

素材A

素材B

图4.2.114　面跟踪所用素材

图4.2.115　面跟踪处理后效果

Step 02 将素材B放在V2轨上，素材A放在V1轨上，入出点对齐，如图4.2.116所示。

图4.2.116　选择面跟踪特技处理的对象

Step 03 选中素材B，按回车键，打开特技调整窗，双击添加二维DVE特技。

Step 04 单击“顶点追踪”按钮，启动跟踪模块。

Step 05 在追踪设置界面，选择跟踪轨道。

Step 06 要跟踪的视频素材位于V1轨，勾选轨道1及目录下的多个选项，单击“确定”按钮。

Step 07 单击“面跟踪”按钮，进入面跟踪界面，如图4.2.117所示。

图4.2.117　进入面跟踪特技界面

Step 08 选择跟踪区域，拖拽跟踪点到需要跟踪的位置，如图4.2.118所示。

图4.2.118　选择跟踪区域

Step 09 设置完跟踪区域之后，时间线回到首帧，勾选跟踪的输入曲线，单击预览窗下方的跟踪按钮开始自动跟踪，如图4.2.119所示。

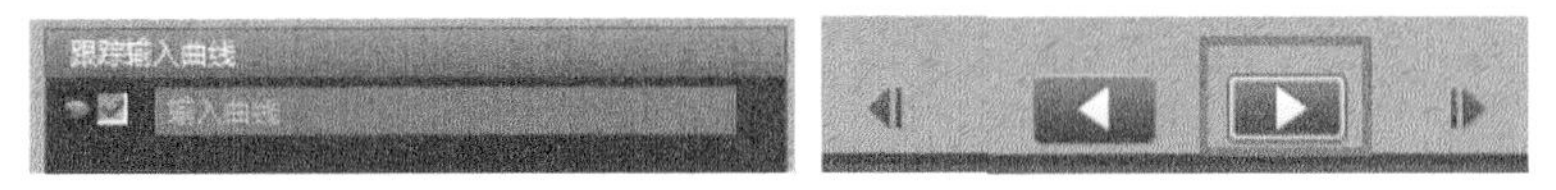

图4.2.119　勾选跟踪的输入曲线启动跟踪

Step 10 跟踪完成之后，单击右上角的“关闭”按钮，保存并退出，在二维特技时间线上将自动添加关键帧。

Step 11 在回显窗预览，可以看到视频B已经嵌到素材A中。

（3）跟踪基本属性。跟踪界面分为参数调整区、预览区和跟踪区三个区域，如图4.2.120所示。

图4.2.120　跟踪界面

①参数调整区，其中的各参数功能描述详见表4.2.20。

表4.2.20　参数调整区各参数功能描述

图标	功能	描述
	复位	无
	参数设置	打开参数设置界面
	跟踪点有效/无效设置	如果不使用跟踪点，则该跟踪点不进行跟踪操作，显示为灰色，一般用于当只对某个跟踪点进行修正时，可将其他跟踪点无效化
	跟踪点和路径点锁定/分离	当所要跟踪的路径点没有稳定的特征点时，可将跟踪点和路径点分离，选取其他点做为参考点得到跟踪路径
	显示/隐藏跟踪框	显示跟踪点的模板区域框和搜索区域框
	显示/隐藏路径	设置跟踪点的路径是否显示
	显示/隐藏有效跟踪角点	当选择利用角点跟踪时，该按钮设置是否显示角点
	显示/隐藏贝塞尔控制点	设置是否显示贝塞尔控制点
	显示/隐藏贝塞尔控制曲线	设置是否显示贝塞尔控制曲线
参数设置窗口		
无	跟踪类型	用于选择利用模板或角点跟踪。角点跟踪一般需要选取有明显特征点的位置

续表

图标	功能	描述
无	模板更新类型	用于选择固定或自适应。选择固定的模型可以抵制跟踪过程中出现的慢漂移现象。自适应一般用于跟踪目标发生较大形变的情况
无	角点类型	用于选取利用Harris角点模式或自定义的角点模式
无	跟踪点检测	用于角点跟踪时检测角点。值越小，检测出来的角点越多，反之则越少
无	区域阈值	在跟踪过程中，如果前后跟踪的模型相似度小于阈值则停止跟踪
无	路径平滑	用于跟踪之后对路径进行平滑。值越大，则平滑程度越高
设定跟踪框体尺寸	设定跟踪框体尺寸	对跟踪区域重新设置，只有选中本按钮，才能设置模板区域和搜索区域的大小
无	模板宽度	用于设置模板宽度
无	模板高度	用于设置模板高度
无	搜索宽度	用于设置搜索宽度
无	搜索高度	用于设置搜索高度

②预览区，其中的各参数功能描述详见表4.2.21。

表4.2.21 预览区各参数功能描述

图标	功能	描述
	缩放查看界面	选中后在界面上按下鼠标左键进行移动可对界面进行放大或缩小，单击右键可返回正常鼠标状态
	平移查看界面	选中后在界面上按下鼠标左键可对界面进行左右移动，单击右键返回正常鼠标状态
T	加入模板跟踪点	只有在多点跟踪的情况下才可加入新的模板跟踪点
C	加入角点跟踪点	只有在多点跟踪的情况下才可加入新的角点跟踪点

③跟踪点示意图。如图4.2.121所示，3代表跟踪点索引，模板代表利用模板跟踪，如果为角点代表是角点跟踪。白色叉点代表跟踪点，红色点代表路径点；连接在路径点上的红直线两端代表是贝塞尔控制点；黄色线代表跟踪区域边界；蓝色方框代表跟踪区域；红色方框代表搜索区域。

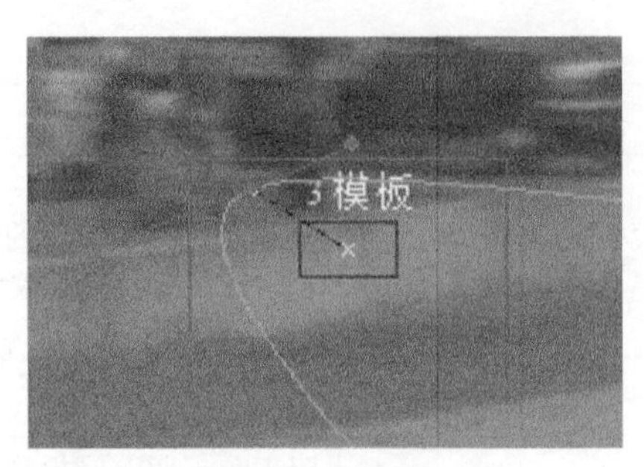

图4.2.121　跟踪点

④跟踪功能列表。在跟踪点框区内单击右键可打开跟踪参数列表，如图4.2.122所示。其中参数将成组出现。

图4.2.122　跟踪功能表

- 重新选定：重新激活停止跟踪的跟踪模板或角点。
- 参数设置：打开参数设置界面。
- 跟踪：切换跟踪点设置模式。
  - 复位/删除：将跟踪点复位/删除。
  - 跟踪点生效/失效：与参数调整区同名按钮功能相同。
  - 跟踪点与轨迹点不分离/可分离：与参数调整区同名按钮功能相同。
  - 显示跟踪框：与参数调整区同名按钮功能相同。
  - 4点跟踪/4点跟踪无效：4点跟踪有效模式下，只有前三个跟踪点有效，第四个跟踪点利用前三个位置自动调整到平行位置。
  - 匹配跟踪点/轨迹点：在跟踪点与轨迹点分离模式下，以跟踪点/轨迹点为基准匹配跟踪点和轨迹点。

● 角点：切换角点设置模式，如图4.2.123所示。

　■ 显示/隐藏有效跟踪角点：与参数调整区同名按钮功能相同。

● 路径：切换路径设置模式，如图4.2.124所示。

　■ 显示/隐藏路径：与参数调整区同名按钮功能相同。

　■ 显示/隐藏平滑路径：显示/隐藏平滑后的输出路径。

　■ 平滑路径/平滑入出点间路径：平滑全部/平滑入出点间输出路径。

　■ 替换所有/入出点间平滑路径：将全部/入出点间输出路径用平滑后的路径代替。

　■ 删除入出点间路径：删除入出点间路径，入出点间输出路径做插值算法。

● 贝塞尔：切换贝塞尔设置模式，如图4.2.125所示。

　■ 显示/隐藏贝塞尔控制点：与参数调整区同名按钮功能相同。

　■ 显示/隐藏贝塞尔控制曲线：显示/隐藏平滑后的输出路径。

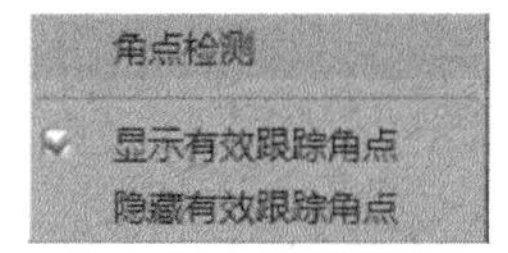

图4.2.123　角点设置

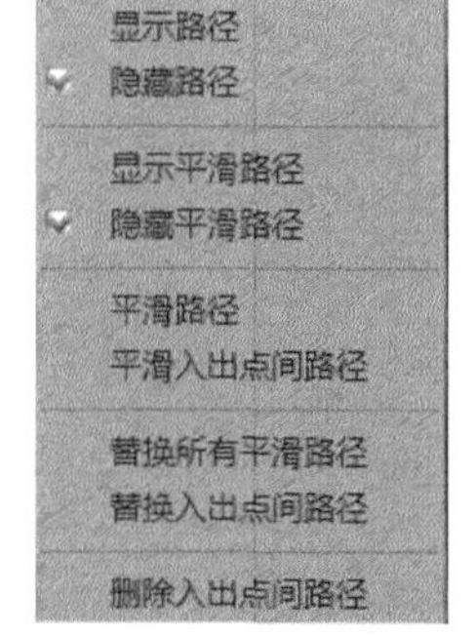

图4.2.124　路径设置

图4.2.125　贝塞尔设置

⑤跟踪区，其中的各参数功能描述详见表4.2.22。

表4.2.22　跟踪区各参数功能描述

图标	功能	图标	功能
	设置入点		播放
	移动到入点		移动到下一帧
	删除入点		移动到尾帧
	设置出点		追踪前一帧
	移动到出点		正向追踪
	删除出点		反向追踪
	移动到首帧		追踪下一帧
	前一帧		入出点间反向追踪
	倒放		入出点间正向追踪

8. **粒子**

（1）粒子特技介绍。粒子特效是电视节目后期制作常用的特效之一，通常在节目的片头、包装中都能见到它的身影。在U-EDIT中内置了一系列粒子类的特技，只需要进行简单的设置，就可以得到丰富多彩的粒子效果。在U-EDIT中与粒子相关的特效都在特技库当中的粒子下，包括基本落体、爆炸、火焰、粒子和发射器。下面介绍U-EDIT中制作基本粒子效果的方法。

①添加粒子特技。选中轨道上的素材，按回车键，打开特技编辑窗口，如图4.2.126所示，在特技编辑窗口添加粒子特技。

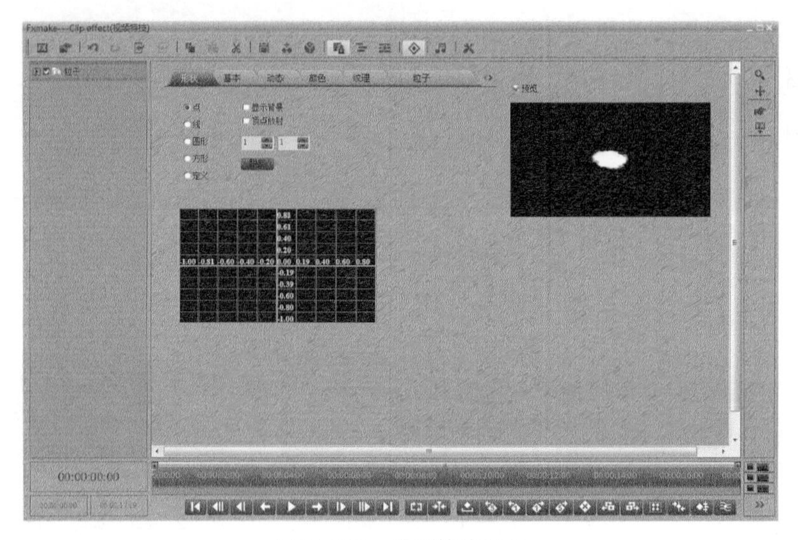

图4.2.126　粒子特技界面

②设置粒子参数。

- 在“形状”页签可设置粒子的形状（点、线、圆形、方形或者是自定义点数），在右侧的预览窗可看到效果；根据需要可勾选“显示背景”选项。
- 在“基本”页签可设置粒子喷射数量、粒子生命值、粒子方向、大小、旋转偏移等参数，如图4.2.127所示。

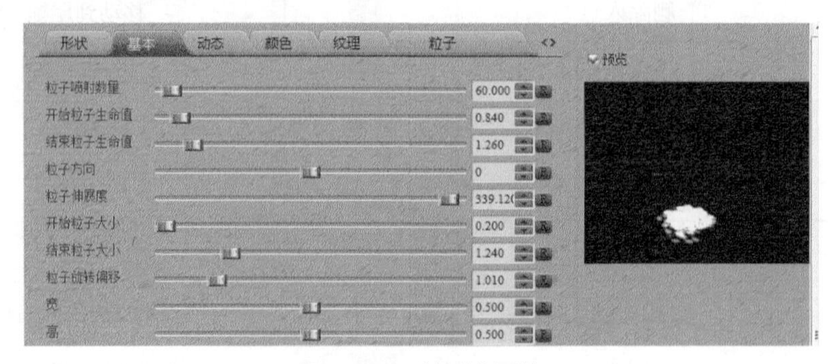

图4.2.127　“基本”页签

● 在“动态”页签可设置粒子跟随、速度、重力等参数，如图4.2.128所示。

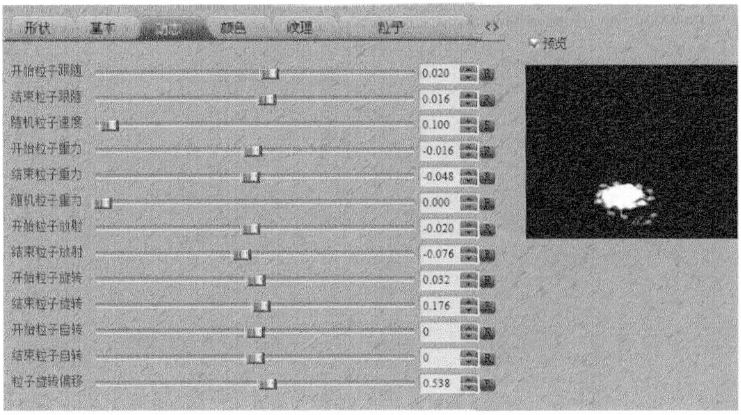

图4.2.128　“动态”页签

● 在“颜色”和“纹理”页签可设置粒子的颜色和选择所需的粒子纹理。

③制作带路径变换的粒子特效。下面介绍如何制作带有路径变换的粒子特效，以上述制作为基础展开介绍。

Step 01 如图4.2.129所示，展开粒子特技参数列表，选择中心点参数并展开。

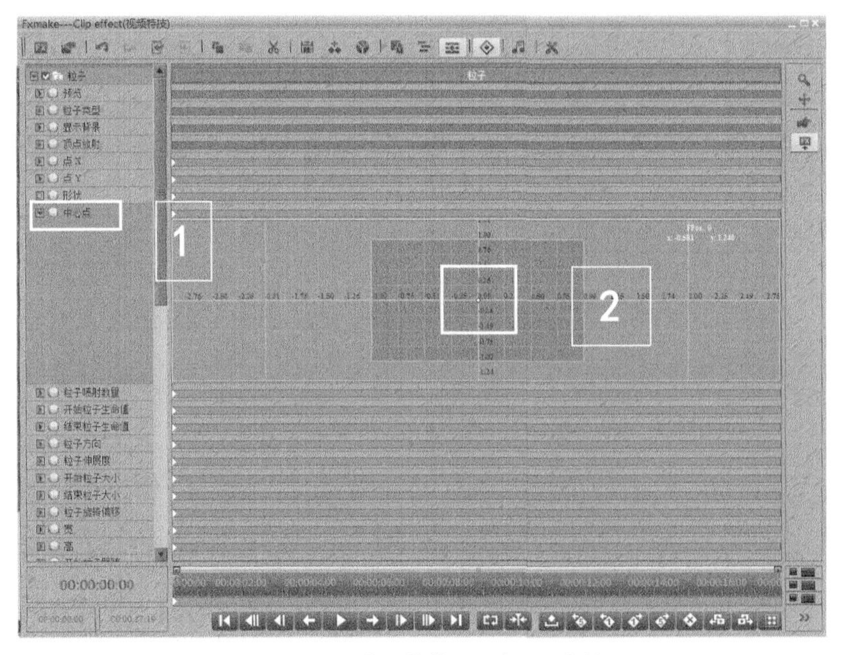

图4.2.129　粒子特技界面中心点参数

Step 02 将时间线拖拽到首帧位置，在编辑区上单击鼠标左键移动中心点。

Step 03 将时间线拖拽到下一位置，在编辑区上单击鼠标左键增加位移关键点，以此类推，如图4.2.130所示。

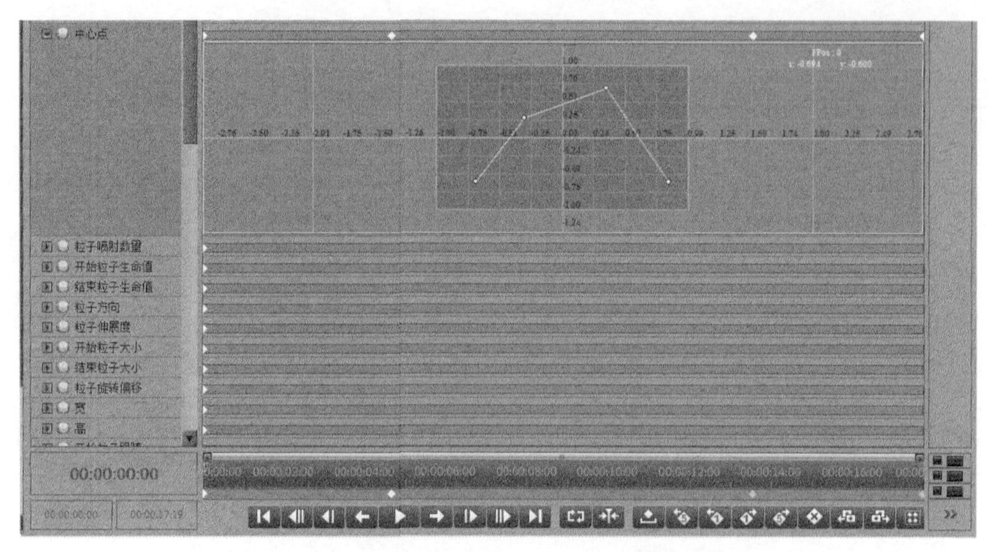

图4.2.130　粒子特技界面中心点参数编辑位移关键点

Step 04 在编辑区内，选中某一点，右键展开参数列表，如图4.2.131所示，选中曲线模式为自由，此时在编辑区内，拉动关键点上的操作句柄，可调节运动路径的变化曲度。

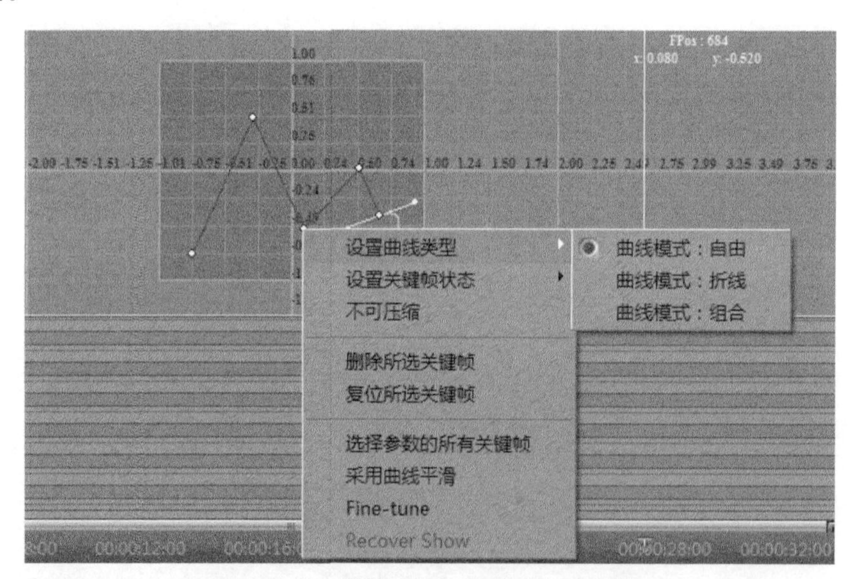

图4.2.131　粒子特技界面中心点参数设置曲线类型

Step 05 参数调节完毕，关闭特技窗，播放故事板，即可观看到带有路径变换的粒子效果。

（2）粒子特技制作实例。现在综艺类节目非常多，粒子效果会给不同类别节目带来生机勃勃的活力，接下来通过U-EDIT非编的粒子特技来创作一个综艺类节目背景墙的粒子效果，效果如图4.2.132所示。

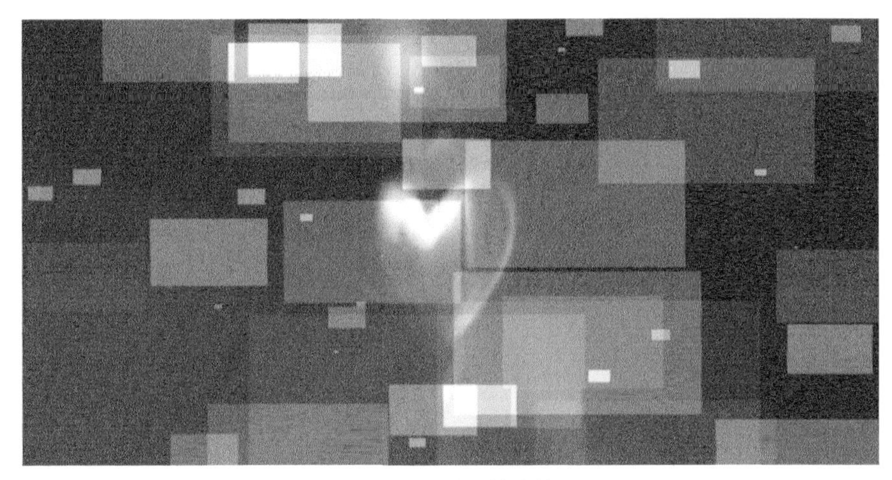

图4.2.132　粒子特技效果

Step 01 从资源管理器中拖拽一条素材放在故事板上，选中素材，按回车键或故事板特技图标，进入特技编辑界面，在特技列表中找到粒子下粒子特技，确认关键帧在起始点位置。

Step 02 在“形状”页签中设定粒子形状为方形形式，勾选“显示背景”选项，如图4.2.133所示。

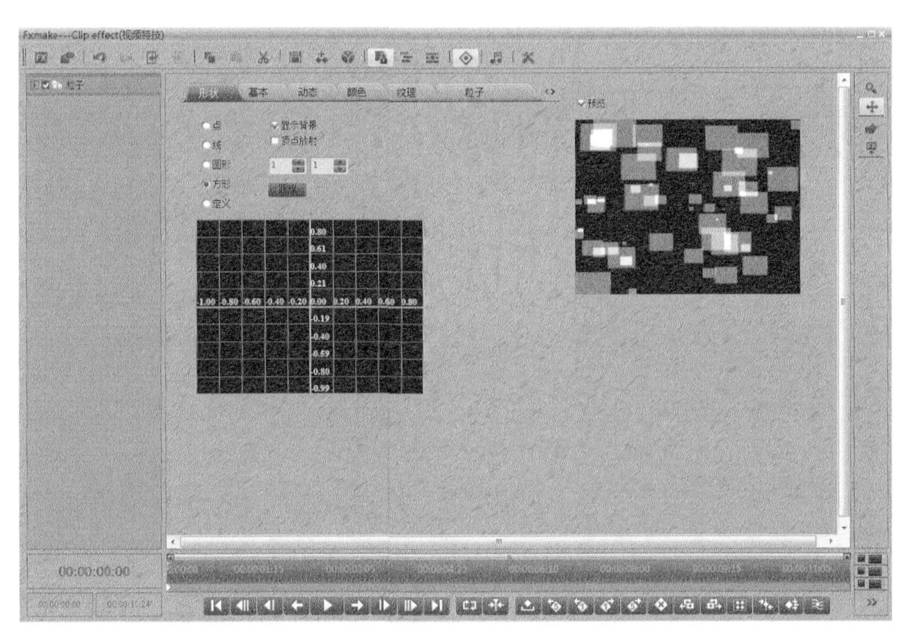

图4.2.133　粒子特技界面

Step 03 切换到“基本”页签。设置粒子喷射数量为40，开始粒子生命值为2.24，结束粒子生命值为0.50；粒子方向设置360，粒子伸展度设置为0；开始粒子大小为5，结束粒子大小为0；粒子的宽和高设置为1。在右边预览窗口拖动鼠标可以预览效果。如图4.2.134所示。

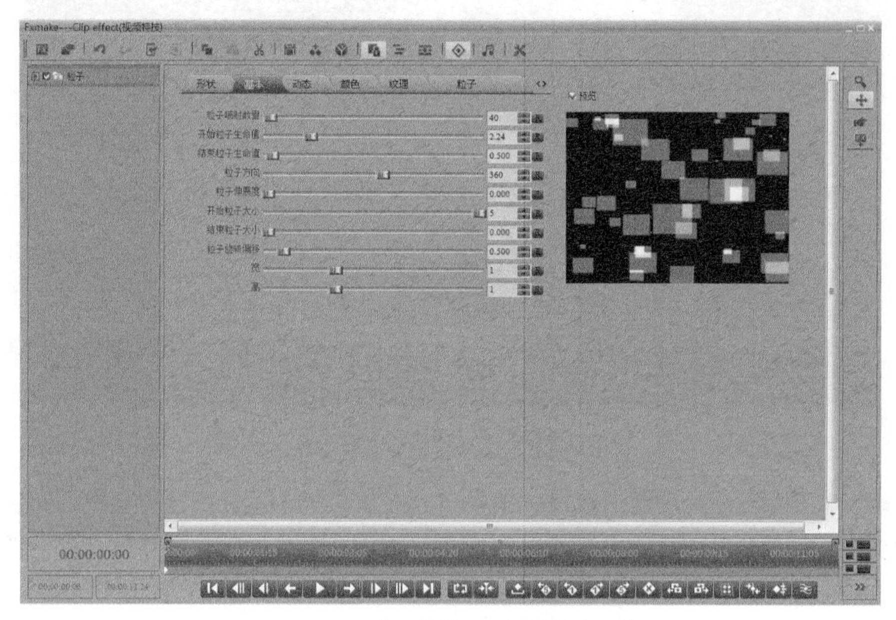

图4.2.134　粒子特技界面调整基本参数

Step 04 切换到“动态”页签，设置开始粒子和结束粒子的跟随参数（本例均设置为0），如图4.2.135所示。

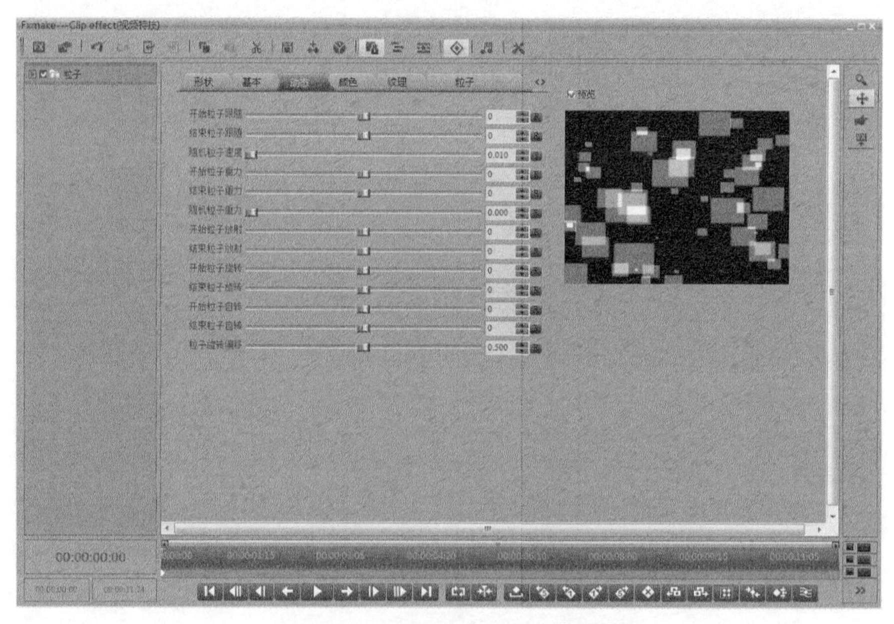

图4.2.135　粒子特技界面调整动态参数

Step 05 选择纹理中最后一个的方形纹理，在预览窗口中粒子效果略显饱满，颜色也很单一，如图4.2.136所示。

图4.2.136　粒子特技界面调整纹理参数

Step 06 选择“开始颜色”，设置为玫红色；选择“结束颜色”，设置为蓝色；如图4.2.137所示。关闭特技调整窗口，背景粒子效果制作完成了。

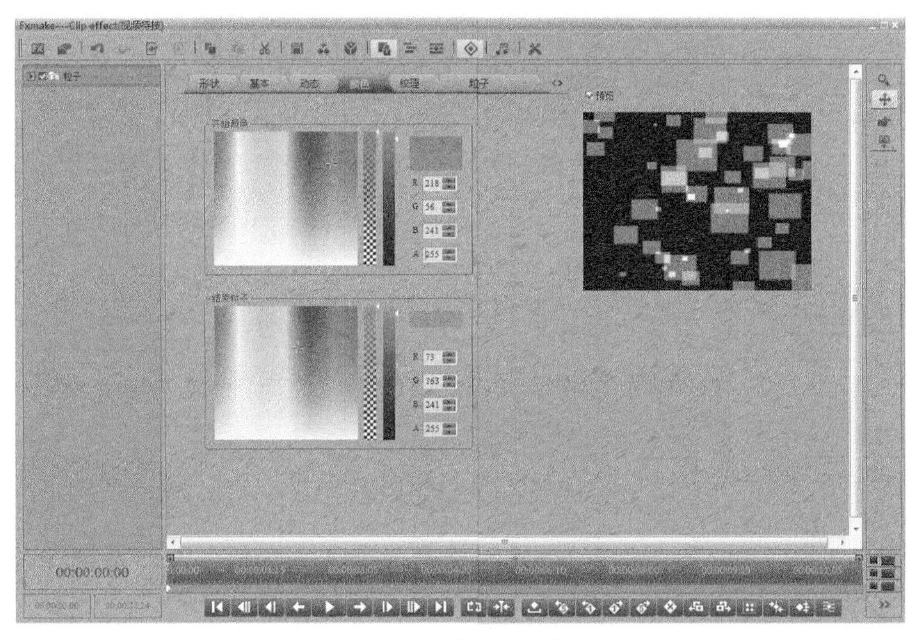

图4.2.137　粒子特技界面调整颜色参数

以上就是U-EDIT粒子的基本参数和实例应用的介绍，希望通过实例介绍能帮助读者更好地熟悉和使用U-EDIT非编的特技效果。

4.2.5　附加FX/KEY/VFX轨特技制作

1. 附加FX轨的特技制作

附加FX轨特技可以实现对故事板上某轨道上的多段素材添加统一的特技效果。利用这一功能，可以将同轨道上的多段素材看成一段虚拟素材，添加同样的特技，进行统一的调整。下面以实例介绍FX轨特技的使用，效果如图4.2.138和图4.2.139所示。

原始画面

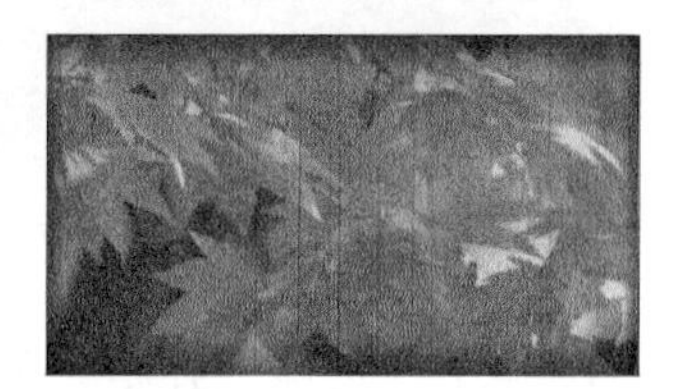

图4.2.138　附加FX轨处理后效果

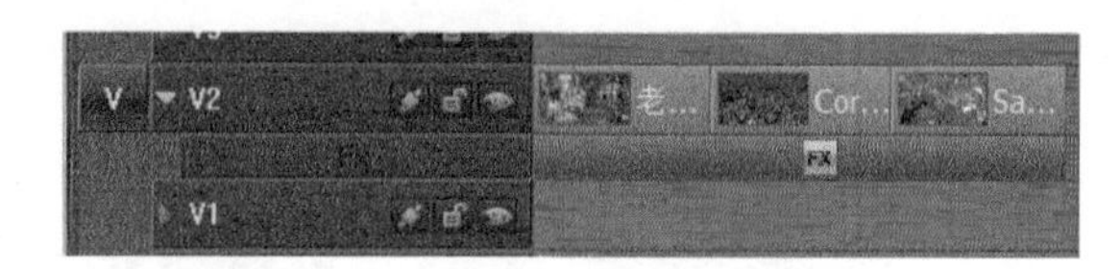

图4.2.139　展开附加FX轨故事板显示内容

该例中使用FX轨为同轨上的三段素材添加老电影特技，具体方法如下所述。

Step 01 使用鼠标右键单击轨道头，选择“显示FX轨”，在轨道下方展开FX轨，如图4.2.140所示。

图4.2.140　展开附加FX轨方式

Step 02 框选需要添加特技的多段素材，按快捷键S键，打好入出点，如图4.2.141所示。

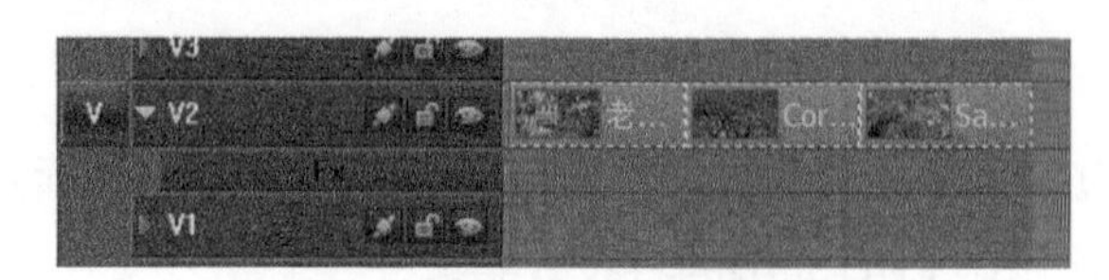

图4.2.141　选择添加附加FX轨的区域

Step 03 使用鼠标右键单击FX轨空白处，在右键菜单中执行“入出点之间添加特技素材”命令，如图4.2.142所示。这时，一段特技素材添加完成，如图4.2.143所示。

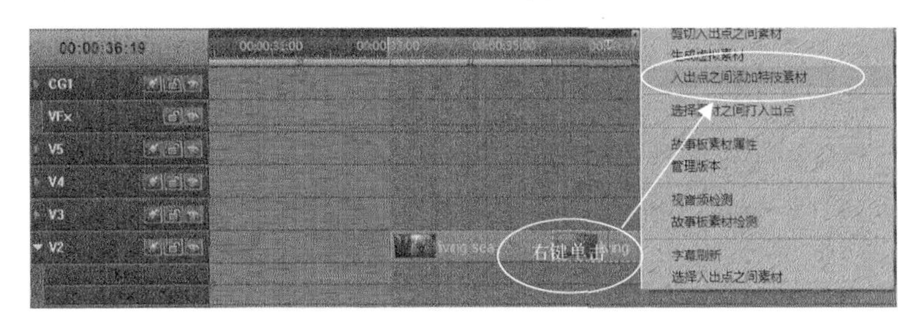

图4.2.142　添加附加FX轨特技素材

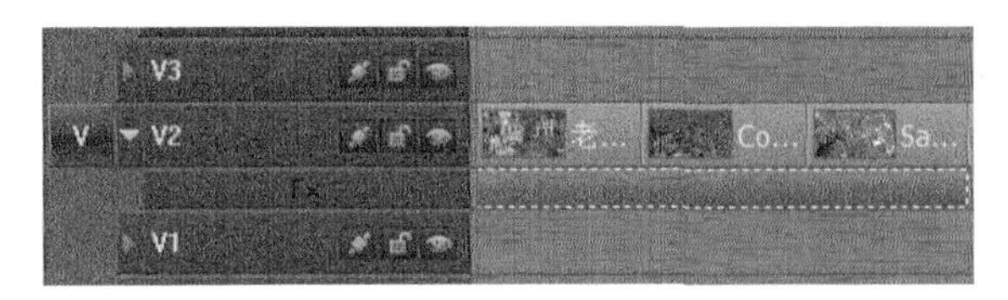

图4.2.143　添加成功附加FX轨特技素材

Step 04 打开资源管理器中的特技模板，选择“老电影50年代”模板，拖拽到FX轨特技素材上，如图4.2.144所示。

图4.2.144　向附加FX轨特技素材添加特技

Step 05 浏览三段素材，可以看到，三段素材同时加上了老电影效果。

2. 附加KEY轨的效果制作

借助附加KEY轨上图文或视频所带Alpha通道信息，可以为主轨道上的视频做键叠加，使其与下层画面融合一体。

举例，这是一段曾在U-EDIT DEMO演示中出现的片段，通过KEY轨的文字，将视频透出，与背景层融合。由于U-EDIT 允许对KEY轨的素材制作特技效果，所以片段中呈现出文字渐变放大的动态效果。具体的操作步骤如下所示。

Step 01 将视频素材放置V1轨，为了迎合主题，对视频进行了颜色处理。

Step 02 展开V1的KEY轨，将准备好的“U-EDIT”字幕拖放到KEY，与主轨的视频对齐。

Step 03 将背景素材放置BG轨。

Step 04 拉动时间线，此时键效果已显现出来。

Step 05 为字幕制作逐渐放大的运动效果。

Step 06 选中KEY轨的字幕，按回车键，打开特技调整窗。

Step 07 添加二维特技：在首帧添加关键点，拉动时间线到中间位置，调整放大参数。

Step 08 关闭特技窗，浏览制作效果.

3. VFX总特技轨的效果制作

总特技轨用于对除CG轨外的节目进行整体的特技制作。例如，在节目制作完成之后，输出前可添加总体遮幅，就可以通过VFX来实现。具体方法如下所述。

Step 01 设置节目输出的入出点。

Step 02 在VFX轨单击鼠标右键，选择入出点间添加特技素材。

Step 03 将视频特技模板中遮幅/1.85遮幅特技拖放到特技素材块上，完成VFX特技的制作。

Step 04 CG轨的动画字幕角标不受遮幅特技效果的影响。

4.3 实时性和打包处理

通常，在对“一轨视频+二轨音频”剪辑操作时，故事板可以流畅播放，这种情况称为实时。但在很多情况下，例如，为镜头间制作叠化效果，或者利用多层视频制造新颖的视觉效果，或者叠加字幕，或者做多轨混音，所有这些操作，都可能造成故事板不能流畅地播放，这种情况称为不实时。不实时的故事板，在下载之前，必须经过打包生成，使之变为实时的故事板。

4.3.1 实时性判断

判断故事板是否实时，有以下几种方法。

第一种，目测。通过观察监视器上的画面是否有抖动，声音是否出现停顿作出判断。但少量丢帧单的情况，仅凭眼睛、耳朵是无法作出精确判断的，还需要借助软件工具。

第二种，丢帧提示窗。选择菜单中的窗口–插件状态窗口，弹出丢帧提示窗，如图4.3.1所示。对于正在播放的故事板，应特别关注Lost数值。

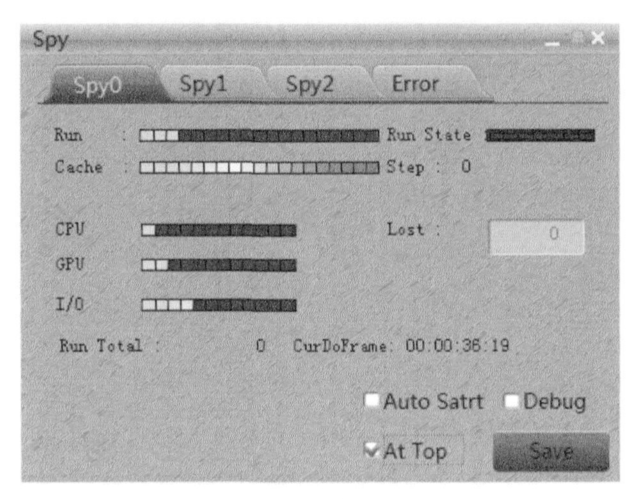

图4.3.1　插件状态窗口

- 当Lost值始终为0时，说明故事板实时。
- 当Lost值>0时，说明故事板非实时，需要打包处理。

第三种，故事板丢帧提示信息。在故事板窗口的下方设置有丢帧提示，如图4.3.2所示，默认为关闭状态。单击“丢帧提示”按钮，即可激活丢帧提示功能。激活后，丢帧提示将显示为。

图4.3.2　丢帧提示

- 不丢帧时，丢帧提示条框中无数字显示，说明故事板实时。
- 丢帧时，丢帧提示信息显示在提示条框中，说明故事板非实时，即需要打包处理，如图4.3.3所示。

图4.3.3　丢帧提示信息

第四种，观察故事板标记。在故事板窗口的上方和下方各有一条彩色标记线，上方的标记表明视频的实时性，下方的标记表明音频的实时性。故事板实时性扫描功能位于故事板空白处右键菜单（如图4.3.4所示）中，可快速检测故事板实时性。在故事板窗口中，各种彩色标记线（如图4.3.5所示）的介绍如下所述。

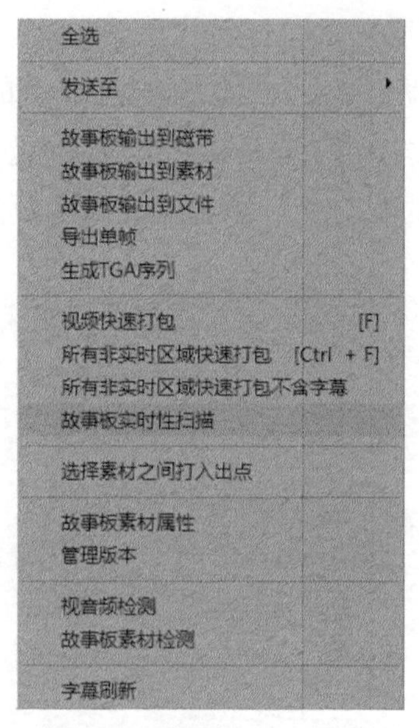

图4.3.4　故事板空白处右键菜单

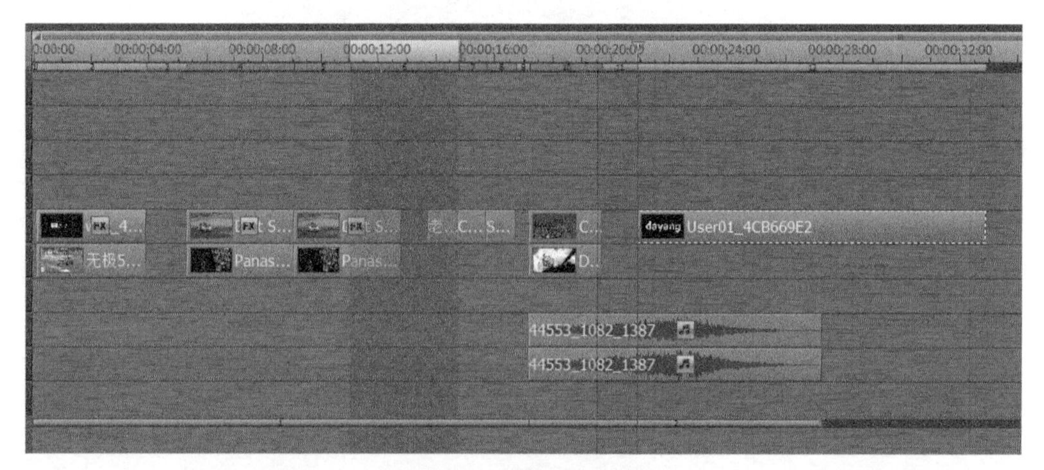

图4.3.5　故事板界面局部

- 绿色代表该段落可以实时播放。
- 粉色代表该段落因为存在特技，有可能不实时，建议合成。
- 青色代表该段落因为存在字幕，有可能不实时，建议合成。
- 蓝色代表该段落已经进行过合成，可以实时播放。

4.3.2　打包处理

U-EDIT提供了多种打包处理方式，可根据实际情况选择适合的打包方式。

打包方式分为两大类——手动打包和自动后台打包。手动打包，在故事板空白处右键菜单中的手动打包模式中包括有视频快速打包、所有非实时区域快速打包、所有非实时区域快速打包不含字幕、入出点打包并替换、故事板实时性扫描五项，如图4.3.6所示。

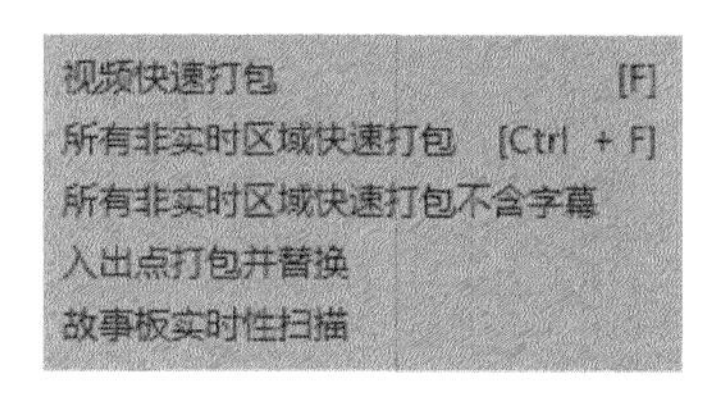

图4.3.6　故事板空白处右键菜单局部

1. 视频快速打包

视频快速打包是指对故事板入出点之间的多层视频进行段落合成。这种方式针对指定区域，打包速度快，是最常用的合成方式。下面以实例介绍视频快速打包方式，具体的操作步骤如下所述。

Step 01 对轨道上的两段素材做合成处理时，首先框选两段素材。

Step 02 按快捷键S键，自动设置入、出点，如图4.3.7所示。

图4.3.7　设置入点、出点

Step 03 在故事板空白处单击鼠标右键，执行右键菜单中的“视频快速打包”命令，如图4.3.8所示。

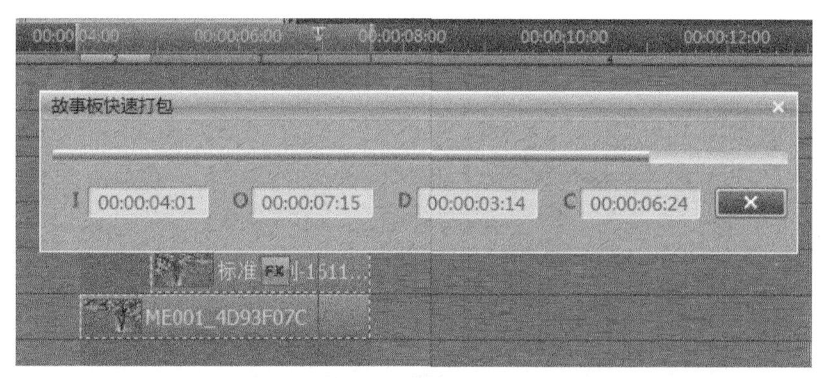

图4.3.8　故事板快速打包过程

Step 04 随进度条消失，合成完毕，故事板上标记变为蓝色实时区域，如图4.3.9所示。

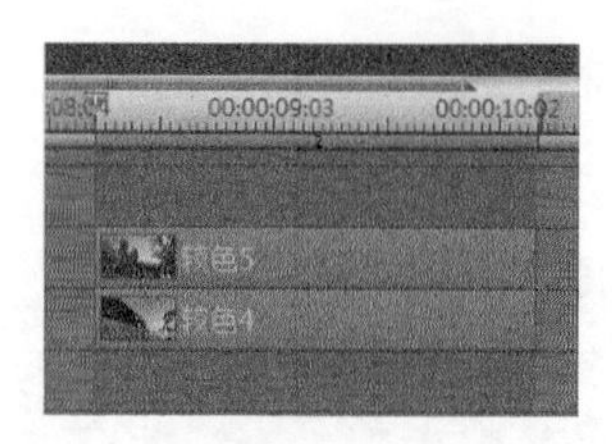

图4.3.9　故事板快速打包成功的片段

2. 所有非实时区域快速打包

当完成整个故事板的编辑工作，希望对故事板一次性进行合成处理时，可以选择所有非实时区域快速打包，系统会对故事板所不实时的段落逐一进行合成处理。

3. 所有非实施区域快速打包不含字幕

当完成整个故事板的编辑工作，希望对故事板一次性进行合成处理时，可以选择所有非实时区域快速打包不含字幕，系统会对故事板除字幕外所有不实时的段落逐一进行合成处理。

4. 入出点打包并替换

需要对故事板入出点之间的多层视频进行段落合成，并以快速合成后的素材替换故事板上素材时，应使用“入出点打包并替换”命令，程序在快速合成入出点间素材后会以快速合成素材替换故事板上原有素材。

5.自动后台打包

这是一种智能打包方式，由系统后台自动判断和处理。在不影响当前编辑操作的前提下，由系统自动完成故事板不实时段落的合成。

在故事板窗口的下方设置有后台快速打包工具，单击“后台快速打包”按钮，程序自动开始进行所有非实时区域快速打包，其进度如图4.3.10所示。

图4.3.10　打包进度显示

处理后的段落，在故事板上的标记将变为蓝色实时区域，如图4.3.11所示。

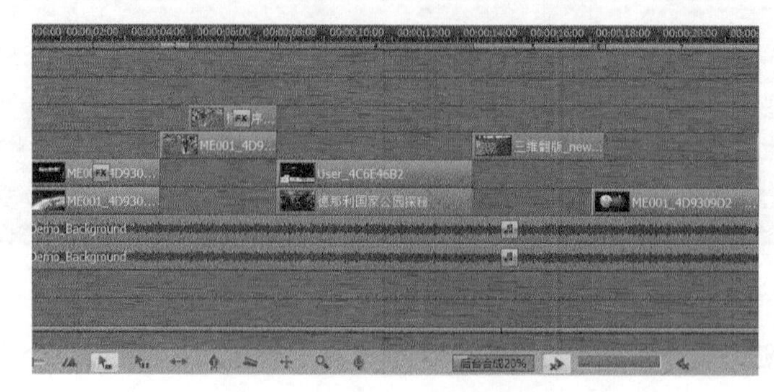

图4.3.11　故事板后台快速打包

如果希望停止后台打包时，再次单击“后台快速打包”按钮即可。

4.3.3　临时文件的处理

故事板打包合成后会生成一系列临时文件，当再次播放复杂故事板时，系统会自动调用这些文件进行播放。所以，原先不实时的片段就变为实时了。

这些文件的编码格式是系统设定好的，用户无法更改和设置。

当对蓝色的打包区域重新进行编辑，如修改特技或是添加字幕，打包区域即被破坏，系统在退出非编时会自动删除这些临时文件。

通常，这些临时文件被存放在素材库的根目录下，为了有序管理，可以在素材库根目录下创建一个指定的文件夹（如Temp），然后在系统设置中将其指定为默认的临时文件存储路径。

4.4　本章小结

本章详细介绍了转场特技和视频特技，着重讲解了转场特技的添加方式和各种视频特技的使用方法，图文对照地详解二三维特技、校色、追踪等常用特技的实际案例，读者可根据讲解内容和实例进行练习。

4.5　思考与练习

1. 转场特技的添加有几种方式？
2. 练习二维DVE、三维DVE特技的使用方法。
3. 练习局部掩膜、局部马赛克、追踪马赛克实例。
4. 使用蓝箱素材练习抠像。
5. 练习单点追踪、多点追踪、面追踪。

第5章 字幕制作

在各种影视节目中，字幕起到解释画面、补充内容等作用，是不可或缺的部分。作为广播级专业非编U-EDIT来说，也必然包含字幕的制作和处理。U-EDIT可以完成各种字幕制作，包括项目素材（.PRJ）、滚屏素材（.ROL）和对白素材（.DLG）等，同时还提供了丰富的字幕模板库。U-EDIT强大的三维字幕制作系统中，不仅可以创建二维字幕，还可以进行多种三维物件的创作，实现真三维的晶格缩放、旋转，添加动态纹理、视频，支持3D模型的编辑，设置模拟真实环境的光影效果，还支持创建多语言的唱词和片尾滚屏。相信U-EDIT强大的字幕制作系统一定会带来不少惊喜。

5.1 字幕的创建

字幕的创建有很多种方法，下面介绍三种常用的方式。

1. 利用字幕模板生成字幕素材

这是较常用的方式，使用“资源管理器”→“字幕模板库”→“模板公共区”中的字幕模板可以直接生成字幕素材。用户可自定义模板类型，直接拖拽字幕模板库中的字幕到故事板“CG”或“V”轨上，即可完成字幕的添加。

2. 使用主菜单或右键菜单，创建项目/滚屏/唱词

执行主菜单“字幕”→“滚屏/唱词/项目”命令或在资源管理器空白处执行右键菜单中的“新建”→“XCG项目素材/XCG滚屏素材/XCG对白素材”命令，均可进行字幕的创建。

3. 在故事板上设置入、出点，再用右键菜单命令创建

在故事板上设置入点“I”和出点“O”，在视频轨或字幕轨上执行右键菜单中的“添加字幕”→“普通字幕/滚屏字幕/唱词字幕”命令，可完成字幕的创建。

无论使用哪种创建方法，U-EDIT都支持以下两种修改方式。

（1）选中字幕，按Alt+X组合键，在打开的“内容替换”对话框中进行快速修改。

> 提示：编组的文字无法用快捷键Alt+X方式修改，所以在编辑字幕的时候如果有需要修改的文字，请不要编组。

（2）进入字幕系统进行调整。选中字幕文件，按快捷键T键，进入字幕编辑窗口，即可调整字幕文件的内容。

5.2 字幕编辑窗口及其常规设置

在U-EDIT中，可以通过字幕编辑窗口来创建丰富的文字和图形字幕。下面对字幕编辑窗口和常规设置进行介绍。

5.2.1 字幕编辑窗口

字幕文件包括项目文件、滚屏文件、对白文件。在此以项目素材为例说明，而滚屏素材和对白素材的制作拥有各自独立的编辑界面，它们将在后面的章节中进行介绍。

字幕编辑制作系统的界面可分为四个模块，如图5.2.1所示。

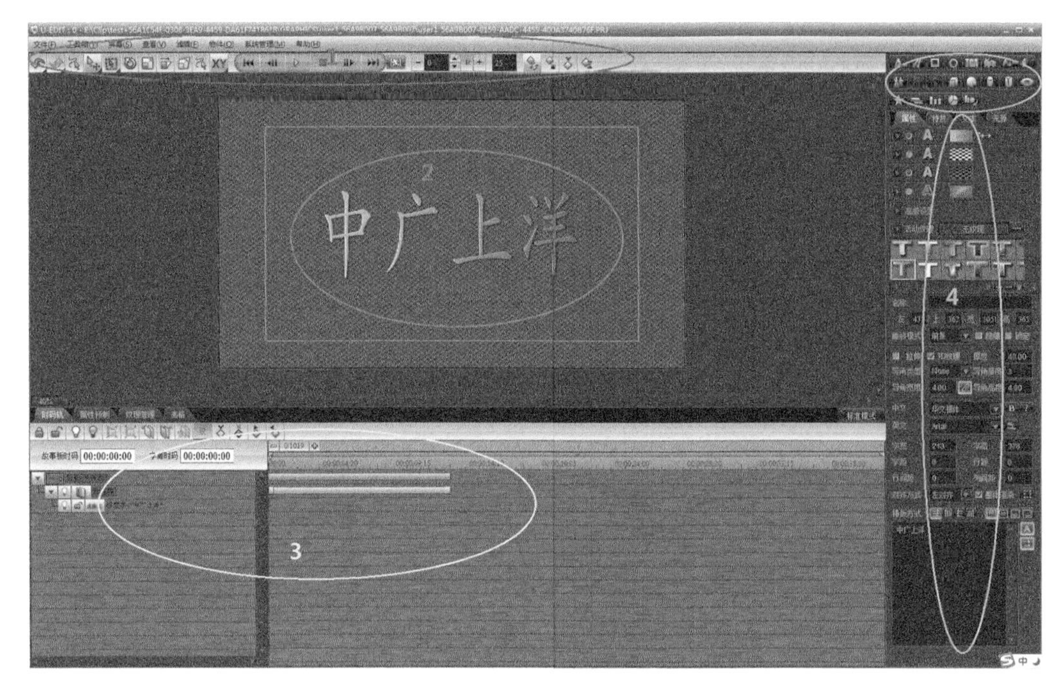

图5.2.1　字幕项目文件界面

（1）系统菜单和工具栏。在此区域可以找到系统支持的几乎全部操作，工具栏中的动态静态切换按钮非常重要，它用来切换动态和静态两种编辑状态。

（2）素材编辑窗。在此区域可以看到各物件的制作效果，通过调节显示比例可以设置窗口大小。素材编辑窗还提供了强大的右键菜单功能。

（3）字幕编辑区。字幕编辑区共包含四个页签，分别是时码轨、属性预置、纹理管理和表格。

（4）属性框窗口。该模块是属性框窗口，该窗口可分为两个模块，上方区域是物件按钮区，用于创建各种物件；下方是属性编辑区，包含四个页签，分别是属性、特技、文本和光源。在物件属性设置中包含了对物件的表面颜色、周边、线边、阴影等颜色设置，以及对文字的字体、字号、字间距、对齐方式的设置等。

在U-EDIT非编字幕系统中，属性框窗口相关参数的设置非常重要，通过相关属性参数的设置，能够制作出丰富绚丽的字幕效果。鉴于属性框窗口的重要作用，在接下来的章节中将按模块进行介绍。

5.2.2　菜单栏及工具按钮

1. 菜单栏

系统菜单栏包括“文件”“工具箱”“屏幕”“查看”“滤镜”“物件”“系统管理”和“帮助”，如图5.2.2所示。下面分别介绍主要的子菜单内容及具体应用。

图5.2.2 字幕项目菜单栏与工具栏

（1）“文件” 菜单，如图5.2.3所示。

- 打开：打开工程文件。
- 保存：保存当前打开的工程文件。
- 另存为：将当前编辑的工程文件另存为其他名字。
- 另存文件集：将工程文件及其相关文件存储在指定的目录中，方便文件的备份和传输。
- 工程属性：打开制式设置窗口，对工程属性（包括制式、抗闪烁质量、任务长度等）进行设置。
- 导入到素材库：将当前编辑的文件导入到资源管理器的素材库中。
- 导入选择模板：将当前编辑的文件导入到字幕模板库中。
- 退出：退出CG系统。

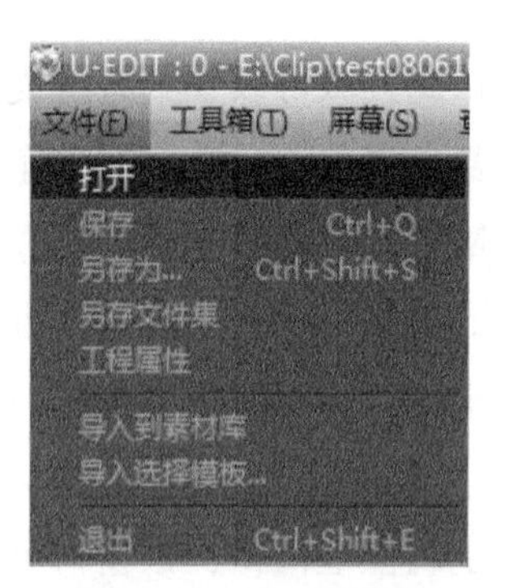

图5.2.3 “文件” 菜单

（2）“工具箱” 菜单，如图5.2.4所示。

工具箱菜单集成了系统的常用工具，可方便用户使用。

- 保存图像：将当前编辑的镜头素材保存为图像，可以选择局部或全屏、压缩或非压缩。
- 保存当前素材图像：将当前编辑的镜头素材保存为全屏图像。
- 保存当前物件图像：将当前编辑镜头中选中的物件保存为图像。
- 修复TAG图Alpha通道：将全透的TGA图转化为不透的TGA图。
- 生成帧方式TGA串：将当前镜头以帧方式生成为TGA序列图像。
- 生成场方式TGA串：将当前镜头以场方式生成为TGA序列图像。
- 修改物件的文件路径：修改图像、动画、滚屏和对话文件的路径。

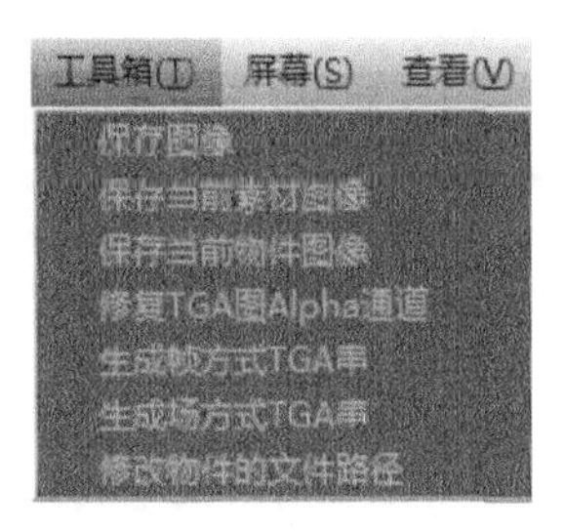

图5.2.4　“工具箱”菜单

（3）“查看”菜单，如图5.2.5所示。

- 显示特技管理窗口：打开特技管理窗口，通过该窗口可以将特技拖拽到时码轨上使用，实现添加多个特技，使用方法参见后面的介绍。

（4）“滤镜”菜单，如图5.2.6所示。

在U-EDIT非编字幕系统中提供了丰富的滤镜效果，包括：图像色彩、柔化、风格、渲染、擦出和变形。

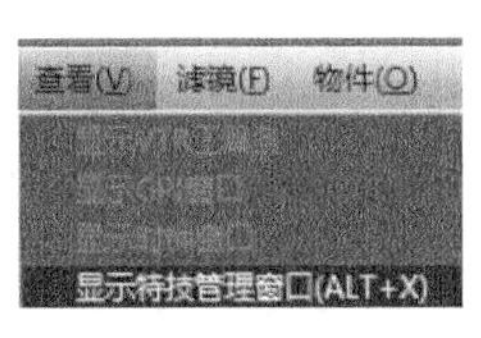

图5.2.5　“查看”菜单

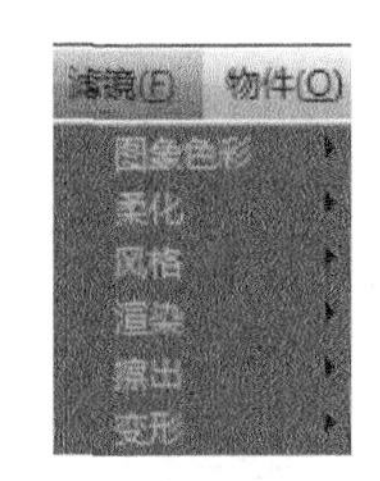

图5.2.6　“滤镜”菜单

①“图像色彩”：包括调整RGB、对比度、分层、色素偏移、区域反转、锐化、阳光、褪色、画笺、调整HSV、黑白化、抠像与析色、均衡化、灰度、钝化。

举例，选中需要调整的二维物件，根据调整需求，调出相应的调整工具。因内容较多，以调整RGB为例介绍，调整前后的效果如图5.2.7和图5.2.8所示。

图5.2.7　调整RGB（调整前）

图5.2.8　调整RGB（调整后）

Step 01 若想放弃当前调整的效果或选择重新调整，可在时码轨处使用鼠标左键单击图像色彩参数调整的图标，在弹出的界面（如图5.2.9所示）中根据需求进行重新“设置”或者“删除”。每一项参数所对应的图标都不相同。

图5.2.9 调整图像参数

Step 02 单击图像色彩参数调整窗口中的取消按钮，可放弃当前操作，恢复到系统默认状态。因此，需要重新调整时，也可以使用该按钮（其他图像色彩调整的操作也是同样）。

Step 03 在调整RGB窗口的空白处，单击鼠标右键，会弹出“显示/关闭滤镜调节图像窗口”菜单，默认为关闭。若勾选“显示滤镜调节图像窗口”，则滤镜调节图像小窗口将显示出来，如图5.2.10所示。

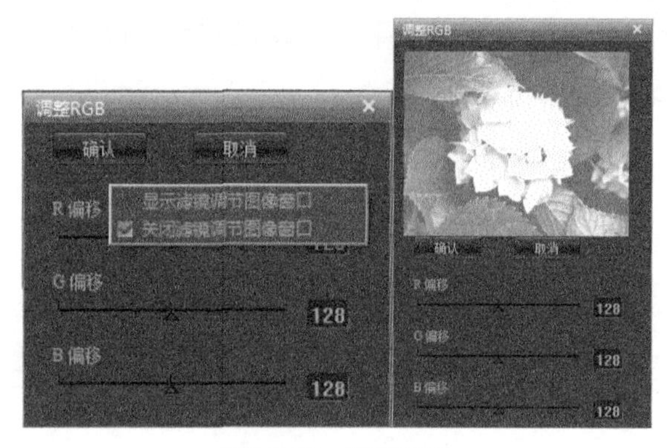

图5.2.10 调整RGB

② “柔化”：包括通道柔化、快速柔化、运动柔化、放射性柔化、高斯柔化。

选中需要柔化的二维物件，根据调整需求，调出相关的调整工具，进行参数调整。

③ “风格”：包括扩散溶解、发现边缘、马赛克、噪波、风。

选中需要添加风格效果的二维物件，根据调整需求，调出相关的调整工具，进行参数调整。以马赛克为例介绍，调整前后的效果如图5.2.11和图5.2.12所示。

图5.2.11 马赛克（调整前）

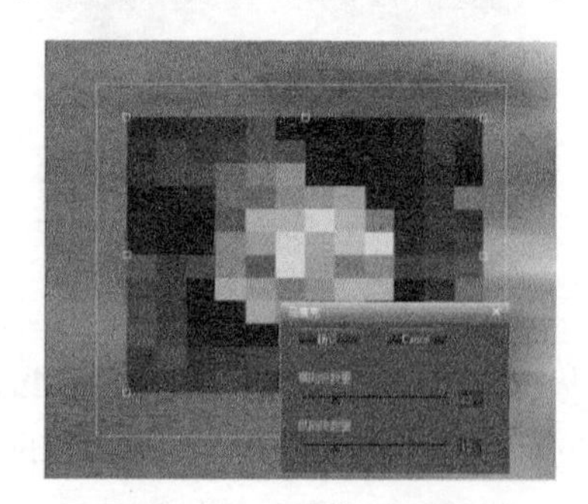

图5.2.12 马赛克（调整后）

④“渲染”：包括光晕、光照。

选中需要添加效果的二维物件，根据调整需求，调出相关的调整工具，进行参数调整。

⑤“擦出”：包括线性擦出、扇形擦出、百叶窗擦出。

选中需要添加效果的二维物件，根据调整需求，调出相关的调整工具，进行参数调整。以百叶窗为例介绍，调整前后的效果如图5.2.13和图5.2.14所示。

图5.2.13　百叶窗擦出（调整前）

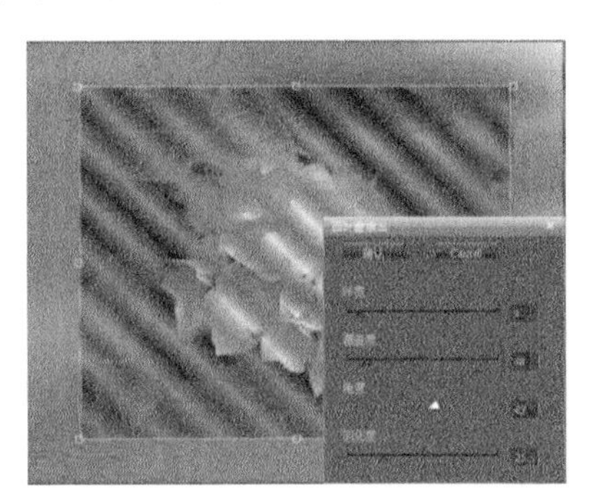

图5.2.14　百叶窗擦出（调整后）

⑥“变形”：包括镜像、透镜、瓷片、百叶窗、锯齿波纹、彩色玻璃、极坐标转化。

每一种变形效果都有自己的调整属性，选中需要添加效果的二维物件，根据调整需求，调出相关的调整工具，进行参数调整。以调整“锯齿波纹”为例介绍，调整前后的效果如图5.2.15和图5.2.16所示。

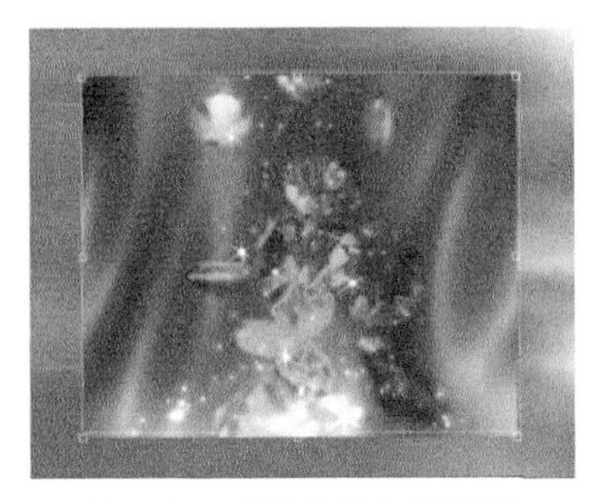

图5.2.15　锯齿波纹（调整前）

图5.2.16　锯齿波纹（调整后）

（5）“物件”菜单。

系统支持创建多种物件，包括标题字、艺术字、多边形、椭圆、图像文件、动画、曲线、手绘曲线、标版、滚屏、对白、立方体、球体、柱体、棱柱、圆环、星形、翻牌、柱图、饼图、导入模型。

物件展开列表中所包含的物件，与字幕系统界面属性窗口中的物件创建工具按钮是相对应的。

（6）“系统管理”菜单。

- 预监窗口背景设置：对素材编辑窗口进行背景模式设置和安全线的绘制。
- 工作路径设置：设置系统中生成的各种文件的默认路径。
- 播出回绕：选中该项后，预监窗口内容同步回显至监视器。
- 预演方式：选择回绕预演、通道预演或者窗口预演。
- 用视频作背景：选中该项后，故事板轨道的叠加视频将用作字幕编辑窗的背景。
- 同步播出视频：播出字幕的同时播出视频。

2. 工具按钮

（1）编辑工具栏，如图5.2.17所示。

图5.2.17　编辑工具栏

- 撤消：撤消上一次或几次的操作。使用鼠标左键单击撤消按钮右下角的箭头，可以选择撤消的具体步骤，如图5.2.18所示。
- 恢复：恢复上一次或几次的操作。使用鼠标左键单击恢复按钮右下角的箭头，可以选择恢复到的具体步骤，如图5.2.19所示。
- 动态静态切换按钮：用来切换动态和静态两种编辑状态。
- 点选：单击点选物件，包括点选和子物件点选。使用鼠标左键单击点选按钮右下角的箭头即可弹出，如图5.2.20所示。

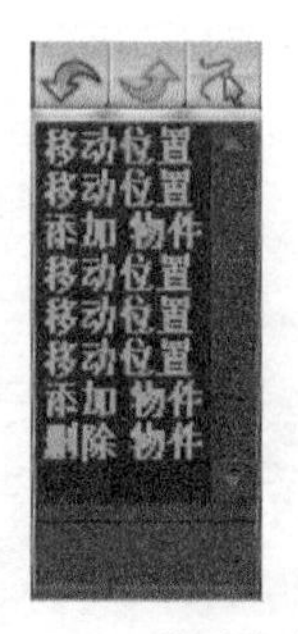

图5.2.18　撤消操作

图5.2.19　恢复操作

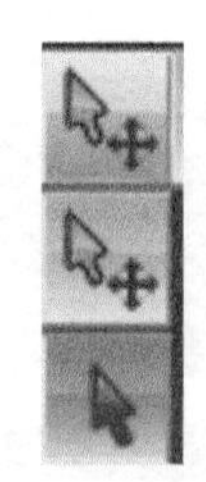

图5.2.20　点选按钮

  - 点选：用于点选独立物件。
  - 子物件点选：当多个物件编辑成容器后，用于点选容器内物件。
- 框选：使用鼠标左键单击并拖动一个矩形范围，即可进行框选，有两种方式供选择。
  - 包围框选：包围才可选中。
  - 沾边框选：沾边即选中。

- 旋转：在静态状态下，可以进行水平的旋转；在动态状态下，对选中的物件进行旋转操作；包括轴旋转和自由旋转。
  - 轴旋转：选中物件绕选中轴旋转。红色轴是X轴，绿色是Y轴，蓝色轴是Z轴。以X轴为例，将鼠标光标移动到X轴上方，将X轴被激活，变成黄色。此时用鼠标拖动X轴，可以锁定物件绕X轴旋转。在旋转过程中会提示X旋转角度，下图数值“-30.56，0.00，0.00”表示物件以X轴为轴反向旋转30.56度，其他轴原理相同，如图5.2.21所示。

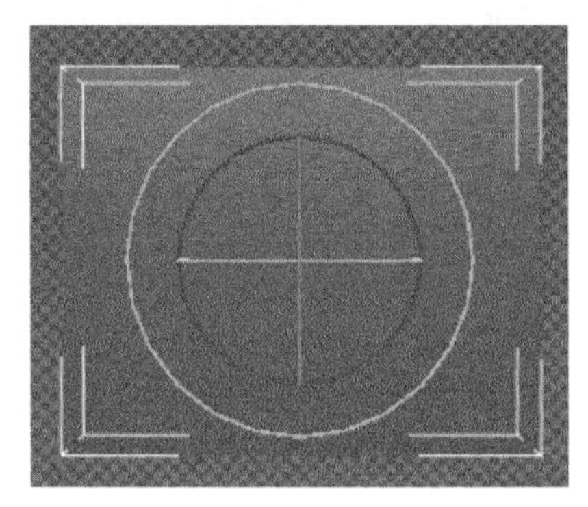
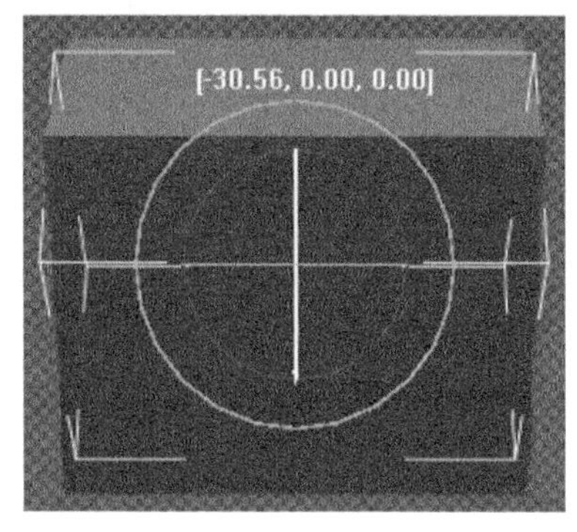

图5.2.21 轴旋转操作

  - 自由旋转：选中物件在空间中自由旋转。当鼠标光标移动到图5.2.22所示的旋转轴内且不激活轴，即为自由旋转状态。拖动鼠标，选中物件在空间中自由旋转。在旋转过程中会提示各个轴的旋转角度，图5.2.22中的数值“-9.29，1.59，-1.12”表示物件XYZ旋转角度分别为-9.29、1.59和-1.12。

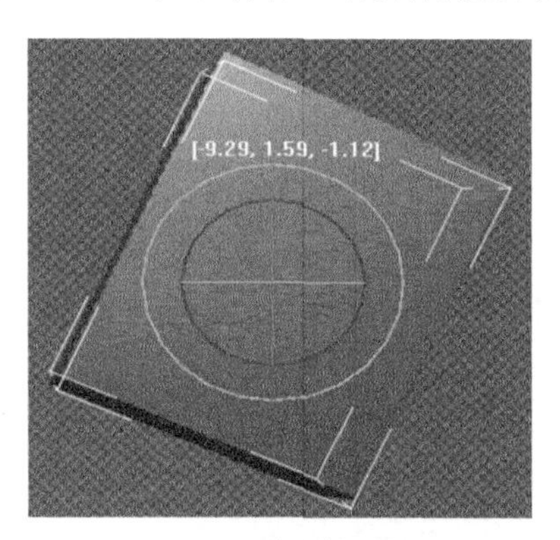

图5.2.22 自由旋转操作

- 缩放：在动态状态下，对选中的物件进行缩放操作，包括轴缩放、面缩放和整体缩放，如图5.2.23所示。
  - 轴缩放：选中物件按特定轴缩放。以X轴为例，当鼠标光标移动到X轴上方，X轴被激活，变成黄色，此时拖动鼠标，可以锁定物件X轴方向作缩放。

其他轴原理相同。

■ 面缩放：选中物件按特定面缩放。以XY面为例，当鼠标光标移动到图示框中区域，XY面被激活，变成黄色，此时拖动鼠标，可以锁定物件在XY面作缩放。其他面原理相同。

■ 整体缩放：选中物件整体缩放。当鼠标光标移动到图示框中区域，XY面被激活，变成黄色，此时拖动鼠标，物件整体缩放。

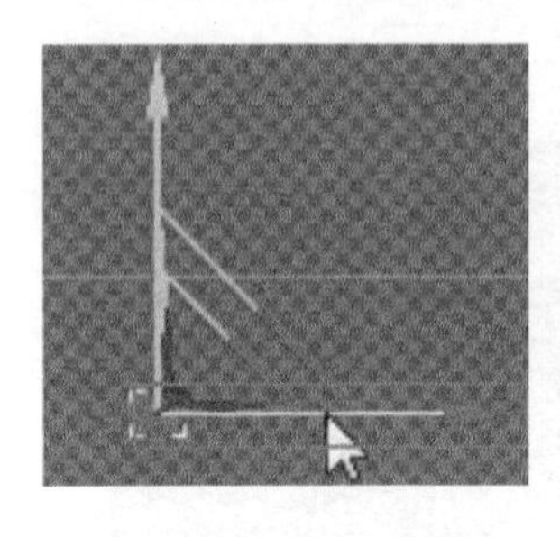

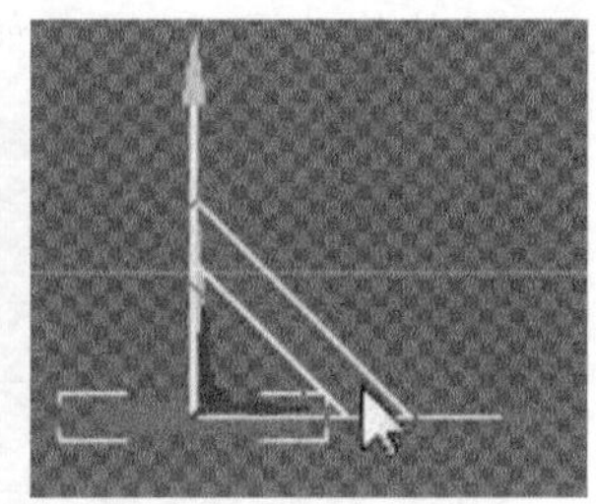

图5.2.23　缩放操作

- 斜切：调整物件以实现倾斜的效果。
- 扭曲：调整物件以实现扭曲的效果。
- 调整曲线方式：使用曲线调整工具可以进行曲线的调整，可应用于所有包含曲线调整的操作中，包括艺术字的路径、曲线的形状调整等。
- 约束X：对于物件位移的约束条件，当选择X、Y、Z和XY时表示限制物件只在X、Y、Z和XY方向移动。该功能实现的前提是不选择移动工具的坐标轴或移动区域，而是选择物件的其他区域移动鼠标。

  如图5.2.24所示，选中红色所示区域即可实现X轴约束移动，即只沿X轴方向移动。如果选择移动工具的坐标轴或者移动区域，坐标约束功能失效。需要注意的是，坐标约束只能应用于素材编辑窗口。

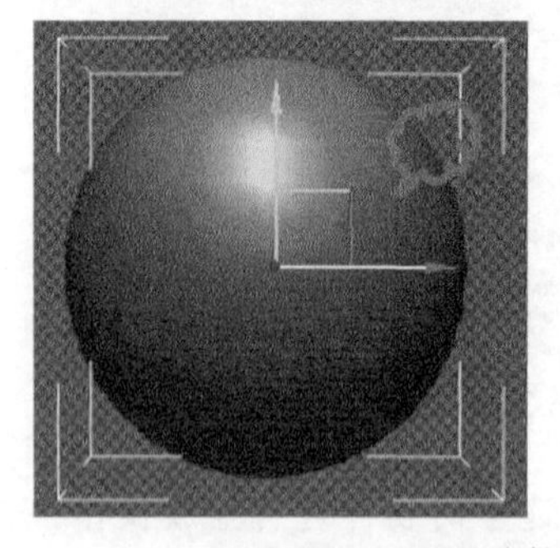
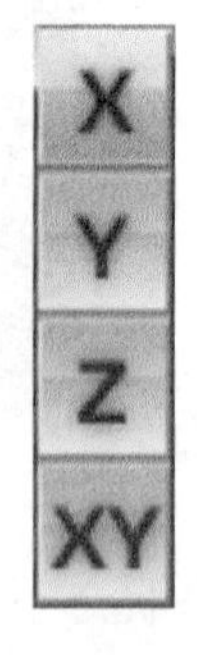

图5.2.24　X轴约束旋转

- 缩放模型：当动态静态切换按钮点亮时，编辑状态切换到动态。在该状态下工具栏上有一个“缩放模型”工具。缩放选中物件的模型，与缩放不同的是，缩放模型改变的是物件的基本属性，比如球体的半径、立方体的长宽高等，如图5.2.25所示。

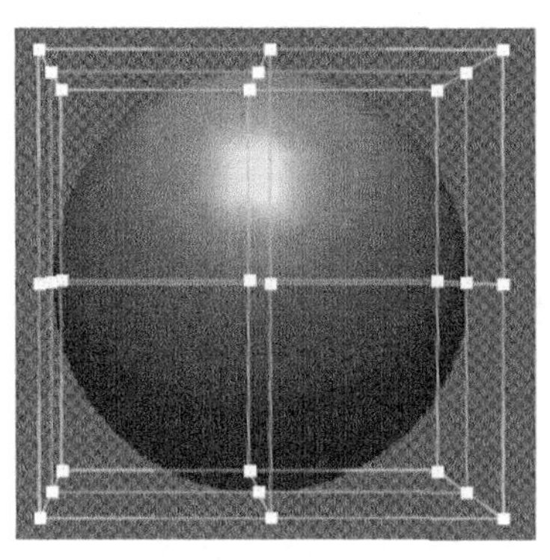

图5.2.25　缩放模型

（2）时码线控制工具栏。位于编辑工具栏按钮右边的是时码线控制工具栏按钮，如图5.2.26所示，各按钮具体详见表5.2.1。

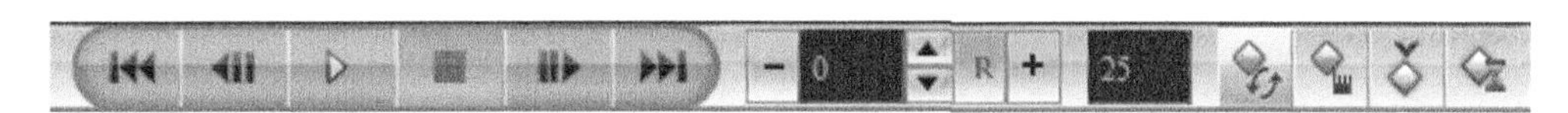

图5.2.26　时码线控制工具

表5.2.1　时码线控制工具栏各按钮的功能

图标	功能	图标	功能
	起始帧：到开始帧		前一帧：跳转到前一帧
	预演：预演选中场景		停止：停止播出
	下一帧： 跳转到下一帧		末帧：到末帧
-	按设定的时间间隔后移	135	当前帧
	前进/后退一帧	R	重置
+	按设定的时间间隔前移	25	前进和后退的时间间隔
	自动帧方式添加关键帧		手动帧方式添加关键帧
	设置关键帧		
	关键帧选项，单击“设置关键帧”按钮，打开“手动帧轨道设置”窗口，该窗口用于设置应该添加关键帧的轨道，如图5.2.27所示		

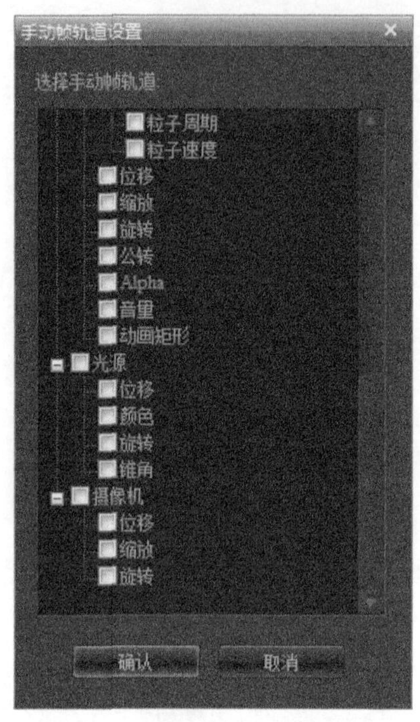

图5.2.27 “手动帧轨道设置”窗口

3. 素材编辑窗

素材编辑窗主要用于观察各物件的制作效果，如图5.2.28所示。使用鼠标左键单击“显示比例”按钮 80% ，展开列表调整编辑窗口显示比例。

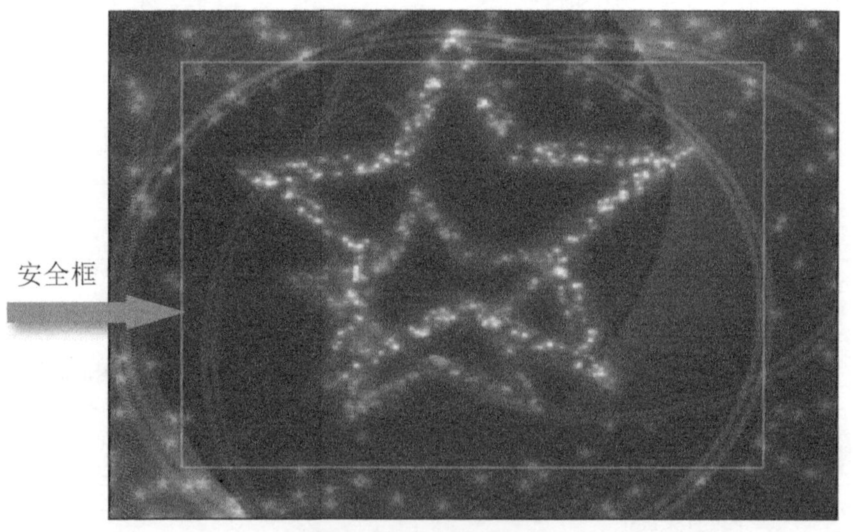

图5.2.28 素材编辑窗

素材编辑窗的背景图像可以使用“系统菜单”→“预监窗口背景设置”命令来设置，用以实现编辑窗口不同背景模式的设置和安全框的绘制，如图5.2.29所示。

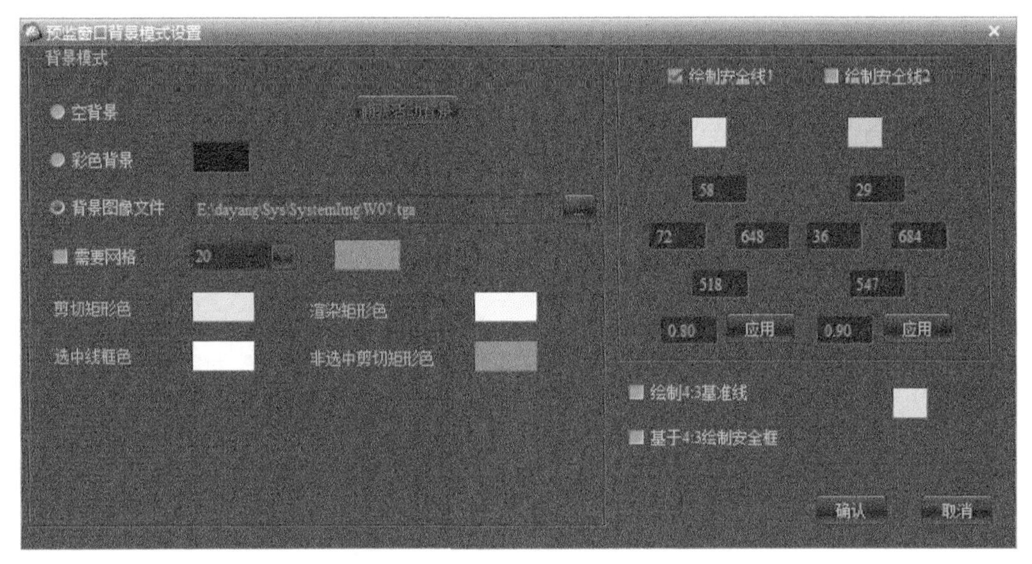

图5.2.29　预监窗口背景模式设置

可设定的背景模式有以下三类。

- 空背景：选择此项，则成为无背景状态，切换成系统默认的黑色状态。
- 彩色背景：选择此项，单击对应的色框，调出调色板，从中选择单色、渐变色或纹理等作为背景。
- 背景图像文件：选择此项，单击对应的按钮，在打开的对话框中选择图像文件即可。

安全框是为制作人员设计字幕的位置提供参照，避免因过扫描的存在而使观众看到的电视画面不完整。中间小的方框称为“字幕安全区”，表示该区域的字幕可以正常地显示在观众的屏幕上。安全边框的大小并不是固定不变的，一般可以通过设置来改变。具体的操作步骤如下所述。

Step 01 勾选绘制安全线。

Step 02 单击对应的色框，设置安全线的颜色。

Step 03 设置安全线在素材编辑窗口的位置。

Step 04 设定安全框的大小，此处的大小是按照比例设置的。数值1表示整个素材编辑窗口的大小，小于1则表示按比例缩小。

Step 05 单击“确定”按钮。

另外，素材编辑窗还提供了强大的右键操作功能，通过右键命令的使用，可以快速实现多种操作。在动态或静态两种不同的状态时，右键菜单的功能会有不同；在选中或不选中物件时单击右键时，功能也会有所不同；在创建滚屏素材或创建项目素材时，功能也不相同，在使用时应加以注意。

4. 字幕编辑区

字幕编辑区，共包含四个页签：时码轨、属性预置、纹理管理和表格。

（1）时码轨。“时码轨”编辑页签可以分为三部分，如图5.2.30所示。

- 工具栏：提供时码轨编辑需要的工具按钮。
- 时码轨轨道首：以树状的形式显示字幕编辑的组成结构及物件。
- 时码轨道：在轨道上进行字幕物件的编辑。

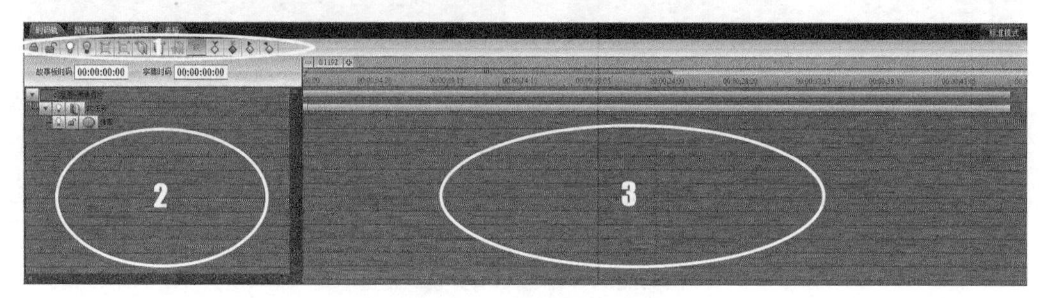

图5.2.30　时码轨道编辑区

①工具栏，如图5.2.31所示，各按钮具体详见表5.2.2。

图5.2.31　时码轨工具栏

表5.2.2　时码线工具栏各按钮的功能

图标	功能	图标	功能
	全部锁定：将轨道全部锁定		全部解锁：将轨道全部解锁
	全部显示：全部显示所有内容		全部隐藏：全部隐藏所有内容
	增加前景层：在时码轨当前任务的上面添加新的任务，该任务下的物件在素材编辑窗最上层显示		
	增加背景层：在时码轨当前任务的下面添加新的任务，该任务下的物件在素材编辑窗最下层（作为背景）显示		
	增加关键帧：在当前位置添加关键帧		删除关键帧：删除当前选中的关键帧
	后一关键帧：跳转到下一关键帧		前一关键帧：跳转到前一关键帧
	删除任务：删除当前选中任务，增加前景层或增加背景层操作之后，当前场景中有一个以上的任务存在，在工具栏上会出现“删除任务”按钮		

②时码轨轨道首。在时码轨轨道首上方分别显示的是故事板时码和当前字幕时码，如图5.2.32所示。

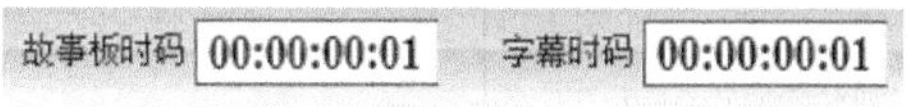

故事板时码
00:00:00:01
字幕时码
00:00:00:01

图5.2.32　故事版时码与字幕时码

时码轨的轨道首是以树状的形式显示字幕编辑的组成结构及物件，上层涵盖下层、依次包含的关系。场景中包含任务（可包含多个任务），任务中包含多个物件，每一个物件中包含其展开的信息，如面数、位移、大小等轨道，如图5.2.33所示。

位移
大小
旋转
a通道

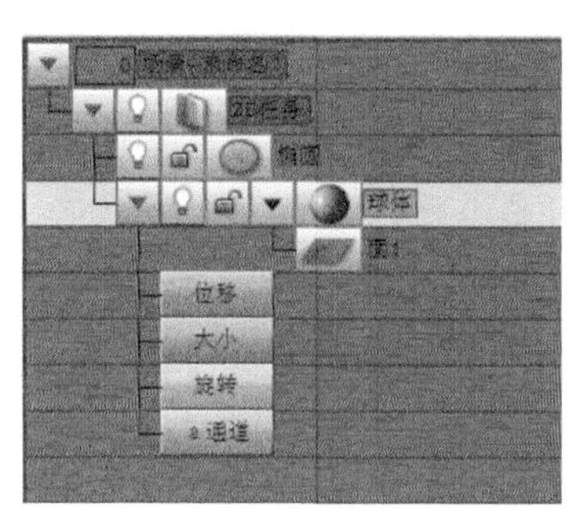

图5.2.33　时码轨道首

在时码轨轨道首区的任意处（除了任务轨道）单击鼠标右键，可展开功能列表，具体介绍如下。

- 加入纹理库：将选中的二维物件添加到纹理库中，即添加到“纹理管理”页签中
- 加入到字幕模板库：将选中的物件（二维、三维皆可）添加到字幕模板库中
- 加入颜色库：将选中的物件（二维）添加到字幕模板库中
- 位移：物件的位移轨道，默认是隐藏的
- 大小：物件的大小轨道，默认是隐藏的
- 旋转：物件的旋转轨道，默认是隐藏的
- a通道：物件的a通道，默认是隐藏的
- 展开所有轨道：展开或收起物件的所有轨道

③时码轨道。

- 轨道缩放：时码轨轨道的缩放与故事板编辑窗轨道的缩放一样，使用鼠标右键在时间标尺上向右滑动时，标尺上会出现一段紫色的彩条，此时松开鼠标，紫色的区域会自动放大为故事板的编辑区域。相反，按住鼠标右键向左滑动，系统会缩小显示比例，如图5.2.34所示。

00:00:12:16

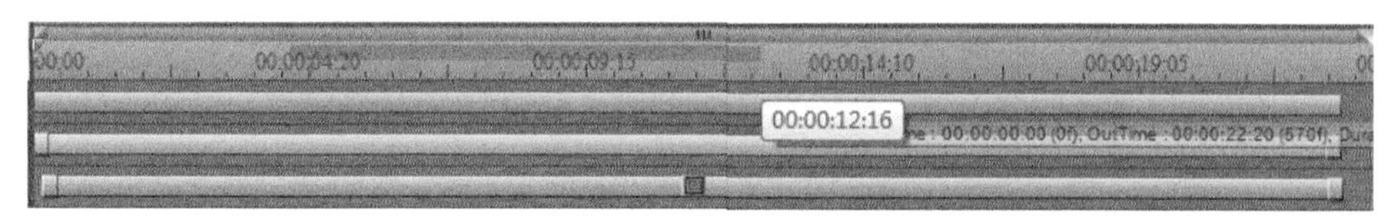

图5.2.34　时码轨道缩放

- 添加特技：在时码轨轨道上移动时间线，在“特技”页签给选中的物件或整个场景添加入、出、停留特技。
- 制作特技：通过在时码轨轨道上添加关键帧的方式来给物件制作特技效果。具体制作方法见本章后面章节中的动态字幕制作的介绍。
- 时码轨编辑模式：在时码轨编辑页签提供了两种编辑模式。
  - 精简模式：简化的编辑模式，只显示场景中的编辑任务及物件。
  - 标准模式：全面的编辑模式，可以显示场景中的所有编辑信息。在标准模式下，可以实现对整个场景中所有元素的编辑，例如：可对整个场景添加特技效果，也可对某个物件的a通道进行调整。

（2）属性预置。在“属性预置”页签中，可以存储物件的完整属性，包括形状、大小、色彩以及材质等。U-EDIT提供了多种物件的预置属性，包括标题字、艺术字、多边形、椭圆、图像文件、曲线、标版等。创建好相应的物件后，选中该物件，使用鼠标双击页签中预置的图标，即可使用该预置效果，如图5.2.35和图5.2.36所示。

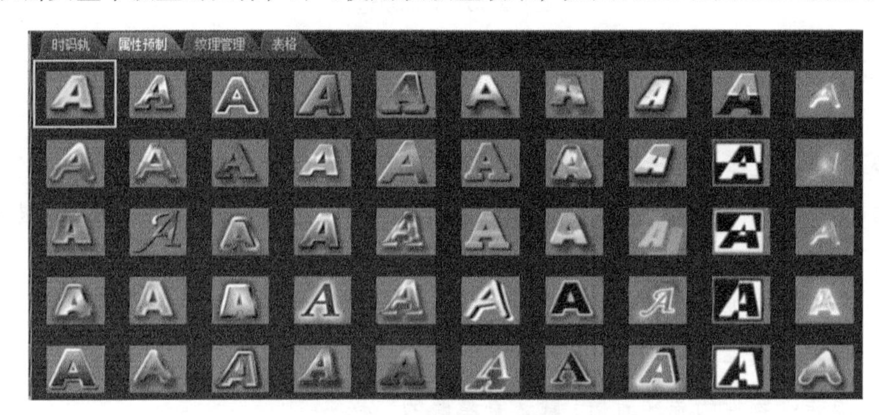

图5.2.35　标题字预置

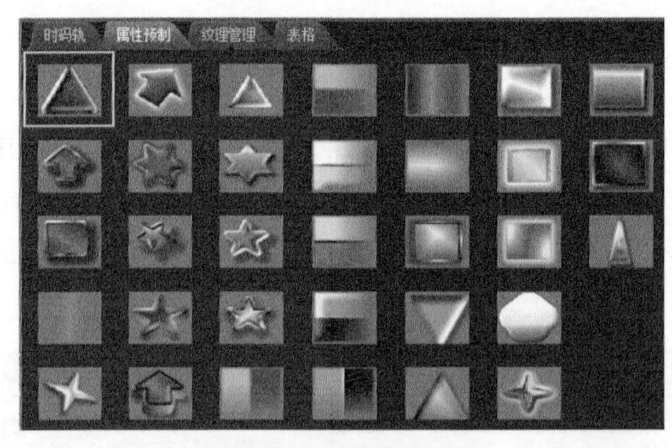

图5.2.36　多边形预置

在“属性预置”页签的右下角提供了以下三个操作。

- 添加预置：可以将制作好的效果添加到预置中来。
- 删除预置：将预置的效果删除。
- 覆盖预置：选择一个预置效果，用新制作的效果将其覆盖。

（3）纹理管理。在“纹理管理”页签（如图5.2.37所示）中，可以存储制作好的纹理（主要应用于三维物件），包括文字、多边形、图像文件等，也可以创建新的纹理或对现有纹理进行编辑。

图5.2.37　纹理管理窗口

- 创建纹理：在“纹理管理”页签右侧的空白处执行右键菜单中的“新建”命令，如图5.2.38所示，然后使用二维物件创建纹理，设置属性参数。创建完毕后，再次在“纹理管理”页签右侧空白处执行右键菜单中的“结束编辑”命令，该纹理即被添加到纹理管理窗口中。
- 编辑纹理：在“纹理管理”页签中，选择要编辑的纹理，执行右键菜单中的“编辑”命令，则选中的纹理将显示在素材编辑窗口；纹理编辑完毕后，执行右键菜单中的“结束编辑”命令，即结束纹理编辑。
- 添加图片纹理：在“纹理管理”页签左侧选中文件夹或在空白处，执行右键菜单中的“添加图片”命令，从弹出的对话框中选择需要添加的图片，单击“确定”按钮即可。

除以上操作外，在“纹理管理”页签中还可以对纹理库进行删除、重命名、导入或导出等操作。

图5.2.38　新建纹理

（4）表格。

“表格”页签主要是在制作翻牌、柱图、饼图的时候使用，如图5.2.39所示。具体使用方法请参见“字幕制作实例”部分三维柱图、饼图、翻牌中的介绍。

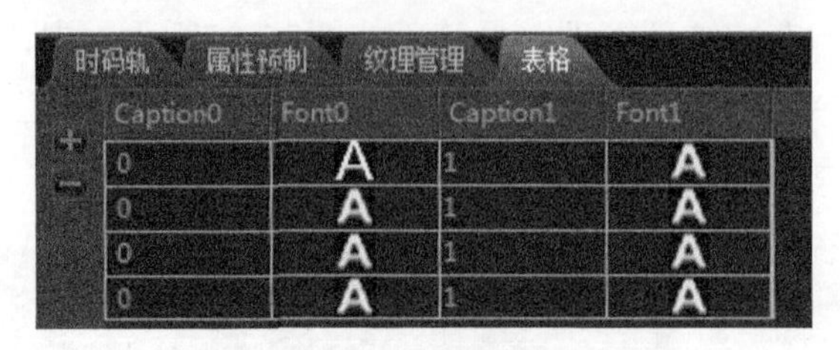

图5.2.39 “表格”页签

5.2.3 常规设置

在应用字幕的过程中，往往要设置字幕工程的一些默认属性，本节就来介绍常用的属性设置。

1. 设置字幕默认任务长度

执行“文件”→“工程属性”命令，在打开的“制式设置”对话框中可对字幕的默认任务长度进行设置，例如，将系统默认的299帧改为150帧，当退出字幕系统并重新创建字幕素材时，即改为150帧（约6秒时长），如图5.2.40所示。

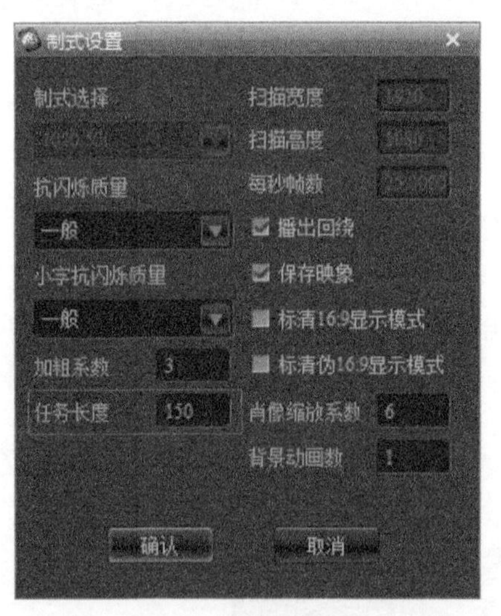

图5.2.40 制式设置

2. 保存字幕素材为模板

我们经常会遇到要将自己制作的字幕文件保存为模板的情况，以便以后编辑时再次调用。U-EDIT提供了标题字/滚屏/唱词（对白）等三类字幕，以便轻松实现将当前编辑的字幕素材保存成字幕模板，存于资源管理器的模板库中。

（1）不同类型的字幕保存字幕模板的方法略有不同，下面以标题字保存模板为例介绍。例如，已做好一个字幕项目文件，保存成字幕模板，具体方法如下所述。

Step 01 执行菜单栏“文件”→“导入选择模板”命令，如图5.2.41所示，打开“导入选择模板”对话框。

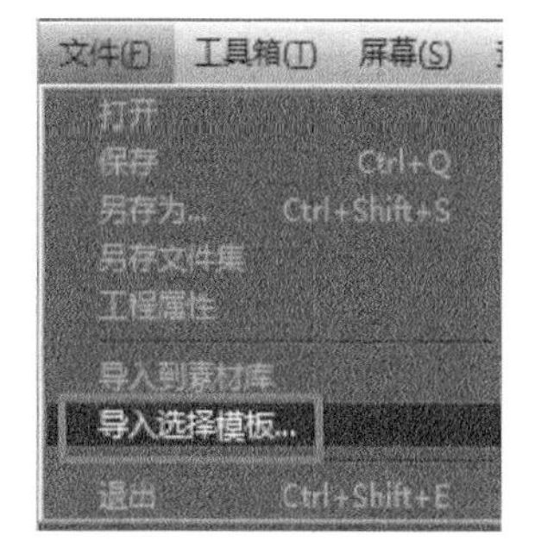

图5.2.41　“导入选择模板”命令

Step 02 在“导入选择模版”对话框中，选中“工程模板”，如图5.2.42所示，然后单击“确定”按钮。在弹出的对话框中可设置“模板名称”和“分类”，本例选择“二维标版”→“大标版”→“新闻类”，如图5.2.43所示，单击“确定”按钮。此时就可以在“字幕模板库”的对应页签下看到制作好的字幕模板了。下次再使用该字幕时，直接从模板里调用就可以了。

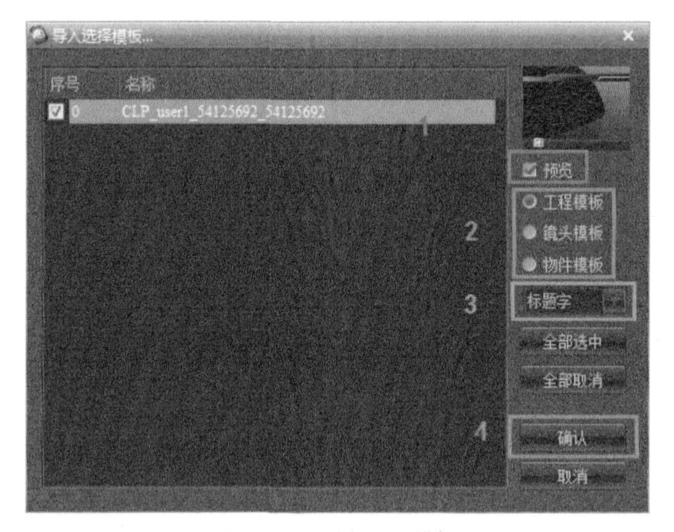

图5.2.42　选择工程模板

图5.2.43　选择模板名称和分类

（2）滚屏字幕保存成模板。

Step 01 执行主菜单“文件”→“导入选择模板”命令。

Step 02 在名称列表中选中字幕，在右侧勾选“预览”选项，查看字幕肖像。

Step 03 在模板类型中选中“物件模板”。

Step 04 在字幕类型中的下拉菜单选择“滚屏”，如图5.2.44所示，单击“确认”按钮。

图5.2.44 滚屏文件导入选择模板

Step 05 在打开的窗口中，输入模板名称，选择“滚屏”分类，选择滚屏类别中的任意子类（如“上滚”），单击“确定”按钮，如图5.2.45所示。

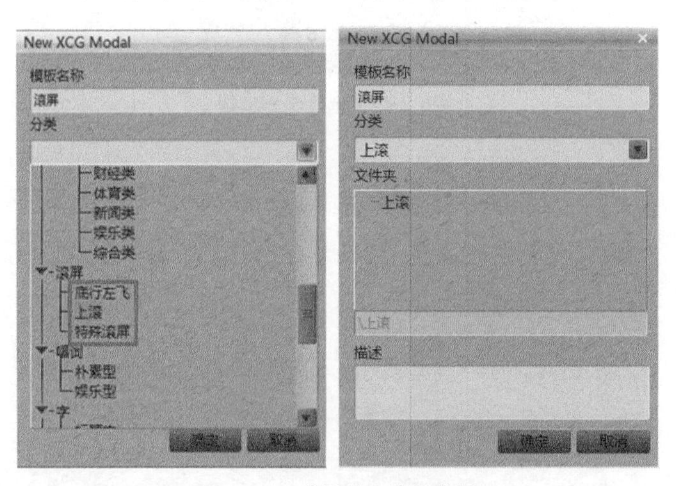

图5.2.45 滚屏导入选择模板

这时就可以在字幕模板的滚屏子类中看到制作好的字幕模板了。这里需要注意的是，滚屏模板必须保存到滚屏子类中，若保存到其他类别中，则不能正常拖拽使用。

（3）唱词字幕保存成模板。唱词字幕模板保存的方法与滚屏字幕最为相似。只是在字幕类型中的下拉菜单选择“对白”选项，单击“确认”按钮，在打开的窗口中输入模板名称，选择“唱词”分类，选择唱词类别中的任意子类（如“娱乐型”），再单击“确定”按钮，保存模板完成。

同样，唱词模板必须保存到唱词分类中，若保存到其他类别中，则不能正常拖拽使用。

3. 设置预览窗口背景

执行“系统管理”→“预监窗口背景设置”命令，在打开的对话框中可以更换字幕编辑窗默认的背景底图。

很多情况下我们需要观察字幕的位置、大小等是否和视频画面匹配，U-EDIT字幕系统可以将时间线上的视频背景画面显示在字幕系统中。具体的操作方法为：执行菜单栏的“系统管理”命令，在打开的对话框中勾选“用视频作背景”选项，故事板时间线的画面就作为字幕编辑窗的背景。如果取消勾选，则为系统默认背景底图。

4. 显示比例设置

在显示比例调节时，可以使用鼠标左键单击此处展开列表来调整窗口。通过对显示比例的修改，可以全面地看到物件的动画轨迹。建议在高清环境下使用50%的显示比例，在标清环境下则使用100%的显示比例，如图5.2.46所示。素材编辑窗还提供了强大的右键菜单功能，以方便字幕物件的操作，如图5.2.47所示。

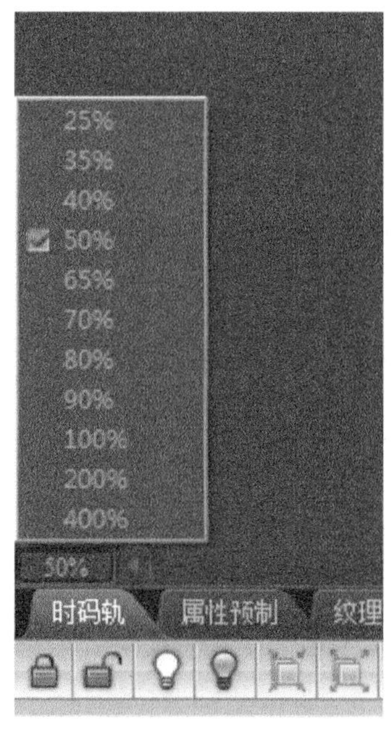

图5.2.46　缩放编辑区

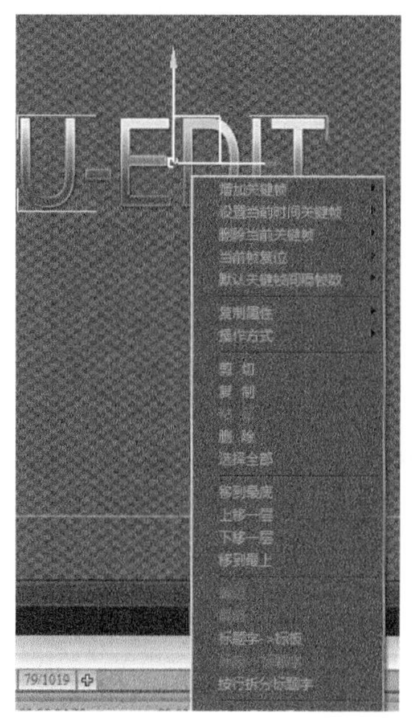

图5.2.47　物件的右键菜单

5.3 字幕物件

U-EDIT中提供了丰富的二维物件和三维物件，部分二维物件还可以转换为三维物件。

1. 二维物件

（1）标题字：用于制作常规文字。

（2）艺术字：用于制作形状各异的艺术字。

（3）多边形：用于制作规则的矩形、三角形、多角形、箭头以及自定义图形等。单击正方形，可获得长、宽相等的图形。通过添加“通道文件”，还可制作相框等效果。

（4）圆形：用于制作规则的图形、椭圆、扇形。叠加通道纹理，还可制作不同球类效果。

（5）TGA：用于导入外部图片，支持常见的TGA、BMP、JPG、PNG以及PSD分层图像文件等。定位读图显示图片原始尺寸，可以对图片进行翻转处理。通过叠加通道纹理，可制作各类遮罩效果。

（6）动画：用于导入外部动画文件和视音频文件，包括FLC、DYM动画文件和AVI/MPG/MOV/MXF等视音频文件。

- 勾选动画内循环后，可设置动画循环播放的次数。要注意的是，设置动画循环次数需要在静态模式下设置。
- 如果要在动态模式下浏览动画效果，由于设置了3次循环，任务长度不足，此时可双击任务长度，然后单击跟随物件，任务长度可自动匹配物件长度。

（7）曲线：通过在编辑窗中连续单击鼠标，可手绘不规则图形，使用鼠标右键可结束绘制操作。图形可选择开放或闭合。

（8）手绘曲线：用于模拟日常生活中的铅笔，在编辑窗中可直接绘制不规则图形，同样提供开放或闭合两种图形状态。

（9）标版：用于将预置的小标版调入编辑窗中。

2. 三维字幕物件

三维物件与二维物件不同，具有一些特质的属性。例如，三维物件带有纵向的厚度，有时需要对不同的面分别选择后进行设置。三维物件只能使用三维纹理库，三维纹理库与二维纹理库不能混用。可以为三维物件添加点光源或环境光，最多可以添加三个来自不同方位的点光源。下面具体介绍三维物件。

（1）立方体：用于制作立方体，也叫六面体。如果希望对不同面调色或贴图，可按快捷键Alt键点选具体的面，也可展开时码轨选择所需的面。

（2）球体：用于制作球体。如果贴上地图纹理，很容易制作出旋转的地球。

（3）柱体：用于制作圆柱体。通过调整内、外环半径，可制作出圆锥、空心的圆环柱体。

（4）棱柱：用于制作出任意边的棱柱。调整内、外环半径，可制作任意边的棱锥或空心的棱柱，如活灵活现的螺母。

（5）圆环：通过调整内外圈半径值，可制作任意标准的圆环。

（6）星形：用于制作各种角数的星形物件，可制作类似齿轮的规则物件。

（7）翻牌：用于制作不同行、列标准的立体翻牌，可选择最多三面的翻牌效果，也可模拟数字表格的信息发布。

（8）柱图：用于制作一定数量的生长柱图，可设置起始数值和终止数值及生长速度。

（9）饼图：用于制作任意分布和饼块个数的动态饼图，可设置数值和变化速度。

（10）导入模型：用于导入3D模型，并对3D模型进行全方位处理，如同系统的三维物件。

5.4　二维标题字幕的制作

二维字幕的应用非常广泛，在熟悉了字幕制作的概况后，下面就来练习制作一个二维标题。

Step 01 新建字幕项目素材，打开并进入字幕制作界面。

Step 02 输入文字。有三种方法可以输入文字，我们分别用三种不同方法输入三段组文字。

（1）单击“标题字”按钮，在编辑窗内划出矩形框，框的大小就是一个汉字或英文字母的大小，输入“中广上洋”。

（2）单击“标题字”按钮，在属性窗文字区域输入“SHINEON”，然后在编辑窗内划出矩形框，框的大小是整个单词或句子。

（3）单击属性窗“文本”页签，打开TXT文本，简单排版后，全选，单击“标题字”按钮，在编辑窗内划出矩形框，框的大小是编排好的整段文字。

Step 03 三组文字输入完成后，下面对这三组文字的字体、大小、位置进行简单调整，使整体布局更加合理、美观。

（1）首先选中“中广上洋”这组字，在“中文”字体中选择“微软雅黑”字体；

拉动句柄边缘，调整文字大小，这是比较常用的调整大小的方法。也可以单击属性窗中“字宽”位置，在弹出的列表中选择所需尺寸（本例中选择96×96）；移动这组文字到左上角位置。

（2）选中文字“SHINEON”，直接输入准确的数值来调整文字的大小（本例设置“字宽”为200、“字高”为250）。这种方式适用于对文字尺寸有严格要求的情况。在“英文”字体处选择“Arial Black”，将文字“SHINEON”居中排列。

（3）最后调整下排的整段文字。当拉动矩形框句柄时，其中的文字大小也会随之改变，这会带来很多方便。先设置“对齐方式”为“右对齐”，使得整体效果更加错落有致；再将“行间距”调到10（鼠标向上拉动）、“列间距”调到3，使段落看上去更加匀称。

Step 04 接下来为文字设置颜色属性。U-EDIT字幕系统中提供了丰富的颜色属性设置，在“属性”页签包含了面、周边、立体边、阴影的颜色设置，还提供了多种光效、遮罩、材质、纹理贴图。下面分别为三组文字设置不同的颜色。

（1）首先选中最下排的整段文字，修改文字颜色。双击“面”，设置为“白色”；再为文字增加立体感，设置“立体边”为灰色；单击“立体边”扩展箭头，设置“宽度”为12，微调立体边的角度。

（2）接下来调整“中广上洋”。选中文字，单击“面”颜色设置，在“调色板”→“渐变色”中选择“银色”预置。也可以改用“单色”“模板渐变色”或“纹理”中的预置颜色。这里，我们对“渐变色”微调后关闭调色板。对边的颜色做简单微调，直至满意。

（3）最后调整中间的文字“SHINEON”。选中文字，单击“面”的颜色设置，选择“纹理库”，添加纹理贴图。需要说明的是，二维物件的纹理库与三维物件纹理库不同，不可互相使用。三维物件的纹理库在时码轨后的“纹理管理”页签中。微调阴影边，调整柔化度、偏移量，直至满意。

Step 05 为了突出主题，需要快速为文字“SHINEON”制作一个矩形底衬。

（1）制作矩形，添加白色预置，微作调整。

（2）展开“高级设置”，添加正光，添加“遮罩”，添加材质，底衬制作完成。

（3）选中矩形，执行右键菜单命令，将矩形“移到最底”，并在预览窗口调整其位置。

Step 06 标题字制作完成后，保存退出。将其拖到故事板轨道上播放，观看效果，如图5.4.1所示。

图5.4.1 二维标题字效果

接下来为该标题字制作绚丽的动态特技效果。在U-EDIT字幕系统中可以直接添加系统预置的特技制作特技效果，也可以通过时码轨关键帧的编辑制作入、出动态效果。

Step 07 选中轨道的字幕素材，按快捷键T键，再次进入字幕系统。

Step 08 切换到“动态”模式，展开时码轨，为不同物件添加入出特技效果。

Step 09 选中多边形，使时间线位于首帧，添加入特技“柔性移动”、停留特技“模式光”和出特技“幻影移动”，并在时码轨上调整特技的长度。

Step 10 选中文字“中广上洋”，添加入特技“划像”和出特技“划像”（方向不同）。

Step 11 选中“时码轨”页签的“SHINEON”标题字，执行右键菜单中的“展开所有轨道”命令，使用添加关键帧的方式制作入出效果；将时间线移动到1秒位置，手动为各轨（位移、大小、旋转、α通道）添加关键帧；再将时间线移动到首帧，移动文字出编辑窗；将时间线移动到距尾帧1秒钟位置，手动为各轨（位移、大小、旋转、α通道）添加关键帧；将时间线移动到末尾位置，选择缩放工具，对文字进行缩放至零。

Step 12 选中下排的整段文字，添加淡入淡出效果；将时间线移动到1秒位置，手动为各轨（位移、大小、旋转、α通道）添加关键帧；再将时间线移动到首帧，手动添加关键帧；选中“α通道”首关键帧，将数值修改为0。至此淡入效果制作完成，同理制作淡出效果。全部制作完毕之后，保存并关闭字幕，然后将其拖放到故事板，预览该字幕效果。

5.5 三维标题字幕的制作

在一些广告、专题等包装节目中，经常会用到三维物件。U-EDIT内置了三维字幕制作系统，能够满足图文动画制作中更高的需求，为节目包装带来一个全新的境界。三维字幕的制作可以看作是二维制作的扩展和延伸，增加了对二维图元的三维转换，使各图元具有了厚度、光影、旋转等特质属性。

此外，U-EDIT也提供了一组纯三维物件，如柱体、球体、圆柱、三维翻板、三维柱图、三维饼图等，如图5.5.1和图5.5.2所示。

图5.5.1　三维柱图

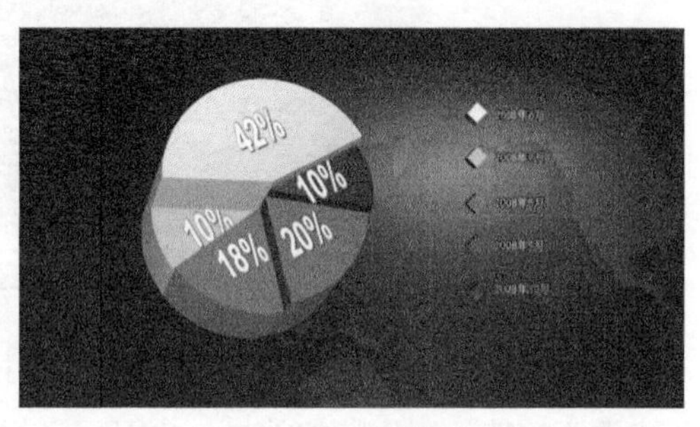

图5.5.2　三维饼图

下面通过一个三维字幕实例来介绍三维动态字幕的基本制作方法，效果如图5.5.3所示。

图5.5.3　三维标题字

Step 01 创建字幕项目素材，打开字幕制作界面。

Step 02 输入二维文字“中国梦想秀”，勾选“拉伸”，将文字转为三维文字。

Step 03 设置“厚度”为60，单击“旋转文字”按钮，以便更好地呈现文字的立体感。

Step 04 设置“导角类型”为“Plane”，“导角宽度”为6，“导角精度”为6，“导角高度”为6，如图5.5.4所示。

Step 05 增加光效：可以为物件设置多达三个独立光源，并分别设置光源的位置、颜色及光距和光的强度。单击属性框“光源”页签，依次点亮三个光源。

Step 06 选中“光源-1”，单击“光色”按钮，在“调色板”中选择红色，在模拟窗中调整光源位于右前方，调整光的强度。

图5.5.4　三维标题字属性设置

Step 07 使用同样方法，设置“光源-2”为橙色光源，位于物件的左前方；“光源-3”为白色光源，位于物件的右前方。

Step 08 在三维空间中，由于物体处于不同的旋转角度和方位时所表现出的光效、色彩会有变化。所以，借助“旋转”功能可以查看三维字幕的全方位效果。单击工具栏中的“旋转”按钮，在编辑窗中将出现三个方向的色圈：红色圈代表绕 X 轴旋转，绿色圈代表绕 Y 轴旋转，蓝色圈代表绕 Z 轴旋转。使用鼠标轻轻拖动色圈，可以观察字幕旋转中的色彩和光效。

Step 09 字幕的静态属性设置完成后，如果希望在动态模式下通过关键帧的设置，让文字转动起来，可先切换到动态编辑模式。

Step 10 展开时码轨，将时间线移动到1秒的位置，选中标题字，执行右键菜单中的“展开所有轨道”命令，单击“时码轨”→“增加关键帧”按钮，可同时设置位移、大小、旋转、α通道三组关键帧。

Step 11 将时间线移至起始位置，使用旋转工具沿X轴向左转90度；单击缩放工具，使整体缩小。拉动时间线，可预览效果。

Step 12 效果满意后，保存并关闭字幕。将制作好的字幕素材拖到故事板上播放，观看制作效果。还可以为文字添加“视频特辑”→“体积光”，使文字看上去有扫光效果。

5.6　序列动画合成

在视频剪辑制作中，往往需要调用由第三方系统的生成的一些TGA序列文件。U-EDIT集成了序列动画合成功能，可将TGA序列串合成为带通道的动画文件，如DYM、FLC等，并可在字幕系统中调入并编辑。

Step 01 新建字幕项目文件，执行“工具箱”→“序列动画合成”命令，打开“序列动画合成”对话框，如图5.6.1所示。

Step 02 在对话框中单击“增加”按钮，在打开的Windows资源管理器中先单击首帧图片，然后按住Shift键，再单击末帧图片，最后单击“打开”按钮，即可加载全部TGA序列图片。

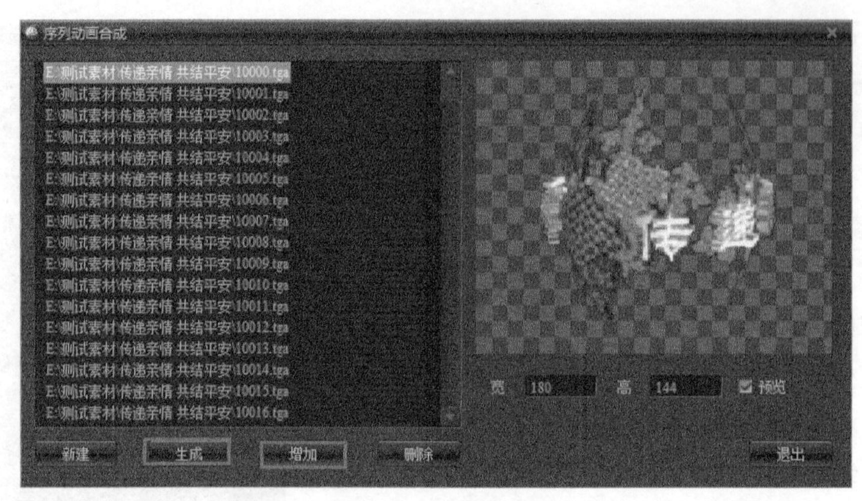

图5.6.1　序列动画合成

Step 03 勾选“预览”复选框，可以查看选中的图片文件。

Step 04 单击“生成”按钮，设定保存路径和素材名。由于FLC动画占用资源更少，所以通常在“保存类型”中选用生成FLC动画文件。

Step 05 单击“确认”按钮，合成完毕，关闭合成对话框。

Step 06 按“动画” 按钮，加载刚生成的动画文件，在文件类型中选择FLC。

Step 07 使用鼠标左键在编辑窗中划出矩形，在编辑窗中显示出动画文件。

Step 08 通过鼠标移动或拉动句柄等操作，调整动画窗口的位置和大小。

Step 09 保存并退出字幕制作系统，将该字幕项目文件拖拽到轨道上，播放浏览效果。

5.7　滚屏字幕的制作

使用滚屏字幕可以实现文字、图像的连续滚动播放，常用作片尾信息的滚动播出，或是新闻、广告信息的插播。下面以上滚和跑马为例，介绍典型滚屏字幕的制作方法，效果如图5.7.1和图5.7.2所示。

图5.7.1　上滚字幕

图5.7.2　跑马字幕

5.7.1　上滚滚屏字幕的制作

1. 新建滚屏字幕

Step 01 执行“新建”→“XCG滚屏素材”命令，更改名称和保存路径，单击“确定”按钮，进入滚屏字幕制作系统，如图5.7.3所示。

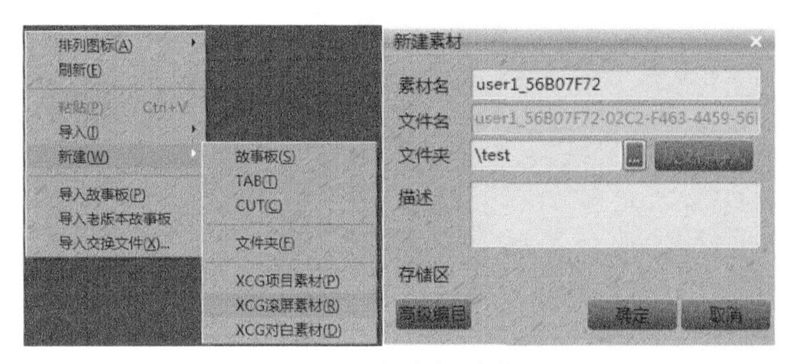

图5.7.3　新建滚屏字幕

Step 02 新建滚屏时，滚屏编辑窗为文字输入状态，可直接输入滚屏文字。在编辑窗的右侧显示分屏列表，在多屏滚屏时可选择编辑的屏幕位置，如图5.7.4所示。

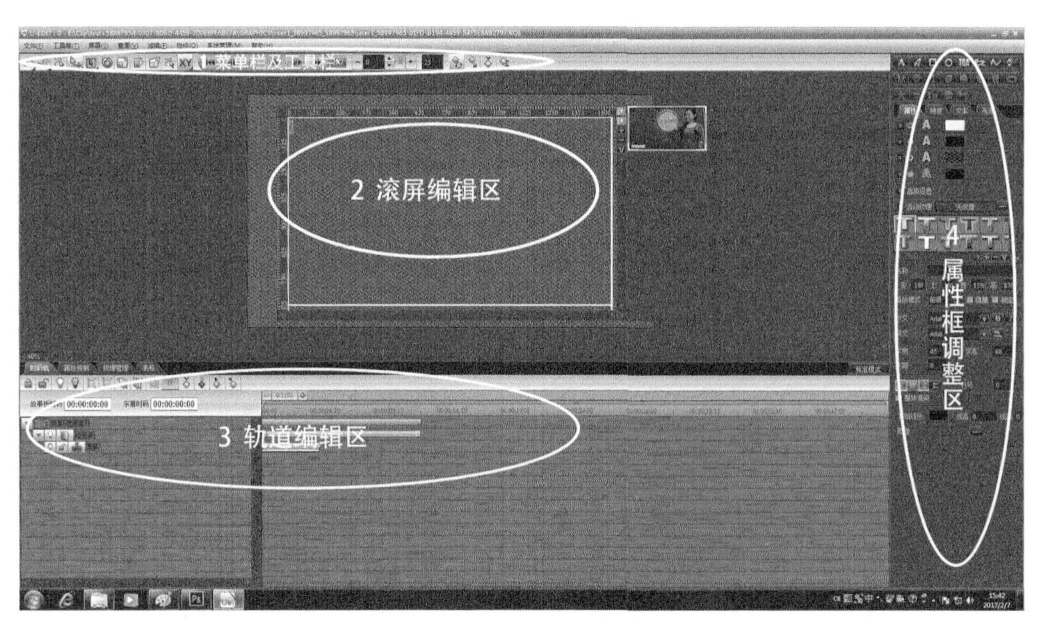

图5.7.4　滚屏字幕布局展示

2. 输入滚屏文字

滚屏文字的输入有如下三种方法。

- 在滚屏编辑状态中，直接在文字框的光标闪烁处输入文字。
- 在属性框的“文本”页签下，打开一个TXT文件，选择需要的文本内容，先按

Ctrl+C组合键拷贝，再按Ctrl+V组合键，将其粘贴到滚屏编辑器中。

- 在滚屏编辑器中执行右键菜单的“引入”命令，调入已编辑好的TXT文本文件。

本例中以引入方式调入一首排版整齐的歌词，如图5.7.5所示。

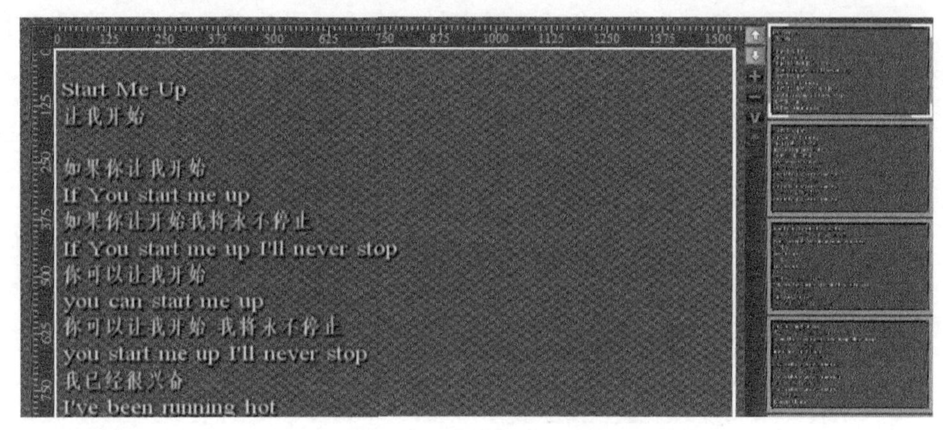

图5.7.5　滚屏编辑器中引入唱词

3. 修改滚屏文字的色彩属性

修改滚屏文字的色彩属性，需要注意以下几点。

- 一定要先选中需要修改的文字，再进行设置，这样才能显示出修改效果。
- 选中文字的操作可以通过鼠标左键划过文字，使文字呈蓝色包围状态。
- 按Ctrl+A组合键，选中所有文字，进行统一修改。

本例中，先按Ctrl+A组合键全选，然后双击白色预置，对滚屏文字做整体颜色设置。最后，仅选中歌名，双击橙色预置，将歌名的颜色设置为橙色。

4. 滚屏文字的排版

滚屏的排版可以有以下有三种方法。

- 按Ctrl+键盘方向键组合键，可对选中的行进行位置移动。
- 使用鼠标左键单击选中的行移动，此时光标显示为十字箭头。
- 利用基准线来对齐。在编辑框上的横、纵标尺上单击鼠标左键，会出现一条基准线。选中需要对齐的行，然后单击鼠标右键，执行相应的对齐命令即可。当用鼠标右键单击基准线的标志点时，还可以删除基准线。

此外，对于滚屏位置的调整，除了使用鼠标左键选中单行文字进行调整外，还可使用Ctrl键选中多行文字，进行调整；按Ctrl+Shift+A组合键，全选所有文字，使用鼠标左键拖动，实现文字位置的整体调整。

本例中，我们将歌名向右移动一些。在完成颜色设置和文字对齐的工作后，单击编辑框外部的空白处，退出编辑状态。

滚屏文件制作完成，单击“关闭”按钮，保存滚屏字幕后退出字幕制作系统。将制作好的滚屏文件拖拽到故事板上播放，观看效果，如图5.7.6所示。

图5.7.6　上滚字幕

5. 滚屏文字的精细修改

我们希望通过进一步修改，来实现为滚屏添加半透的蓝色衬底，并在歌名下方插入一张照片，调慢滚动的播放速度，在最后的位置处能停留2秒静帧。

Step 01 选中轨道上的滚屏素材，按快捷键T键，进入字幕制作系统。

Step 02 使用鼠标单击中间的滚屏文字，使文字处于选中状态。

提示：

在U-EDIT字幕系统中，单击是选中编辑窗中的文字，用以实现整体调整。对于滚屏而言，还可调整滚动方向、滚动速度、首屏或末屏停留时间等。而双击是进入输入状态，可修改文字内容，或修改选中文字的颜色属性。所以在操作过程中，单击和双击鼠标的概念是不同的。

Step 03 单击右侧属性窗中的背景色设置，在调色版中将其设置半透明的蓝色，在编辑窗中即可看到设置后的背景效果。

Step 04 设置淡入宽为60、淡出宽为60。在编辑窗即可看到背景的上下边框已出现柔化效果。

Step 05 设置速度为9。速度的数值越小，表示运动越缓慢。

Step 06 显示时码轨，将鼠标放在滚屏出点处，按住Ctrl+Shift组合键，同时使用鼠标左键向右拖动，被拖出的黄色区域即为在屏幕上的停留时间，如图5.7.7所示。

Step 07 在歌词下方插入准备好的一张照片。双击滚屏框进入输入状态，选中歌名尾部，按几次回车键，然后单击“TGA”工具，在编辑窗内划出矩形框，添加图像文件，调整图片文件到合适位置，如图5.7.8所示。满意后，退出并保存修改。

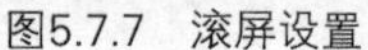
图5.7.7 滚屏设置

图5.7.8 添加图片

Step 08 调整末屏文字停留的效果。在故事板上播放预览效果，观察结尾文字的位置。然后打开字幕文件，再次进入到滚屏字幕制作界面，修改文字位置。拉动素材编辑区的滑竿切换到最后一屏，按回车键并配合鼠标拖动来调整文字位置，使末屏停留文字居中。满意后保存字幕，并叠加光影背景，在故事板上预览最终效果，如图5.7.9所示。

图5.7.9 上滚滚屏效果

5.7.2 跑马字幕的制作

跑马字幕（也叫左飞字幕），在U-EDIT中可以理解为滚屏字幕的一种特殊表现形式。下面我们将上节中制作好的上滚字幕修改为跑马字幕。

Step 01 选中轨道上的滚屏素材，按快捷键T键，进入字幕制作系统。

Step 02 使用鼠标单击中间的滚屏文字，使文字处于选中状态。

Step 03 勾选“跑马方式”复选框，同时按下“左滚”按钮，如图5.7.10所示。此时，在编辑窗中将看到文字已变为单行显示。

图5.7.10　跑马属性设置

Step 04 调整播放区，使其位于编辑窗的底部。

Step 05 保存并退出。在故事板上观看播放效果，如图5.7.11所示。

图5.7.11　跑马字幕效果

5.8　唱词字幕的制作

在制作对话、歌词类字幕时，需要唱词文字与视频对话相吻合，如图5.8.1所示。U-EDIT可以对唱词的整体或每一条对白进行颜色、特技和播出位置的设置。唱词的制作大体分为唱词制作、轨道拍制和轨道展开调整三个步骤。

图5.8.1　中英文双行唱词

下面通过一个歌曲对白实例来介绍典型唱词的制作方法，效果如图5.8.2所示。

图5.8.2　歌曲对白实例

5.8.1　唱词制作

1. 新建唱词

通过字幕菜单或是资源管理器右键菜单，均可创建唱词素材，在更改名称和保存路径后单击“确定”按钮，即可进入唱词字幕制作系统，如图5.8.3所示。

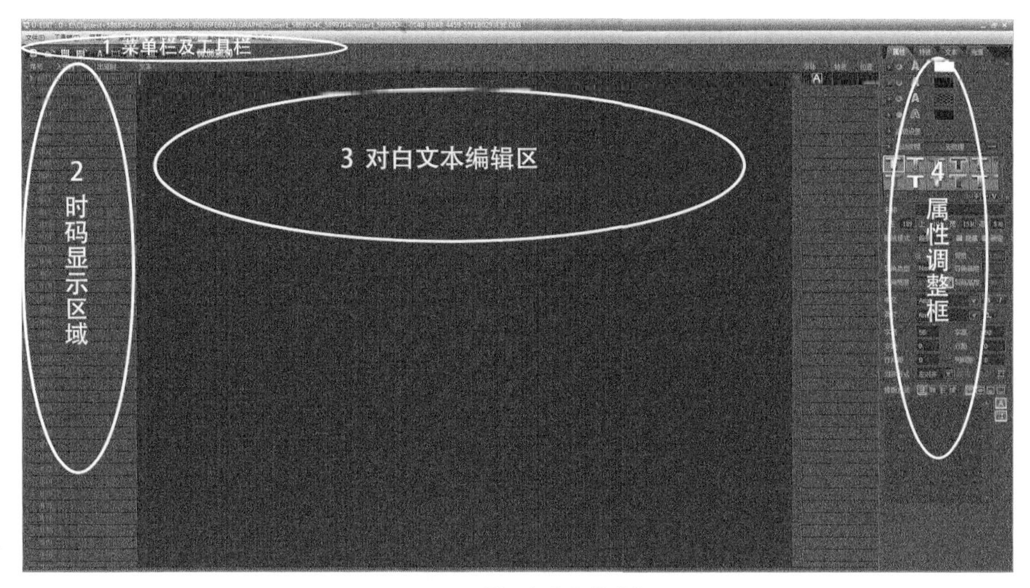

图5.8.3　唱词字幕布局介绍

2. **输入对白文字**

输入对白文字有以下三种方法。

- 在对白编辑器的主界面中直接输入文字。
- 单击编辑器的“打开”按钮，引入外部的TXT文件。
- 在文本编辑器中打开TXT 文件，选择需要的文本，复制粘贴到对白编辑器中。

3. **修改对白文字的属性**

（1）当需要对整个对白修改文字属性时，可以选中字体栏的首行字符图标，进行属性调整，调整方法与标题字相同。选中后的字符图标将会显示出绿色方框，修改文字属性，即可完成对整个对白的属性修改，如图5.8.4所示。

图5.8.4　首行文字属性修改

（2）当需要对某行及之后的对白修改文字属性时，可以先在该行的字体栏中单击鼠标左键，然后修改文字属性。修改完毕，该行之后的文字属性将被统一改变。

（3）当需要对某行文字进行属性修改时，应先找到该行文字下一行的唱词，双击字体栏字符图标，取消“使用上行属性”按钮，然后再到需要修改的该行文字中双击字体栏字符图标，调整属性，即可看到该文字后整行文字均被改变，但不会影响后面行的文字属性，如图5.8.5所示。

图5.8.5　取消“使用上行属性”

（4）显示多行对白：当希望一屏显示多行文字（如提供中、英文字幕的影片）时，可通过“主表分页”来实现。例如，在输入框中输入2，然后单击“主表分页”按钮，时间码将每两行改变一次，如图5.8.6所示。

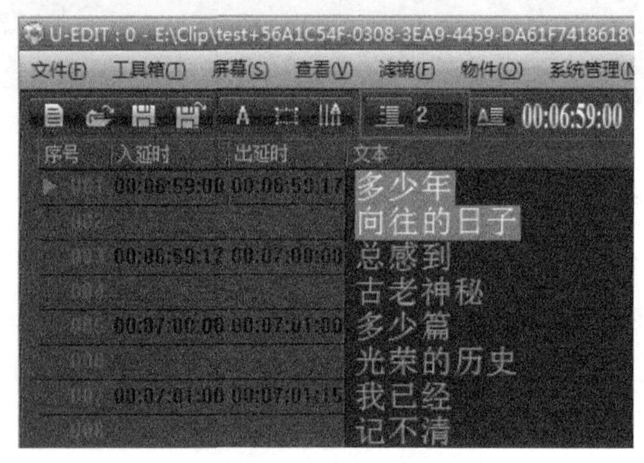

图5.8.6　设置双行唱词

4. 添加入出和停留特技

（1）单击“特技”页签，在对应特技区域中单击所需特技即可。需要说明的是，特技栏的位置相对固定，可分为左、中、右，应分别对应入、停留、出特技，如图5.8.7所示。

图5.8.7　唱词特技

（2）使用鼠标右键单击特技图标，在弹出的窗口中可设置特技时长和特技效果，如图5.8.8所示。

（3）由于添加特技后会增加拍唱词的难度，需要把握好特技时长和每句对白的时间关系，此处不添加任何特技。

图5.8.8　唱词特技“划像”设置

5. **调整对白播出位置**

使用鼠标右键单击位置栏的首行，在弹出的窗口中可调整矩形框位置，确定后关闭调整窗，保存唱词文件。

5.8.2　唱词拍制

唱词制作完成后，还要继续唱词的拍制工作，也就是将唱词文件与视音频素材进行对位。这项工作要结合故事板编辑轨来完成。

Step 01 将唱词素材拖拽到故事板轨道上，置于视音频素材的上层，并对齐位置，如图5.8.9所示。

Step 02 选中唱词素材，按快捷键F6键，弹出唱词拍制窗口。

Step 03 单击左上角的“运行”按钮，结合故事板的视音频素材，按空格键，进行拍点时码的记录，如图5.8.10所示。如果唱词添加有入、出特技，那么在第一下拍点时，唱词文字将显示出来，而在第二次拍点时，唱词文字将退出，依此类推。

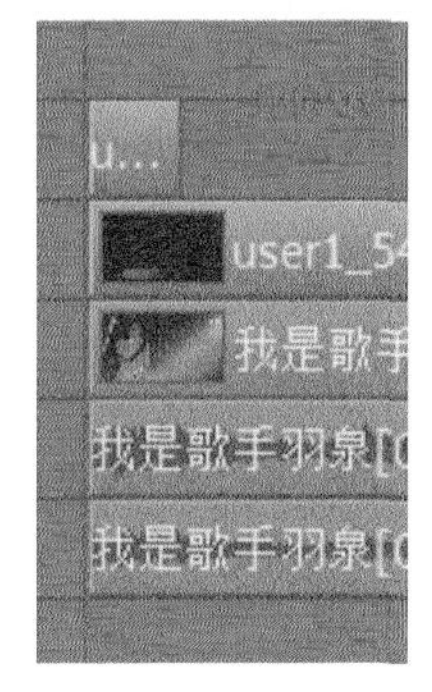

图5.8.9　唱词文件对齐

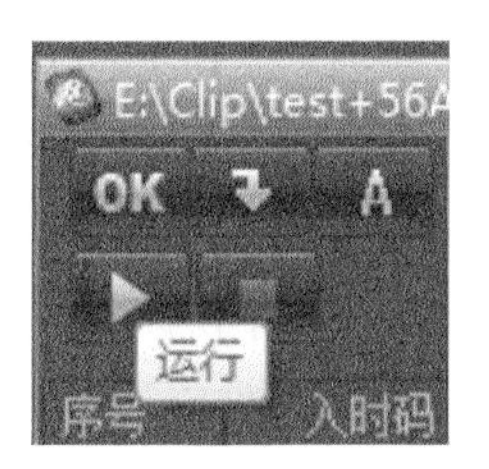

图5.8.10　运行唱词

Step 04 序号中的红色箭头用于提示当前位置，当红色箭头移至最后表示拍点工作结束。

Step 05 系统默认勾选“首屏自动拍”选项，第一行唱词会自动出现在屏幕上，当第一次按下空格键，会出现第二行唱词，依此类推。

Step 06 确认红色箭头在首位后，单击“运行”按钮，开始拍制至结束，如图5.8.11所示。

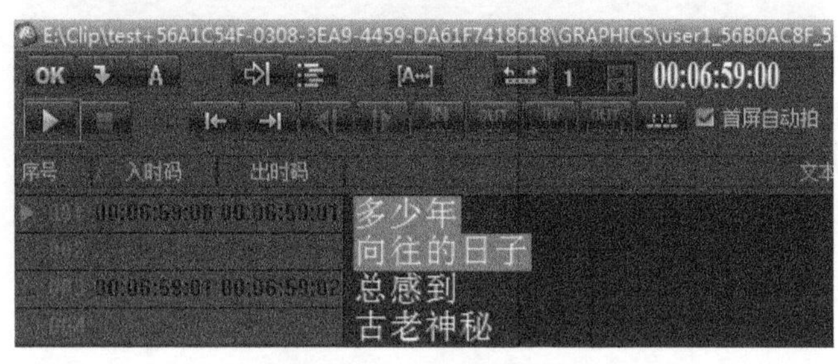

图5.8.11　唱词设置界面

Step 07 单击“关闭”按钮，保存拍好的唱词文件，退出。

Step 08 播放故事板，观看唱词效果。

5.8.3　轨道展开调整

唱词拍完后，还要通过展开故事板轨道来校准、调整每句唱词的切入点位置及文字内容。

Step 01 选中轨道上的唱词素材，单击鼠标右键，执行“图文主表轨道展开”命令，此时可以看到每句唱词的内容都已被展开，如图5.8.12所示。可以通过缩放放大唱词编辑区。

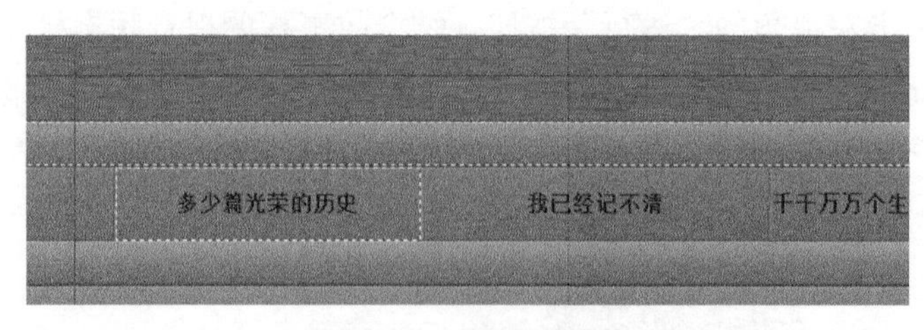

图5.8.12　唱词展开调整

Step 02 当鼠标光标变为左右箭头方向时，拉动标识线，结合画面和声音可以准确调整入出点的位置。

Step 03 当需要修改文字内容时，先要选中该段落，再修改其文字。使用鼠标左键点选段落，该段落周围会出现白色虚线边框，这表示已被选中。

Step 04 选中段落后，双击该段落，可弹出内容修改窗，如图5.8.13所示，修改文字的内容后单击“确定”按钮，即可完成内容修改。

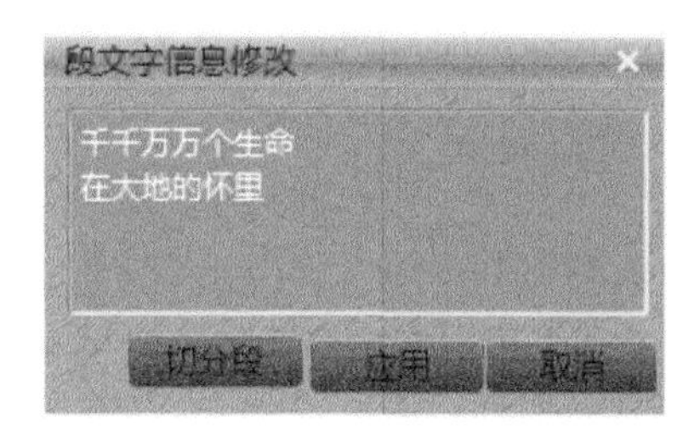

图5.8.13　修改文字内容

Step 05 单击“应用”按钮，退出文字编辑状态。播放浏览至满意后，单击“取消展开”，保存唱词并退出展开状态。

到此，唱词的制作、拍制和轨道展开调整全部完成。

5.9　本章小结

使用U-EDIT字幕制作系统，不仅可以制作各种常用的文本字幕，还能实现绚丽的图文包装效果。本章详细介绍了字幕制作模块的内容，主要包括字幕制作界面的详细介绍、工具的使用、各种字幕物件的制作（如二三维标题字、滚屏字幕、对白字幕的制作）等。

5.10　思考与练习

1. 如何保存项目/滚屏/唱词字幕模板？
2. 练习制作动态二维标题字、三维标题字。
3. 练习制作滚屏字幕、跑马字幕。
4. 练习制作双行唱词。

第6章 音频处理

音频处理是节目制作中不可或缺的重要组成部分。U-EDIT 系统提供了专业的音频处理功能，可以方便地对轨道上的音频素材进行剪辑、增益调整、混音处理，还可以对音频素材进行更加专业的效果制作，如音频降噪、声音变调保护、声音规格化等。下面就来介绍U-EDIT常用的音频处理功能和使用方法。

6.1 音频VU表

音频VU表是U-EDIT系统提供的监看音频动态变化的工具。当在播放故事板或素材时，回显窗右侧的音频表可监看前两路音频起表的情况。如果播放的素材或故事板是多路音频时，就需要借助VU表来监看了。执行“工具”→“音频表”命令，即可打开音频VU表，如图6.1.1所示。

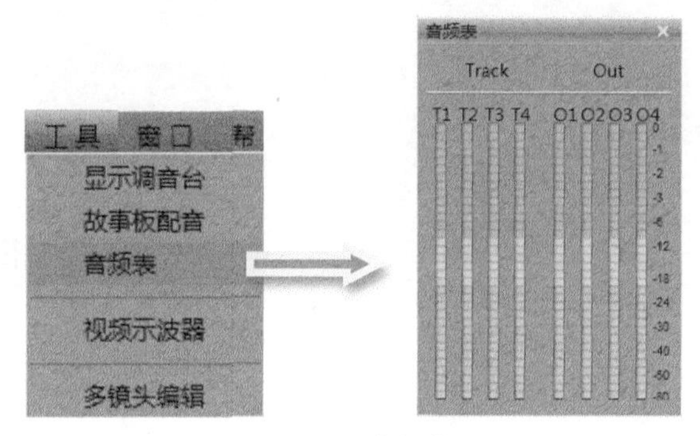

图6.1.1　音频表

音频表上方显示名称，下方是音频表，最右侧是刻度。从图中可以看到，音频表的刻度盘使用三种颜色来显示：蓝色、黄色和红色。当表示声音大小的绿色音柱到达不同颜色的区域时，分别表示音量偏小、音量适中和音量过大。

除此之外，在U-EDIT非编中也可使用回显窗来监看音频，如图6.1.2所示。

素材调整窗

故事板播放窗

图6.1.2　音频显示

根据用户喜好设置的不同，音频表的刻度会以不同的方式进行显示，默认情况下其显示的是dB FS，它是按照数字音频表的显示方式来显示的。如果用户在“用户喜好设置”对话框中勾选“显示VU值”复选框，则会显示音频的VU值，即按照模拟音频表的方式进行显示，如图6.1.3所示。

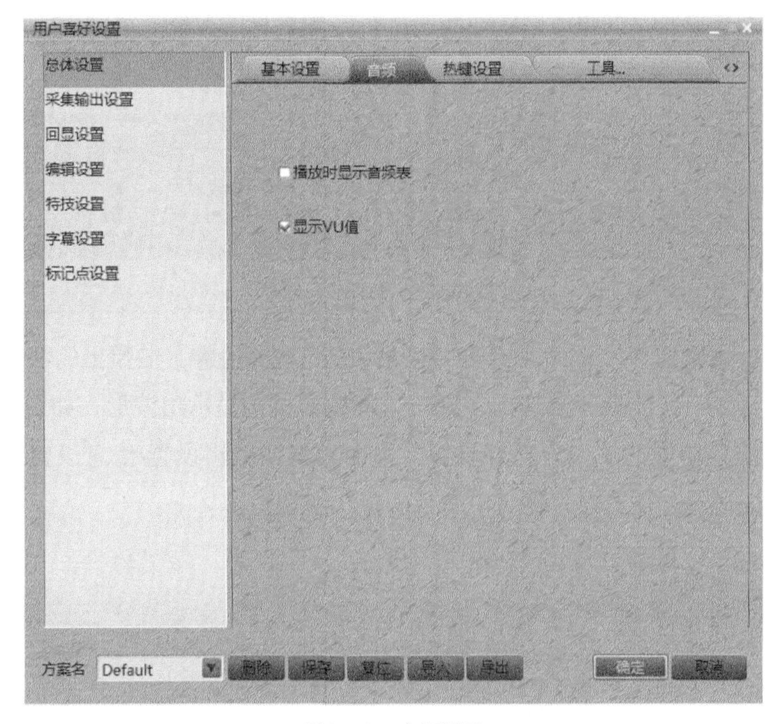

图6.1.3 音频设置

dB FS表示的是数字音频信号的相对峰值电平，FS（Full Scale）表示满度，0 dB FS为数字音频信号最高峰值的绝对值。dB FS只表示信号幅度，与接口没有关系。

6.2 故事板音频调整

在节目制作过程中，同一节目往往需要使用多种来源的素材。这些音频素材的音量很可能会大小不一，这时就需要对素材的音量进行调整，从而保证整个成片的音量保持在一个统一的水平，这就是音频增益（Gain）调节。

音频增益调节是最常用的音频调整方式，每个节目制作中都不可避免的要使用到它。因此，在U-EDIT中为音频增益的调整提供了一种非常快捷的音频增益曲线调整方式，并且在向故事板添加素材时，默认对所有的音频添加增益特技。

6.2.1 轨道曲线调整

1. 打开轨道音频波形

很多时候，都会有将人物对白剪得更干净，或者将背景音乐剪切得精确到小节的需求。为了剪掉素材首尾不需要的部分，我们可以参考音频的波形进行剪辑。

通过观察波形，可以大致看出什么地方有声音，什么地方是静音，什么地方音量高，什么地方音量低，以此可以指导我们进行音频素材的剪辑，如图6.2.1所示。

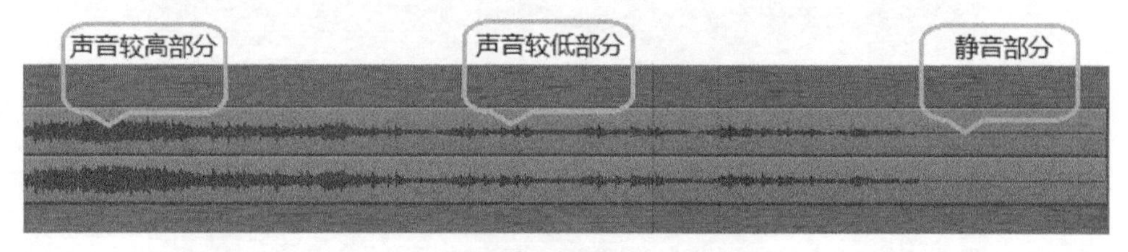

图6.2.1　音频波形

在故事板编辑窗口左下角，单击“显示设置”按钮，在弹出的快捷菜单中选中“音频素材”→“波形”复选框，则轨道音频素材会显示出波形，如图6.2.2所示；或者执行系统菜单中的“用户喜好设置”命令，在“编辑设置/信息设置”对话框中勾选“音频波形图”复选框，然后单击“确定”按钮。

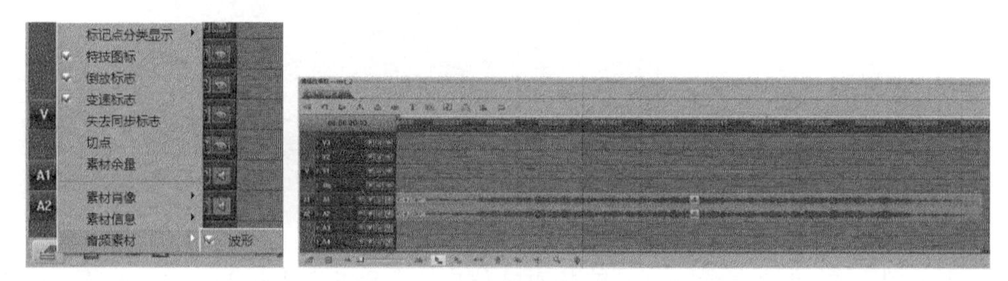

图6.2.2　设置音频波形显示

单击故事板编辑窗口右上方的按钮，可增加轨道的宽度，以便更清楚地观察波形，如图6.2.3所示。

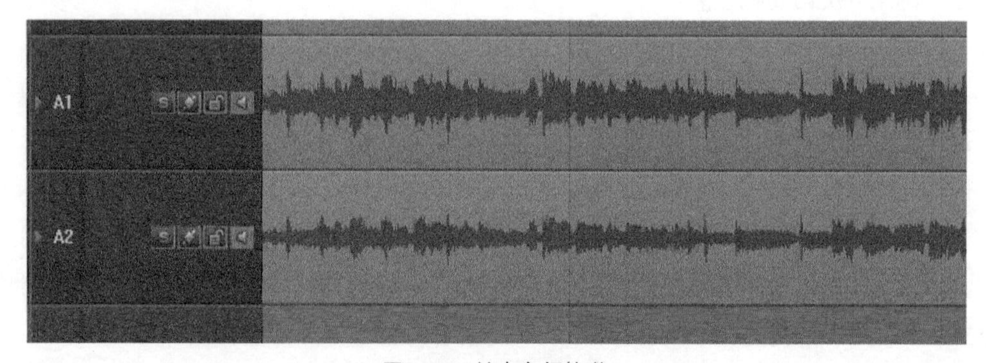

图6.2.3　放大音频轨道

双击轨道音频素材，该素材的波形会显示在素材调整窗中。对单声道采集的素材，只显示一条波形；对双声道采集的素材，会分别显示两条波形，如图6.2.4所示。

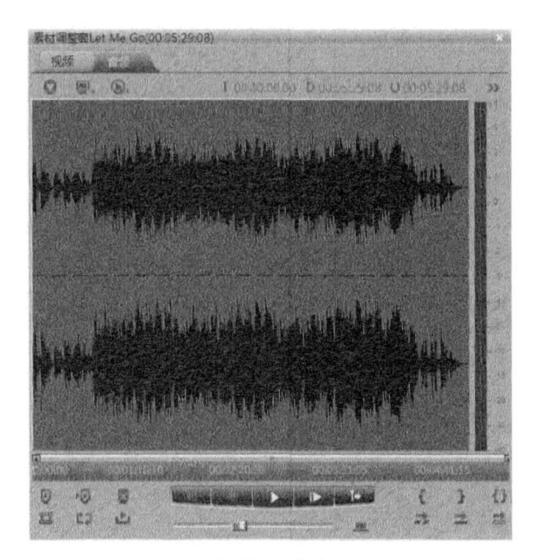

图6.2.4　素材调整框音频显示

2. 轨道曲线调整

下面我们来介绍怎样对音频进行增益曲线调整。

选中故事板下方工具栏中的钢笔工具，切换至特技编辑模式。由于系统已经为轨道上的音频素材添加了统一的Gain（增益）特技，在素材中间有一条蓝色的电平线，默认电平为0 dB，如图6.2.5所示。

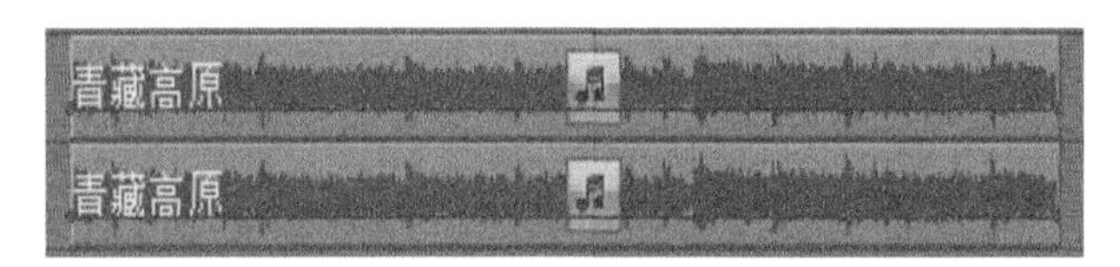

图6.2.5　蓝色电平线

通过曲线上关键点的操作，可以实现对电平值的调节。

- 将鼠标放在电平线上，单击，可以增加关键点。
- 选中关键点后，按Delete键，可以删除关键点。
- 选中关键点后，上下拖动，可以改变关键点的电平值。
- 按住Shift键，同时左右拖动关键点，可以改变关键点的位置。
- 按住Ctrl键，上下左右拖动关键点，可同时改变关键点的位置和电平值。
- 按住Alt键，上下拖动关键点，可同时调整整段素材的电平值，往上拖动调大音量，往下拖动降低音量。

此外，在特技编辑模式中音频素材的右键菜单中，还可设置关键点曲线和关键点状态模式。

- 添加特技：GAIN和GAINX分别对应单声道音频增益和立体声音频增益，如图6.2.6所示。
- 关键点操作：用于选择、删除、复制关键点，如图6.2.7所示。

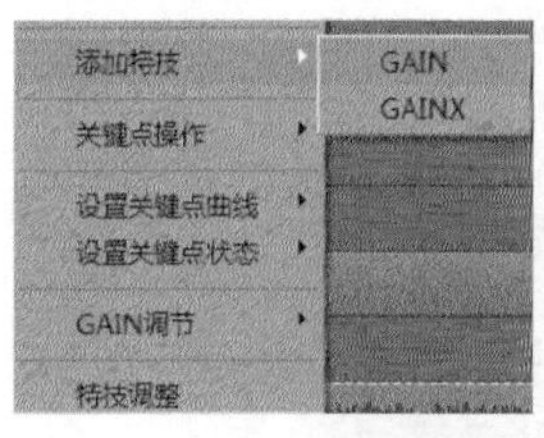

图6.2.6 添加音频GAIN特技

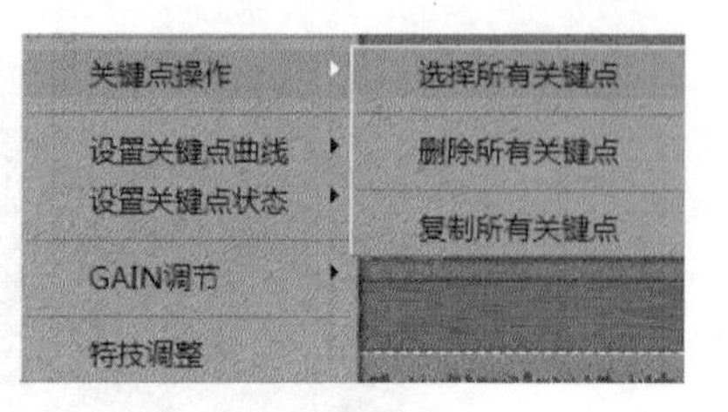

图6.2.7 关键点操作

- 设置关键点曲线：用于设置关键点的曲线类型，如自由、直线、前快后慢、前快后快等，如图6.2.8所示。
- 设置关键点状态：用于设置关键点的曲线类型，如动态、静态、无效等，如图6.2.9所示。

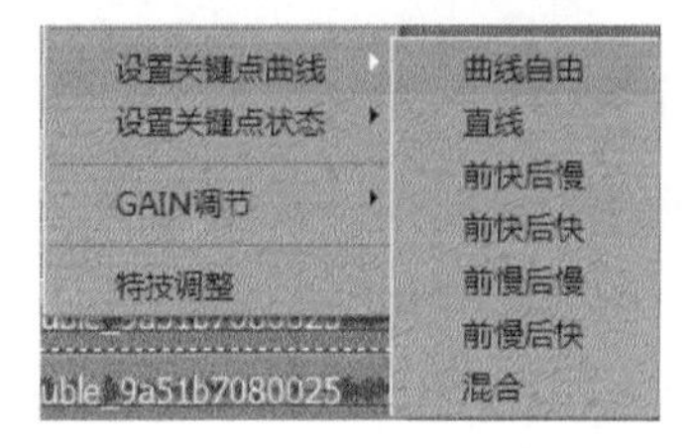

图6.2.8 设置关键点曲线类型

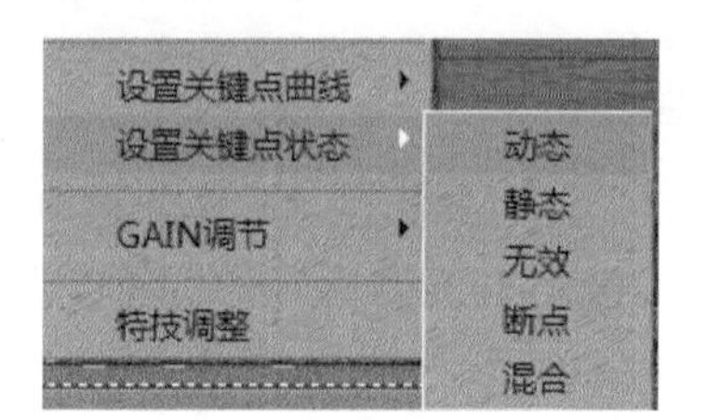

图6.2.9 设置关键点状态

下面介绍一个实现声音渐起渐落效果的例子，具体的操作为：在音频素材上执行右键菜单中的“GAIN调节”→“gain in and out”命令，如图6.2.10所示，特技曲线将呈现渐起渐落效果。系统默认渐变时长为1秒钟，可通过调节关键点位置或电平值来达到最终的满意效果。

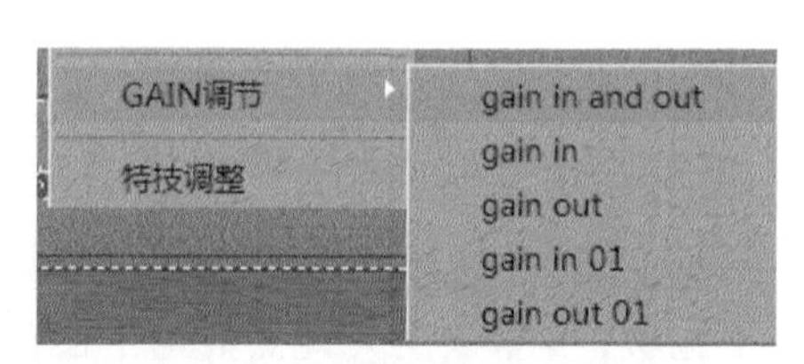

图6.2.10 声音渐起渐落效果

关键点调节方法介绍如下。

- 改变渐起的快、慢程度：按住Shift键，水平移动关键点的位置即可。
- 增加某段静音：将鼠标放在电平线上，单击，可以增加关键点。
- 改变关键点的电平值：选中关键点，上下拖动。
- 删除关键点：选中关键点，按Del键。
- 整体调节音频素材的增益：按Alt键，上移或下移电平线。

满意后，单击钢笔工具按钮，恢复到正常的素材编辑状态，否则素材会处于锁定状态而无法进行拖动、添加等编辑操作。

6.2.2　轨道音频特技调整

在节目制作中，除了对声音的大小调节外，有时也会利用音频特效来营造一种氛围，或是达到突显主题的目的。U-EDIT不但提供了丰富的视频特技，同样也提供了专业的音频特技，可以方便地对轨道上的音频片段进行增益调整、混音处理，如音频降噪、声音延时、混响等。本节重点介绍在故事板轨道上音频特技的添加和调整方法。

1. 添加音频特技

选中轨道上的音频素材，按回车键，进入音频特技调整窗，如图6.2.11和图6.2.12所示。

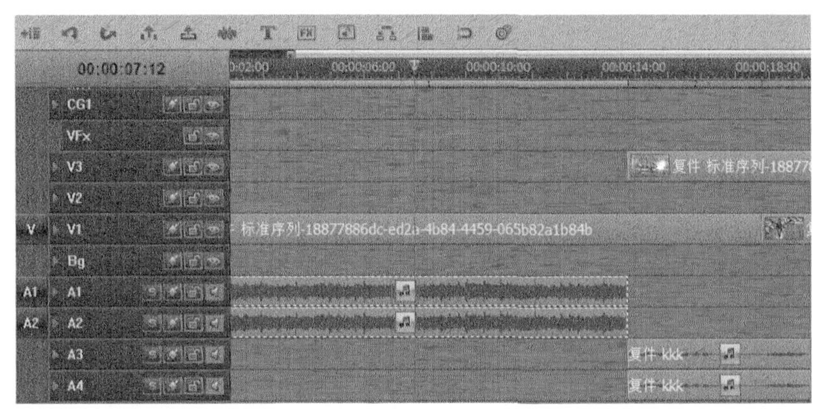

图6.2.11　选中音频特技

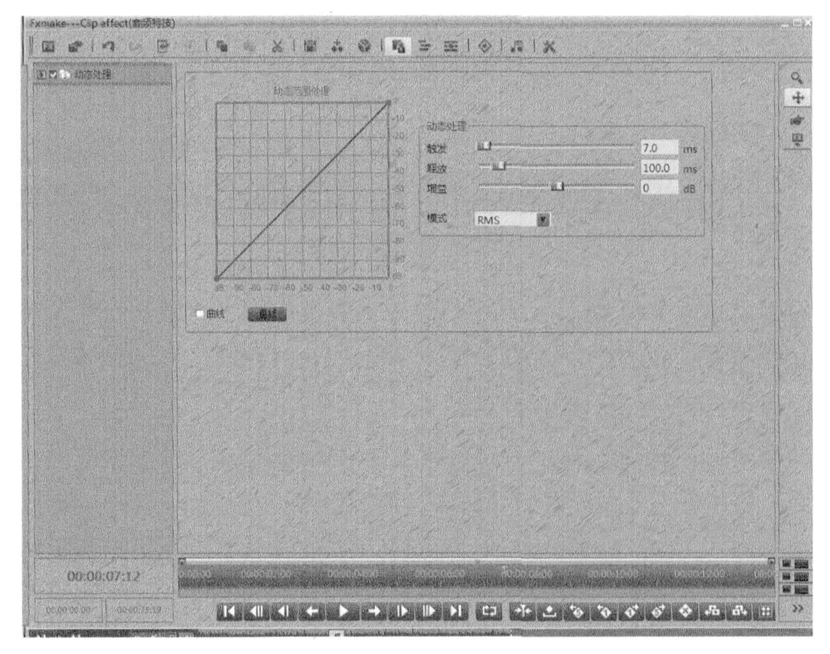

图6.2.12　音频特技调整界面

U-EDIT音频特技调整窗和视频特技调整窗非常相似，特技的添加方法是一样的，进入到特技调整窗口后，单击左上角的FX按钮，展开特技列表，选择需要添加的特技类型，双击添加即可。也可通过右键菜单命令来添加需要的音频特技类型。

2. 音频特技的调整

U-EDIT提供了多种音频特技。下面介绍几种常用的特技。

（1）增益。在向故事板添加素材时，U-EDIT默认对所有的音频添加了增益特技，双击按钮，将进入特技调整界面，如图6.2.13所示。

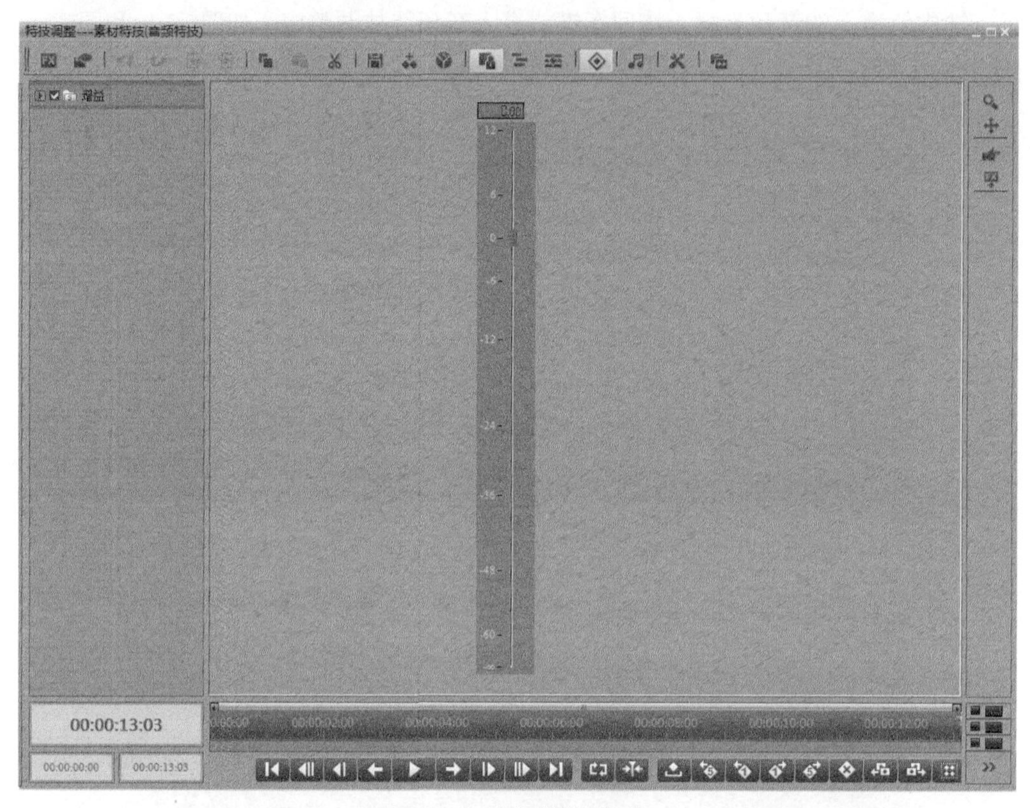

图6.2.13　音频增益调整窗

增益特技默认的数值为0，在这个位置输出音量的大小不做任何放大或衰减。可以根据使用需要在适宜的位置调整数值，读数显示在读数框中，大于0的数表示声音被放大了，而小于0的数表示声音被衰减了。

（2）动态限幅。图6.2.14所示为对音频进行动态限幅。

①回声。将声音信号做延时后，再与直通的信号反相叠加，可产生类似回声的效果。可用于多声道录制的后期处理中，将声音的远近层次的分出，增加临场感，同时也可进行回声的均衡调节，如图6.2.15所示。

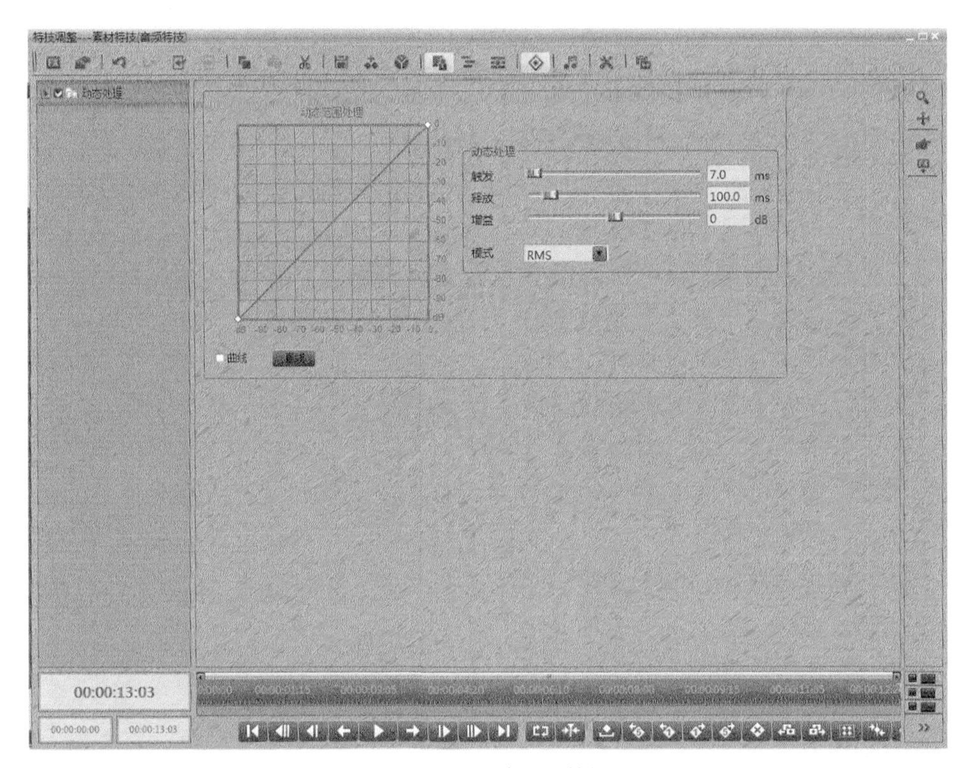

图6.2.14　动态限幅特技

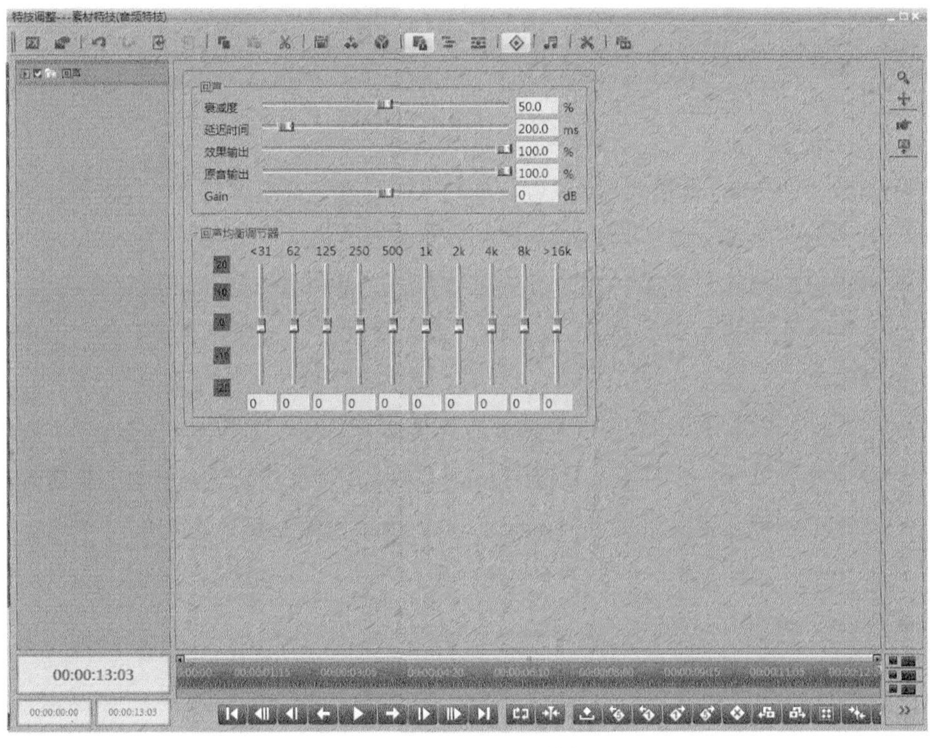

图6.2.15　回声音频特效

②均衡器。均衡器的作用是通过调整各频段信号的增益值补偿和修饰各种声源及其他特殊作用。U-EDIT中提供了10段、20段、31段、3段均衡器及快速傅里叶均衡器，使用时可根据对声音的控制精度要求进行选择。

以10段均衡器为例，可根据需要手动调整各频段的强度，如图6.2.16所示。

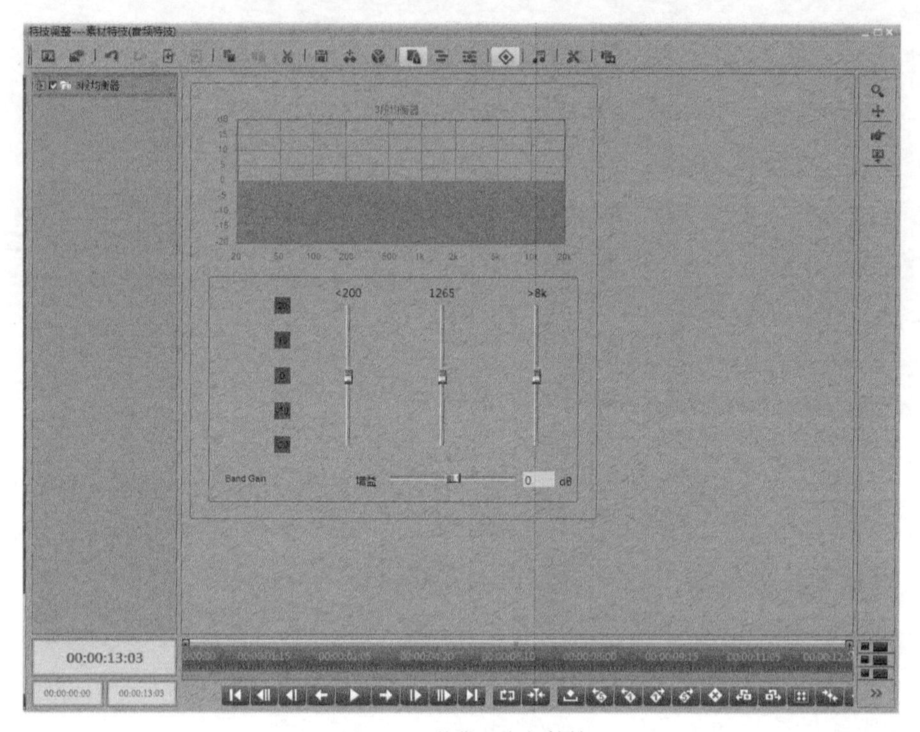

图6.2.16　均衡器音频特效

- 20Hz ~ 40Hz：超低音。适当时，声音强而有力；能控制雷声、低音鼓、管风琴和贝司的声音；过度提升会使音乐变得混浊不清。
- 40Hz ~ 150Hz：低音，是声音的基础部分，其能量占整个音频能量的70%，是表现音乐风格的重要成分。适当时，低音张弛得宜，声音丰满柔和；不足时声音单薄；过度提升时，会使声音发闷，明亮度下降，鼻音增强。
- 150Hz ~ 500Hz：中低音，是声音的结构部分，人声位于这个位置。不足时，演唱声会被音乐淹没，声音软而无力；适当提升时会感到浑厚有力，提高声音的力度和响度；提升过度时会使低音变得生硬，300Hz处过度提升3 ~ 6dB，如再加上混响，则会严重影响声音的清晰度。
- 500Hz ~ 2KHz：中音。
- 2KHz ~ 5KHz：中高音。
- 7KHz ~ 8KHz：高音，是影响声音层次感的频率。
- 8KHz ~ 10KHz：极高音。

6.3　调音台的设置应用

U-EDIT内置了一个与真实调音台非常相似的混音器，同样具有通路和母线设计，可以方便地进行输入输出设置，对每路声音信号放大或补偿处理；能够实现多路混音；对输出音频还可以进行抑制噪声、音量控制、立体声变换等效果处理，是音频处理中必不可少的工具。

执行“工具”→“调音台”命令，打开调音台窗口。U-EDIT调音台的左侧为音频输入，与故事板的音频轨道相对应；右侧为输出，与板卡物理输出通道相对应，其对应关系允许自定义（使用右键菜单），通常保持默认即可；上边是一组矩阵开关，控制来自不同轨道的音频流从哪一路或哪几路输出；如图6.3.1所示。

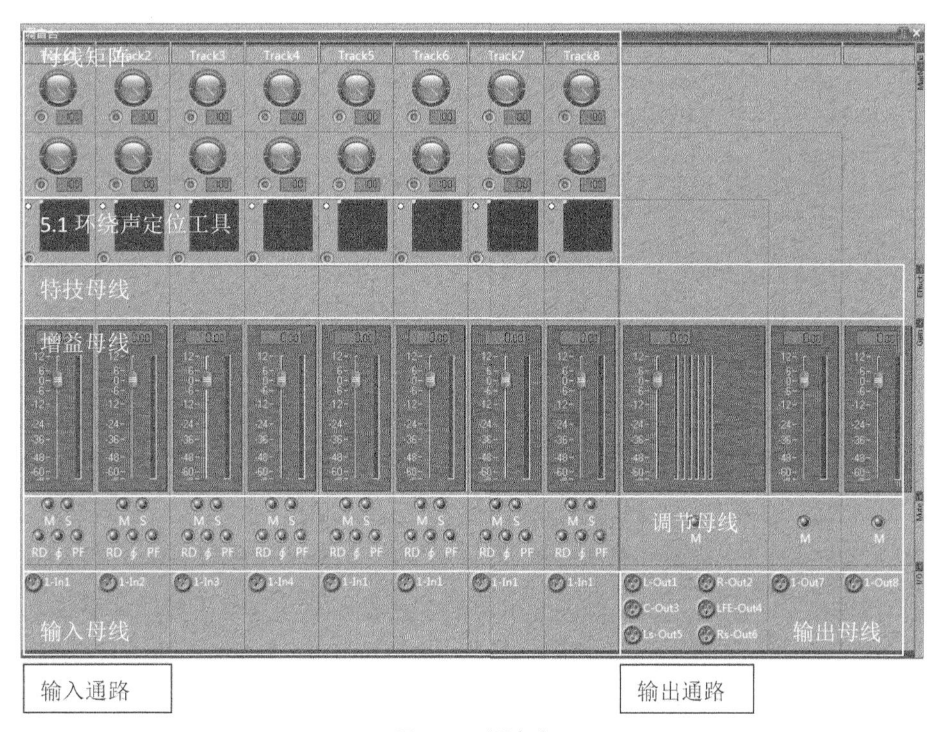

图6.3.1　调音台

6.3.1　Strip与Bus

（1）通过调音台的设置，可以建立故事板音频轨与调音台输出通道之间的对应关系。

- 调音台中矩阵开关的作用十分重要，可以设定输入通路与输出的对应关系。
- 当开关按下时，表示“ON”，该STRIP通道的声音将输出到对应的输出通道上。

- 默认情况下，所有的输入通路都被分配给out1，即左声道，因为左声道通常作为播出声道，需要获得所有轨道的声音；而只有2、4、6、8等偶数通路被分配给out2，即右声道，作为国际声道使用。
- 某些情况下，必须进行信号分配的设定，比如要刻录一张DVD光盘时，而且轨道素材的左右声道需要完全分离，这时可以设置为1、3、5等奇数通路分配给左声道，而2、4、6等偶数通路分配给右声道。

（2）增益母线。

- 在调音台中，增益母线主要用于调节声音的增益，可以从-∞到+12db进行连续调节。
- 增益控制按钮上方的数字显示了当前增益的值。
- 右侧的VU表可以实时声音监看。
- 双击增益控制按钮，可以快速复位到0db。
- 当希望对多路音频同时进行增益调节时，还可以在右键编组后再统一进行调节。

6.3.2 音频输出方案调整

下面以TRACK1为例来介绍音频数据流的整体走向。

输入端的标识显示为“1-in1”，对应着编辑轨道的A1轨。换言之，A1轨的音频将从此处进入到TRACK1。通过调音台的推子，可以设置整个A1轨的音频增益（增益范围为-∞到+12db），双击归零。“特效区”允许为该轨预置音频特效，如压限器、均衡器、幅度控制等，注意这里添加的音频特效是对整个音频轨起作用。再往上就是矩阵开关，当希望A1轨的音频能同时从耳机的左右声道收听到，需要将下面两层矩阵开关同时按下（开启），这样数据流就可以向BUS1和BUS2同时开放，最终从通道1-OUT1和2-OUT2输出了。同理，如果希望编辑轨A3和A4的音频也能从耳机收听到，那么将对应的下面两层开关按下就可以了，如图6.3.2所示。

每个故事板都有自己专属的调音台，此处修改只对当前故事板有效。音频配音工作站往往需要使用某种固定对应关系的音频，可以通过预置故事板模板的方式实现。现以一个实例来说明，要求故事板模板预置四路音频输出，out1、out2全监听，out3、out4分别对应轨道A3、A4输出，具体操作步骤如下所述。

Step 01 执行“新建”→“故事板”命令，打开新建故事板窗口，单击“高级”按钮展开故事板模板管理窗口，如图6.3.3所示。

图6.3.2　1/2声道监听3/4轨音频

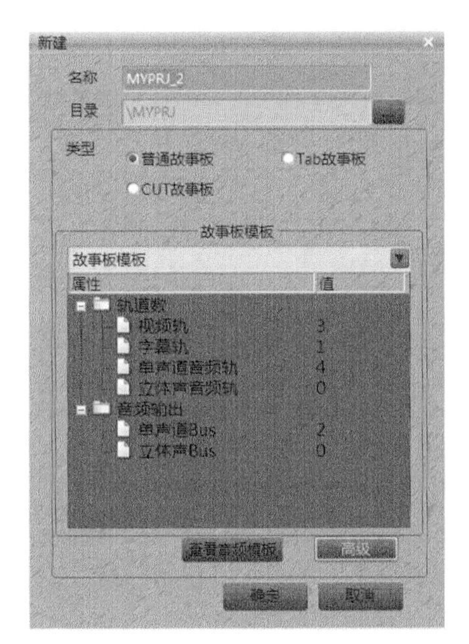

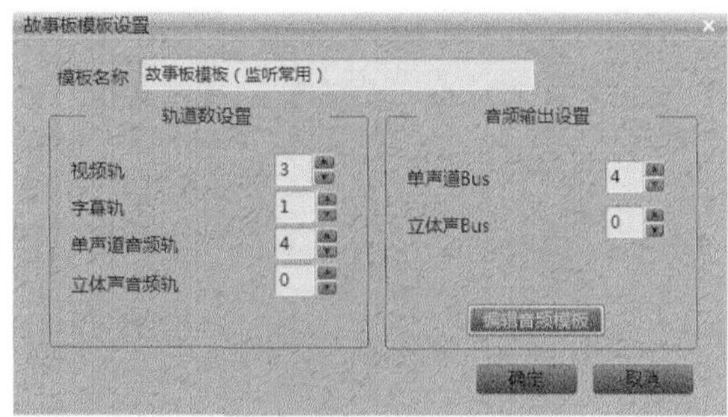

图6.3.3　新建故事板模板并设置音频轨道

Step 02 单击“添加”按钮，打开故事板模板设置窗口，输入模板名称“故事板模板（监听常用）”，设置“单声道音频轨”和“单声道Bus”输出均为4，其他参数保持不变。

Step 03 单击“编辑音频模板”按钮，在弹出的调音台中设置TRACK与BUS的对应关系，将1路的输出分配给OUT1、2路的输出分配给OUT2、3路的输出分配给OUT1和OUT3、4路的输出分配给OUT2和OUT4。设置完毕，关闭调音台，单击“确定”按钮，关闭故事板模板设置窗。

Step 04 在故事板设置窗的模板选择中，选择故事板模板（监听常用）模板类型，从下面的属性窗可以查看到该模板的各类轨道数目，单击“查看音频模板”按钮可以查看音频轨道与输出的设置关系。在设置好故事板名称和保存路径后，单击“确定”按钮，满足使用要求的故事板将创建完成。故事板模板具有记忆功能，下次新建故事板轨道时，会默认选择上一次的模板。

6.3.3　5.1环绕声声场调整

U-EDIT提供了5.1环绕声声场调整工具，可以在5.1声场控制界面中使用鼠标拖拽对单声道、立体声轨道声场位置进行直观的调整。

在调音台空白区右键添加5.1环绕声BUS后，调音台自动会以5.1环绕声声场调整工具替换矩阵开关。

每条音频通路均可设置独立的声场环境，单击调整工具左上方的控制点，可进入声场控制界面，如图6.3.4所示。

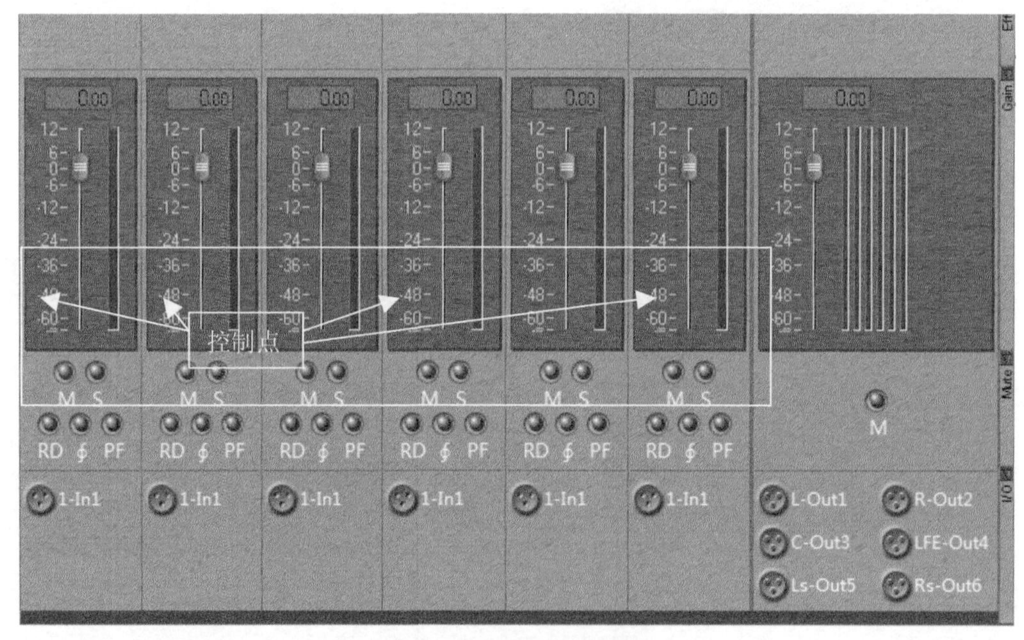

图6.3.4　5.1环绕声控制点

声场控制界面由声相参数区和声相控制区组成，如图6.3.5所示。

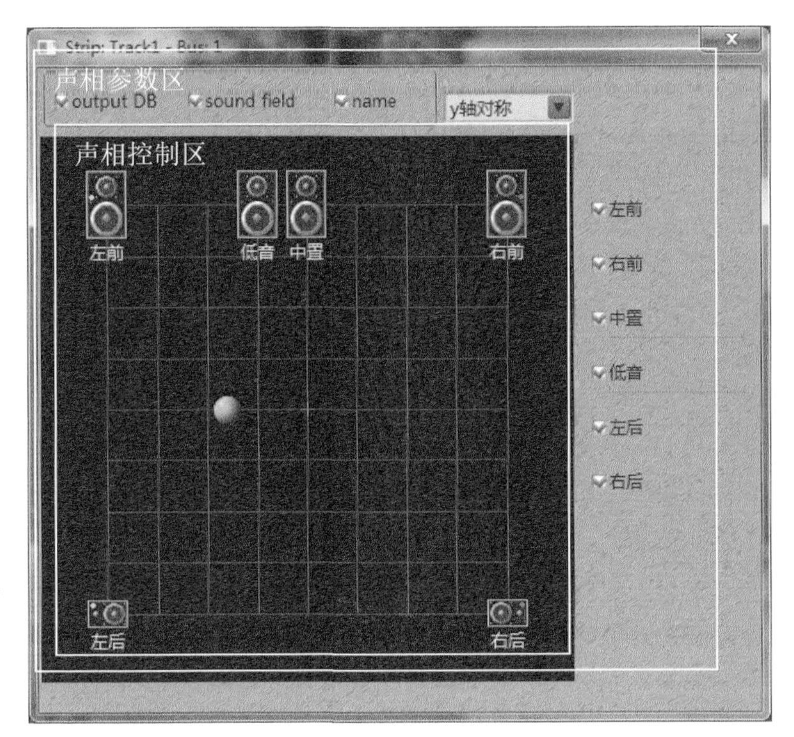

图6.3.5　声场控制界面

（1）声相参数区。

- Name：显示声场位置名称。
- 立体声轨声相对称控制：可选择不对称、X轴对称、Y轴对称、y=x线对称4种模式，控制立体声声相左右声轨的对称关系。本选项只有在声音通路为立体声轨时生效。
- 作用声音通路：通过选择Track1 ~ TrackN，在不同的声音通路间切换。
- 作用声场：通过选择左前、右前、中置、低音、左后、右后的声场按钮，控制该声音通路作用的声场。

（2）声相控制区。

- 在声相控制区中，以声相控制球表示该条声音通路的声相在环绕声声场中的位置，可使用鼠标拖拽修改。
- 声音通路为立体声轨时，左右声道的声像位置分别以绿、红两声相控制球表示，并且可启用声相参数区中的立体声轨声相对称控制，如图6.3.6所示。
- 5.1环绕声Bus下方的声音输出通路共有6条，与RBIII板卡后面板模拟音频输出通路一致。在使用板卡模拟音频输出5.1环绕声时，由上至下，由左至右的设定为：L-左前-out1，R-右前-out2，C-中置-out3，LEF-低音-out4，RL-左后-out5，RR-右后-out6，如图6.3.7所示。

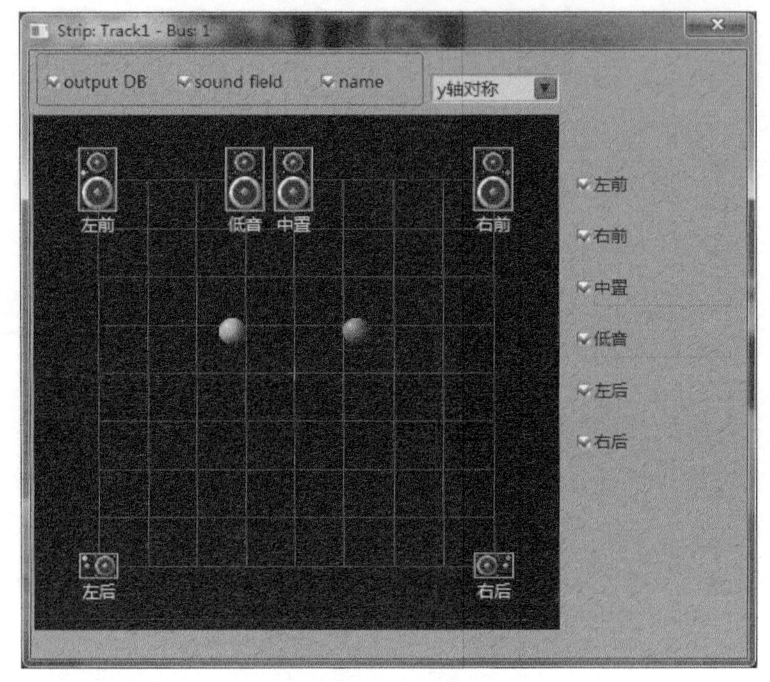

图6.3.6　声相对称控制

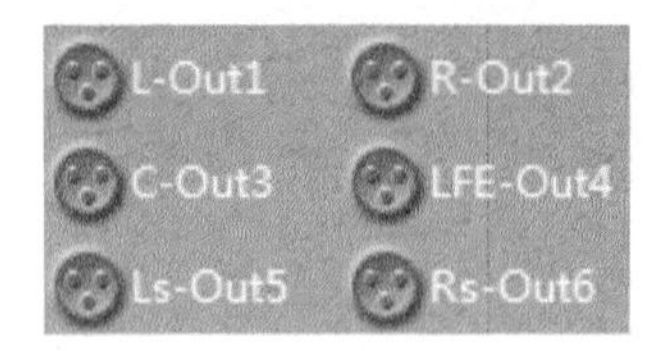

图6.3.7　板卡模拟音频输出5.1环绕声的设置

6.3.4　调音台特技

在U-EDIT调音台中通过添加音频特技，可以实现对输入通路、输出通路的整体调节。

Step 01 在调音台需要添加音频特技的声音通路上执行右键菜单中的“添加特技”命令，即可为该通路添加音频特技，如图6.3.8所示。

图6.3.8　为调音台通路添加音频特技

Step 02 添加特技后，音频特技会显示在调音台上，可通过特技开关控制特技生效与否。当开关按下时，表示“ON”，即特技生效，如图6.3.9所示。

图6.3.9　音频通路特技生效

6.4　音频特效制作

音频特效制作模块是U-EDIT内置的一个功能模块，主要用来进行音频素材的精确剪辑、特效添加，也可进行声音的录制和混音。使用音频特效制作调整音频时，该模块会生成新的音频素材，需要使用新生成的素材来替换原来的素材，才可以听到调整后的音效。

6.4.1　打开和关闭音频特效模块

1. 打开音频特效制作模块

双击素材库或故事板上的音频或视音频素材，将其调入素材调整窗，执行“音频特效制作”命令，进入“音效特效制作”模块，如图6.4.1所示。

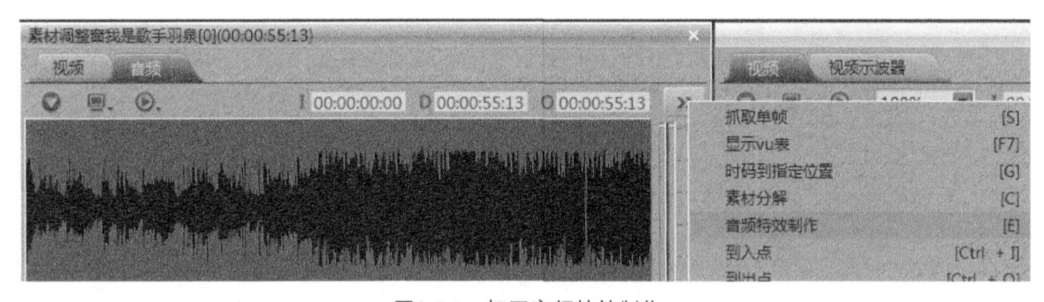

图6.4.1　打开音频特效制作

2. 退出音频特效制作模块

单击界面右上角的“关闭”按钮或右下角的“退出”按钮，即可关闭。如果退出前仍有未保存的操作，当退出本模块时，系统会询问是否保存：选“否”则不进行保存；选“是”则会将操作结果保存成新素材；选“取消”会返回音频特效制作界面，如图6.4.2所示。

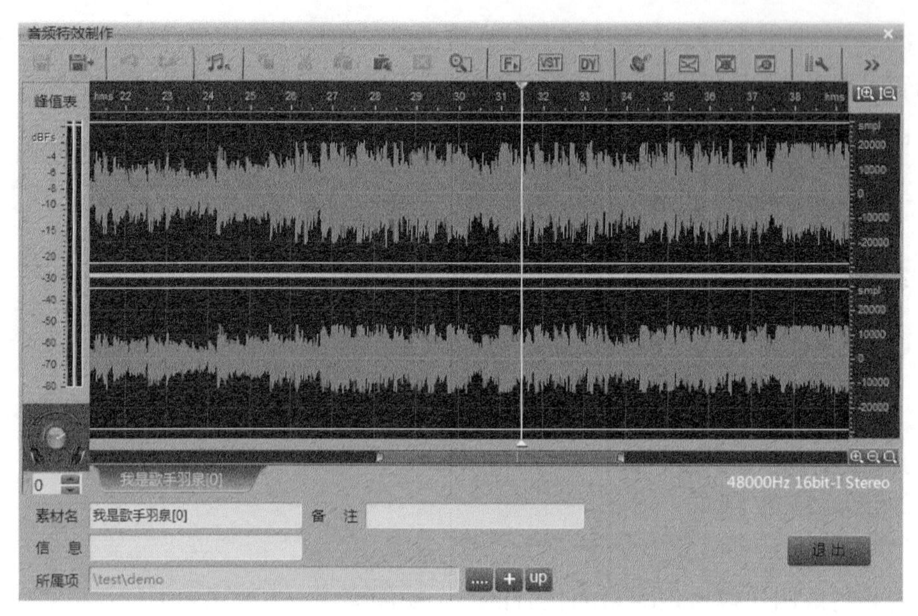

图6.4.2　音频特效制作

6.4.2　音频特效制作模块

U-EDIT内置的音效制作模块是对素材的处理，而不是对故事板的操作。在进行音效处理之后，系统会在资源管理器中生成全新的音频文件，而故事板上的音频文件不会发生任何改变。音频素材音效制作界面分为三部分：快捷工具栏、素材编辑区和素材信息设置区，如图6.4.3所示。

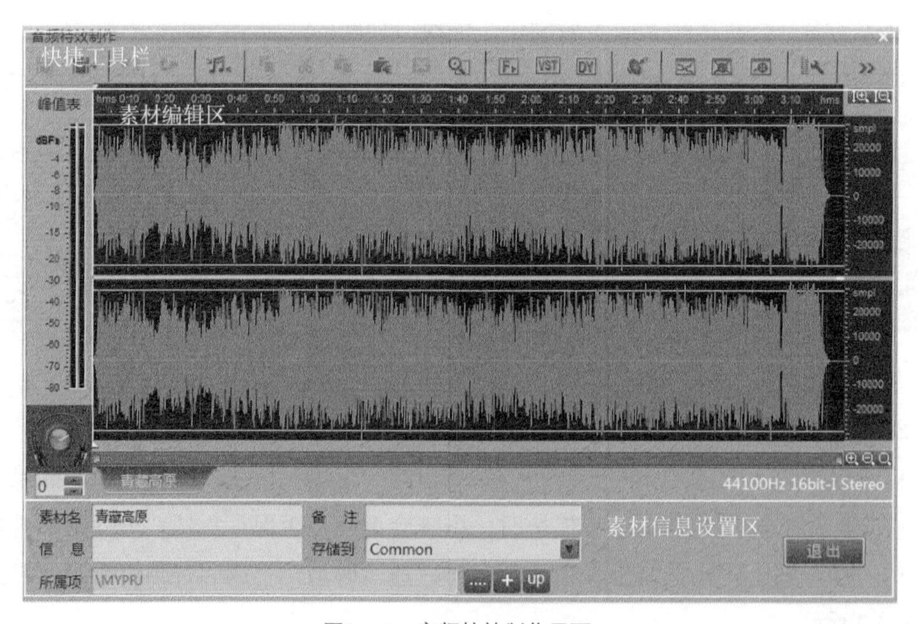

图6.4.3　音频特效制作界面

- 最上排的快捷工具栏提供了音效处理常用的工具按钮。
- 中间是素材编辑区，以波形方式显示音频素材。
- 最下面的素材信息设置区用于设置新素材的名称和存储路径。

1. 工具栏

工具栏图标注释，如图6.4.4所示。

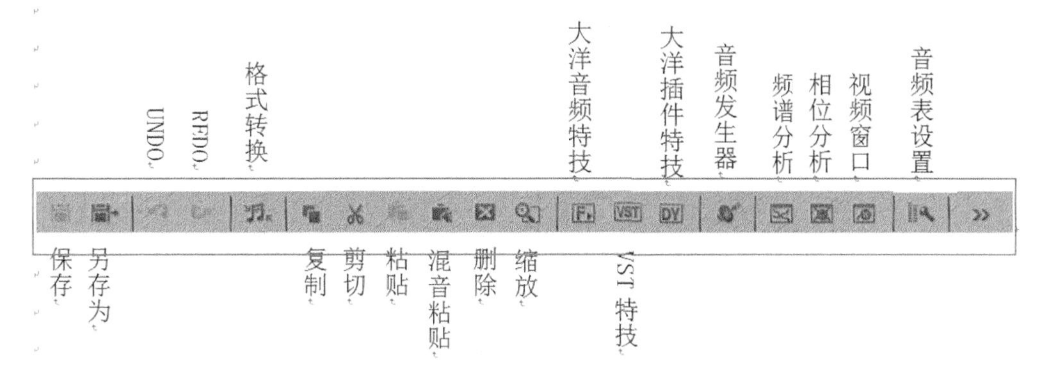

图6.4.4　音频特效制作工具栏

音频特效制作工具栏中各图标的功能详见表6.4.1。

表6.4.1　音频特效制作工具栏的功能

工具	功能
保存	将操作结果保存下来，并以系统给定的名字存为一条新素材
另存为	将操作结果保存下来，并以用户给定的名字存为一条新素材
UNDO	撤消上一步操作
REDO	重做上一步操作
格式转换	可将当前素材转换为不同的采样率和量化精度
复制	复制当前选中的部分
粘贴	将剪贴板中的素材粘贴到当前时间线后面，并替换当前素材
混音粘贴	将剪贴板中的素材粘贴到当前时间线后面，并迭加到当前素材
剪切	剪切当前选中素材，放入剪贴板
删除	删除当前选中素材
缩放	在其下拉菜单中包含多种对当前素材的缩放方式选择
音频特技	在其下拉菜单中包括多种音频特技效果
VST特技	系统中安装过的VST接口的音频特技效果
插件特技	在其下拉菜单中包括多种插件音频特技效果
音频发生器	可发出标准信号的工具，用以设备校准
频谱分析	能实时显示当前素材频谱线的工具

续表

工具	功能
相位分析	能实时显示当前素材音频相位的工具
视频窗口	如果含有视频，可显示视频画面，并能与音频同步播放
音频表设置	设置是否显示音频表以及显示数值类型

2. **编辑区**

编辑区区域结构如图6.4.5所示，其功能详见表6.4.2。

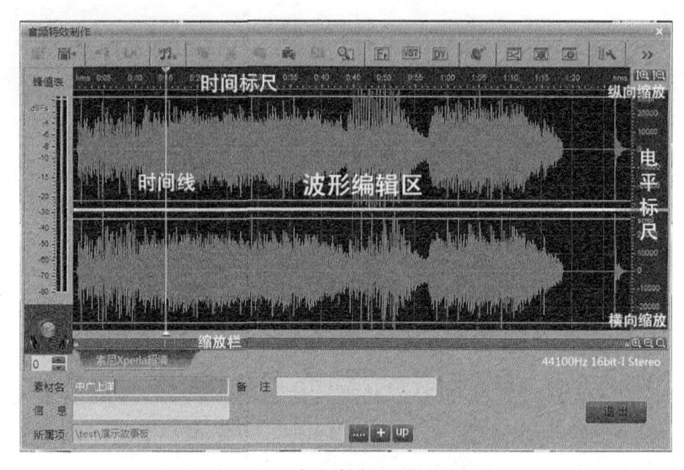

图6.4.5　音频特效制作编辑区

表6.4.2　音频特效制作编辑区功能详解

工具	功能
波形编辑区	以波形方式显示音频素材；对素材的操作多集中于此
时间线	显示当前播放或搜索的位置，以及素材定位
缩放栏	对素材进行缩放后，可以以此作为浏览的控制栏
峰值表	播放素材时，实时显示电平的高低
时码标尺	显示素材长度，共有6种显示方式
电平标尺	显示波形电平高低，共有4种显示方式
横向缩放	对素材波形进行横向的比例放大和缩小
纵向缩放	对素材波形高度进行比例放大和缩小

（1）纵轴坐标显示方式。在纵轴处单击鼠标右键可以设置纵坐标的显示方式，有如下四种显示方式。

- 采样点值：当分辨率为8bit，在采样点值方式下刻度显示为0 ~ 255；当分辨率为16bit，在采样点值方式下刻度显示为+20000 ~ -20000；当分辨率为

32bit，在采样点值方式下刻度显示为+1 ~ -1。

● 规格化值：在规格化值方式下刻度显示为+1 ~ -1。

● 百分数：在百分数方式下刻度显示为+100% ~ -100%。

● 分贝：在分贝方式下刻度显示为分贝数。

（2）零电平线。每一条素材的波形正中央，有一条淡紫色的横线，叫做零电平线，代表素材电平为零的位置。需要说明的是，通常声音电平并不是在零电平正负两端对称排布的。在零电平以上声音相位为正，在零电平以下声音相位为负。

（3）-1db 线。在零电平线两侧、电平值为-1db的位置，各有一条白色的直线，素材波形如果超过此线，说明超过-1db。

3. 素材信息设置区

在该区域中可对素材名、备注、信息和所属项等进行设置，如图6.4.6所示。该区域是针对音频特效制作模块生成新的音频文件所做的设置。

图6.4.6　素材信息设置

6.4.3　降噪实例

外拍视频素材有时会不可避免的带有周围环境杂音，如工厂车间轰鸣的机器声，这就需要利用音效特技来进行音频降噪处理了，具体的操作步骤如下所述。

Step 01 打开故事板，找到需要降噪处理的声音片段，双击将其调入素材调整窗中，如图6.4.7所示。

Step 02 执行“音频特技制作”命令，进入音频特技模块，如图6.4.8所示。

图6.4.7　将降噪素材调入素材调整窗口

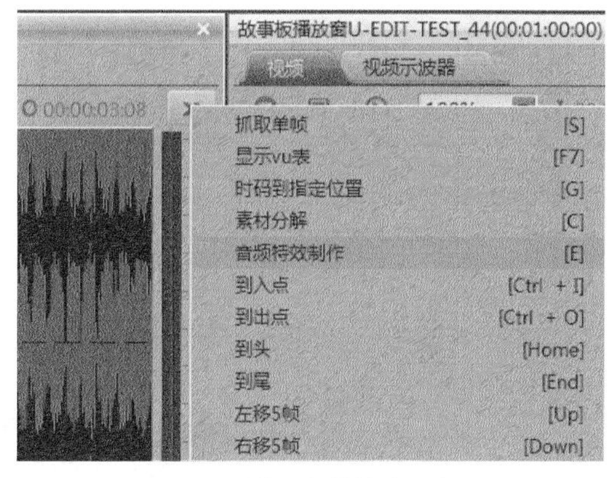

图6.4.8　进入音效特技模块

Step 03 播放素材，通过监听，仔细寻找只包含背景噪声的片段，这一步非常重要。

Step 04 找到背景噪声后，使用鼠标左键划出噪声片段。

Step 05 单击鼠标右键，在弹出的快捷菜单中执行“分析噪音数据”命令，如图6.4.9所示。

Step 06 噪音数据分析完毕，重新单击轨道空白处，使素材全部被选中，如图6.4.10所示。

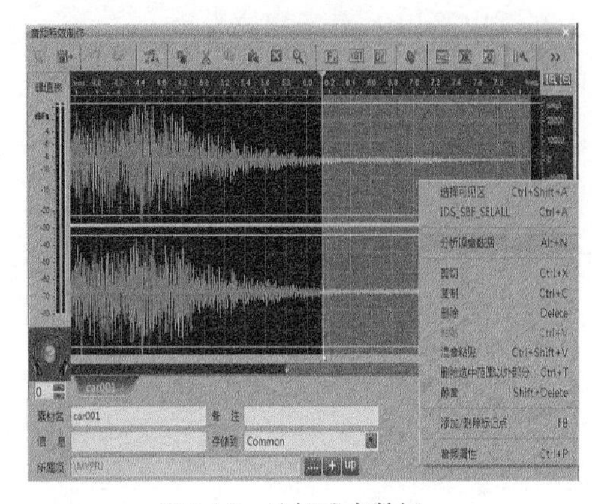

图6.4.9　分析噪音数据

图6.4.10　全选音频降噪区域

Step 07 添加音频特技中的“降噪处理”→“去除背景噪音”特技，如图6.4.11所示。

Step 08 过度的处理会导致原声音的严重失真，所以要将“程度”滑块由低向高逐步调节，寻找一个效果明显而失真最小的点，如图6.4.12所示。这个过程中，可以单击“预览”按钮，监听处理后的效果；也可以单击“直通”按钮，对比原声的播放，如图6.4.13所示。满意后，单击“确定”按钮，关闭调整窗。

图6.4.11　去除背景噪音

图6.4.12　调节噪音去除程度

图6.4.13　直通原声对比

Step 09 设置素材名和保存路径。

Step 10 执行“文件”→“保存”命令，在指定路径下生成新的素材文件，原始素材不会被改变，如图6.4.14所示。

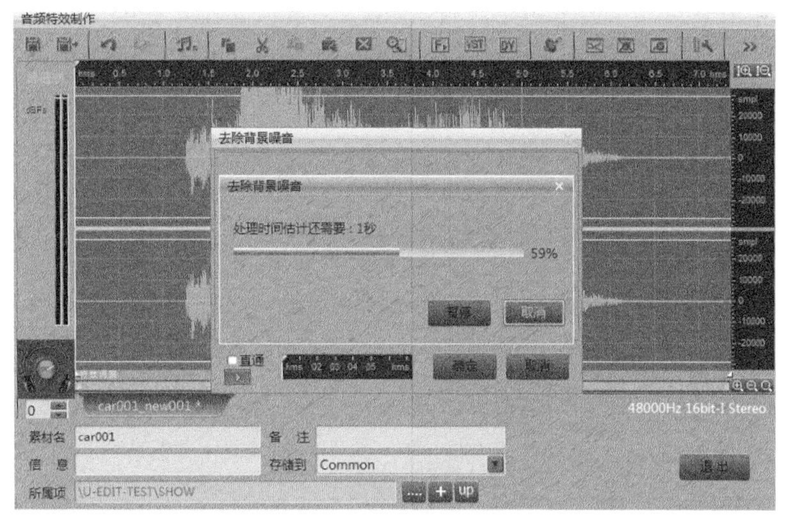

图6.4.14　生成降噪后的音频文件

Step 11 退出音效制作模块。使用新的音频素材替换轨道上原始音频素材。

至此，对故事板音频素材的降噪处理全部完成。

6.5　故事板配音

故事板配音可以实现故事板轨道上的音频录制工作。对于U-EDIT有卡工作站而言，用户可以通过Cutelink板卡的音频输入来配音；对于无卡工作站而言，则需要通过主板或专业声卡的MIC输入来配音。下面以实例来介绍如何为故事板配音。

6.5.1　配音设备的连接

确认将麦克风正确连接到非编设备的音频输入端口。配音使用的麦克风一般情况下需要先接入独立的话筒放大设备，如录像机、调音台、功放等，音频信号经放大后再接入到非编设备的模拟音频输入端口。

如果使用的是无卡非编系统，可以将麦克风接到声卡的MIC输入端。U-EDIT无需设置即可实现故事板配音。

如果使用的是U-EDIT有卡非编，可将麦克风接到非编板卡的音频输入或MIC输入端，也可接到声卡的MIC输入端，这三种情况均可以实现故事板配音，但需要在U-EDIT软件中进行相应的设置。具体的设置方法为：打开U-EDIT的“视音频参数设置”的最后页签，在“DUB SETUP”中根据“MIC”的连接情况进行设置。

- 若MIC接非编板卡的模拟音频输入，“DUB SETUP”选择“ADIO-AES/EBU”，同时要将“AUDIO INPUT TYPE”选择“ANALOG”。
- 若MIC接非编板卡的MIC输入（仅100HD），“DUB SETUP”选择“ADIO-AES/EBU”，同时将“AUDIO INPUT TYPE”选择“MIC”。
- MIC接主板声卡的MIC输入，DUB SETUP选择“SOUND CARD”。

完成音频的接入和设置，就可以开始故事板配音了。

6.5.2 配音前的设置

Step 01 打开需要配音的故事板，确定配音段落，为了使原有故事板结构不被破坏，通常新增加2个音频轨作为配音轨。单击故事板“增加轨道”按钮（快捷键为W键），在弹出的对话框中的音频轨道处输入“2”，选择“单音频轨道”，单击“确定”按钮后，增加了A5、A6两个音频轨道，如图6.5.1和图6.5.2所示。

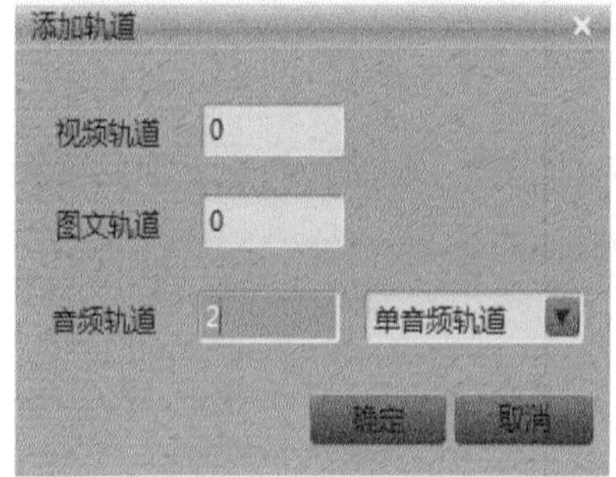

图6.5.1　添加轨道

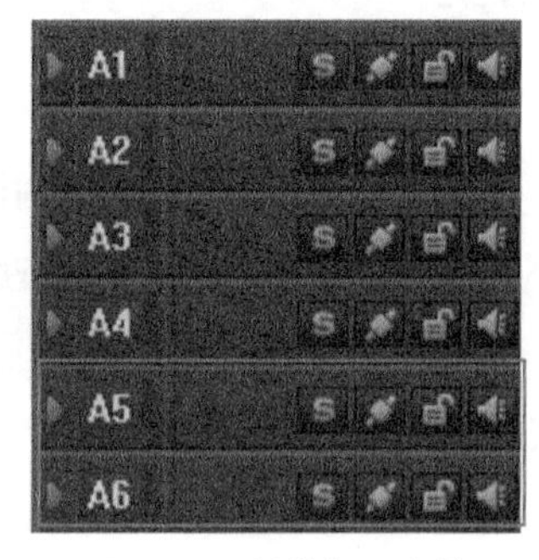

图6.5.2　新增加配音轨

Step 02 单击“配音”按钮，进入故事板配音模式，弹出“配音控制器”界面，如图6.5.3所示。

图6.5.3　故事板配音模式

Step 03 单击配音目标轨道头的“配音”按钮，使其成为“配音状态”，如图6.5.4所示。

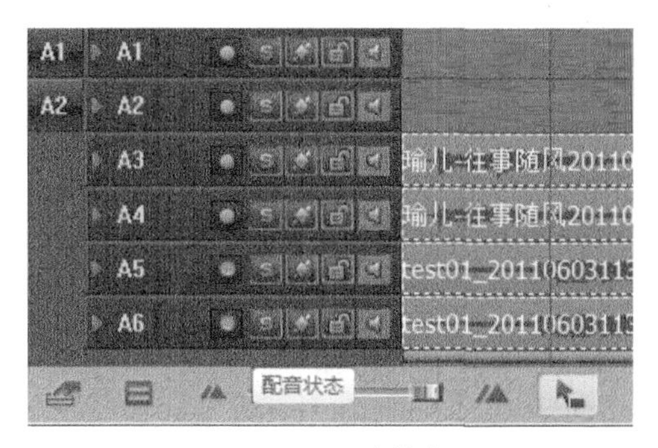

图6.5.4　配音状态

Step 04 打开调音台，设置配音目标轨对应的实际输入通道，这一步尤为重要。通过调音台的设置，可以建立板卡音频输入与故事板音频轨之间的对应关系。每一条声音通路下方均有独立的输入母线，在鼠标右键菜单中选择输入线路。

此例中，设置的配音轨为A5、A6，在调音台中A5对应着通路5，而麦克风接入了模拟音频的第一个输入端口。那么，需要在调音台中将通路5的输入设置为“IN1”。同理，调音台中将通路6的输入设置为“IN2”，如图6.5.5所示。

图6.5.5　目标轨对应的实际输入通道

Step 05 单击“配音控制器”界面的“存为新素材”按钮，为配音素材起一个容易查找的素材名，并指定存储路径，如图6.5.6和图6.5.7所示。

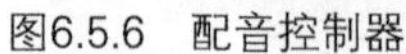

图6.5.6 配音控制器

图6.5.7 配音素材名称路径设置

Step 06 配音控制器与小键盘上的按钮一一对应，在配音时完全可以用小键盘进行控制，能实现快捷方便地进行配音操作。

6.5.3 开始配音

Step 01 单击配音控制器中的“播放/暂停”按钮，故事板开始播放。

Step 02 当时间线即将走到配音的起始位置时，单击“开始录制”按钮，通过话筒传来的声音信号被记录在指定的A5、A6轨道上，如图6.5.8所示。

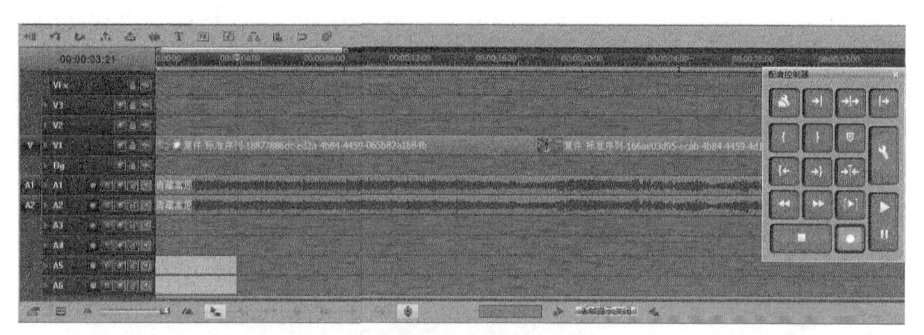

图6.5.8 故事板配音

Step 03 当前的配音片段结束时，再次单击“播放/暂停”按钮，声音录制停止，但故事板仍在继续播放，等待下一个片段的录制。

Step 04 重复上述操作，可以完成故事板上多个片段的配音，如图6.4.9所示。

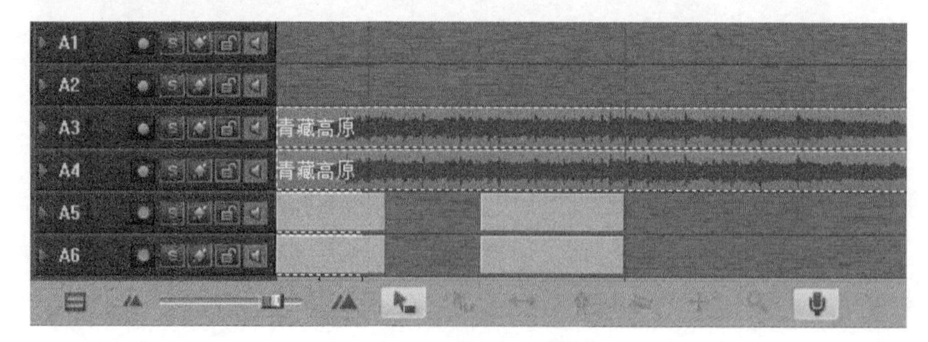

图6.5.9 故事板多片段配音

Step 05 最后，单击“停止”按钮，完成配音工作，生成的若干段音频素材会自动铺到A5、A6轨道上，如图6.5.10所示。

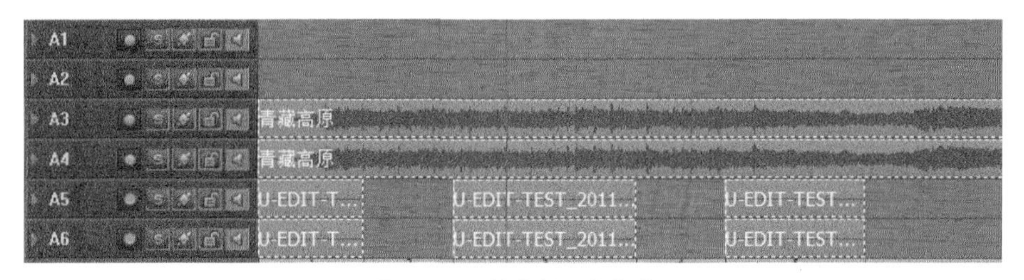

图6.5.10　故事板配音完成

经过上述操作后，我们就完成了故事板上的配音工作。播放录制了新声音的部分，可以听到录制的效果。

6.6　本章小结

本章介绍了U-EDIT的音频处理功能，主要内容有故事板音频调整、调音台的设置和应用，以及各种音效特效调整，如增益、限幅、降噪等，并重点介绍了故事板配音的方法。通过本章的学习，将有助于提高读者对于声音的处理能力，可以利用U-EDIT实现更好的音频效果，使得声音与画面结合得更完美，提高了节目的艺术表现力。

6.7　思考与练习

1. 练习使用U-EDIT进行音频降噪。

2. 练习使用U-EDIT完成故事版配音。

第7章 节目输出

U-EDIT提供了多种节目输出方式，既可以输出到文件、素材、磁带，也可以输出到P2、XDCAM等。

7.1 文件输出

7.1.1 输出到文件

使用故事板输出到文件功能，可以实现多故事板、多片段甚至多格式文件的一次性输出。故事板输出到文件，仅在磁盘上生成物理文件而不在资源管理器中生成元数据。使用该功能，可直接将生成的文件用于光盘刻录、网络发布及系统交互。具体的操作步骤如下所述。

Step 01 准备。设置故事板上入出点区域，执行“输出”→“故事板输出到文件”命令，打开“故事板输出到文件”功能界面，如图7.1.1所示。

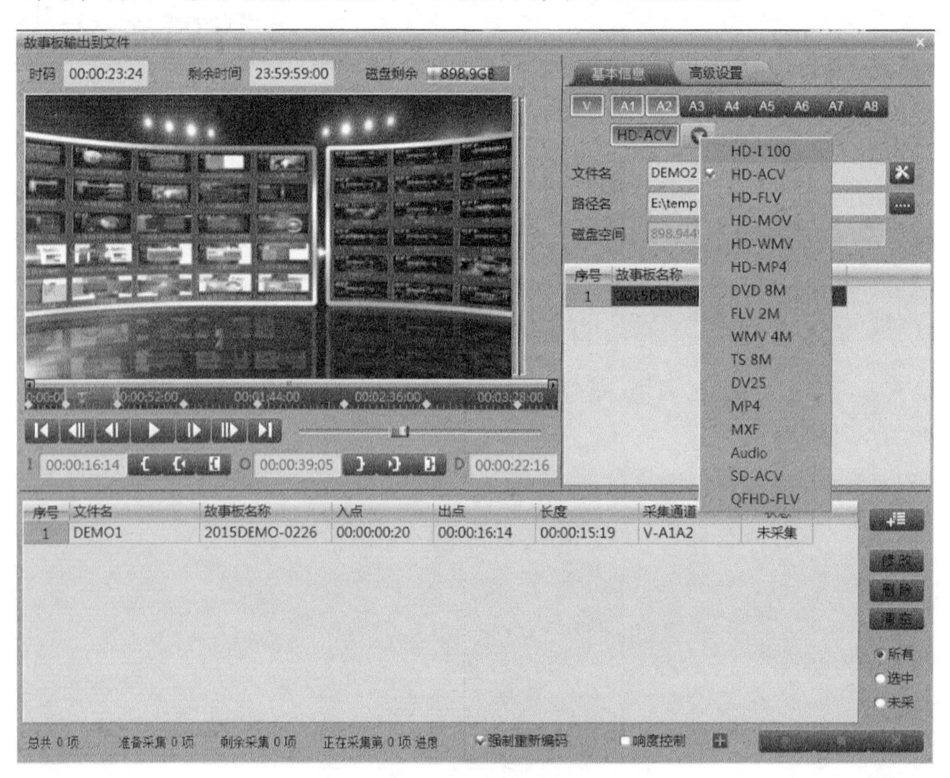

图7.1.1 故事板输出到文件

Step 02 配置：选择要生成文件的视音频通道，配置要生成文件的目标格式。出厂时系统提供了十多种种默认的文件格式：HD-I 100、HD-ACV、HD-FLV、HD-MOV、HD-WMV、HD-MP4、DVD 8M、FLV-2M、WMV 4M、TS 8M、DV25、MP4、MXF、AUDIO、SD-ACV、QFHD-FLV，如图7.1.2所示。用户可以直接使用默认值，或者在其基础上进行修改，或者在高级设置中自行增加所需文件格式。

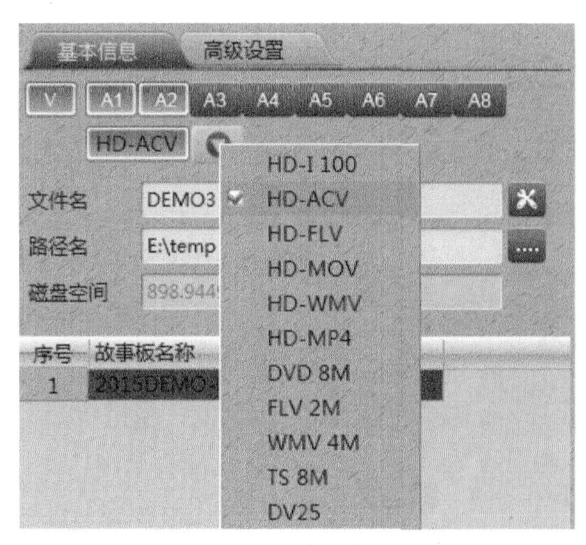

图7.1.2　输出格式设置

Step 03 输入要生成文件的名称，并选择生成文件在磁盘中的存放路径，如图7.1.3所示。

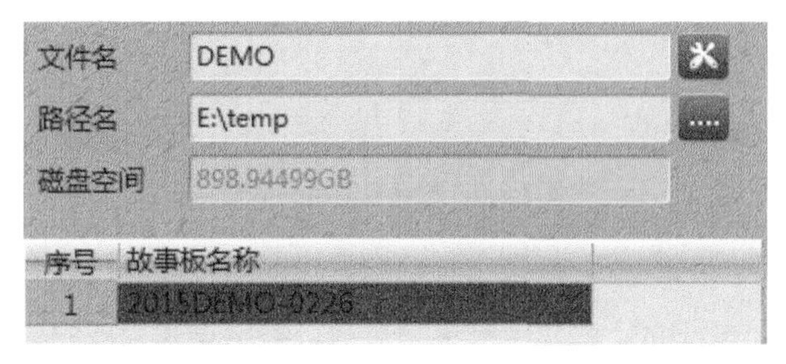

图7.1.3　添加到存放路径

Step 04 将要采集的条目通过 添加到采集列表中，如图7.1.4所示。

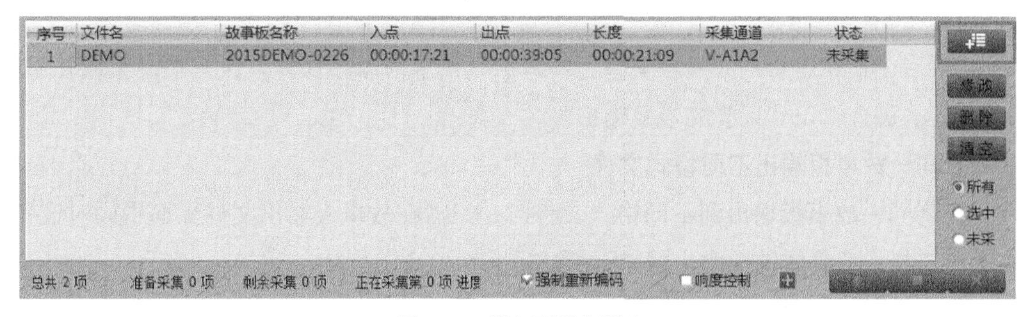

图7.1.4　添加到采集列表

Step 05 输出。单击“输出”按钮 ，弹出进度条，开始输出，输出结束后可以到相应磁盘路径下查看生成的文件，如图7.1.5所示。

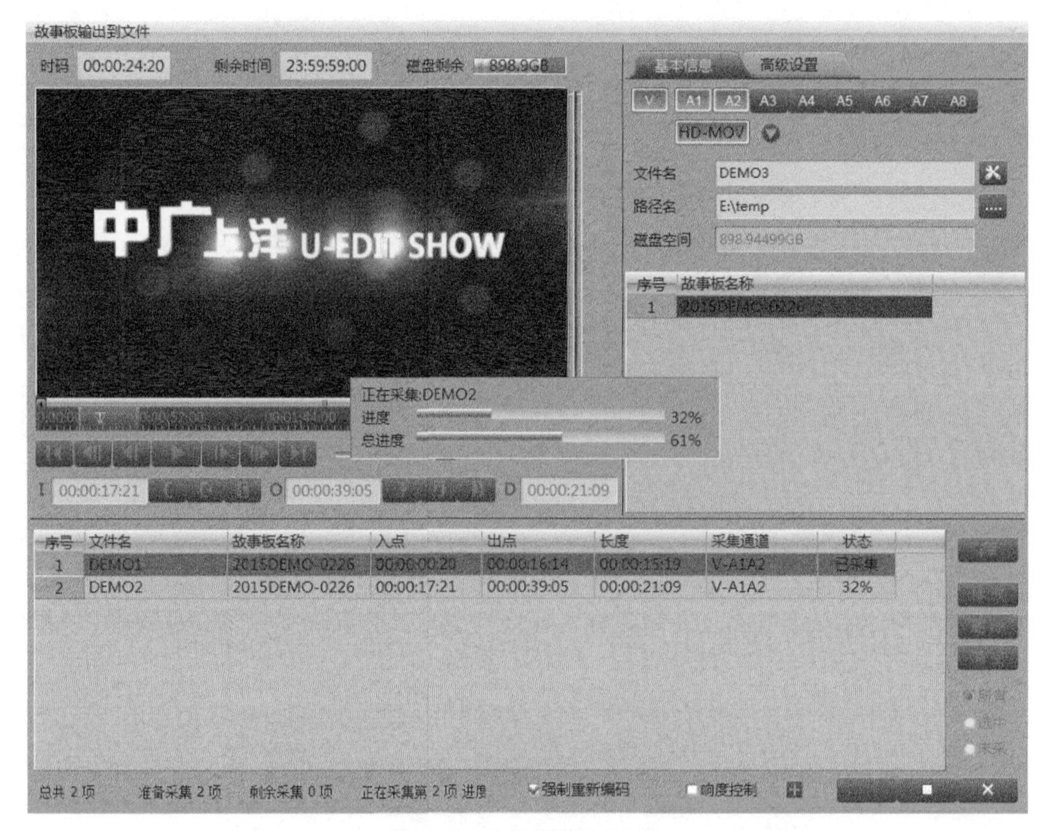

图7.1.5　故事板输出到文件

> 提示：
>
> 一定要勾选上目标文件格式后输出才有效，否则无法生成相应的媒体文件。
>
> 对故事板输出区域，允许同时选择多个目标格式文件进行生成。
>
> 对当前故事板，允许依次设置输出区域，并添加到任务列表，以实现故事板多区域输出。
>
> 对多个正在编辑的故事板文件，允许分别选择故事板文件，设置输出区域并添加到任务列表，以实现多故事板输出。

1. 同一故事板输出不同格式文件

在将同一故事板输出到不同格式文件时，只需在故事板输出文件界面中同时设置多个所需格式，具体的操作步骤如下所述。

Step 01 设置故事板上入出点区域，使用鼠标右键单击故事板空白处，执行右键菜单中的“故事板输出到文件”命令，打开“故事板输出到文件”界面，如图7.1.6所示。

Step 02 依次选择要使用的目标格式（使用默认或手动添加格式），输入文件名，设置输出路径，单击下方的添加按钮，将输出任务加载到输出列表中。

Step 03 单击“输出”按钮■进行输出，输出结束后可以到相应磁盘路径下查看生成的文件。

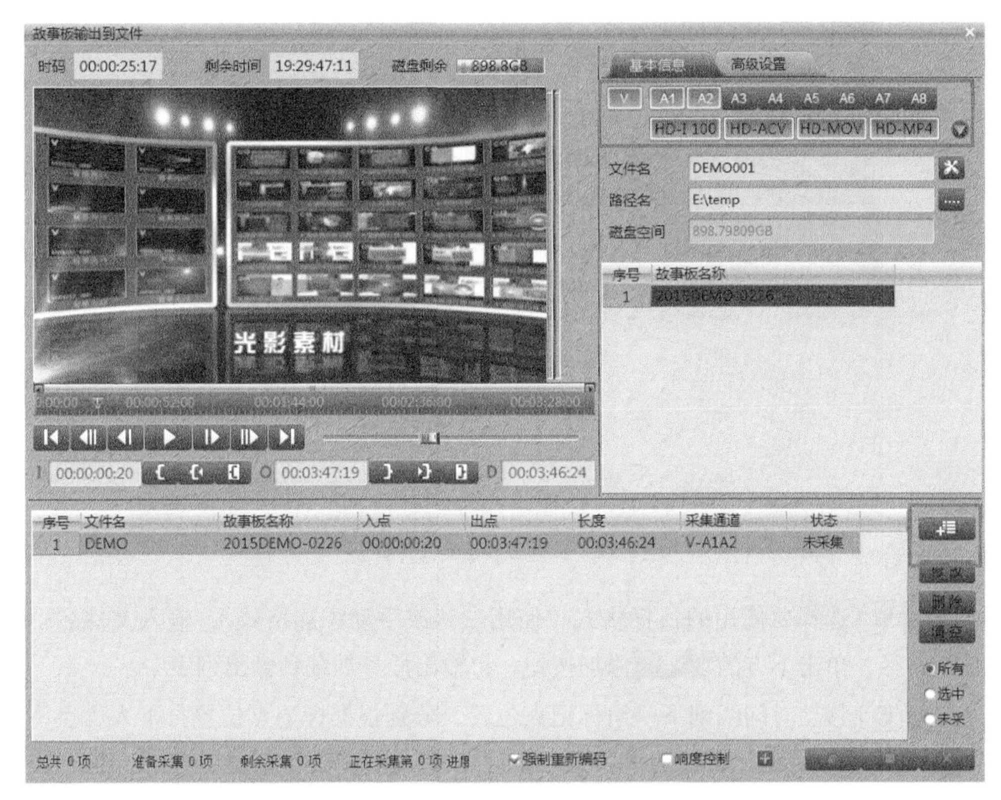

图7.1.6　同一故事板输出不同格式文件

2. 同一故事板不同片段输出

若同一故事板需要分为多个片段进行输出，可先在故事板要输出的片段位置打上标记点（快捷键为F8键），如图7.1.7所示。

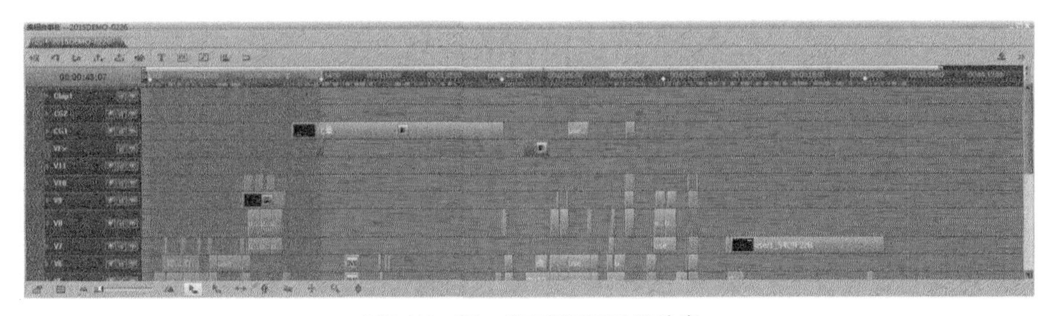

图7.1.7　同一故事板不同片段输出

Step 01 在故事板上第一组标记点位置设置入出点区域，右键单击故事板空白处，执行右键菜单中的“故事板输出到文件”命令，打开“故事板输出到文件”功能界面，如图7.1.8所示。

图7.1.8　故事板输出到文件界面

Step 02 选择要使用的目标格式（使用默认或手动添加格式），输入文件名，设置输出路径，单击下方的添加按钮，将输出任务加载到输出列表中。

Step 03 移动时间线到下一组标记点位置，分别根据标记点位置打下入出点（按Shift+左右箭头组合键，可快速跳转上一标记点或下一标记点），选择格式，输入文件名，设置输出路径，将输出任务加载到输出列表中，如图7.1.9所示。

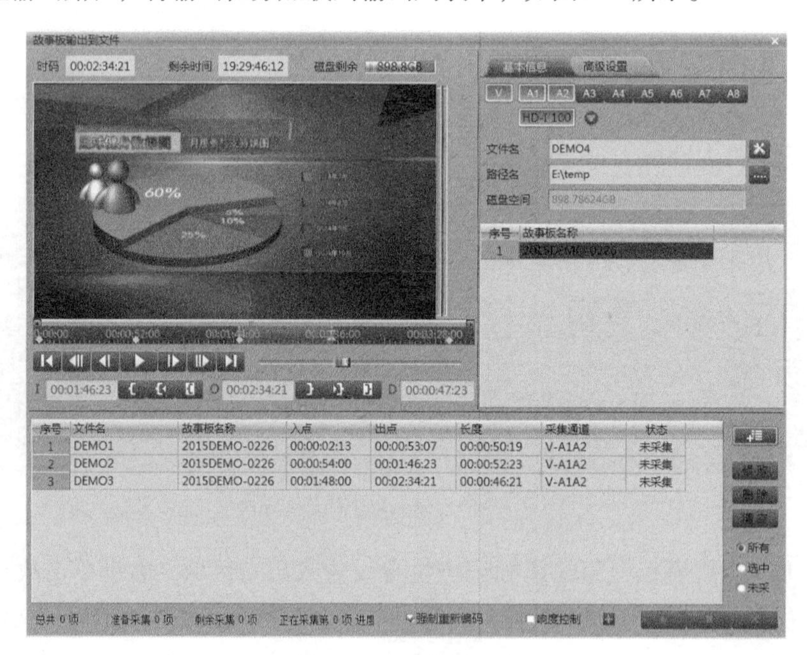

图7.1.9　提交输出任务

Step 04 依次进行上述操作，设置完成之后单击“输出”按钮进行输出，输出结束后可以到相应磁盘路径下查看生成的文件。

3. 多个故事板同时输出

打开要输出的多个故事板，若是复杂故事板，不宜同时打开过多。

Step 01 将打开的故事板分别设置好输出区域（即入出点区域）。在其中一个故事板上右键单击故事板空白处，执行右键菜单中的“故事板输出到文件”命令，打开“故事板输出到文件”功能界面。

Step 02 对当前故事板（在故事板区域以绿色背底标识）选择要使用的目标格式（使用默认或手动添加格式），输入文件名，设置输出路径，单击下方的“添加”按钮，将输出任务加载到输出列表中，如图7.1.10所示。

序号	故事板名称
1	2015DEMO-0226
2	2015新闻片头
3	相册模板

图7.1.10　多个故事板同时输出

Step 03 使用鼠标双击切换到下一个故事板，选择格式，输入文件名，设置输出路径，将输出任务加载到输出列表中，如图7.1.11所示。

图7.1.11　输出任务添加到列表中

Step 04 依次进行上述操作，设置完成之后单击输出按钮进行输出，输出结束后可以到相应磁盘路径下查看生成的文件。

7.1.2 输出TGA序列

U-EDIT软件不仅支持输出多种文件格式，同样也支持输出TGA图像序列，以实现U-EDIT与其他第三方系统的文件交互。具体的操作步骤如下所述。

Step 01 打开需要输出的故事板，打入出点设置输出区域。

Step 02 执行“输出”→“故事板输出到TGA”命令。

Step 03 在打开的“输出至TGA文件”窗口中，选择输出的路径，如图7.1.12所示，单击“开始”按钮，开始输出。在输出过程中会有进度条显示进度，直至输出完成。

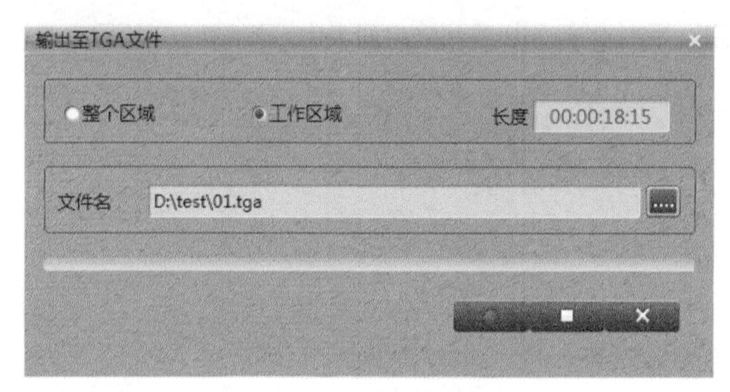

图7.1.12 选择输出路径

7.1.3 输出到素材

使用故事板输出到素材功能，可在资源管理器生成元数据的同时也在磁盘上生成相应的物理文件。在故事板制作完成或制作过程中，都可以使用故事板输出到素材功能，以便于故事板或故事板区域的再次调用、系统交换或存档保留。具体的操作步骤如下所述。

1. 准备

设置故事板上入出点区域，执行“输出”→“故事板输出到素材”命令，弹出“故事板输出到素材”功能界面，如图7.1.13所示。

- 素材浏览区：用于素材音、画内容的浏览。
- 信息设置区：用于设定素材名、所属项、文件格式及视音频通道等。
- 强制重新编码：勾选此项后，故事板输出将通篇强制编码。系统默认不勾选此项，即在故事板输出过程中由系统自行判断，在时间线上出现单层不加特技、不加字幕的片段，并且该片段的源格式与目标格式保持一致时，系统将不进行编解码处理，以提升打包效率。

图7.1.13　故事板输出到素材

- 编目信息：勾选此项后，可选择预置的编目文件类型。
- 入出点设置区：用于设置入出点，选择要输出的节目段落。
- 输出工具区：可使用“开始输出”“停止输出”等按钮进行操作。

2. 配置

选择要生成素材的视音频通道，配置要生成素材的目标格式，如图7.1.14所示。

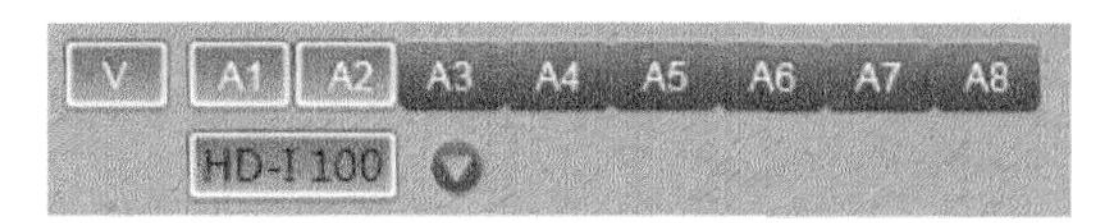

图7.1.14　配置视音频通道及生成目标格式

输入要生成素材的名称，并选择在资源管理器中的存放路径（所属项），如图7.1.15所示。

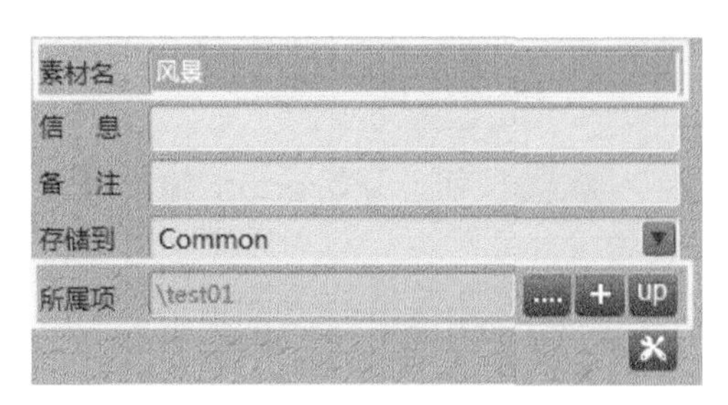

图7.1.15　配置素材名以及所属项

3. 输出

单击“输出”按钮，弹出进度条，开始输出，输出结束后可以到相应的资源管理器路径下查看生成素材的效果。

7.2 故事板输出到P2

U-EDIT软件全面支持松下P2技术，不仅可以实现P2卡的MXF文件的导入，还可以将已编辑好的故事板回写到P2卡，以便于成片的保存或播出。故事板输出到P2的具体操作步骤如下所述。

Step 01 打开需要输出的故事板，设置输出区域。

Step 02 执行“输出”→“故事板输出到P2”命令。

Step 03 在打开的“故事板输出到P2”窗口中，选择输出的路径。

Step 04 进行输出的格式选择。U-EDIT系统支持目前P2卡全部格式，可根据需要进行选择。当选择“AVC_Intra”格式时，还需要从下方的下拉菜单中选择输出为50M还是100M的格式。

Step 05 设置输出的音频通道数目，直接输入数字即可，如图7.2.1所示。

图7.2.1 故事板输出到P2

Step 06 单击“开始” 按钮，开始输出。输出过程中，会有进度条显示进度。

Step 07 输出完成后，会弹出输出到P2完成的提示。

7.3 故事板输出到EX

U-EDIT软件全面支持索尼EX技术，可以实现EX卡的素材的导入，还可以将已编辑好的故事板回写到EX卡，以便成片的保存或者播出。故事板输出到EX的具体操作步骤如下所述。

Step 01 打开需要输出的故事板，设置输出区域。

Step 02 执行“输出”→“故事板输出到EX”命令。

Step 03 在打开的“故事板输出到EX卡”对话框中，选择输出的路径。

Step 04 进行输出的格式选择，支持的输出目标格式有720p和1080i，支持的输出子类型有Mpeg2 HQ和Mpeg2 STD，音频通道数支持2个或者4个，如图7.3.1所示。

Step 05 单击“开始” 按钮，开始输出。输出过程中，会有进度条显示进度。

Step 06 输出完成后，会弹出输出到EX完成的提示。

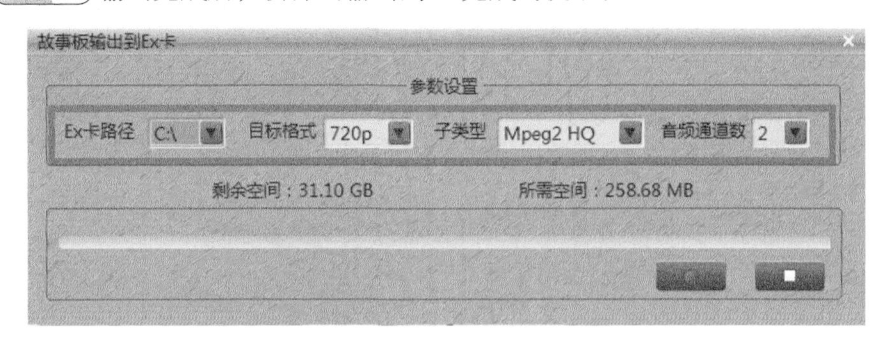

图7.3.1　故事板输出到EX

7.4　输出到XDCAM

U-EDIT系统输出到 XDCAM的功能分为素材输出到XDCAM和故事板输出到XDCAM两种方式，可以把选定的素材下载到蓝光盘中，或是将故事板上内容下载到蓝光盘中，以便存档保留或备播。

需要注意的是，由于XDCAM专业光盘对文件格式有非常严格的要求，因此，在进行专业光盘写入时，必须保证所写的文件格式与光盘上的原有文件格式完全一致，否则会导致写入失败。

7.4.1　素材输出到XDCAM

素材输出到XDCAM的具体操作步骤如下所述。

Step 01 在资源管理器的媒体库中，选择需要写入XDCAM专业蓝光盘的素材，允许选择多条素材。

Step 02 执行“输出”→“素材输出到XDCAM”命令，打开“输出到XDCAM”对话框，如图7.4.1所示。

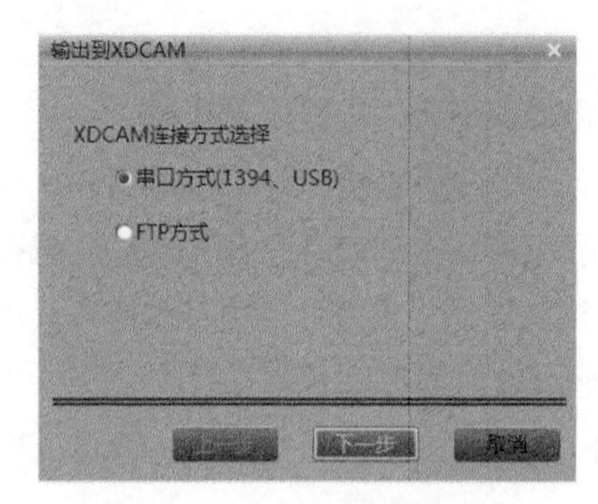

图7.4.1　XDCAM连接方式选择

Step 03 根据实际的连接方式在此窗口中进行选择，然后单击“下一步”按钮。本例使用1394方式连接。

Step 04 弹出路径选择窗口（如图7.4.2所示），单击“浏览”按钮，选择XDCAM的输出路径，单击“连接”按钮。

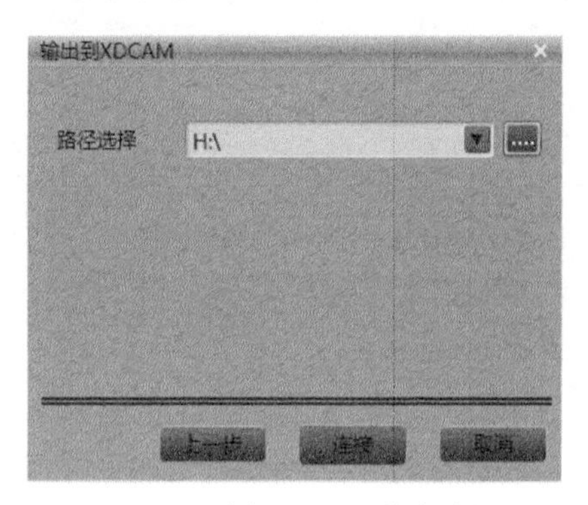

图7.4.2　选择XDCAM输出路径

Step 05 连接成功后，系统会弹出“素材输出到XDCAM”对话框，如图7.4.3所示。

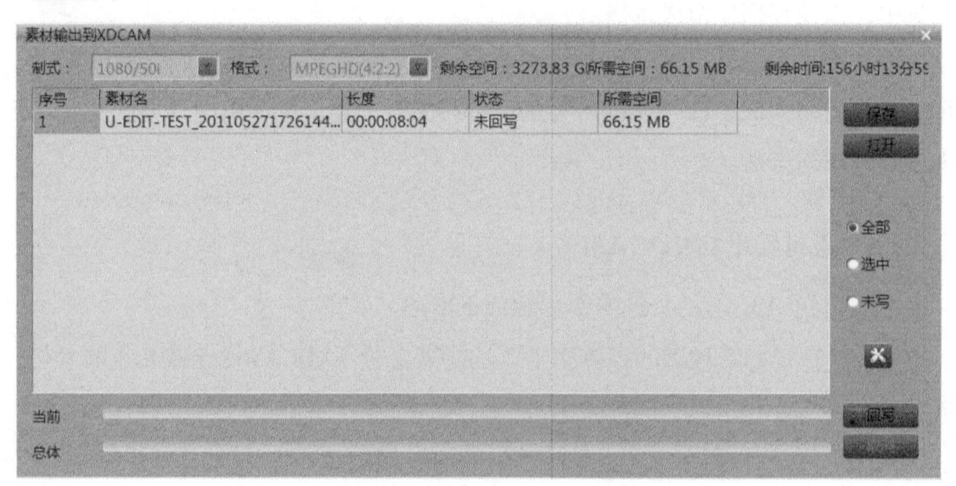

图7.4.3　“素材输出到XDCAM”对话框

在该对话框的最上方会显示当前XDCAM光盘的相关信息，包括制式、格式、剩余空间、剩余时间等。需要注意的是，只有空白XDCAM光盘的制式和格式信息显示如上图所示，可以从下拉菜单中选择，对已经包括素材的XDCAM光盘，此处仅是显示作用，不允许修改。

Step 06 如果需要把高清素材输出为标清的XDCAM光盘格式，或者把标清素材输出为高清的XDCAM光盘格式，需要通过“画幅设置”按钮设置上下变换方式，但不建议这样使用。

Step 07 对于多条素材的批量回写，系统提供全部、选中、未写等多种选择方式进行回写。

Step 08 单击 回写 按钮，系统开始向XDCAM光盘写入素材，在回写过程中会有进度条提示回写进度，如图7.4.4所示。

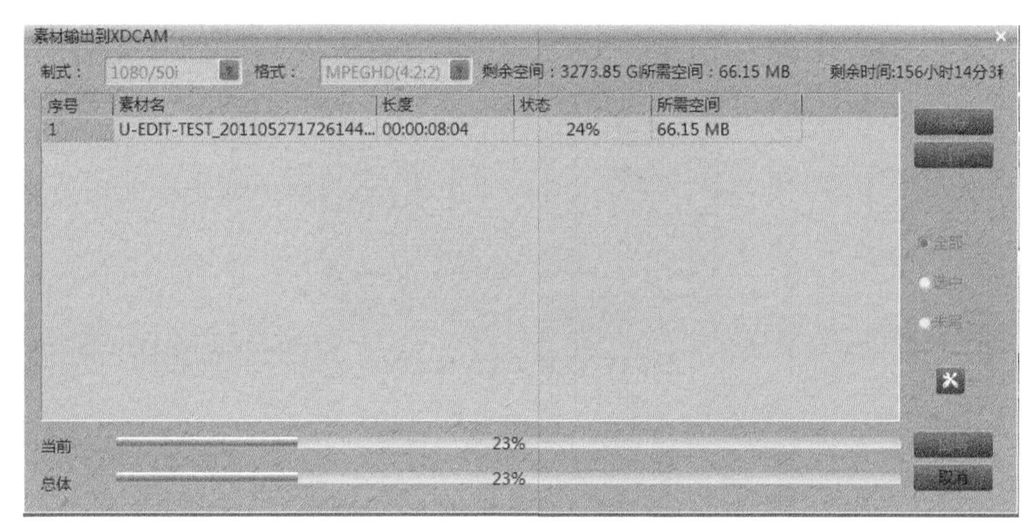

图7.4.4　素材输出到XDCAM

Step 09 回写完成后提示输出到XDCAM完成，单击“确定”按钮，完成输出过程。

7.4.2　故事板输出到XDCAM

故事板输出到XDCAM的方法与素材输出到XDCAM的方法基本相同，只是输出对象不同。故事板输出到XDCAM的具体操作步骤如下所述。

Step 01 打开需要输出的故事板，设置输出区域。

Step 02 执行“输出”→“故事板输出到XDCAM”命令。

Step 03 在弹出的窗口中根据实际连接方式进行选择，单击“下一步”按钮，如图7.4.5所示。

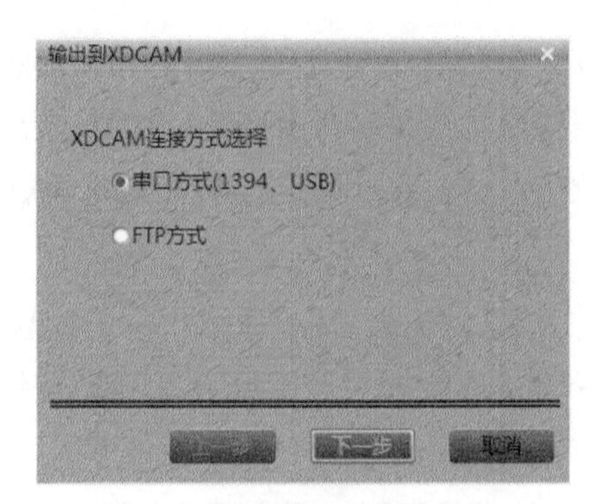

图7.4.5　故事板输出到XDCAM

Step 04 在路径选择处，单击“浏览”按钮设置XDCAM输出路径，单击“连接”按钮，如图7.4.6所示。

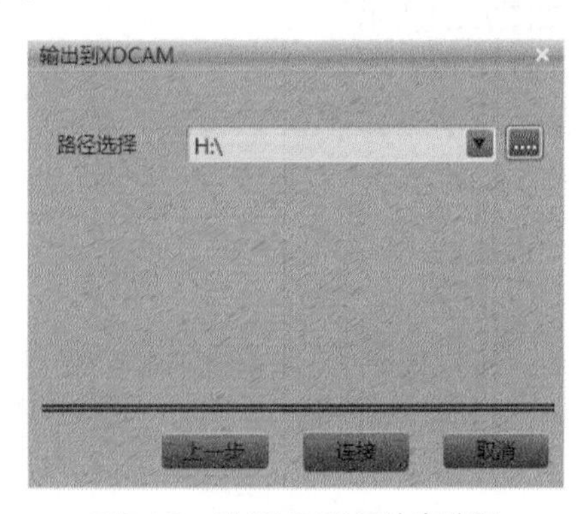

图7.4.6　选择XDCAM输出路径

Step 05 连接成功后，系统会弹出故事板输出到XDCAM窗口。在该窗口中，会显示当前连接的XDCAM光盘的相关信息，包括制式、格式、剩余空间、剩余时间等，如图7.4.7所示。

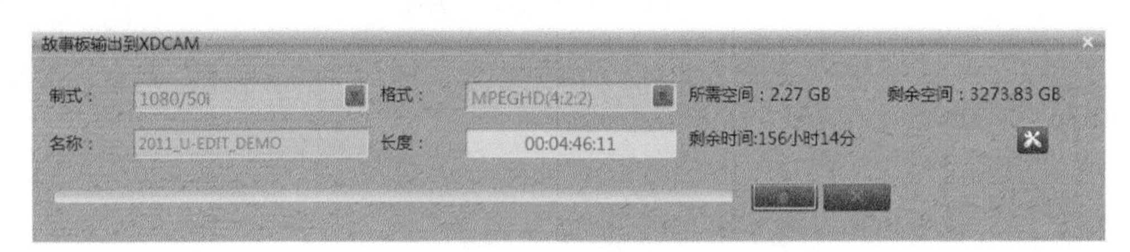

图7.4.7　输出过程

Step 06 单击“录制”按钮，系统开始输出到XDCAM。输出过程中，会在进度条上提示输出进度。需要注意的是，输出进度前50%是生成打包过程，进度到50%以后才真正开始写入光盘。

Step 07 输出完成后，会弹出输出到XDCAM完成的提示，单击“确定”按钮，完成输出过程。

7.5　输出到磁带和1394

7.5.1　输出到磁带

节目制作完成后，可以通过故事板输出到磁带功能将故事板上内容下载到磁带中，方便存档保留或备播。具体的操作步骤如下所述。

1. 准备

Step 01 录像机准备。将板卡的信号输出给到录像机的信号输入，并连接好遥控线，录机带舱中放入磁带，确认录像带处于可擦写状态。

Step 02 监视器准备。将录像机的输出信号给到监视器的输入信号，这样可以实时监看回写到磁带的内容，如图7.5.1所示。

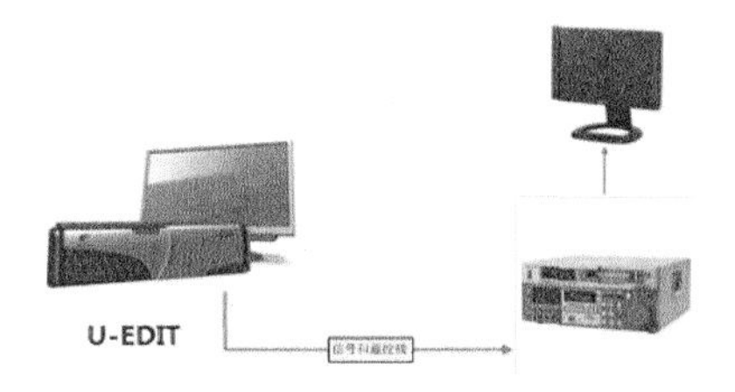

图7.5.1　监看回写到磁带的内容

Step 03 设置故事板上入出点区域，执行“输出”→“故事板输出到磁带”命令，弹出“故事板输出到磁带”功能界面，如图7.5.2所示。

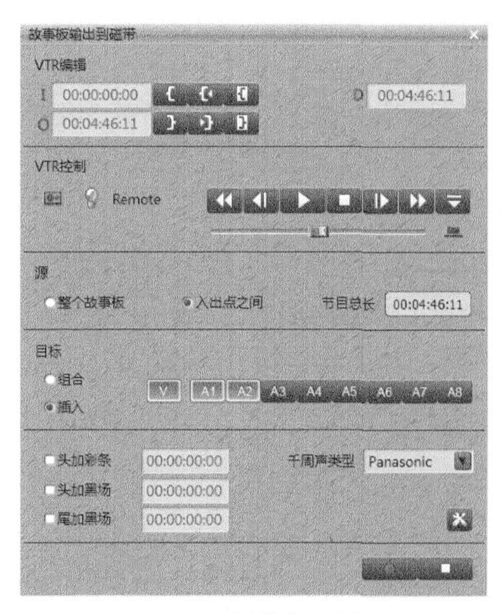

图7.5.2　故事板输出到磁带界面

2. **配置**

设置录像带的入出点。系统默认为插入录制方式，在此方式下正确选择输出的视音频通道，根据需要选择“头加彩条”“头加黑场”或“尾加黑场”，设置时间长度。

3. **输出**

单击“输出”按钮，弹出进度条，开始输出，此时故事板入出点区域的内容被回写到磁带上。

提示：

如果输出精度不准确，可以在“视音频参数设置”对话框（如图7.5.3所示）中的录机设置中调整输出帧精度，单位是帧。

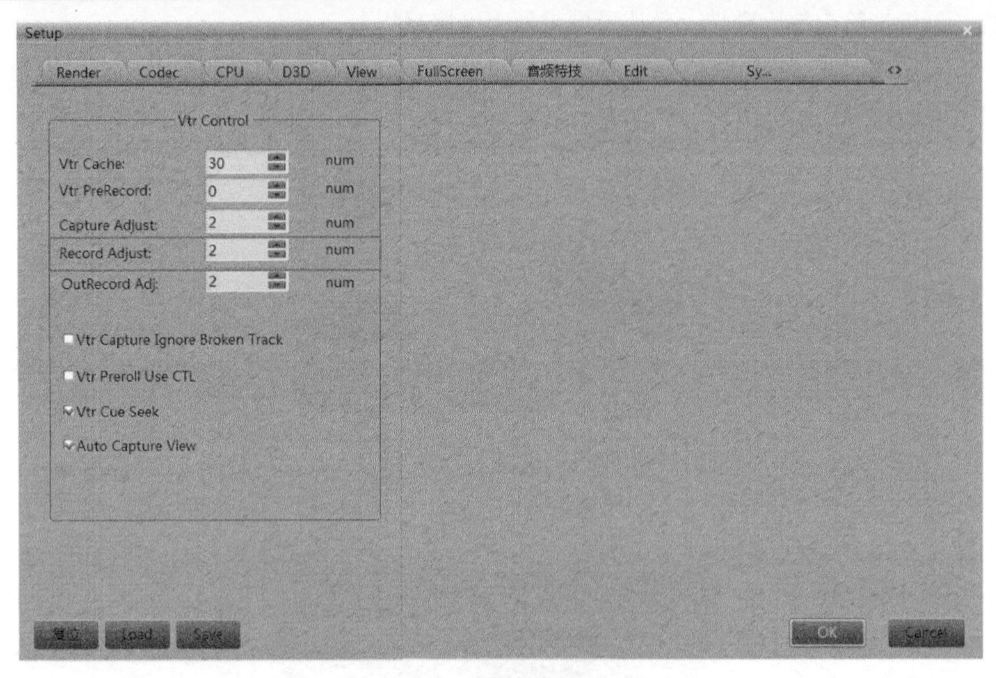

图7.5.3　视音频参数设置

7.5.2　输出到1394

使用故事板输出到1394功能，可实现通过1394接口将当前故事板上的内容回录到DV磁带的功能。具体的操作步骤如下所述。

1. **准备**

将1394设备通过1394线和计算机连接好，接通电源后在设备管理器中可以识别到1394设备。

2. **确认**

设置故事板的入出点区域，确认故事板上内容播放是实时的。如果故事板上添加有特技或字幕素材，建议对故事板输出区域先打包然后再输出。

3. **输出**

执行“输出”→“故事板输出到1394”命令，弹出如图7.5.4所示的“故事板输出到1394”对话框。在其右侧的窗口中浏览磁带上的画面内容，在需要的位置设置录像带入点，单击“输出”按钮，开始回录。

图7.5.4　故事板输出到1394

同理，素材输出到1394，可实现通过1394接口将素材回录到DV磁带的功能。打开“素材输出到1394”对话框，将符合当前磁带格式的素材从资源管理器拖拽到左侧的预览窗口中，此时可在右侧的预览窗口中查找并设置磁带入点，单击“输出”按钮，即开始将素材输出到1394。

提示：

在素材输出到1394的过程中，系统会自动判断所拖拽的视音频素材格式的有效性，如果格式与磁带格式不匹配，将无法成功拖入素材预览窗中。此时，建议检查设备的记录格式、磁带类型以及所输出的素材格式三者是否完全匹配。下面以松下D93录放机为例，说明如何注意三者的匹配。D93设备支持DVCPRO和DVCPRO50格式的输出回录，当希望回录DV50素材时，需要注意以下几项：

- 检查D93设备的视、音频输入类型均已设置为“1394”。
- 屏幕显示的格式类型为DVCPRO50，而不是DVCPRO。
- 已插入蓝色DVCPRO50磁带，磁带未置于写保护状态，并且磁带时码连续。

以上工作逐一查验完毕，就可以开始输出DV50的工作了。

7.6　本章小结

节目输出是非线性编辑工作的最后一个环节，输出的方式、质量等都直接影响着最终节目的呈现效果和工作效率。

U-EDIT可以将节目输出成素材或文件，如MPEG格式的压缩文件，用于DVD、VCD刻录；输出为不同格式、不同编码参数的流媒体文件，用于网上发布；输出为TGA序列，以便第三方软件的调用；也可以输出至录像机，直接录制录像带等。U-EDIT的节目输出功能灵活性更高，大大提高了编辑制作的效率。

7.7 思考与练习

1. 如何将一个编辑好的故事板同时输出成HD-I 100M、MP4和DVD格式的文件？
2. 如何在一个故事板上批量输出多个不同片段的文件？
3. 如何将故事板输出格式名为“AVI-TEST”的AVI格式的素材？
4. 如何将一条素材输出到XDCAM？
5. 如何只输出故事板上的视频和第一轨音频？
6. 简述U-EDIT的输出方式。

第8章 实例制作

通过前面章节的学习，读者应该能够熟练运用U-EDIT了。为了使读者的制作水平更上一层楼，本章以视频特技实例、字幕制作实例和专题节目实例为核心，详细介绍U-EDIT的制作功能，让读者深刻理解U-EDIT强大的视频剪辑和包装能力，提升制作水平。

8.1 特技制作实例

在节目制作过程中，经常要使用视频特技来实现特定的展现效果，例如，运用跟踪马赛克特技实现对出镜人物的肖像保护、对拍摄画面颜色的校正处理、制作三维虚拟空间等。下面将详细介绍相关特技实例的制作方法。

8.1.1 制作动态跟踪马赛克

在电视节目中经常会看到采访当事人的画面中有马赛克效果，无论人物运动与否，其画面中的人物面部始终有马赛克，使观众无法看清当事人的真实面貌。这是在需要保护被采访人权益的时候是非常实用和必要的功能。在U-EDIT非编系统中制作这种效果非常快捷，使用“掩膜+自动跟踪效果”功能就能实现。下面介绍其具体制作方法。

本例将采用“高级掩膜”特技的中心点追踪功能，实现对素材中运动的人物面孔制作跟踪马赛克效果，效果如图8.1.1和图8.1.2所示。

图8.1.1 原始图片

图8.1.2 跟踪马赛克画面

Step 01 将素材放在V1轨上，如图8.1.3所示，选中素材，按回车键，打开特技调整窗。

图8.1.3 拖拽视频素材到故事板轨道

Step 02 从特技列表中选择“掩膜”→“高级掩膜”特技，特技将被加载到视频上，如图8.1.4所示。

图8.1.4　“高级掩膜”特技

Step 03 将时间线拖到首帧，在掩膜类型中选择“椭圆”，在中间预览窗口中拖拽绘制出椭圆掩膜区域，位于人物面部，如图8.1.5所示。

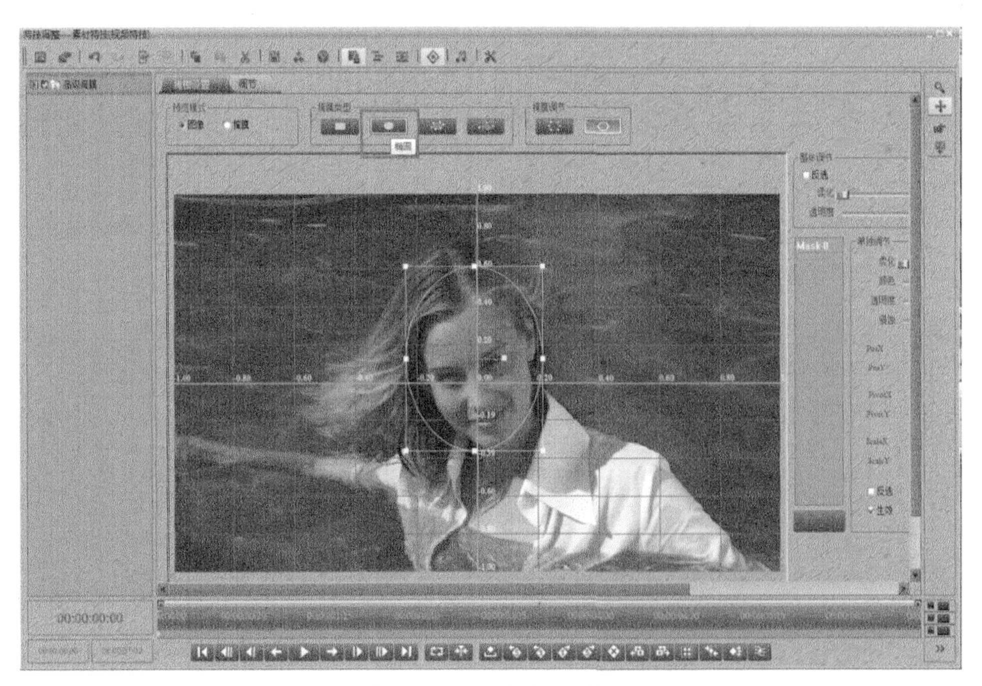

图8.1.5　选择马赛克区域

Step 04 单击“中心点追踪”按钮，打开“追踪设置”界面，勾选“轨道1”及其相关的设置参数，如图8.1.6所示，单击“确定”按钮。

图8.1.6 跟踪轨道设置

Step 05 在模式选择界面（如图8.1.7所示）中单击“Point Track”按钮，打开跟踪界面，如图8.1.8所示。跟踪界面分为参数调整区、预览区、跟踪区三个区域。

图8.1.7 跟踪方式设置

图8.1.8 跟踪点选取

Step 06 拖拽跟踪点到需要跟踪的位置，拖拽跟踪中心点进行移动时，跟踪点附近区域会以局部放大方式显示，如图8.1.9所示。

图8.1.9　找到跟踪点

Step 07 单击“跟踪”按钮，进行跟踪，如图8.1.10所示。

图8.1.10　对跟踪点进行跟踪

Step 08 跟踪完成之后，单击右上角的“关闭”按钮，在弹出的提示框中单击“是”按钮，退出并保存。

Step 09 将时间线回到首帧，可看到轨道上已经自动添加绿色的关键帧，如图8.1.11所示。

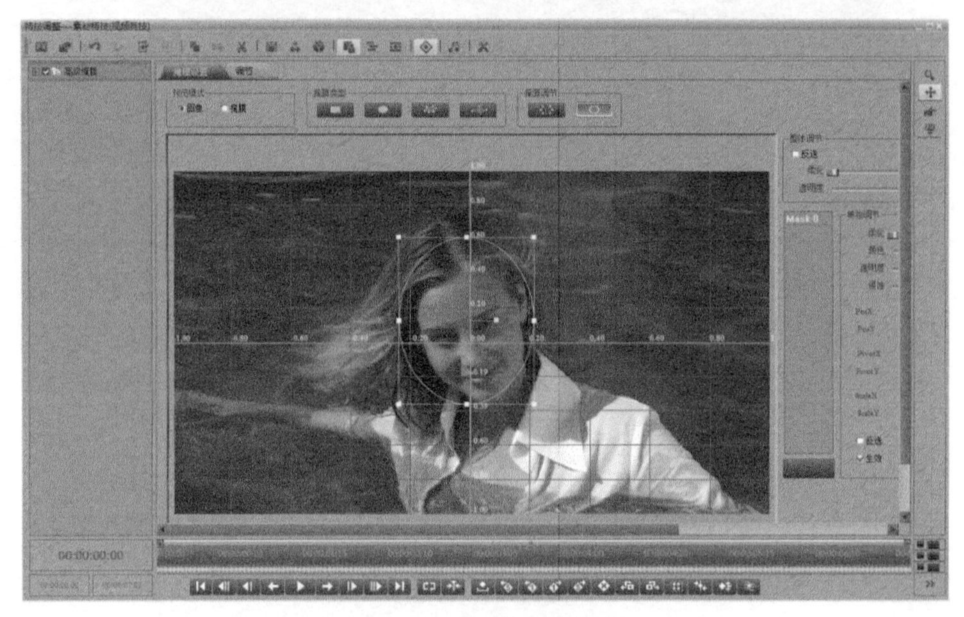

图8.1.11 自动添加关键帧

Step 10 切换到“调节”页签，将时间线回到首帧，取消勾选“Alpha通道”选项，分别调节X方向马赛克、Y方向马赛克、X轴边缘柔化和Y轴边缘柔化：X方向马赛克=0.100、Y方向马赛克=0.100、X轴边缘柔化=0.025、Y轴边缘柔化=0.025。

Step 11 参数调整完毕之后，关闭特技窗口，在故事板上播放即可预览效果。

在新闻节目或专题片中，有时会不允许带入大幅的广告画面，我们需要在后期进行广告遮挡处理。静态的广告镜头还好处理，那么对于运动的且不规则的广告画面应该如何处理呢?

接下来介绍使用“高级掩膜”特技的多点追踪功能对动态不规则广告的遮挡处理方法。

Step 01 在故事板轨道上选中素材，按回车键，打开特技调整窗。

Step 02 从特技列表中展开“掩膜”，双击“高级掩膜”特技，特技将被加载到视频上。

Step 03 将时间线拖到首帧，在掩膜类型中选择“手绘曲线”，在中间预览窗口中拖拽绘制出广告区域，如图8.1.12所示，单击鼠标右键结束绘制。

图8.1.12 手绘出掩膜区域

Step 04 单击“多点追踪”按钮，打开“追踪设置”界面，勾选素材所在轨道及其相关的设置参数，如图8.1.13所示，单击“确定”按钮。

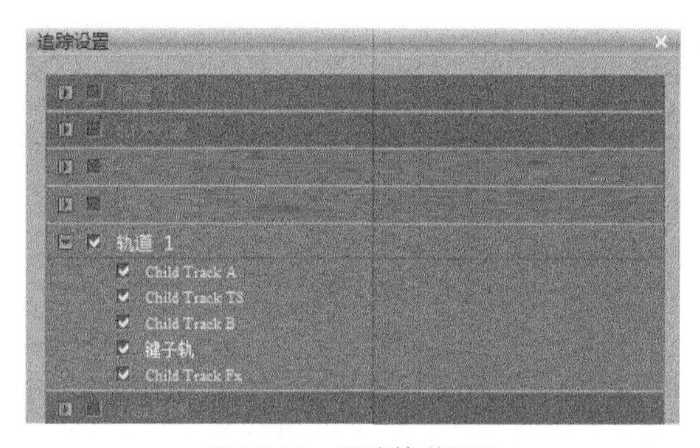

图8.1.13 跟踪轨道设置

Step 04 在模式选择界面中单击“Point Track”按钮，打开跟踪窗口。

Step 05 在跟踪界面中单击“跟踪”按钮，进行跟踪，如图8.1.14所示。

Step 06 跟踪完成之后，单击右上角的“关闭”按钮，在弹出的提示框中单击“是”按钮，退出并保存。

Step 07 将时间线回到首帧，可看到轨道上已经自动添加绿色的关键帧。

Step 08 切换到“调节”页签，将时间线回到首帧，取消勾选“Alpha通道”选项，分别调节X方向柔化、Y方向柔化、X轴边缘柔化和Y轴边缘柔化：X方向柔化=0.300、Y方向柔化=0.300、X轴边缘柔化=0.025、Y轴边缘柔化=0.025。

Step 09 参数调整完毕之后，关闭特技窗口，在故事板上播放即可预览效果。

图8.1.14　多点跟踪点的跟踪

8.1.2　制作单点文字跟踪

在U-EDIT非编中，可以轻松制作单点文字跟踪效果，即注释文字/图片跟随镜头上的主体物件运动。下面介绍其具体的制作方法。

Step 01 将制作跟踪所需的字幕素材及视频素材放置在故事板轨道上。将视频素材放在V1轨上，字幕素材放在V2轨上，入出点对齐，如图8.1.15所示。

图8.1.15　素材对齐

Step 02 选中字幕素材，按回车键，打开特技调整窗。

Step 03 从特技列表中展开“二维”，双击“二维DVE”特技，二维DVE特技将被加载到素材上。

Step 04 将时间线回到首帧，在“二维位置”页签中单击“中心追踪”按钮，如图8.1.16所示，启动跟踪模块。

Step 05 修改跟踪轨道，设置界面参数。勾选所跟踪的视频素材所在的轨道（“轨道1”）及其相关的跟踪参数，如图8.1.17所示，单击“确定”按钮。

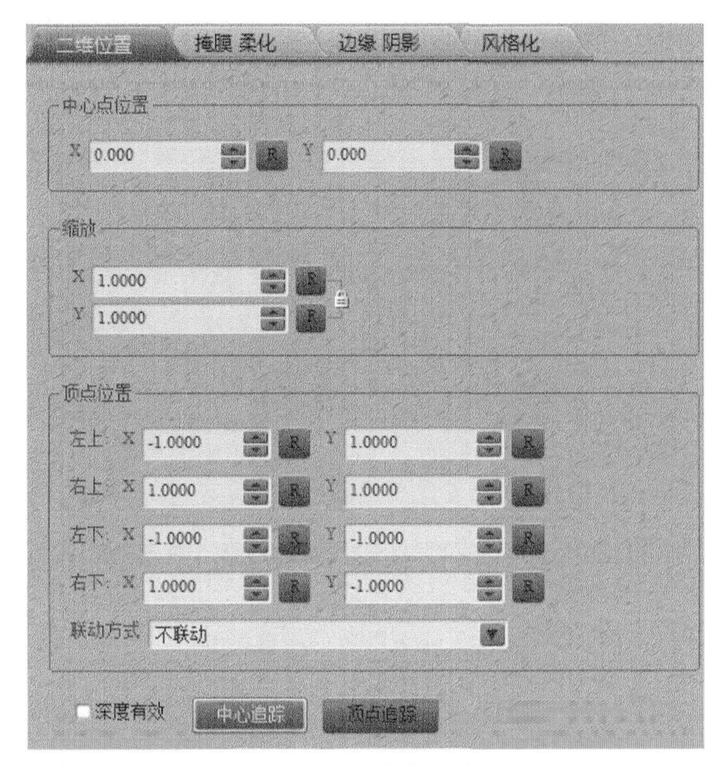

图8.1.16　启动追踪模块

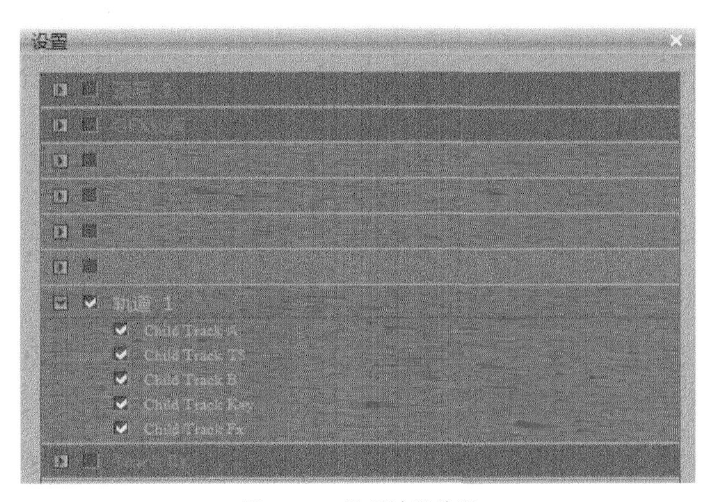

图8.1.17　选择追踪轨道

Step 06 在模式选择界面中单击“Point Track”按钮，打开跟踪窗口。

Step 07 选择跟踪点，在跟踪界面上方的工具栏中选择“跟踪点和轨迹点分离”，设置跟踪点和轨迹点分离。拖拽跟踪点到需要跟踪的位置，如图8.1.18所示。

Step 08 设置完毕之后，单击“跟踪”按钮，开始跟踪。

Step 09 跟踪完毕之后保存并关闭跟踪窗口。

Step 10 关闭特技调整窗，在故事板预览效果，如图8.1.19所示。

图8.1.18 设置跟踪点和轨迹点分离

图8.1.19 预览效果

8.1.3 制作虚拟电视墙效果

在U-EDIT非编中可以利用特技跟踪功能制作虚拟电视墙效果。本例将选取一条视频素材作为背景，使用字幕或视频素材对背景素材进行四点追踪。

Step 01 将视频素材放在V1轨上、字幕素材放在V2轨上、入出点对齐，如图8.1.20所示。

图8.1.20 素材入出点对齐

Step 02 选中字幕素材，按回车键，打开特技调整窗。

Step 03 从特技列表中展开“二维”，双击“二维DVE”特技，二维DVE特技将被加载到素材上。

Step 04 将时间线回到首帧，在“二维位置”页签中单击“顶点追踪”按钮，启动跟踪模块。

Step 05 修改跟踪轨道，设置界面参数。勾选所跟踪的视频素材所在的轨道（“轨道1”）及其相关的跟踪参数，如图8.1.21所示，单击“确定”按钮。

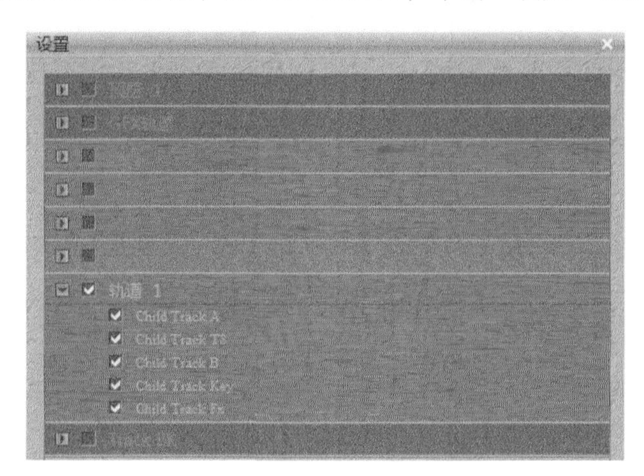

图8.1.21　选择追踪轨道

Step 06 在模式选择界面中单击“Point Track”按钮，打开跟踪窗口。

Step 07 拖拽位于四角的跟踪点到需要跟踪的位置，如图8.1.22所示。

图8.1.22　选择追踪点位置

Step 08 单击跟踪区域中的“跟踪”按钮，开始跟踪。跟踪结束后，保存并退出追踪模块。在“二维”特技时间线上将自动添加关键帧。

Step 09 关闭特技调整窗，回到故事板上，可在故事板播放窗上预览到动态跟踪效果，如图8.1.23所示。

图8.1.23　预览追踪效果

8.1.4　抠像的综合应用

节目报道中的第一个镜头通常是“出镜主持人+内容提要窗”，如图8.1.24所示。主持人画面是在演播室蓝箱中拍摄完成的，需要对其进行抠像处理。U-EDIT非编提供了多种抠像工具，下面具体介绍其方法。

图8.1.24　抠像效果

Step 01 首先将需要进行抠像的视频素材、背景素材分别放置在故事板的轨道上，背景素材放置在下一层轨道，如图8.1.25所示。

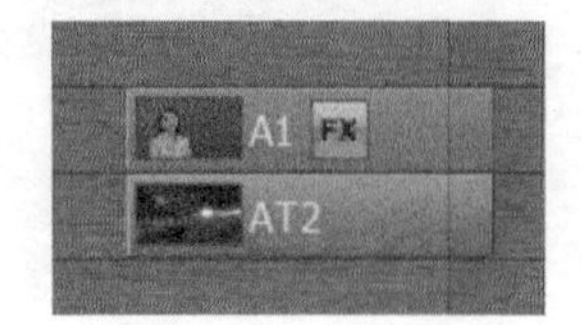

图8.1.25　抠像的准备

Step 02 选中需要抠像的素材，按回车键，打开特技调整窗，从特技列表中展开“键”特技列表，双击添加“高级色键”特技。

Step 03 选中右侧的“颜色选取”按钮，在预览窗口将变为钢笔取色工具，使用钢笔吸取需要抠除的颜色，即可完成一键式抠像处理。

Step 04 处理完成后，在故事板播放窗上可看到处理后的效果，如图8.1.26所示。

图8.1.26　抠像处理完成后的效果

Step 05 快速处理后的效果能否满足节目播出的质量要求呢？我们可以通过“键视图”来进行判断。在“键视图”中，可以看到主持人背景画面抠除的并不是很干净，通过右侧的微调工具进行调整，直到主持人背景画面变成纯净的黑色，如图8.1.27所示。

图8.1.27　通过键视图对抠像效果进行处理

Step 06 接下来切换到第三个预览视图，通过添加背景色来判断主持人画面抠除的质量。若人物边缘还有残留的蓝色，可以通过“抑色掩膜”对残留的蓝色进行单独处理。切换到“抑色掩膜”页签，使用手绘的方式，将人物边缘轮廓绘制出来，如图8.1.28所示。

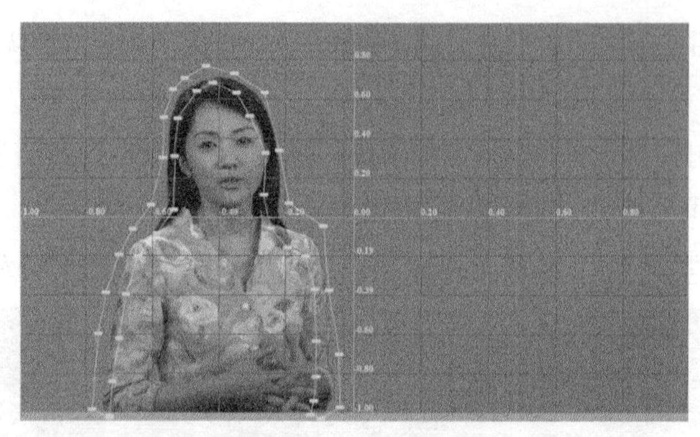

图8.1.28　勾勒人物轮廓

Step 07 选取之后，切换回“高级色键”页签，勾选右侧的抑色掩膜，并调整阈值参数，边缘残留的蓝色会被去除一些。

Step 08 除了残留的蓝色之外，边缘的轮廓也不是非常平滑。处理时，切换回键视图，调节下方的柔化参数，直至人物轮廓变平滑。然后切换回第三个视图，调节右侧的通道扩展参数，来进行通道收缩。

Step 09 调整之后，人物的边缘轮廓将变得平滑，残留的蓝色也被去除。

Step 10 关闭特技调整窗，在故事板上预览抠像效果。

以上就是使用高级色键进行抠像处理的方法。接下来通过一个实例来介绍日常节目中抠像处理的应用方法。

Step 01 将需要进行抠像的视频素材、背景素材分别放置在故事板的轨道上，背景素材放置在下一层轨道。

Step 02 预览素材。通过预览会发现在实际的蓝箱拍摄中拍摄效果很容易受到灯光、化妆等因素的影响，导致拍摄出的画面不够理想。我们看到的这个素材就是蓝箱背景大小比较有限，导致拍摄出的画面两侧有黑边，同时还有麦克风等物体入镜。

Step 03 遇到这种情况时，通常先对素材进行清除处理，然后再进行抠像，如图8.1.29所示。

图8.1.29　特殊抠像素材的处理

Step 04 选中素材，添加“高级掩膜”特技，分别使用矩形掩膜，选中素材两侧的黑边，对黑边进行裁切，如图8.1.30所示。

图8.1.30　通过“高级掩膜”对素材进行处理

Step 05 处理为纯净的蓝箱画面后，对素材进行抠像处理，双击添加“高级色键”特技。

Step 06 选中右侧的“颜色选取”按钮，在预览窗口变为钢笔取色工具，使用钢笔吸取需要抠除的颜色，即可完成一键式抠像处理。

Step 07 抠像之后，切换到键视图，通过预览，判断画面的背景是否抠除干净，若未抠除干净，通过右侧的微调工具进行调整处理，如图8.1.31所示。

图8.1.31　通过键视图对抠像效果进行处理

Step 08 调整之后，切换到第三个视图，添加背景，通过预览发现人物边缘有残留的蓝色，且边缘轮廓不是很平滑。我们通过抑色掩膜对残留的蓝色进行单独处理。切换到“抑色掩膜”页签，使用手绘的方式，将人物边缘轮廓绘制出来，如图8.1.32所示。

图8.1.32　勾勒人物轮廓

Step 09 选取之后，切换回“高级色键”页签，勾选右侧的抑色掩膜，并调整阈值参数，边缘残留的蓝色并不能被完全去除。

Step 10 切换回键视图，调节下方的柔化参数，直至人物轮廓变平滑；然后再调节右侧的通道扩展参数，进行通道收缩。

Step 11 切换回第三个视图，会发现人物的边缘轮廓变得平滑，残留的蓝色也被去除。

Step 12 关闭特技调整窗，在故事板上预览抠像效果。

Step 13 通过预览会发现主持人头部有闪烁问题，这是因为抠像时主持人头部反射蓝色较多，抠除时人物源画面损失较多，预览时背景画面透射出来。遇到这种问题时，可选中抠像素材进行复制，然后粘贴到上一层轨道，进行抠像素材的通道叠加。叠加后，素材的闪烁问题得到解决。

8.1.5　对画面进行颜色处理

在电视节目制作中，由于时间、天气等客观条件的限制，或是主观上的失误，可能造成前期拍摄的素材画面亮度失常、颜色偏移，也有可能在后期制作中需要达到一种增强的艺术效果。这种情况下，需要对素材进行画面的颜色处理。

U-EDIT非编提供了全系列的颜色校正工具，可以对原始素材的整体亮度、色度、色彩饱和度和对比度进行实时调节，可以对素材的暗部、中间色调、高光部分分别进行调节，也可以对素材进行局部颜色处理。

1. 高级校色的应用

首先介绍如何进行画面整体的颜色处理。在U-EDIT中，对素材的整体颜色处理可以使用“高级校色”特技来完成。

（1）选中基准参数，快速调整画面白平衡。

Step 01 选中故事板上需要添加特技的视频素材，按回车键，打开特技调整窗，从特技列表中展开“颜色校正”，双击“高级校色”特技加载到视频上。

Step 02 高级校色特技的调整窗中提供了多个调节区域，如图8.1.33所示，用于控制不同的参数信息。

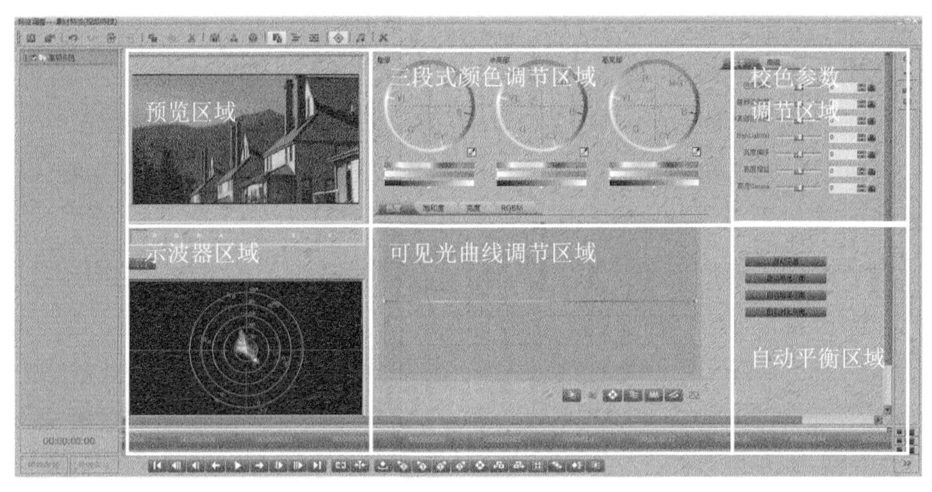

图8.1.33　高级校色面板图解

- 预览区域，用于查看调节后的镜头效果。
- 示波器区域，用于以示波器方式查看当前镜头的色度信息、亮度信息等。
- 可见光曲线调节区域，用于调整可见光的色度、饱和度、亮度、gamma曲线。
- 三段式颜色调节区域，以色盘和 HSV控件分别调节暗部、中亮部、高光部三个颜色区间。
- 右上方是校色参数调节区域，显示与颜色平衡相关的各项参数。
- 自动平衡区域，提供了自动平衡、自动高光平衡、自动暗部平衡、自动对比平衡按钮，用于对当前镜头进行自动颜色平衡。

Step 03 在三段式颜色调节区域中单击高亮部分的吸管工具，选择预览窗口中的白色部分（高亮部分），以高亮部分的参数为基准调整画面整体亮度。图8.1.34和图8.1.35所示为校色前后的对比效果。

图8.1.34　高级校色前

图8.1.35　高级校色后

Step 04 调节完毕后，可打开对比窗口，观看调整前后的效果。

Step 05 关闭特技窗口，在故事板播放窗预览到调节后的效果。

（2）调节亮度、色度等信息，模拟特殊的艺术效果。本例将制作黄昏时刻的环境效果。

Step 01 双击“高级校色”特技，加载到视频上。

Step 02 在可见光曲线调节区域切换到“RGBM页签”，调节亮度曲线，降低画面的亮度。在黄昏时刻天空已不再蔚蓝，故调节蓝色曲线，降低画面中的蓝色。

Step 03 在三段式颜色调节区域，分别调节高亮部、中亮部、暗部的颜色偏向黄色、红色区域。

Step 04 调节完毕后，可打开对比窗口，观看调整前后的效果，如图8.1.36和图8.1.37所示。

图8.1.36　高级校色前

图8.1.37　高级校色后

Step 05 关闭特技窗口，在故事板播放窗预览到调节后的效果。

2. 局部颜色校正应用

在U-EDIT中，除了可以对素材进行整体颜色处理之外，也可以对画面中的局部区域进行单独处理。素材的局部颜色调节可以使用“局部校色”特技来完成。

Step 01 选中故事板上需要添加特技的视频素材，按回车键，打开特技调整窗，从特技列表中展开“颜色校正”，双击“局部校色”特技加载到视频上。

提示：

局部校色特技调整窗中包括“局部校色”页签和“掩膜”页签。

- “局部校色”页签：用于调节选色区域和颜色调整参数，包括：预览区域、示波器区域、三段式颜色调节区域、可见光曲线调节区域、颜色选区参数调节区域、校色参数调节区域，如图8.1.38所示。
- “掩膜”页签：用于手动设置校色区域。

Step 02 在该素材中，使用鼠标在“局部校色”页签的预览区中选取需要调节的区域（鼠标在预览区域中会自动变为钢笔工具），首先选择“叶子”区域，如图8.1.39所示。

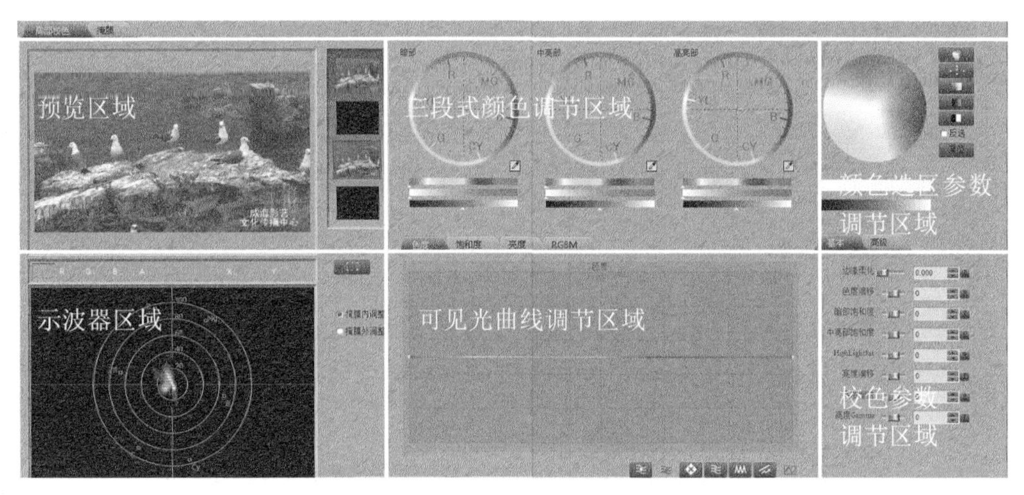

图8.1.38　局部较色面板图解

图8.1.39　局部较色区域选取

Step 03 选取颜色选区后，单击预览窗口的第四项“键视图”，查看区域选取状态，如图8.1.40所示。

图8.1.40　键视图处理

Step 04 调整校色参数调节区域中的“色度偏移”调整为20。

Step 05 使用同样方法，再添加一次“局部校色”特技，使用钢笔取色工具，选取海水区域。

Step 06 选取颜色选区后，单击预览窗口的第四项“键视图”，查看区域选取状态，并在右侧的颜色选区调节区域调整参数，使区域的选择更加完整。

Step 07 在三段式颜色调节区域，分别调节高亮部、中亮部、暗部的颜色偏向蓝色（海水的颜色）。

Step 08 调节完成后，可打开对比窗口，观看调整前后的效果。

Step 09 关闭特技调整窗，在故事板播放窗上看到到处理后的效果，如图8.1.41所示。

图8.1.41　局部校色处理后的效果

8.1.6　肤色校正

在蓝箱中拍摄主持人画面时，如果灯光打得不好，拍出来的画面中主持人的脸会显得特别的暗沉。这时就需要依靠后期来调整了，使用局部校色工具可以快速完成对主持人肤色的处理。

Step 01 选中轨道上的主持人素材，添加局部校色特技。

Step 02 使用钢笔取色工具选取出皮肤位置，如图8.1.42所示。

图8.1.42　使用钢笔工具选取皮肤位置

Step 03 通过右侧的微调工具进行调整，使肤色裸露区域尽可能完整的选取出来。

Step 04 选取完毕之后，切换到第三个预览视图，对选出的皮肤区域进行亮度调整。

Step 05 调整完毕之后关闭特技调整窗，在故事板上预览调整后的效果，如图8.1.43和图8.1.44所示。

图8.1.43　处理前

图8.1.44　处理后

8.1.7　制作四环嵌套效果

在U-EDIT非编中，多数三维特技均可以实现真三维空间旋转、穿越等效果，而且这些效果的制作方法也非常简单，通过几个参数的调整即可实现。下面就以实例的方式来介绍如何用三维碟片特技来制作四环嵌套效果，如图8.1.45所示。

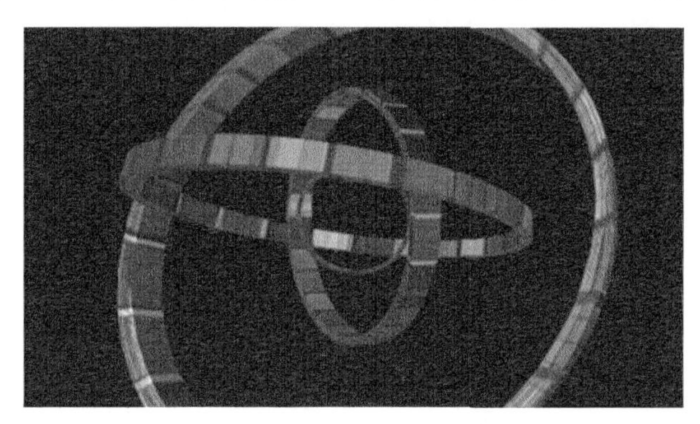

图8.1.45　碟片特技制作效果

1. 添加三维碟片特技

Step 01 将用于制作三维碟片效果的素材放置到故事板编辑轨道上，如图8.1.46所示。

图8.1.46　碟片特技制作

Step 02 选中最上层素材，按回车键，添加“特技”→“变形”→“碟片”，参照图8.1.47调节首帧参数。

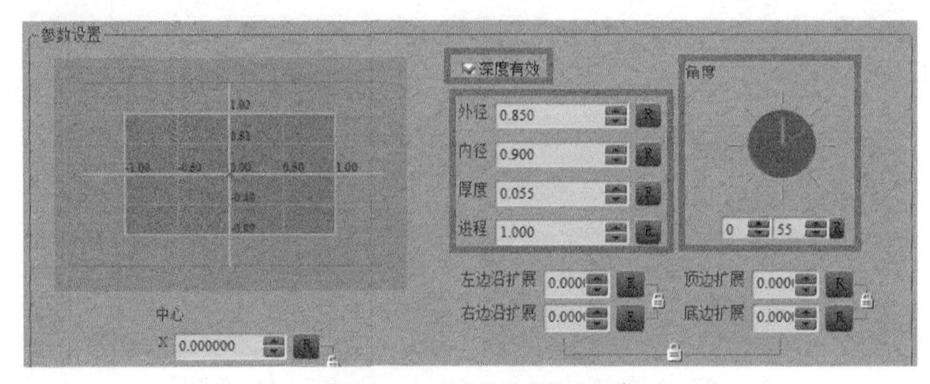

图8.1.47　碟片特技参数设置

Step 03 调节完成之后关闭窗口即可，复制该特技依次给到其他层，如图8.1.48所示。

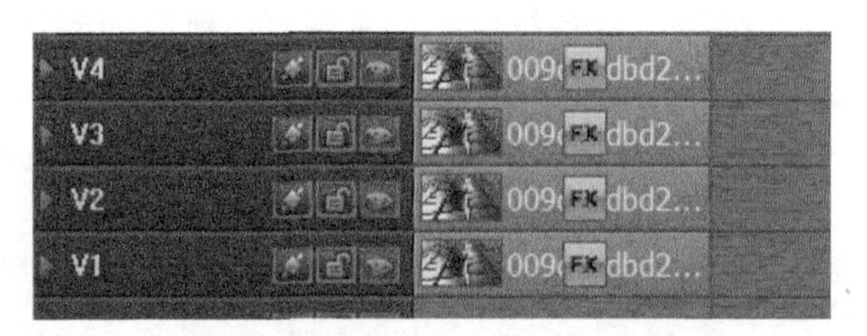

图8.1.48　制作好的碟片特技轨道效果

2. 添加通用三维特技

Step 01 选中最上层素材，按回车键，添加“特技”→“三维”→“通用三维”，参照图8.1.49调节首帧参数，参照图8.1.50调节尾帧参数，其他参数不变。

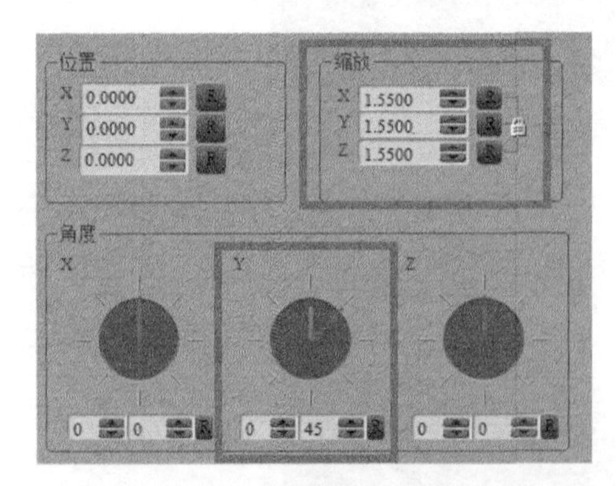

图8.1.49　通用三维特技首帧参数调整

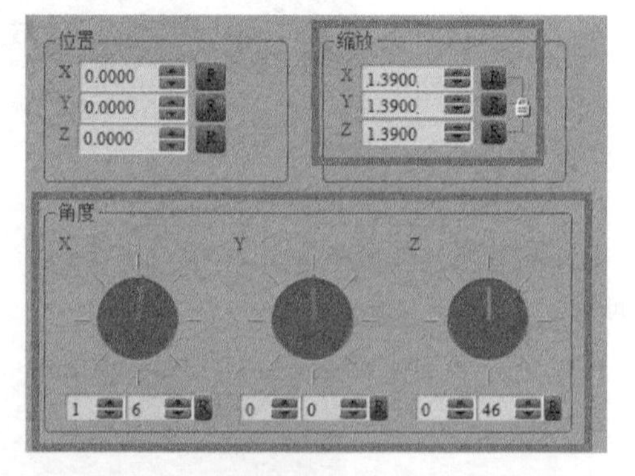

图8.1.50　通用三维特技尾帧参数调整

Step 02 选中紧邻的下一层素材，按回车键，添加“特技”→“三维”→“通用三维”，参照图8.1.51调节首帧参数，参照图8.1.52调节尾帧参数，其他参数不变。

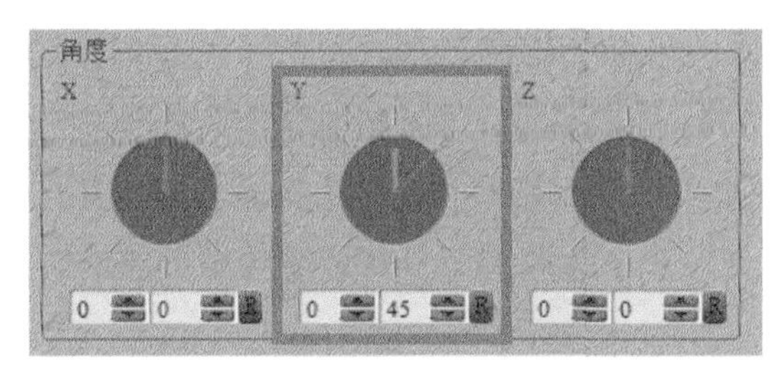

图8.1.51　通用三维特技首帧参数调整

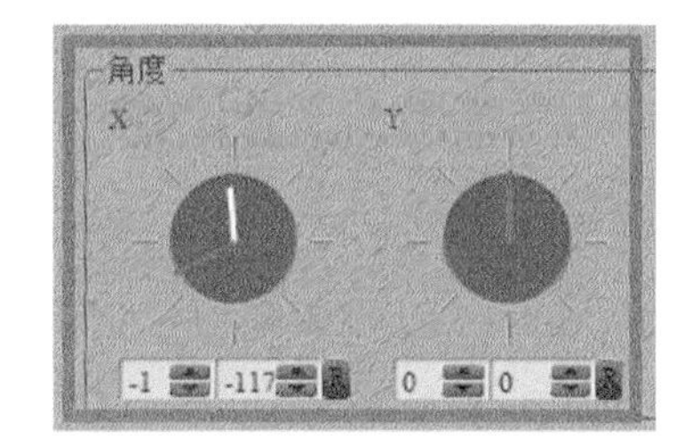

图8.1.52　通用三维特技尾帧参数调整

Step 03 选中紧邻的再下一层素材，按回车键，添加“特技”→“三维”→“通用三维”，参照图8.1.53调节首帧参数，参照图8.1.54调节尾帧参数且Y轴逆时针旋转，其他参数不变。

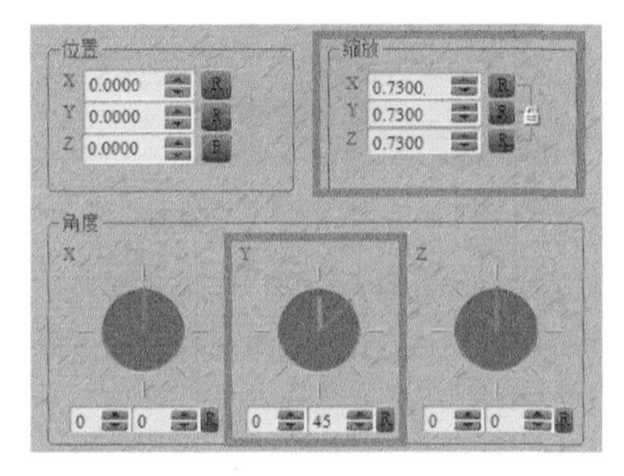

图8.1.53　通用三维特技首帧参数调整

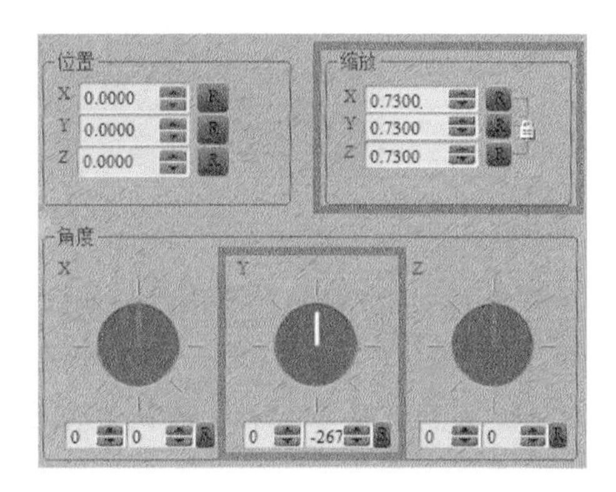

图8.1.54　通用三维特技尾帧参数调整

Step 04 最后选中最下层素材，按回车键，添加“特技”→“三维”→“通用三维”，参照图8.1.55调节首帧参数，参照图8.1.56调节尾帧参数且Y轴逆时针旋转，其他参数不变。

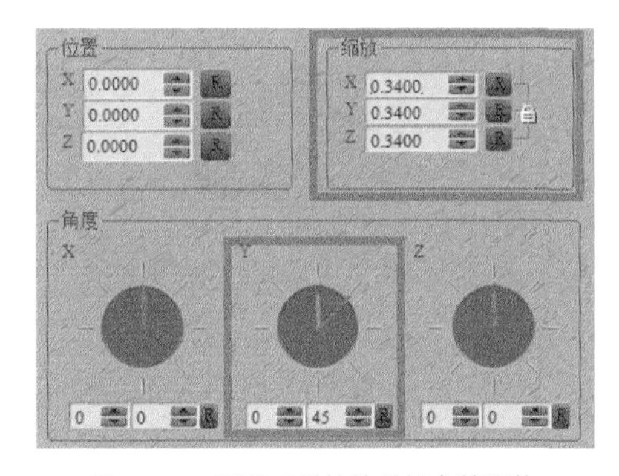

图8.1.55　通用三维特技首帧参数调整

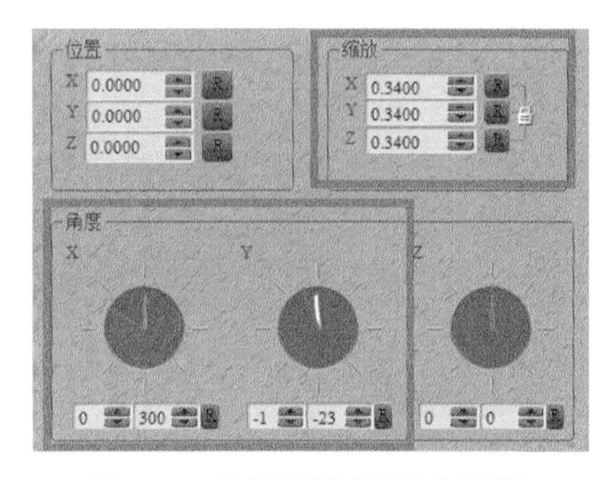

图8.1.56　通用三维特技尾帧参数调整

Step 05 关闭特技调整窗口，播放浏览，即可看到制作完成的效果。

8.1.8　制作粒子背景墙

现在综艺类节目非常多，粒子效果会给不同类别节目带来生机勃勃的活力，接下来我们通过U-EDIT非编的粒子特技来创作一个综艺类节目背景墙的粒子效果，如图8.1.57所示。

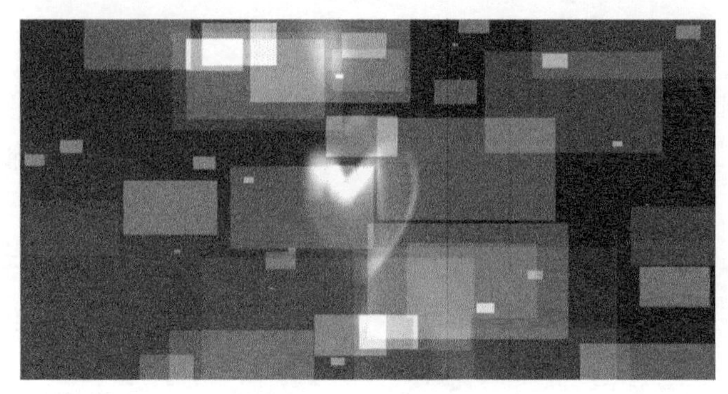

图8.1.57　粒子背景墙效果

Step 01 首先从资源管理器中拖拽一条素材放在故事板上，可以是字幕素材，也可以是视频素材。选中素材，按回车键或故事板特技图标，进入特技编辑界面，在特技列表中找到“粒子特技”，确认关键帧在起始点位置。

Step 02 在“形状”页签中设定粒子形状为“方形”形式，勾选“显示背景”，如图8.1.58所示。

图8.1.58　粒子背景墙的制作

Step 03 切换到“基本”页签。设置粒子喷射数量为40，开始粒子生命值为2.24，结束粒子生命值为0.50；粒子方向为360，粒子伸展度为0，开始粒子大小为5，结束粒子大小为0，粒子的宽和高设置为1；如图8.1.59所示。在右边的预览窗口拖动鼠标可以预览效果。

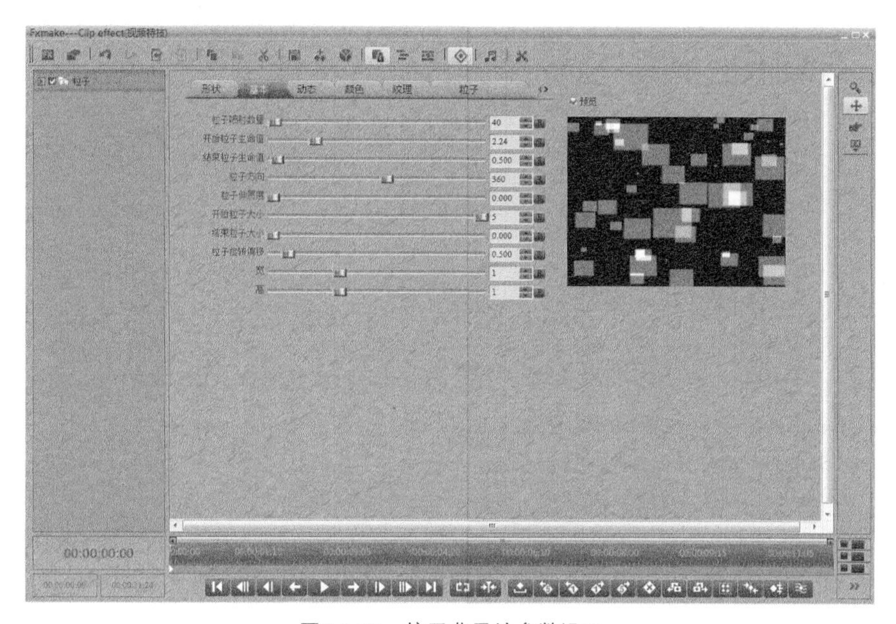

图8.1.59　粒子背景墙参数设置

Step 04 切换到“动态”页签，如图8.1.60所示，设置开始粒子和结束粒子的跟随参数，本例中都设置为0。

图8.1.60　粒子背景墙参数设置

Step 05 选择纹理中的方形纹理，如图8.1.61所示，在预览窗口中粒子效果略显饱满，颜色比较单一。

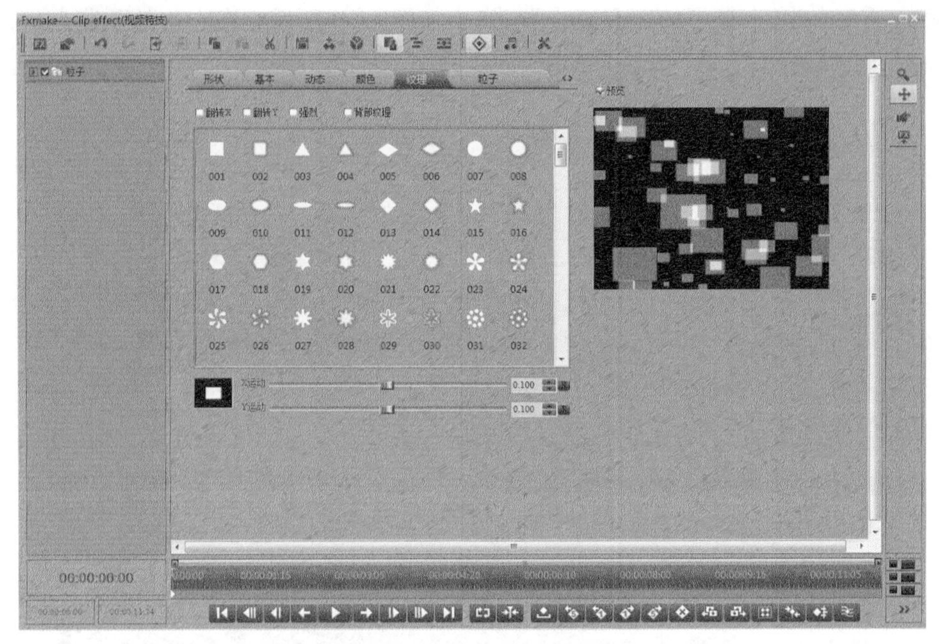

图8.1.61　粒子背景墙形状设置

Step 06 接下来调整颜色。选择“开始颜色”，设置为玫红色，选中“结束颜色”，设置为蓝色，如图8.1.62所示。关闭特技调整窗口，背景粒子效果就制作完成了。

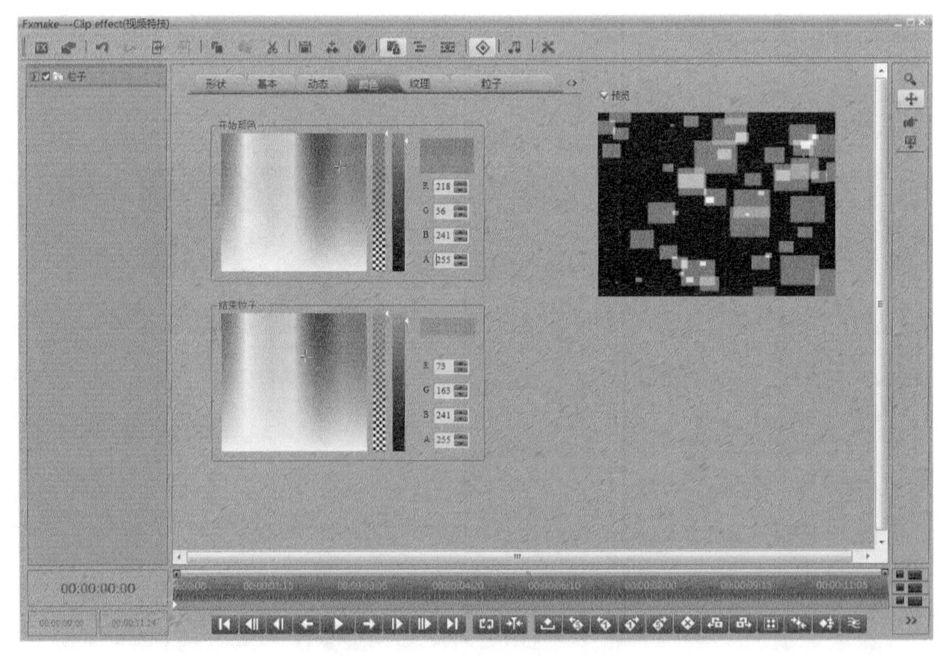

图8.1.62　粒子背景墙颜色设置

以上就是U-EDIT粒子的基本参数和实例应用的介绍，希望通过实例介绍能帮助读者更好地熟悉和使用U-EDIT非编的特技效果。

8.2　字幕制作实例

绚丽的字幕可以为视频节目增添艺术表现力，本节将着重介绍如何利用U-EDIT字幕系统来实现三维、动态字幕物件的制作。

8.2.1　制作三维标题字

醒目的文字标题无疑会更吸引观众的眼球，所以节目制作中经常会根据各种需要制作出不同的文字标题效果。通过U-EDIT非编字幕系统，可以使用系统预置的模板快速制作三维文字，也可以全新创建字幕，直接制作三维标题字效果。

本小节将介绍在U-EDIT字幕中如何制作立体感十足的三维标题字（如图8.2.1所示），希望能够起到抛砖引玉的作用。

图8.2.1　三维标题字的制作

（1）使用字幕模板中的文字效果，直接修改为所需要的文字内容。

Step 01 从字幕模板库中选择“三维标版”→“大标版”→“财经类”→“财经替换图”模板，拖拽到故事板轨道上。

Step 02 选中字幕，按快捷键T键，打开字幕，从字幕轨道上选中“上洋财经报道”三维金属字，按Ctrl+C组合键进行复制。

Step 03 在资源库中新建字幕项目素材，打开字幕制作界面，按Ctrl+V组合键，将之前复制的文字进行黏贴。

Step 04 选中“上洋财经报道”文字，将其修改为所需要的文字内容，修改完成之后调整文字的大小及位置。

Step 05 关闭并保存字幕，将制作好的字幕拖放到故事板轨道进行预览。

（2）直接创建三维文字，并同步制作动态效果。

Step 01 在资源库中新建“XCG项目素材”，单击“确定”按钮，进入到字幕制作窗口，选择标题字，在预览窗口输入并选中“中广上洋”文字，调节其字体类型、大小和位置。

Step 02 选中“中广上洋”，勾选“拉伸”参数，将文字转换为三维灰色材质字体；设定厚度为80，使用旋转工具，将该文字在X轴正方向给予一定旋转，以更好地展现出三维文字的立体效果。拉伸前后的效果如图8.2.2和图8.2.3所示。

图8.2.2　拉伸前

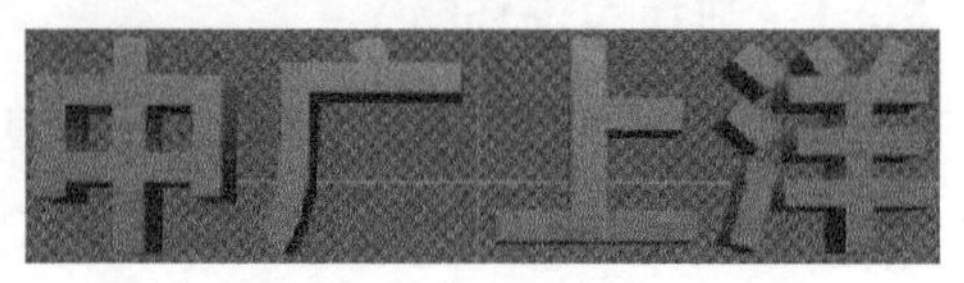

图8.2.3　拉伸后

Step 03 接下来对刚才做好的三维标题字赋予材质，可以使用不同质感的贴图，辅以光影效果，来制作铜字、钛金字、铝质字体等。选中文字，切换到“纹理管理”页签，双击要使用的贴图，即可将纹理效果赋予文字。

Step 04 为三维标题字打光，使得三维文字有光影效果，更好地呈现出立体感。选中文字，切到“光源”页签，系统提供了三个光源，如图8.2.4所示。

- 选择“光源1”作为主光源，使用鼠标左键移动窗口上的按钮，确定光照方向；然后调节光强度和距离，主光源强度较大。
- 选择“光源2”作为辅光源，同样设置光方向、强度和距离。
- 选择“光源3”作为辅光源，同样设置光方向、强度和距离。

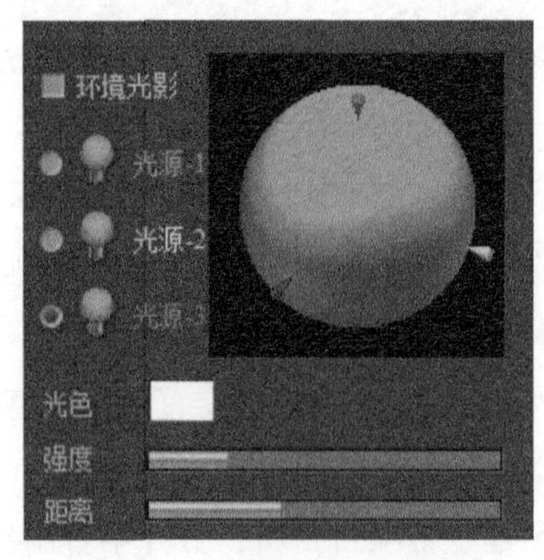

图8.2.4　光源投射方向的选取

至此，我们完成了带有光影效果的三维文字的制作，效果如图8.2.5所示。

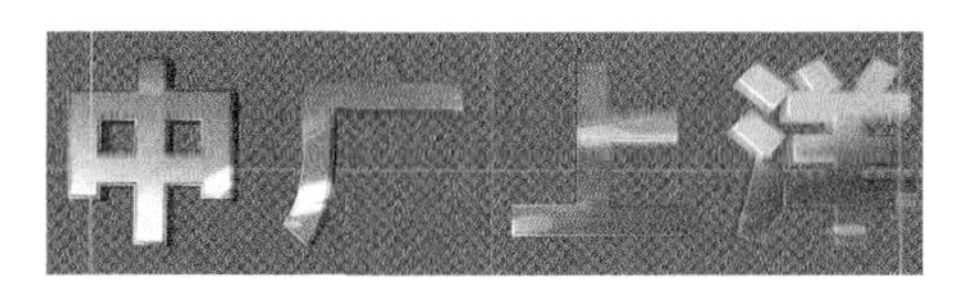

图8.2.5　带有光影效果的三维文字

上面介绍的是静态物件的制作，接下来对刚做好的三维标题字进行动态效果制作。

Step 01 切换到"时码轨"页签，调整该三维标题字在预览窗口中的位置，将字幕预览状态切换到动态。

Step 02 以该文字现在的状态为动画的终止状态，将时间线从首帧移动一定的时长，时间长度根据需求跟定。以4秒长度为例，时间线移动到4秒状态，选中文字，执行右键菜单中的"在当前时间状态设置关键帧"→"多轨状态转为关键帧"命令。

Step 03 选中轨道上的该标题字，右键展开层所有轨道，刚添加的关键帧就将显示出来，如图8.2.6所示。

图8.2.6　标题字在轨道展开

Step 04 移动时间线回到首帧。

Step 05 选中位置轨，移动该文字到预览窗左侧（移出预览窗），此时位移轨自动生成关键帧。

Step 06 选中大小轨，使用缩放工具，给文字一定缩放，X、Y、Z缩放为3，大小轨将自动生成关键帧。

Step 07 选中旋转轨，使用旋转工具，给文字一定旋转，首帧Y轴设置90度旋转。

Step 08 选中"alpha通道"，添加关键帧，移动时间线到下一位置（如10帧位置处），继续添加关键帧，调节第一个关键帧"alpha通道"数值为0。

Step 09 预览制作好的文字效果，关闭并保存字幕。将该素材拖到故事板上播放预览。至此，带有动态效果及光影效果的三维字幕就制作完成了。

8.2.2　制作三维饼图

三维饼图是使用率最高的三维图形，而且应该是做得最美观的图表的典型。在实际应用中，很多用户都会经常使用饼图，如财经分析、年终汇报、股票涨跌榜等，其立体的感官效果，更好地传达了其中所蕴含的信息。

U-EDIT非编字幕系统中能够快速制作带动画效果的三维饼图，下面以财经分析饼图为例来介绍具体的制作步骤，效果如图8.2.7所示。

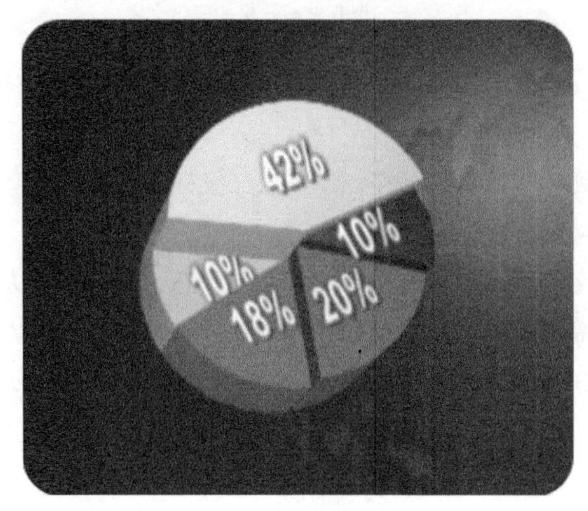

图8.2.7　三维饼图的制作

Step 01 新建“XCG项目素材”，单击“确定”按钮，进入到字幕界面。

Step 02 选择图像文件工具，导入准备好的图片，调整图片大小，使其铺满整个窗口。

Step 03 选择饼图工具，在素材编辑窗口中拖拽出一个矩形框。

Step 04 在弹出窗口中，设置数量为5、生长等待时间为0秒、生长时间为1秒、生长间隔为0.5秒、结束等待时间为6秒、结束时间为0.5秒、间隔为0.2秒，如图8.2.8所示，单击“确定”按钮。

Step 05 设置饼图的颜色。选择轨道上饼图，展开其中的饼图块，依次选中各饼块，在右侧属性窗设置不同的颜色，如图8.2.9所示。

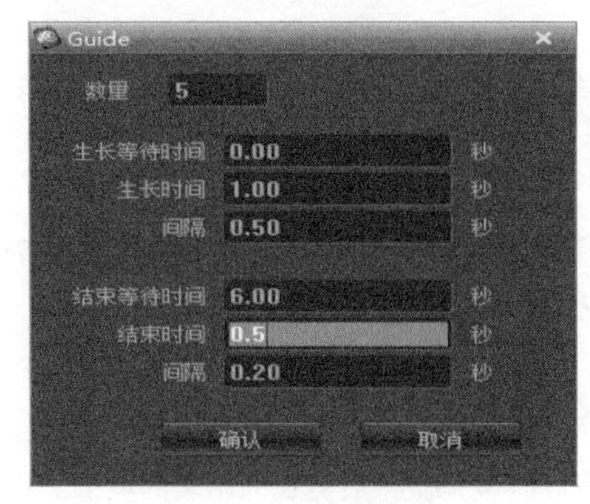

图8.2.8　饼图参数预置

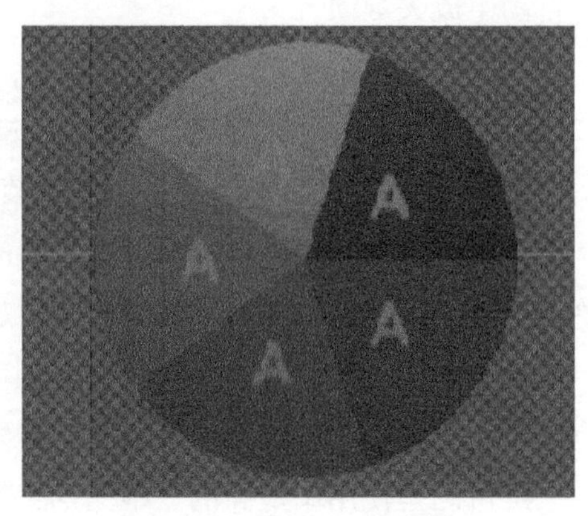

图8.2.9　预置好的饼图模型

Step 06 此时可以看到饼图整体显得比较暗，需要为饼图打光。切换到“光源”页签，选中饼图，分别设置主光和辅光，并调整光源的位置及强度，如图8.2.10所示，效果如图8.2.11所示。

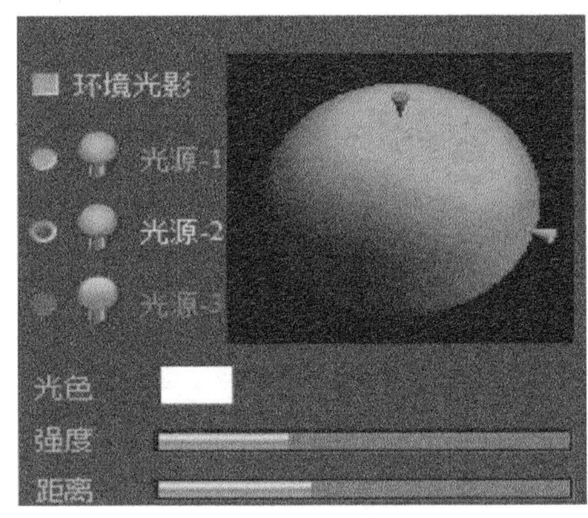

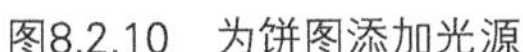
图8.2.10　为饼图添加光源

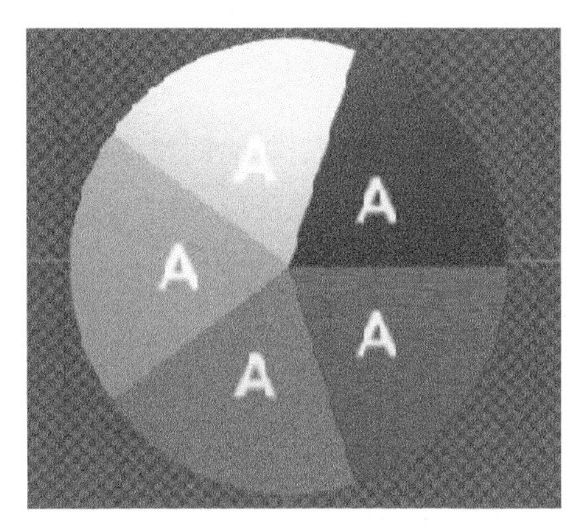

图8.2.11　添加光源后的饼图

Step 07 修改饼图的显示内容和生长信息等参数，各参数的功能如下所述。单击“表格”页签，参照如图8.2.12修改各参数。

- Value：在整个圆形的饼图中各个饼块所占的比例。
- ValueStart：初始的数值。
- Caption：饼图中的显示内容。
- Font：字体、颜色等属性。
- Thick：饼的厚度。
- XOffeset、YOffeset、ZOffeset：以饼的中心为圆点，偏离的距离。

Value(%)	ValueStart(%	Caption	Font	Thick	XOffset	YOffset	ZOffset
42.00	0.00	42%	A	150.00	0.00	0.00	0.00
10.00	0.00	10%	A	75.00	0.00	0.00	0.00
18.00	0.00	18%	A	82.50	0.00	0.00	0.00
20.00	0.00	20%	A	112.50	0.00	0.00	0.00
10.00	0.00	10%	A	131.25	0.00	0.00	0.00

图8.2.12　饼图的参数修改

Step 08 制作饼图动态效果，将字幕预览状态切换到动态。

Step 09 在时码轨页签，选中轨道上饼图，右键展开其大小、旋转、位移和alpha通道。

Step 10 选中位移通道，在首帧将饼图移动到左下方位置，然后向后移动时间线（20帧处），移动饼图到中心位置。为了使饼图的位移更加平滑，可切换到曲线调整方式，按住Alt键，拖拽调整饼图的运动轨迹为弧线。

Step 11 选中大小轨道，将时间线移动到首帧，添加关键帧；将时间线到下一位置（2秒05帧处），添加关键帧；选中首帧关键帧，修改其参数为X：0、Y：0、Z：0。

Step 12 为了更好地凸显饼图的立体感，选中旋转轨道，移动时间线到一定位置，选择旋转工具，进行旋转调整，在旋转轨道将自动添加关键帧。

Step 13 最后为了使饼图的出现更加柔和，可为饼图制作淡入效果。选中alpha通道，首帧添加关键帧；将时间线移动到10帧处，添加关键帧；选中首帧关键帧，修改其参数为0。如图8.2.13所示。

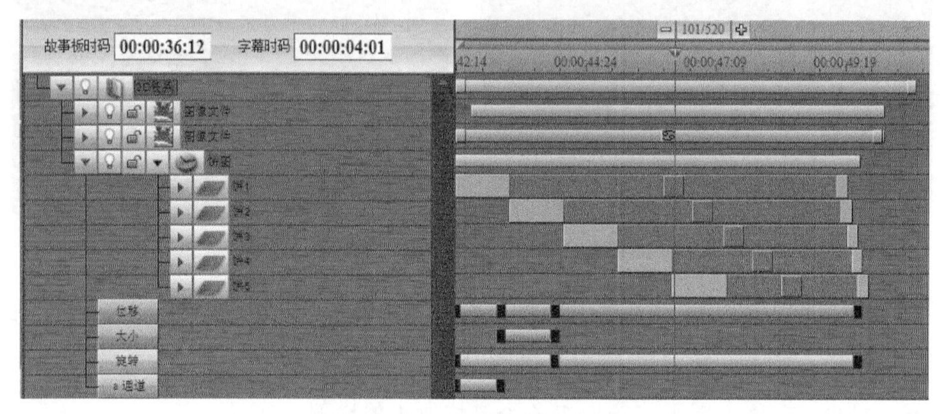

图8.2.13　三维饼图轨道展开

Step 14 为饼图制作好动态效果后，可在时码轨拖拽预览。关闭并保存字幕，将该字幕拖拽到故事板上观看效果。

8.2.3　制作三维柱图

在节目制作中，应用柱图的场景很多，如股票涨跌榜、经济增长、年终报表等。下面就以年终报表（如图8.2.14所示）为例，介绍柱图物件的应用方法。

图8.2.14　三维柱图的制作

Step 01 新建一个XCG项目素材，单击“确定”按钮，进入到字幕界面。

Step 02 选择柱图工具，在素材编辑窗口中拖拽出一个矩形框。在弹出的对话框中，设置生长等待时间为0.5秒、生长时间为0.5秒、生长间隔为0.5秒，如图8.2.15所示，单击“确定”按钮。

Step 03 选中柱图，在右侧的属性参数中，将类型设置为“Rectangle”，如图8.2.16所示。

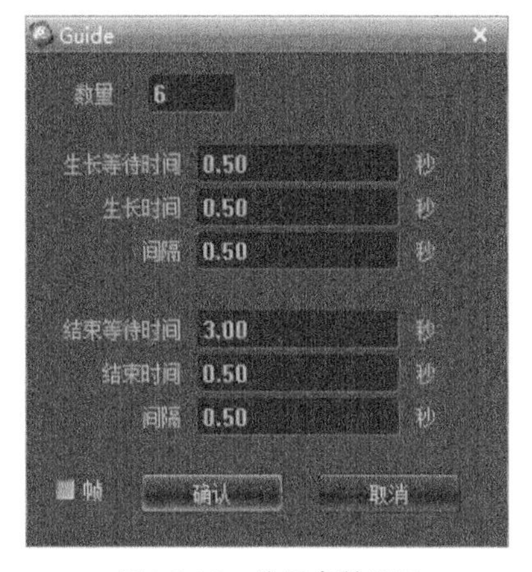

图8.2.15　柱图参数设置

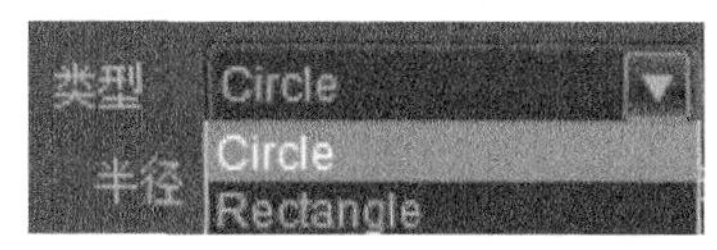

图8.2.16　柱图类型设置

Step 04 接下来修改柱体的颜色。可以选中柱图后整体设置颜色或叠加纹理，也可以按住Alt键选中单个柱图进行设置。这里我们将柱图整体设置为红色：选中柱图，在“纹理管理”页签中双击红色纹理，即可给柱图添加纹理。

Step 05 此时看到的柱图整体显得比较暗，可以为柱图打光。切换到“光源”页签，选中柱图，分别设置主光和辅光，并调整光源的位置及强度。

Step 06 修改柱图的内容：单击“表格”页签，修改柱图的显示内容和生长等参数，各参数的功能如下所述。参照如图8.2.17修改各参数。

- Value：柱体的最高值。
- ValueStart：柱体初始的数值。
- Caption：柱体上方的显示内容。
- Font：字体、颜色等属性。

Value	ValueStart	Caption	Font
950.00	0.00	6月	A
870.00	0.00	5月	A
750.00	0.00	4月	A
700.00	0.00	3月	A
600.00	0.00	2月	A
520.00	0.00	1月	A

图8.2.17　柱图参数修改

Step 07 下面为所用的物件制作动画效果，将编辑状态切换到动态状态。

Step 08 在时码轨道，选中柱图轨道，时码线移动到一定位置（1秒16帧处），在预览窗口执行右键菜单中的“在当前时间状态设置关键帧”→“多轨状态转为关键帧”命令，然后将添加的关键帧显示出来。

Step 09 将时间线回到首帧，选中位移轨道，使用移动工具，在X轴向右移动（500）；选中旋转轨道，使用旋转工具，在Y轴方向旋转60度；选中“alpha通道”，添加关键帧；选中该关键帧，将其参数值改为0，制作淡入效果。

Step 10 调整完毕之后，在字幕制作界面预览。关闭并保存字幕，将该字幕拖拽到故事板上观看效果。

8.2.4 制作三维翻牌

在U-EDIT字幕中，三维翻牌应用的场景很多。下面就以篮球比赛上场队员介绍（如图8.2.18所示）为例，讲解如何在实际中更好地应用翻牌物件。

Step 01 新建一个XCG项目素材，单击“确定”按钮，进入到字幕制作界面。

图8.2.18 三维翻牌的制作

Step 02 选择翻牌工具按钮。

Step 03 在素材编辑窗中拖拽出一个矩形框。在弹出窗口中，设置行数为5、列数为1；入等待时间为0秒、入时间为1秒、间隔为0.2秒、入方式设为从左往右；翻转等待时间为1秒、翻转时间为1秒、间隔为0.3秒、翻转方式设为从上往下；出等待时间为1秒、出时间为1秒、间隔为0.2秒、出方式设为从左往右。单击“确定”按钮，在预览窗口创建翻牌。

Step 04 选中翻牌，修改其属性参数：长为1000、宽为110、厚为50、列为1、列距为8、行距为30。

Step 05 接下来修改翻牌的颜色，同前面的立方体等物件的选择方式一样，可以选中翻牌整体设置颜色或叠加纹理，也可以按住Alt键选中单面的翻牌进行设置。这里我们将翻牌整体设为红色：选中翻牌，在“纹理管理”页签中双击“红色纹理”，即可给翻牌添加纹理。

Step 06 此时看到的翻牌整体显得比较暗，可以为翻牌打光。切换到“光源”页签，选中翻牌，分别设置主光和辅光，并调整光源的位置及强度。

Step 07 下面修改翻牌的内容。单击表格页签，双击表格里“Caption”列的数值，参照图8.2.19输入内容。“Caption”是翻牌中每个子图正反两面所带的文字内容。单击“Font”下面的A，可以在“属性”页签中修改翻牌内容的颜色、字号等属性。

Caption0	Font0	Caption1	Font1
A01 LEIZI	A	B01 TOMS	A
A02 BETE	A	B02 CANS	A
A03 TANY	A	B03 TIHUA	A
A04 JANS	A	B04 GAGA	A
A05 JACK	A	B05 COCO	A

图8.2.19　三维翻牌参数修改

Step 08 为翻牌制作动画效果。首先切换到动态状态，在时码轨道上选中翻牌，展开其旋转轨道，时间线移动到1秒处，选择旋转工具，给予X轴方向30度旋转；将时间线回到首帧，添加关键帧；打开关键帧参数设置窗口，给予Z轴360度旋转。

Step 09 完成之后关闭并保存字幕，拖拽到故事板上观看效果。

8.2.5　制作节日艺术字

在节日到来之际，电视节目也要传递出浓浓的节日气息。下面就以“中秋佳节”（如图8.2.20所示）为例来介绍如何在U-EDIT非编中制作节日艺术字。

图8.2.20　节日艺术字的制作

Step 01 在资源管理器中右键新建字幕项目素材，打开字幕制作界面。

Step 02 单击“图像文件”按钮TGA，导入准备好的艺术字图片，并调好图片大小及位置，如图8.2.21所示。

图8.2.21　导入节日艺术字

Step 03 选中标题字按钮，书写标题字“中”。

Step 04 选中标题字“中”，根据图片中艺术字的字体，将“中”字的字体调整为“方正粗倩简体”，并调整其字体大小，使其与图片中的文字大小和位置相匹配。

Step 05 选中调整好的“中”字，按住Shift键，双击文字，切换为文字点编辑模式，如图8.2.22所示。

图8.2.22　编辑节日艺术字

Step 06 选中“中”字最上方的两个点，向上拖拽至与图片的文字一致。同理，选中最下方的两个点进行拖拽，如图8.2.23所示。

图8.2.23　编辑节日艺术字

Step 07 选择“中”字最下方右侧的点，按住Insert键，单击鼠标左键，在该点的顺时针方向会增加新的点，选中该点，继续拖拽，使其与图片匹配，如图8.2.24所示。

图8.2.24　编辑节日艺术字

Step 08 依次增加并选中新的点，并拖拽与图片匹配。为了与图片文字的弧度匹配，可以按住Alt键，切换拖动点的模式为曲线或者折线，如图8.2.25所示。

图8.2.25　编辑节日艺术字

Step 09 调整完毕之后，按住Shift键，双击文字或双击预览窗的空白处，切换为文字显示模式，如图8.2.26所示。

图8.2.26　编辑节日艺术字

Step 10 使用同样方法，依次创建文字“秋”“佳”和“节”，分别进行调整，如图8.2.27所示。

图8.2.27 编辑节日艺术字

Step 11 为迎合节日喜庆气氛，选中文字，调节字体颜色为红色。制作完成后，关闭并保存字幕，将字幕素材拖拽到故事板轨道上进行预览，效果如图8.2.28所示。

图8.2.28 编辑完成的节日艺术字效果

提示：

- 选中文字，按住Shift键，双击文字，切换为点模式。
- 按住Insert键，选中原有点，单击鼠标左键，可添加点。
- 选中点，按Delete键，可删除点。
- 按住Alt键，可切换点模式为曲线或折线。

8.2.6 制作打字效果

U-EDIT提供了字幕打散播出的功能，利用它可以方便地实现打字效果。

Step 01 在资源管理器空白处右键新建“XCG项目素材”，进入字幕编辑窗口。

Step 02 选择标题字，输入一段文字，或者复制一段文字，直接黏贴进来。之后使用鼠标单击编辑窗空白处，退出文字输出状态。

Step 03 选中文字，调整文字的大小和位置。如果是多行文字组成的一段文字，为了保证文字折行对齐，可以将文字对齐方式设置为“分散对齐”。然后双击文字进入编辑模式，在文字最后一行敲击空格键，调补文字空缺，直到文字对齐。

Step 04 使用鼠标右键单击文字，执行右键菜单中的“标板→标题字”命令，如

图8.2.29所示。

Step 05 在特技间隔帧数设置窗中保持默认的间隔数值4，也可自行修改数值，如图8.2.30所示。数值越大，打字输出越慢。单击“确认”按钮，整段标题文字将转换为标版。

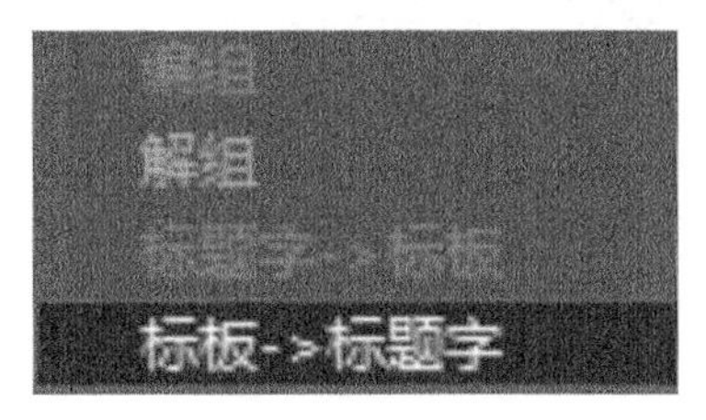

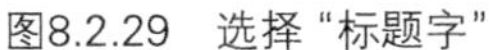
图8.2.29　选择“标题字”

图8.2.30　保持默认间隔数值

Step 06 在右侧的属性窗中选择“整体开放”模式，并设置为“散入散出”，如图8.2.31所示。

图8.2.31　选择整体开放模式

Step 07 关闭并保存后将字幕素材拖拽到故事板播放，可以看到逼真的打字效果。

8.2.7　制作台标及倒计时字幕

1. 台标字幕

在电视节目制作中，经常需要添加台标或倒计时字幕。这在U-EDIT非编中实现起来非常简单，下面具体介绍其制作方法。

Step 01 在资源管理器空白处右键新建“XCG项目素材”，进入字幕编辑窗口。

Step 02 选择图像文件工具TGA，导入准备好的台标文件。台标文件通常是PSD格式、带通道的TGA格式或者PNG格式。

Step 03 在预览窗口拖拽导入台标文件，并调整台标的大小及位置。

Step 04 调整后关闭并保存字幕，将制作好的台标字幕拖拽到故事板上，播放预览。

2. 倒计时字幕

Step 01 制作一个唱词字幕，输入倒计时时间，如图8.2.32所示。

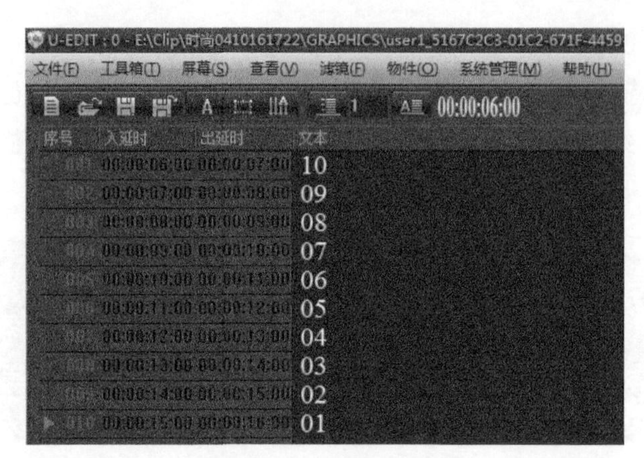

图8.2.32　创建唱词字幕

Step 02 设置字体的颜色、大小及类型。

Step 03 使用鼠标右键单击唱词首行的“位置”栏，调整唱词在屏幕中的显示位置（如放在右上角），如图8.2.33所示。

Step 04 打开“特技”页签，选择“快切”特技作为入特技，如图8.2.34所示。

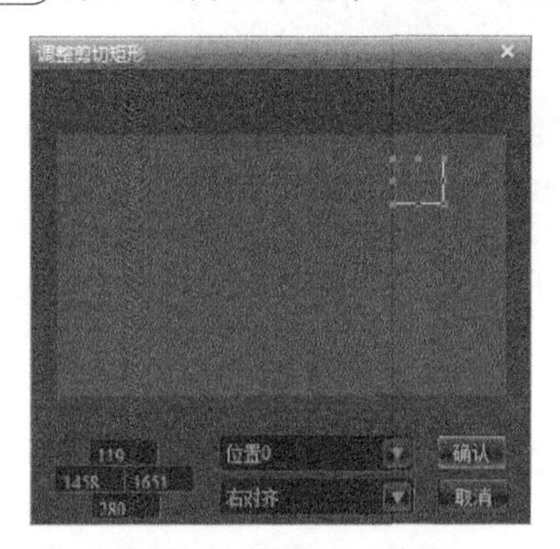

图8.2.33　调整唱词的位置

图8.2.34　选择唱词入特技

Step 05 使用鼠标右键单击“特技”，在弹出的属性设置框中将自动更新的长度设置为1秒，如图8.2.35所示。

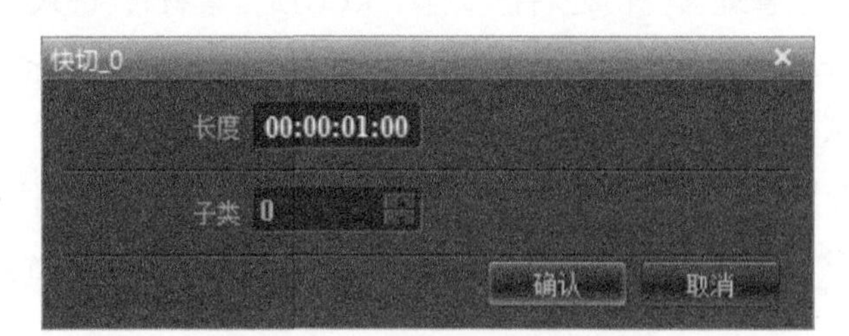

图8.2.35　选择自动更新长度

Step 06 保存并关闭唱词文件。

Step 07 将制作好的唱词素材放到编辑轨上。一个数字风格的倒计时字幕就制作完成了，效果如图8.2.36所示。

图8.2.36　倒计时字幕的制作

8.2.8　制作镜像字幕（倒影字）

文字倒影在后期包装中应用较多，成功的倒影制作可以较好地提升影片的艺术感染力。下面就来学习在U-EDIT系统中快速制作文字倒影的效果，如图8.2.37所示。

图8.2.37　镜像字幕的制作效果

Step 01 新建字幕项目素材，打开字幕制作界面，输入需要制作倒影效果的文字，如图8.2.38所示。

图8.2.38　输入文字

Step 02 选中文字，按Ctrl+C组合键复制，按Ctrl+V组合键粘贴，并移动新粘贴的文字，如图8.2.39所示。

图8.2.39　选中制作倒影文字

Step 03 单击需要作为倒影的下方的文字，执行右键菜单中的“设置旋转”命令，在弹出的对话框中设置X为180，如图8.2.40所示。

图8.2.40　为倒影设置旋转

Step 04 选中作为倒影的文字，在右边的文字属性中选择高级设置，切换至“遮罩”页签，打开设置窗口，参照图8.2.41选择遮罩图。

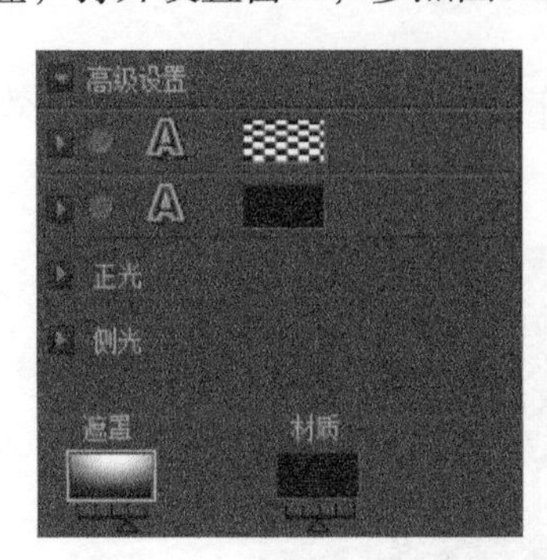

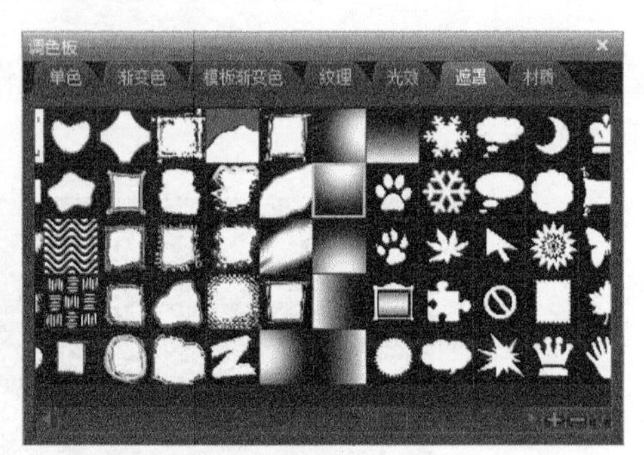

图8.2.41　选择合适遮罩

Step 05 选中文字，调整文字颜色，如图8.2.42所示，适当调整其透明度，使效果更加逼真。

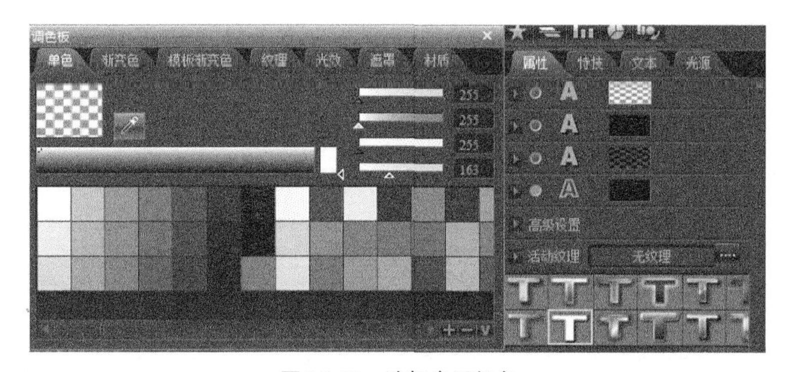

图8.2.42　选择合适颜色

Step 06 关闭并保存字幕，将制作好的倒影字幕拖拽到故事板上进行预览。

8.2.9　替换模板中的彩条图

在U-EDIT字幕模板库中提供了丰富的节目预告模板，掌握修改模板中的文字内容和替换彩条图片的方法，不仅可以高效完成节目制作，而且效果还会十分专业。下面就来介绍字幕模板替换的文字和图片的实现方法。首先介绍将模板中的彩条图替换为节目图片的方法：在字幕模板库中选择带彩条图的字幕模板，拖拽到故事板生成素材，如图8.2.43所示。

图8.2.43　替换模板中的彩条图

Step 01 将需要使用的视频节目素材双击调入到素材调整窗中，抓取单帧（快捷键为S），如图8.2.44所示，保存成BMP或TGA文件。

图8.2.44　将需要使用的素材抓取单帧

Step 02 在故事板编辑轨道上选中刚生成的字幕素材，单击 T 按钮，进入字幕制作系统。

Step 03 在字幕时码轨道上选中“彩条”图像文件（如图8.2.45所示），在右侧的属性框中单击图像文件设置按钮，指定为之前抓取的单帧图像文件，即完成了彩条图片的替换。

图8.2.45 选中彩条图像文件

Step 04 执行“文件”→“另存为”命令，保存现有修改且不影响原始模板，修改后的效果如图8.2.46所示。

图8.2.46 替换修改后的效果

Step 05 修改完图片内容之后，接下来修改其中的文字内容。常用的方法有以下两种。

- 在故事板轨道上选中需要修改的字幕素材，单击故事板中的T按钮或直接按快捷键I，进入字幕系统，对文字进行修改或调整。
- 在轨道上选中需要修改的字幕素材，按Alt+X组合键，在打开的“字幕替换”对话框中进行文字内容的快速替换和修改。

节目预告模板中的彩条图除了可以替换为节目单帧图片之外，还可以替换为节目视频，具体的操作步骤如下所述。

Step 01 将节目预告模板拖放到故事板编辑轨道上，播放预览，观察字幕模板中彩条出现和消失的位置，分别设置两个标记点（快捷键为F8键），如图8.2.47所示。

图8.2.47　根据彩条出现和消失的位置分别设置标记点

Step 02 将要播出的节目视频拖到故事板的字幕模板的上层轨道，与彩条入位置对齐，裁剪视频与字幕模板结束位置对齐，如图8.2.48所示。

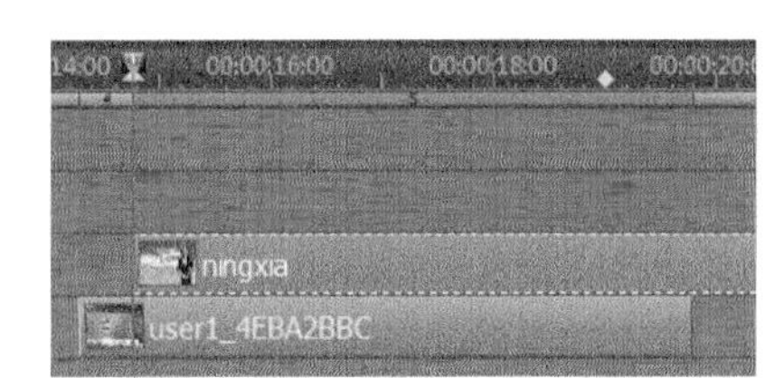

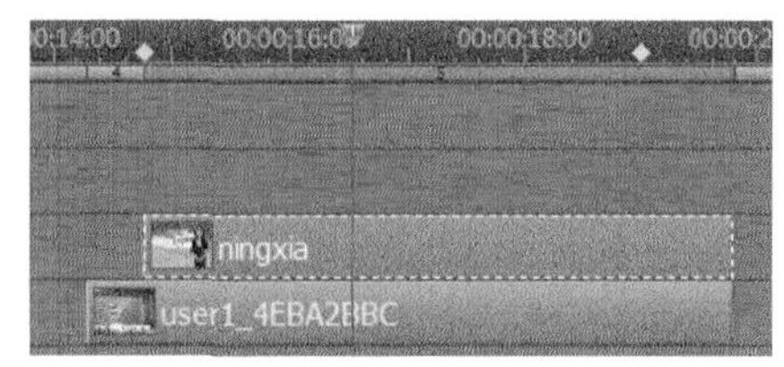

图8.2.48　选中并对齐彩条图像文件

Step 03 制作视频小窗口。给视频素材添加“二维DVE”特技，移到首关键帧位置，调整二维特技的缩放及位移与彩条图吻合，如图8.2.49所示。满意后关闭特技调整窗。

图8.2.49　对视频素材的位置以及参数进行调整

Step 04 为了让视频小窗口的出现和消失看起来更自然，可以通过轨道曲线调整来为视频窗口制作渐入、渐出效果。选中编辑窗下排的钢笔工具，右键单击视频素材，并执行右键菜单中的“添加特技”→“FADE”命令，如图8.2.50所示，在视频素材上将出现淡入淡出曲线。

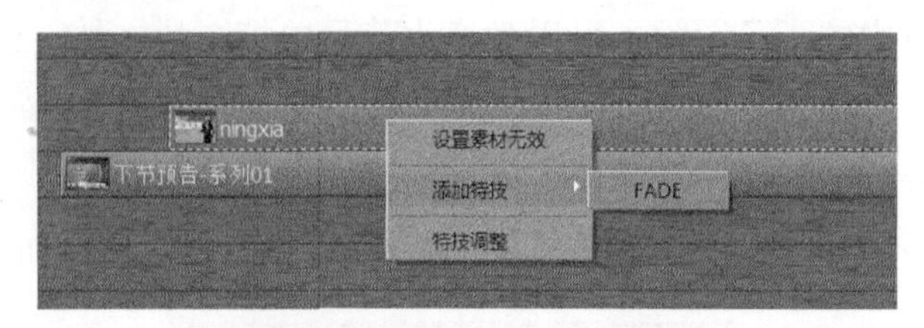

图8.2.50 添加“FADE”特技

Step 05 在第一个标记点位置处单击曲线，添加曲线上的第一个关键点；后移1秒左右，添加第二个关键点；向下拉动第一个关键点到最低点，即可完成视频渐入效果的制作。

Step 06 在第二个标记点位置处，添加曲线上第三个关键点；后移1秒左右，添加第四个关键点；向下拉动第四个关键点到最低点，即可完成视频渐出效果的制作，如图8.2.51所示。可微调关键点位置，满意后取消钢笔工具。

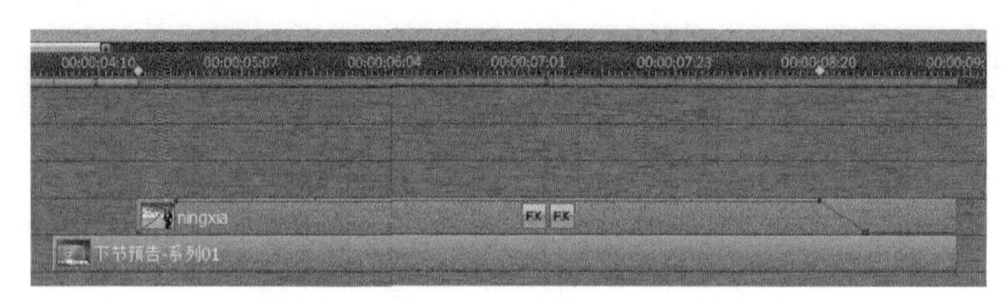

图8.2.51 用钢笔工具调整视频淡入淡出效果

Step 07 关闭字幕模板中的“彩条”图。选中轨道上的字幕模板，单击进入字幕制作系统。

Step 08 在字幕时码轨上选中“彩条”图像文件，将其轨道头的显示按钮点为隐藏。

Step 09 另存字幕模板，退出字幕制作系统。至此，完成了替换节目预告模板中的彩条图片为节目视频的工作。替换完视频内容之后，仍可以对其中的文字内容进行快速替换和修改。

8.2.10 制作字幕中的光效

在制作字幕时，添加适当的光效可以很好地提高视觉效果。下面以实例来讲解如何在字幕中制作光效效果。

1. 加载光效源

Step 01 从字幕模板库中拖拽一段字幕素材到故事板上，按T按钮，进入字幕编辑模式，单击多边形工具按钮，在预览窗口用鼠标拖拽，创建多边形物件，如图8.2.52所示。

Step 02 选中多边形物件，在右侧属性栏中展开“高级设置”，选择遮罩，如图8.2.53所示。

图8.2.52　创建多边形物件

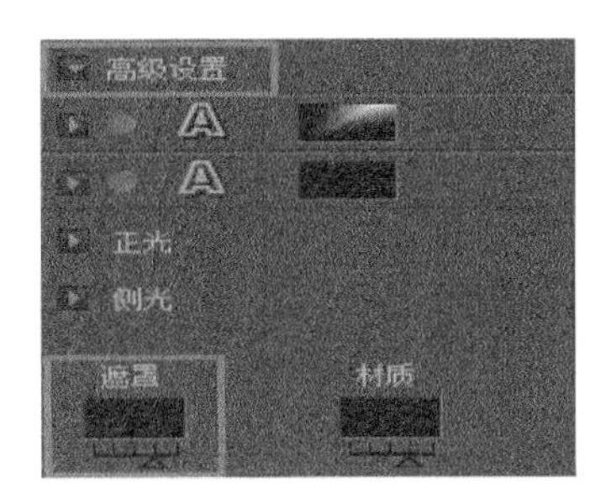

图8.2.53　选择遮罩

Step 03 用鼠标左键单击“遮罩”，打开调色板遮罩窗口，选择所需要的光效遮罩文件，如图8.2.54所示。

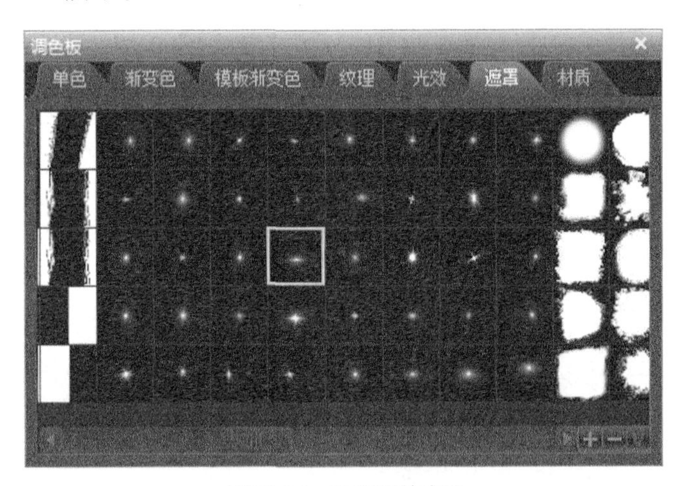

图8.2.54　选择光效遮罩

Step 04 这样就实现了在字幕系统中创建光效物件，效果如图8.2.55所示。

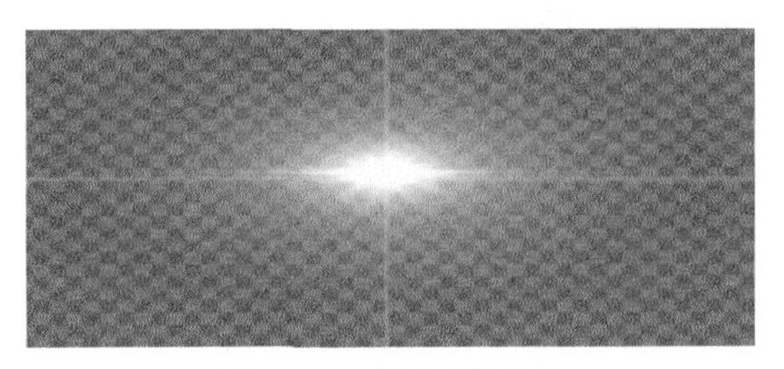

图8.2.55　创建光效物件

Step 05 若要制作不同颜色的光效，只需选中制作好的光效文件，在属性栏中设置光效的颜色即可。

2. 制作动态光效字幕

Step 01 单击工具栏上的动态按钮，转为动态编辑模式。

Step 02 在时码轨上拉动时间线选择光效的入点，然后调整光效的位置，可以看到位移轨创建了关键帧，如图8.2.56所示。

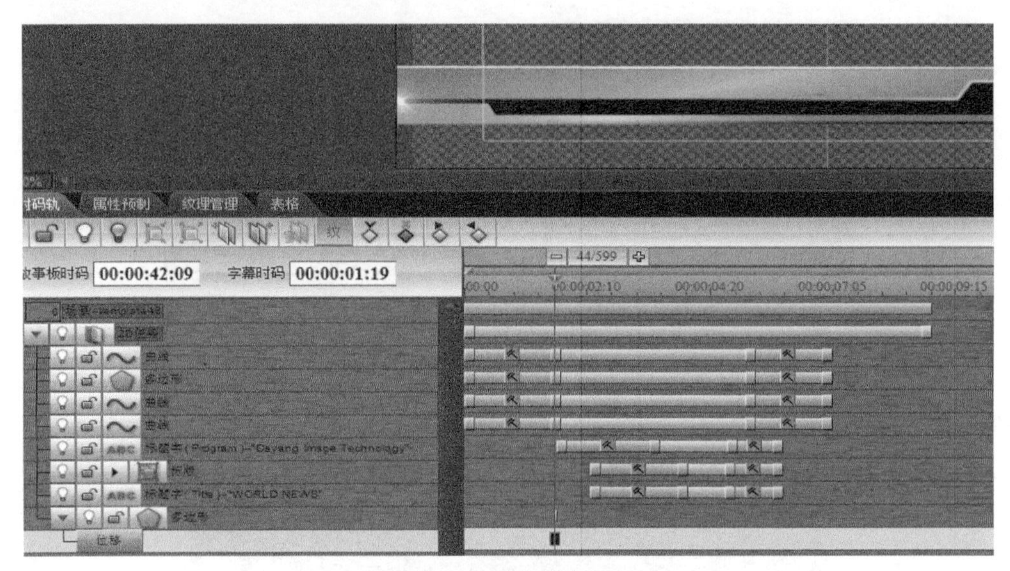

图8.2.56 位移轨创建关键帧

Step 03 继续调整时间线到下一位置，然后改变光效位置，就会生成动态轨迹。以此类推，完成光效物件的动态轨迹设置，如图8.2.57所示。

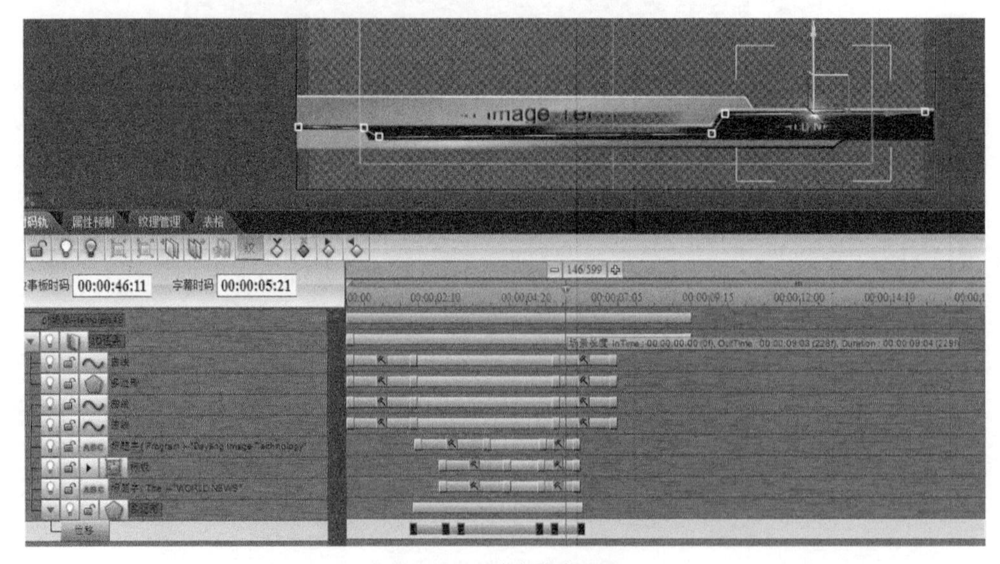

图8.2.57 动态轨迹设置

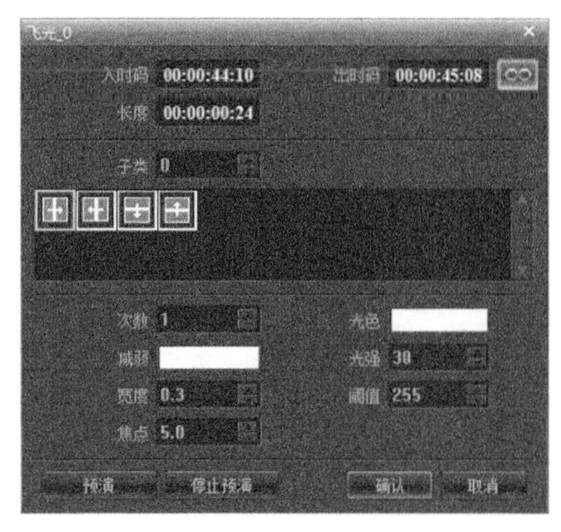

图8.2.58　时码轨道上调整飞光特技时长

Step 04 为光效添加淡入淡出效果。在时码轨到上选中多边形光效，单击鼠标右键，选择展开 alpha通道。

Step 05 选中alpha通道，将时间线移到光效入点，然后单击添加关键帧；将时间线后移10帧，再创建一个关键帧；单击第一个关键帧，在右侧弹出的对话框中将alpha值设为0，第二个关键帧的值设为1。这就完成了淡入效果，使用同样方法制作淡出效果。

Step 06 为标题字添加飞光效果。选中标题字，移动时间线到适当位置，在“特技”页签下的停留特技中选择“飞光”，单击右侧的按钮可对飞光属性进行设置，如设置“飞光”次数为2次，如图8.2.58所示。在时码轨道上拖拽调整飞光特技时长。使用同样方法，也可以添加其他类型的特技。

Step 07 保存关闭制作好的字幕，然后拖拽到故事板上预览效果。

8.2.11　制作动态光效曲线

在节目包装中经常会用到动态的光效曲线，下面介绍在U-EDIT中制作动态光效曲线的方法。

Step 01 在资源管理器空白处右键新建“XCG项目素材”，进入字幕编辑窗口。

Step 02 单击曲线工具按钮，在预览窗口用鼠标拖拽，创建开放曲线，设置曲线笔宽为36，并调整曲线的圆滑程度，如图8.2.59所示。

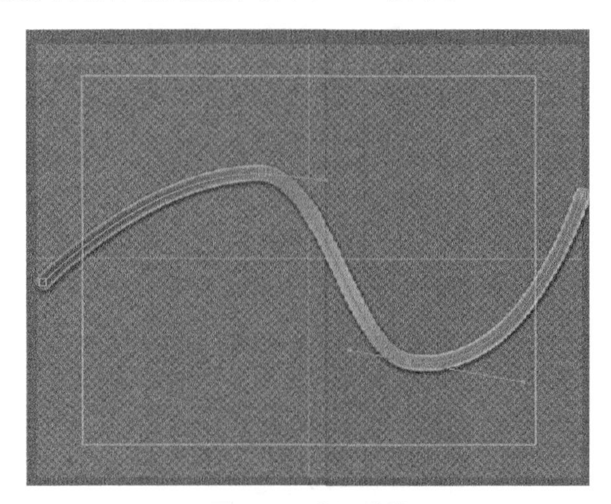
图8.2.59　设置曲线

Step 03 在字幕预览窗口选中曲线物件，在右侧属性栏中选择“活动纹理”对应的按钮，打开资源管理器，为曲线添加光效图，如图8.2.60所示。

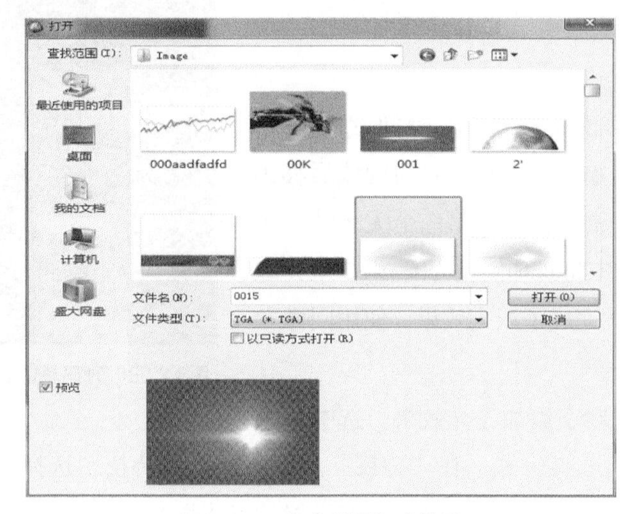

图8.2.60　为曲线添加光效图

Step 04 添加完光效图之后，勾选右侧属性栏中的“作为轨迹物件”参数。

Step 05 在字幕预览窗口选中曲线物件，展开“活动纹理”参数，将贴图方式设置为“平铺”，如图8.2.61所示。此外，也可根据效果需要调整运动速度等其他参数。

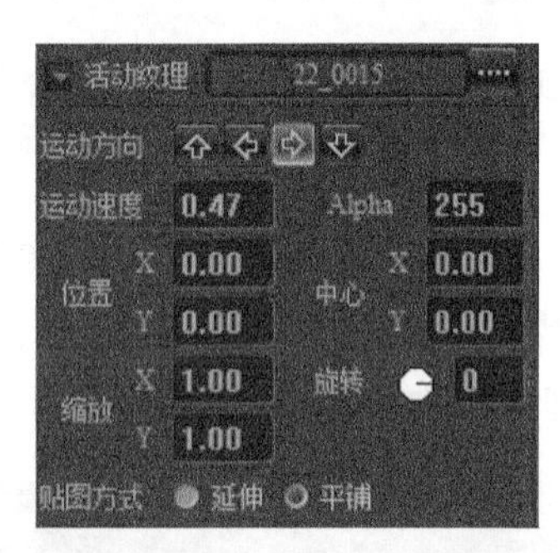

图8.2.61　设置活动纹理参数

Step 06 在字幕预览窗口选中曲线物件，在右侧属性栏中切换到“光源”页签，调整光源强度及位置，如图8.2.62所示。

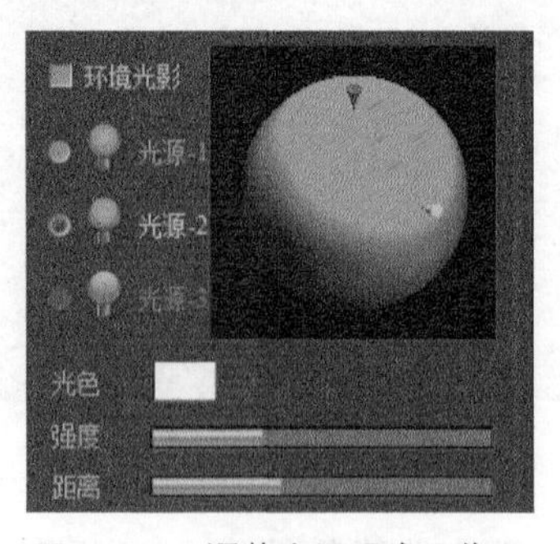

图8.2.62　调整光源强度及位置

Step 07 将字幕预览状态切换到“动态”，播放预览制作完成的动态光效曲线。

Step 08 根据需要可以制作多条动态光效曲线。选中该条动态光效曲线，在字幕制作界面中复制粘贴即可。

Step 09 如果需要不同颜色的光效曲线，可在字幕预览窗口选中曲线物件，调整当前光源光色即可。最终效果如图8.2.63所示。

图8.2.63 制作效果

8.2.12 二维标版的应用

在U-EDIT中制作比较复杂字幕的时候，可能希望字幕物件整合、轨道结构精减或是快速制作统一的入、出特技效果，这时可以借助标板功能来实现。

U-EDIT中的标板具有一些特殊的属性，通过设置这些属性，可以定义不同的入出效果，下面以实例制作进行介绍。

1. 标版的制作

Step 01 创建字幕项目素材，打开字幕制作界面。制作多个基本物件，例如制作简单的新闻标版，添加椭圆、多边形和标题字三个物件，在“属性预制”页签下添加纹理，如图8.2.64所示。

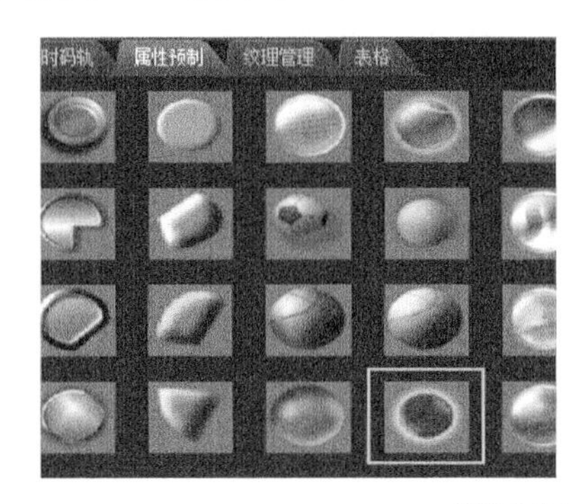

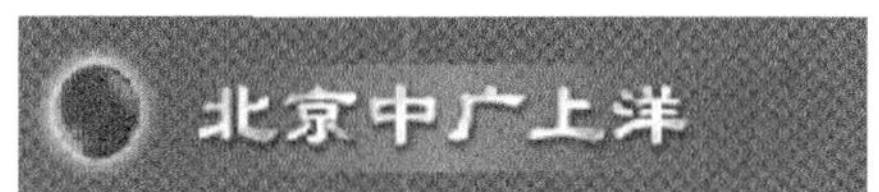

图8.2.64 添加三维物件

Step 02 按住Ctrl键，将需编组的物件逐一选中。如果多个物件不好点选，也可在任务栏按Ctrl键进行选择，如图8.2.65所示。

图8.2.65　将编组的物件逐一选中

Step 03 在素材编辑窗口单击鼠标右键，执行右键菜单中的“编组”命令，选中的物件将被编成一个标版。编组前后的效果如图8.2.66和图8.2.67所示。

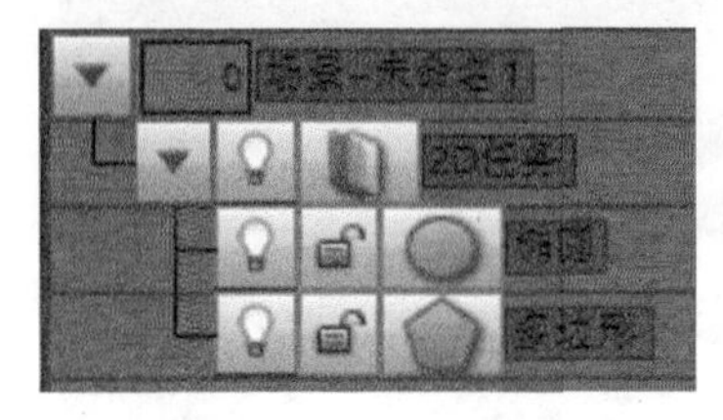

图8.2.66　编组前

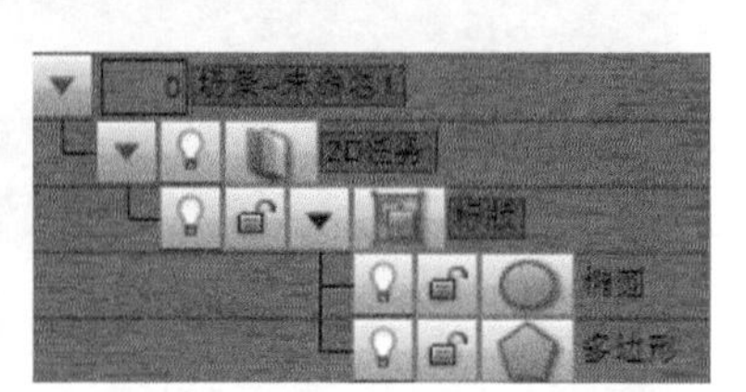

图8.2.67　编组后

2. 标板属性

系统提供了逐项、整体、开放和闭合四个状态，不同的组合可以实现标版不同的入出效果，如图8.2.68所示。

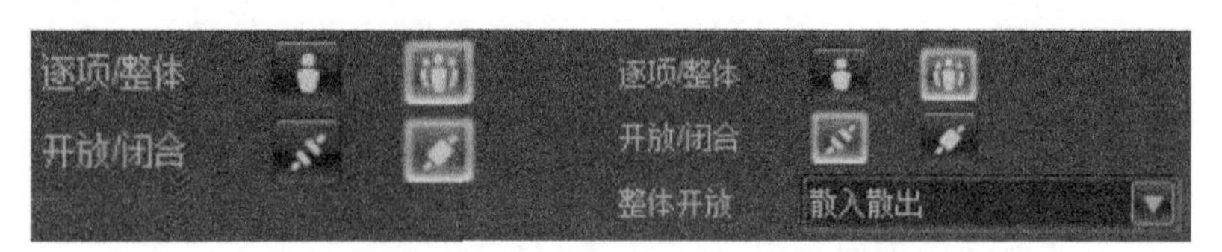

图8.2.68　通过不同组合实现不同效果

Step 01 本例中，我们要为标版添加整体属性，所以选择“整体”和“闭合”状态。

Step 02 为标版和标题字分别添加入出特技：选中标版，添加入特技“划像”，添加“Blur”出特技；选中标题字，添加入特技“卷页”，添加“淡入淡出”出特技；然后通过预览可以看到标版的两个物件有了统一的入出效果。

3. 保存为预制标版

若想将已做好的标板保存起来，需选中标板，然后在“属性预制”页签中单击右下角“+”添加按钮，设置保存的名称，即可存为一个标版预制。

Step 01 选择标板工具按钮，双击属性预制页签中的预制类型。

Step 02 在素材编辑窗口按住鼠标左键拖动出一个矩形框，设置特有属性，如图8.2.69所示。

图8.2.69　使用系统预置标版

4. 标版编辑与修改

当需要对标板进行再次修改时，只需双击选中的标板即可进入到标板编辑状态，对其进行修改形状位置、增加新的物件等操作。修改完成之后，再次在素材编辑窗口中双击鼠标左键，便退出编辑状态，自动变为标板。

需要注意的是，这种操作方式并不是将标板真正解组，而是一种针对选中标板的临时解组状态，用于对标板的临时修改，在做完修改后仍将恢复原标板状态。

在U-EDIT字幕系统中制作完成后退出时，有时会遇到“请退出正在编辑的标版”的提示，如图8.2.70所示，导致无法退出字幕系统。具体的解决方法如下所述。

图8.2.70　标版编辑与修改

Step 01 在弹出的提示窗口中单击“确认”按钮，关闭该窗口。

Step 02 在素材编辑窗口中的空白处双击鼠标左键，退出标版编辑状态。

Step 03 此时就可以正常关闭字幕制作窗口，退出字幕制作界面了。

5. 标版解组

如果标版中的物件较少，不需要再以标版形式存在时，可以将标版解组。其操作方法为：首先选中需要解组的标板，在素材编辑窗单击鼠标右键；在弹出的菜单中执行“解组”命令即可。

8.2.13　制作竖排文字和空心圆

U-EDIT非编字幕系统在标题字制作中经常会用到竖排的方式，其具体的操作步骤如下所述。

Step 01 创建字幕项目素材，打开字幕制作界面，单击标题字工具按钮，在下方属性区的“排版方式”中选择“列显左打”，在预览窗口使用鼠标拖拽创建文字输入框。

Step 02 切换到中文输入法，先输入中文字，在本例中输入文字“中国”，如图8.2.71所示。

Step 03 按Shift+空格键切换，实现竖排的数字输入，在本例中输入数字“1949”。

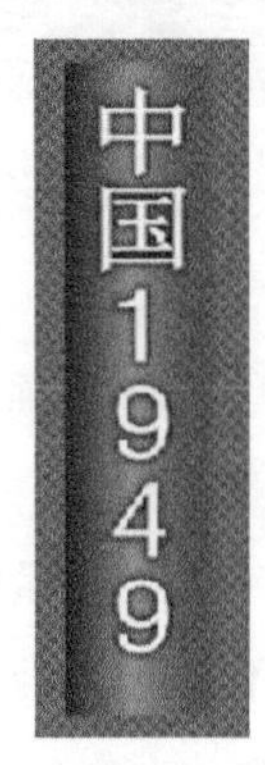

图8.2.71 输入竖排文字

在节目制作中，有时会用到空心字或是圆环，其具体方法如下所述。

Step 01 新建字幕项目素材，打开字幕制作界面。

Step 02 单击“标题字”工具按钮，创建二维标题字。

Step 03 在预览窗口选中二维标题字，在右侧属性页签中调整其属性参数。

Step 04 为了制作出空心的效果，需要取消面、立体边、阴影设置；点选周边参数设置，并点选“空心”参数；根据需要设置设置宽度，进行颜色修改。

Step 05 满意后，关闭并保存字幕。同理也可以制作圆环的效果，如图8.2.72所示。

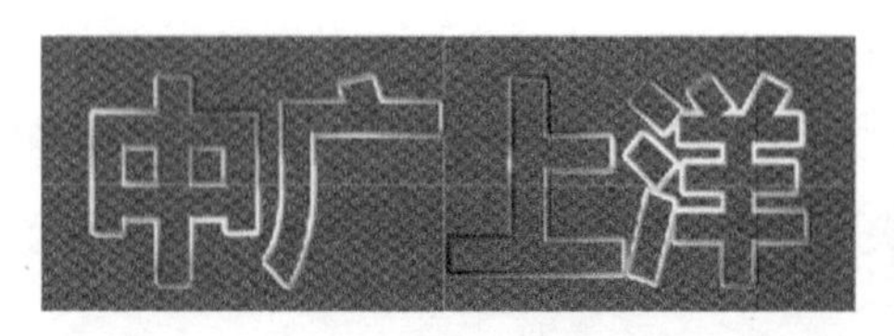

图8.2.72 制作空心文字与空心圆

8.3 节目制作实例

非线性编辑的核心是节目制作，本节将介绍如何使用U-EDIT来制作商务宣传片、新闻片头、水墨片头、儿童相册、婚庆MV等综合节目。

8.3.1 制作商务宣传片

商务类宣传节目在包装制作中是常见的，使用U-EDIT可以轻松完成此类节目的包装。下面就来介绍使用U-EDIT制作商务宣传片的方法，效果如图8.3.1所示。

图8.3.1　商务宣传片的制作效果

1. 虚拟素材的制作

在商务宣传片制作之前，先来介绍虚拟素材的制作。

虚拟素材，是指将若干素材打包作为一个整体来体现，可以对虚拟素材进行整体调整，如整体添加特技等。

生成虚拟素材的操作方法为：先将两个素材到故事板轨道上对齐，按快捷键S键，快速打入出点，在故事板轨道上入出点区域空白处执行右键菜单中的“生成虚拟素材”命令，如图8.3.2所示，即可生成虚拟素材。

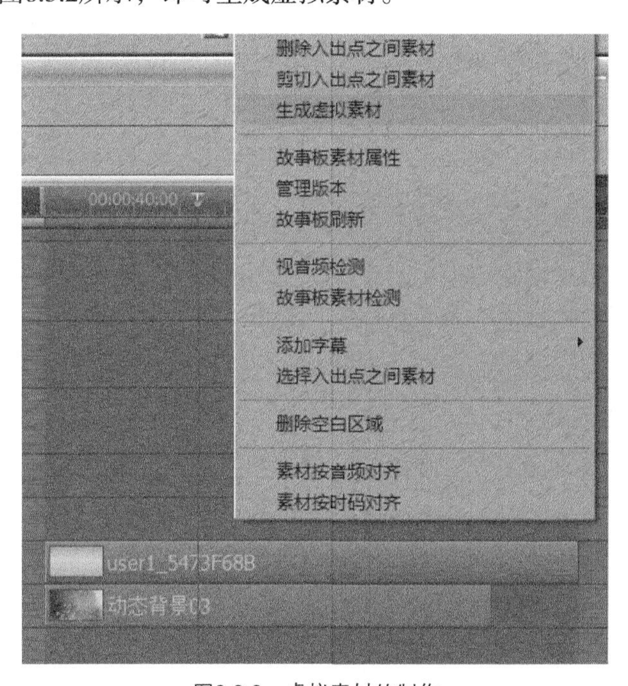

图8.3.2　虚拟素材的制作

2. 商务宣传片的制作

具体的操作步骤如下所述。

（1）首先将预置好的视频背景素材、音频素材放置于故事板上对齐，如图8.3.3所示。

图8.3.3　背景及配音素材布局

（2）为增强视觉艺术体验，可利用字幕工程制作出多边形亮点闪烁效果，如图8.3.4所示。

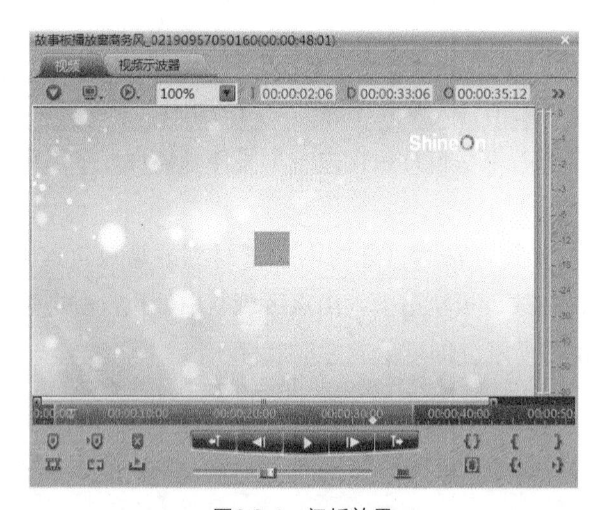

图8.3.4　闪烁效果

Step 01 利用字幕项目文件制作一个的蓝色图标，放到故事板上。

Step 02 单击选择该多边形字幕文件，按回车键，进入特技编辑界面，选择“二维DVE”特技，手动均匀地打10个左右的关键帧。

Step 03 选择一个关键帧，对关键帧进行设置。在“风格化”页签下，调节“透明度”的值（1为完全显示，0.5为半透明显示，0为完全透明显示）。间隔设置“透明度”的值，使蓝色图标呈现完全显示、半透、完全透明、再到完全显示的循环，如图8.3.5所示。设置完成后即可在故事板播放窗中预监到“闪烁”效果。

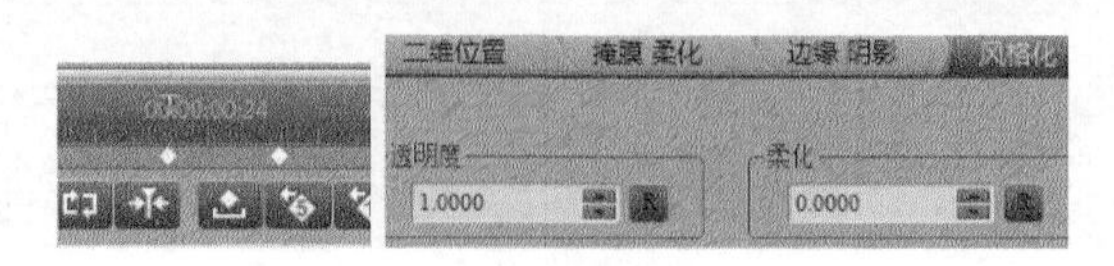

图8.3.5　设置关键帧透明度的值

（3）创建文字，并为文字添加旋转效果。

Step 01 创建一个二维标题字，并创建倒影字效果（倒影字效果制作见第8.2.8节），如图8.3.6所示。

图8.3.6　创建倒影标题字

Step 02 将标题字放置到故事板轨道上，添加“三维-DVE”特技。在时码轨上添加四个关键帧，如图8.3.7所示。

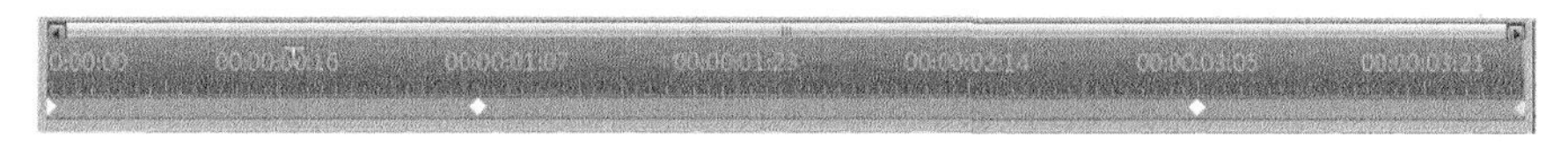

图8.3.7　为标题字添加关键帧

Step 03 在“三维-DVE”→“空间位置”→“角度”页签下，将Y轴设为-90度。在尾帧的关键帧，将Y轴角度设为90度。标题字的旋转效果如图8.3.8所示。

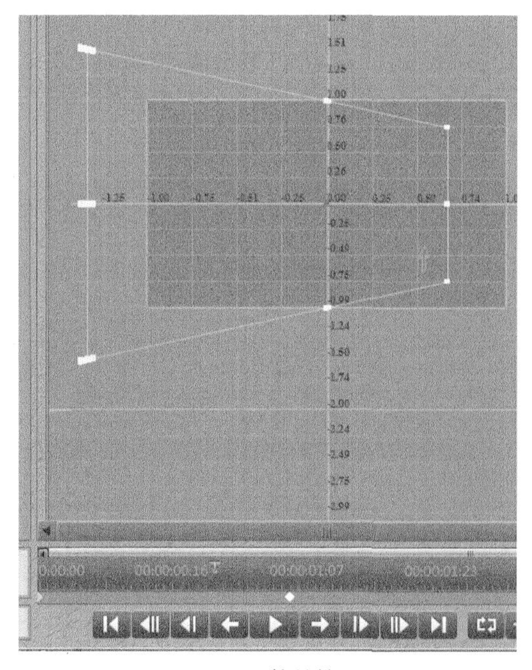

图8.3.8　旋转效果

Step 04 为闪烁素材添加二维特技，使之适应三维文字旋转效果，效果如图8.3.9所示。

图8.3.9　字幕制作效果

（4）通过字幕文件制作转场效果。

Step 01 新建字幕项目素材，在制作界面中手绘线条作为预置，如图8.3.10所示。

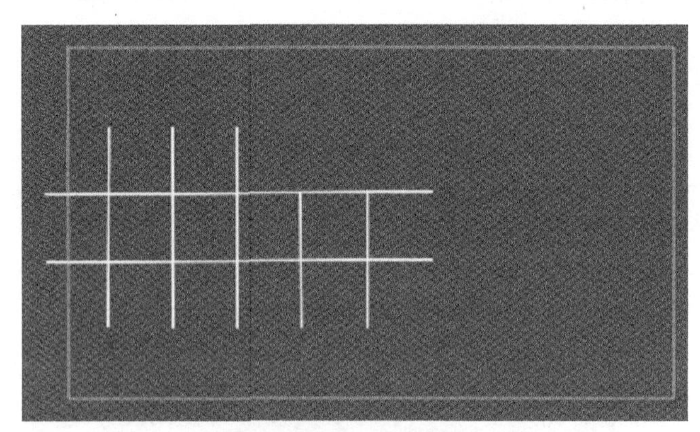

图8.3.10　手绘线条

Step 02 将手绘线条与图片素材相叠加，并利用“掩膜”特技将手绘线条与素材叠加部分进行掩膜处理，选择完成后勾选“反选”选项，如图8.3.11所示，效果如图8.3.12所示。

图8.3.11　图片添加掩膜特技

图8.3.12　手绘线条叠加图片

（5）运用字幕工程中α通道属性，制作一个转场的效果。

Step 01 在字幕编辑界面中画出若干正多边形，设置为蓝色，如图8.3.13所示。

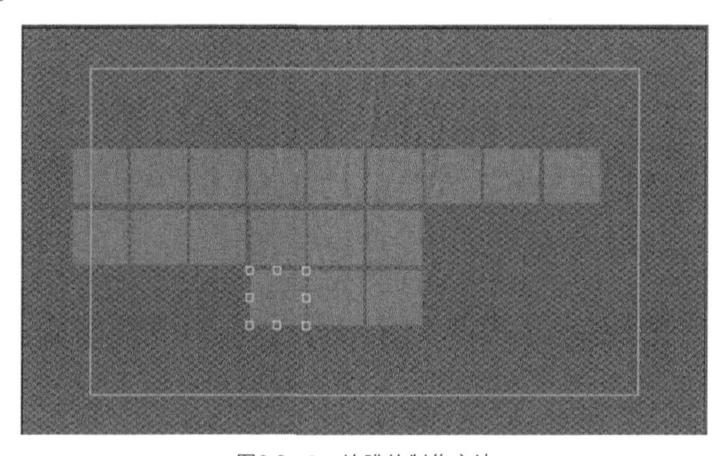

图8.3.13　掩膜的制作方法

Step 02 在“时码轨”页签下选择多边形对应的“α通道”，如图8.3.14所示。

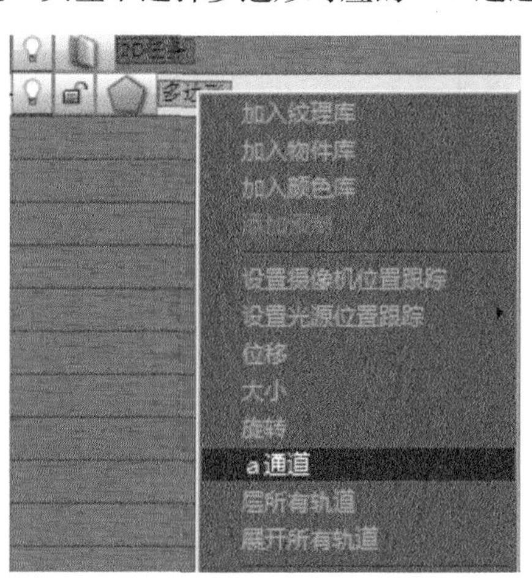

图8.3.14　添加α通道

Step 03 选择后对“α通道”参数进行设置，以第一个多边形为例，如图8.3.15所示。

图8.3.15 设置α通道

Step 04 分别设置α通道的四个关键帧的数值为0.7、0.3、0.05和0，如图8.3.16所示。

图8.3.16 α通道的参数设置

Step 05 多个多边形的α通道设置要保证相邻轨道的关键帧在同一条时码线上，如图8.3.17所示。

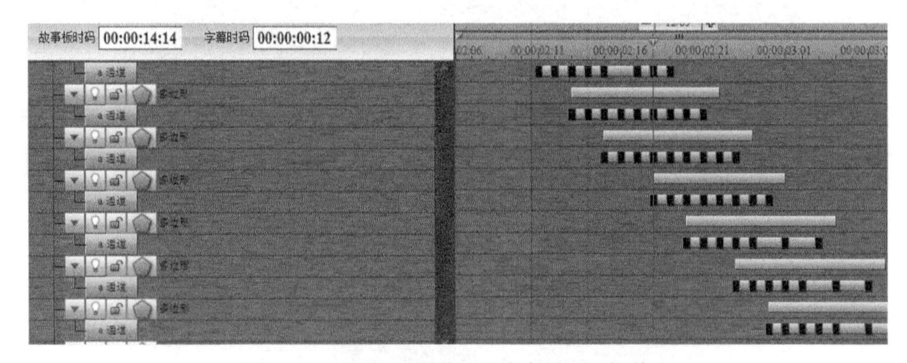

图8.3.17 设置α通道关键帧在同一时间线上

Step 06 设置完成后，将其放置到轨道上并叠加背景，效果如图8.3.18所示。

图8.3.18 α通道制作完成的效果

Step 07 将上述片段复制一份，并生成虚拟素材，将其放到故事板上作为背景，如图8.3.19所示。

图8.3.19 将素材拖拽到故事板上

上图中的“123”和“456”都是虚拟素材，可以通过双击虚拟素材，点开查看其中所包含的实际素材，如图8.3.20所示。

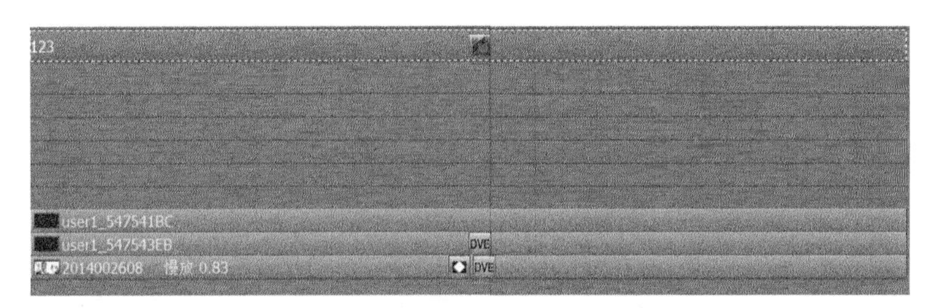

图8.3.20 查看虚拟素材下的实体素材

按照上述的制作方法以及整体故事板的布局，就可以制作出一个商务类的片头了。

8.3.2 制作新闻片头

新闻片头的用途十分广泛，下面就以实例来讲解使用U-EDIT制作新闻片头的方法，效果如图8.3.21所示。

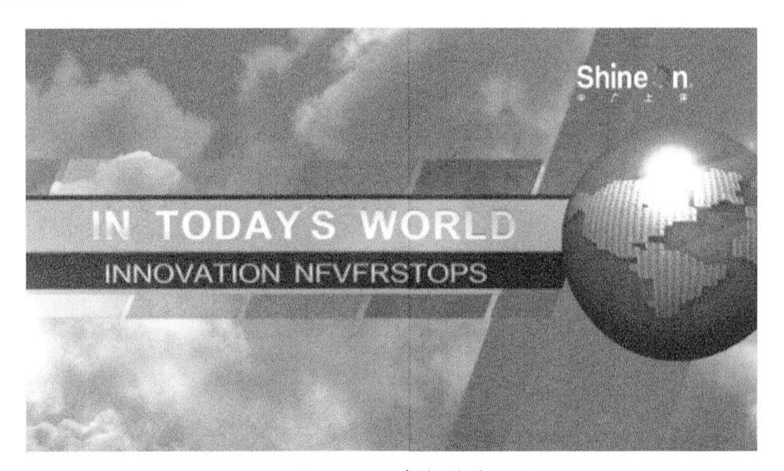

图8.3.21 新闻片头

1. **第一组镜头的制作**

（1）先将素材背景放在故事板轨道上，如图8.3.22所示。

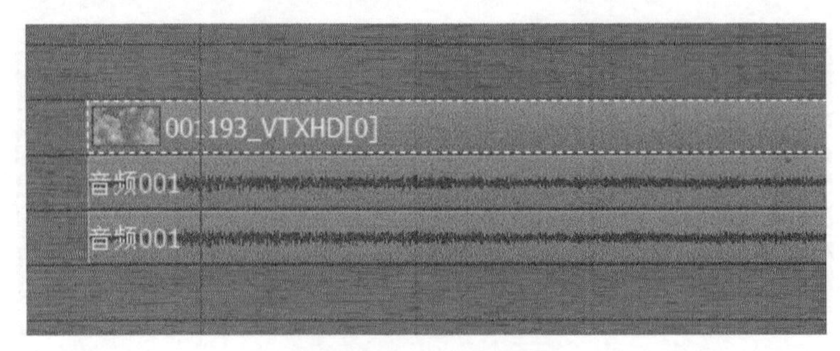

图8.3.22　新闻片头背景

（2）制作如图8.3.23所示的字幕底板。

Step 01 新建字幕项目文件，利用曲线工具，绘制多个四边形，将其按照图8.3.23布局。

Step 02 增加文字和底板。

Step 03 赋予三个斜体多边形位移，使其呈现交错的动态效果。

图8.3.23　字幕底板

（3）制作一个带有地球纹理的三维球体物件作为衬托。

Step 01 新建字幕项目，在项目素材中创建三维球体，在字幕编辑界面中选择合适的位置和大小。为了增强球体的显示效果，参照图8.3.24增加旋转轨道关键帧，让地球旋转起来。

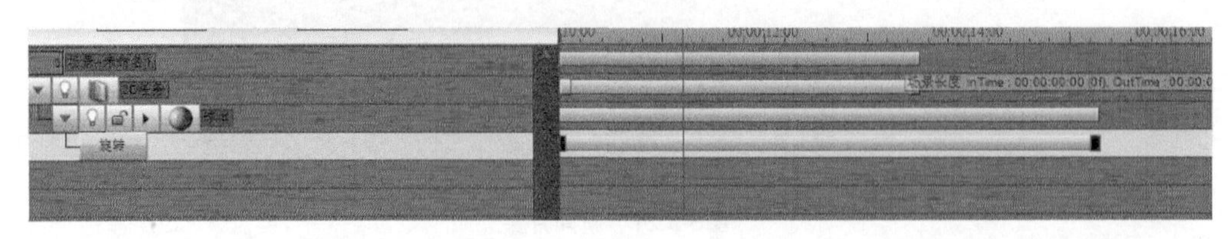

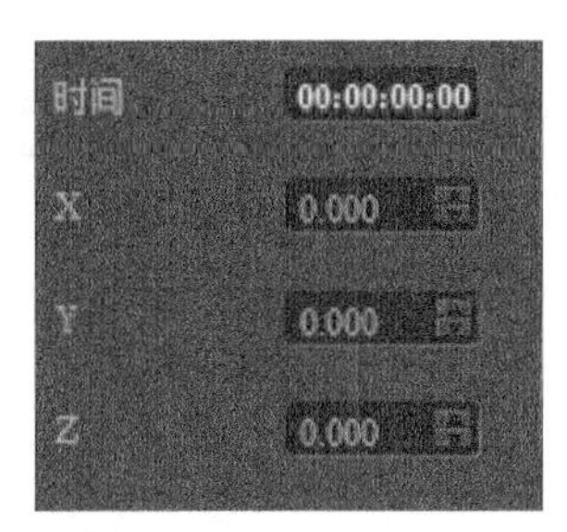

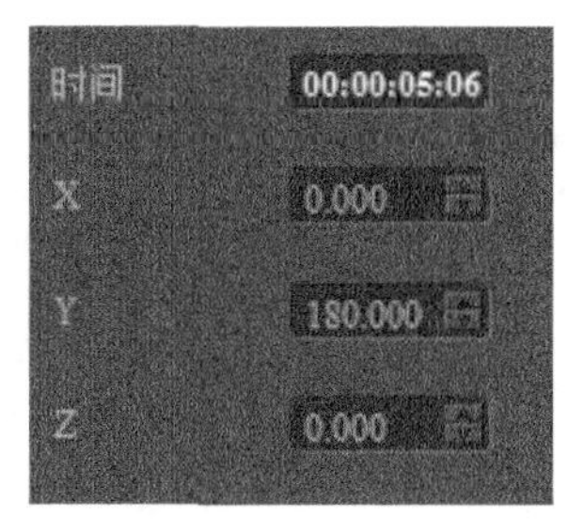

图8.3.24　球体旋转关键帧及首、尾帧参数

Step 02 在“纹理”页签中“新闻”目录下双击，添加地图纹理，如图8.3.25所示。

图8.3.25　添加地球纹理

Step 03 在“光源”设置页签中对照射在球体的光源位置、强度以及距离进行设置，如图8.3.26所示。

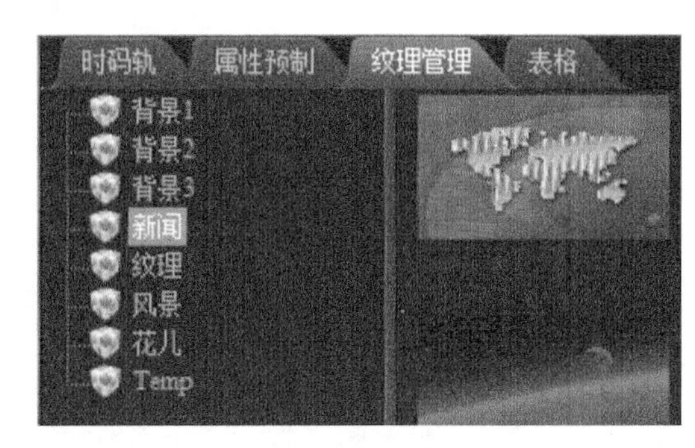

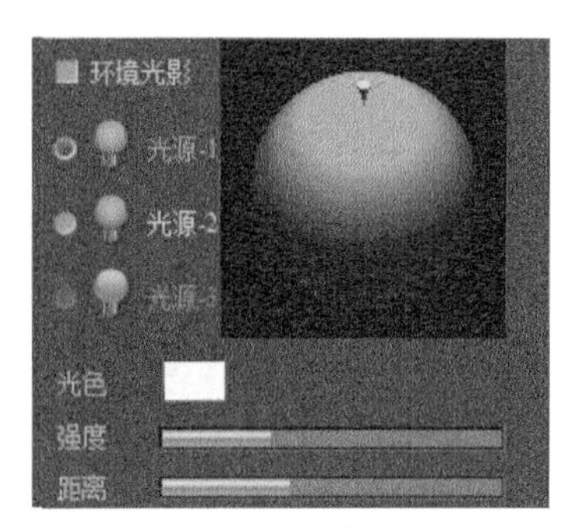

图8.3.26　为带有地球纹理的三维物件添加纹理和光源

Step 04 在上述图形上叠加光效素材（如图8.3.27所示），在光效素材上添加“视频混合特技”中的“加”，如图8.3.28所示，效果如图8.3.29所示。

图8.3.27　光效素材

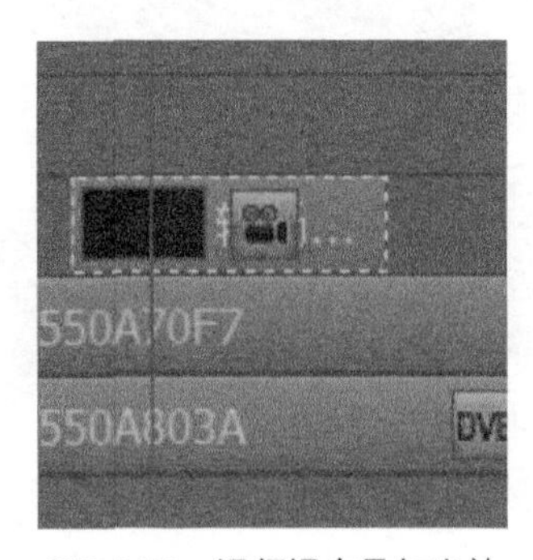

图8.3.28　视频混合叠加光效

图8.3.29　添加光效素材后的效果

Step 05 为第一个镜头添加划像效果：借助VFX轨道（如图8.3.30所示）添加淡入划像，参数如图8.3.31所示，效果如图8.3.32所示。

图8.3.30　借助VFX轨道

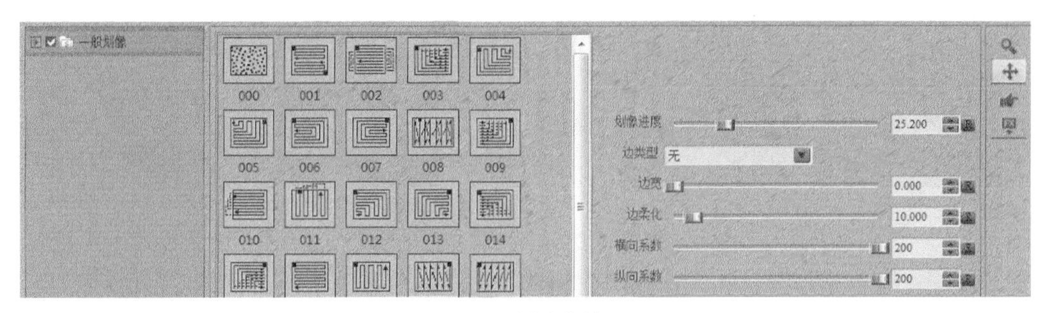

图8.3.31　划像参数设置

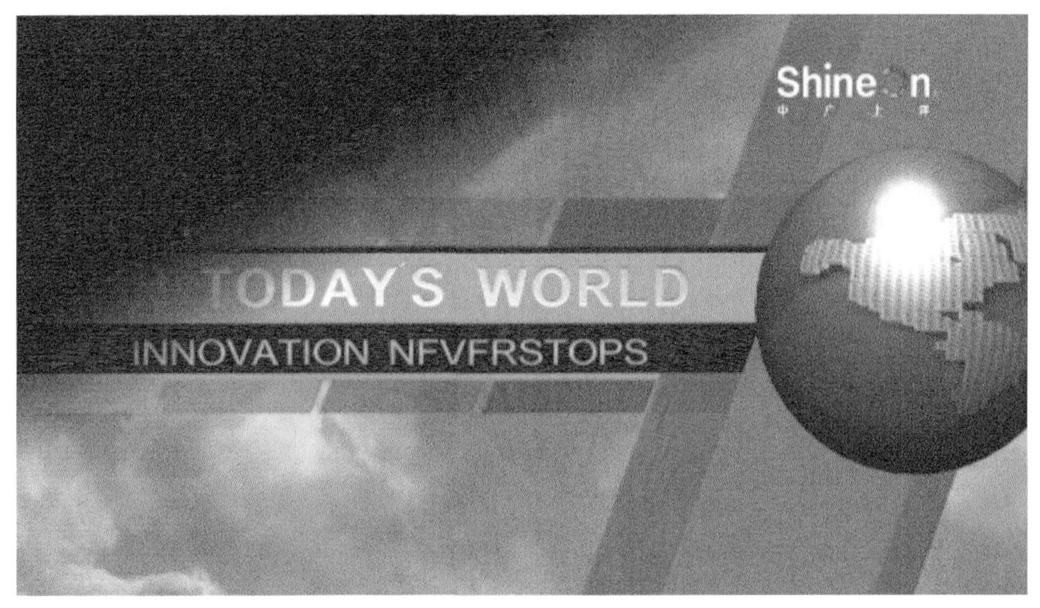

图8.3.32　为第一个镜头添加划像淡入效果

2. 第二组镜头的制作

接下来制作如图8.3.33所示的镜头，该镜头主要涉及到光影素材的叠加以及“二维-DVE”特技的制作。

图8.3.33　第二镜头制作效果

Step 01 将光影素材和人物图像作为背景铺在故事板轨道上，如图8.3.34所示。

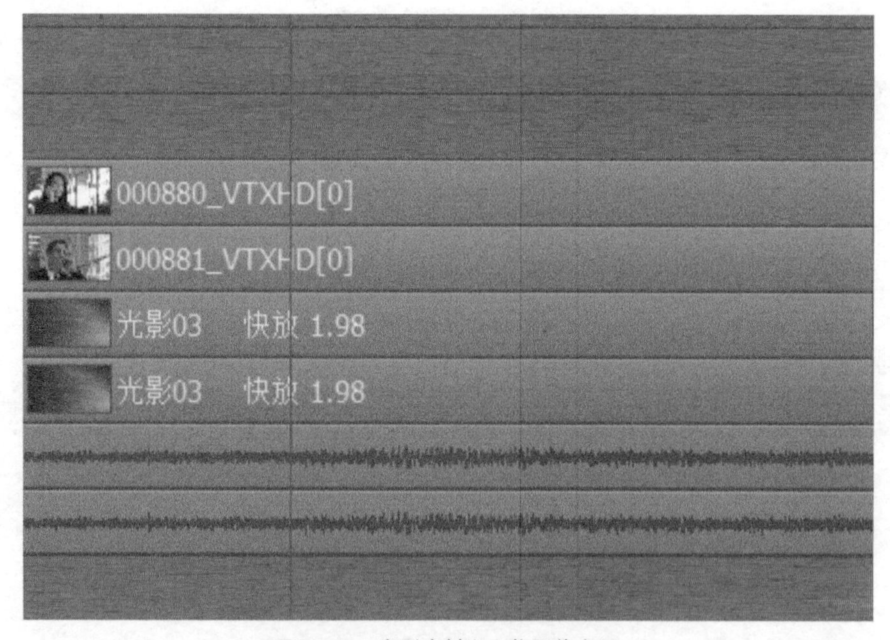

图8.3.34　光影素材和人物图像布局

Step 02 先添加字幕文件（如图8.3.35所示），然后通过对光影素材和人物图像做简单的“二维-DVE”特技，把人物和光影素材的位置进行合理规划（如图8.3.36所示），最后在人物和光影素材上分别添加上“二维-DVE”特技，让光影素材置于左下和右上的位置，呈对称效果。

图8.3.35　第二镜头的字幕文件

图8.3.36　光影背景和图片布局

Step 03 为增强视觉动感，为上图中的光影素材添加KEY轨文件（如图8.3.37所示），如图8.3.38所示，效果如图8.3.39所示。

图8.3.37　KEY轨素材

图8.3.38　光影素材添加KEY轨文件

图8.3.39　叠加之后的效果

Step 04 镜头与镜头之间需要添加相应的转场特技（如图8.3.40所示），来丰满表现效果。这里我们借助VFx总特技轨，添加“卡片划像”特技，参数详见图8.3.41，效果如图8.3.42所示。

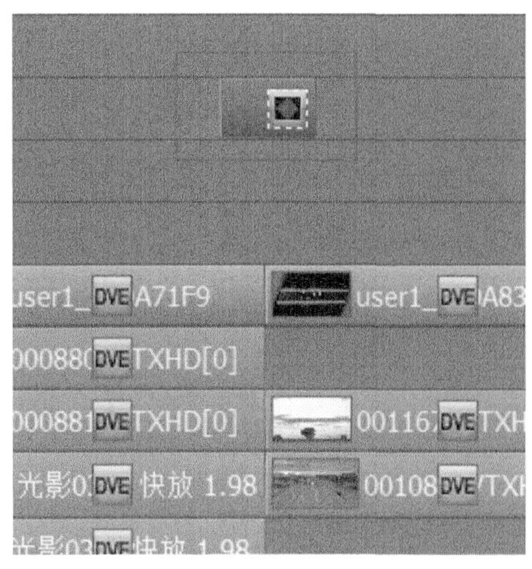

图8.3.40　VFX轨过渡转场特技

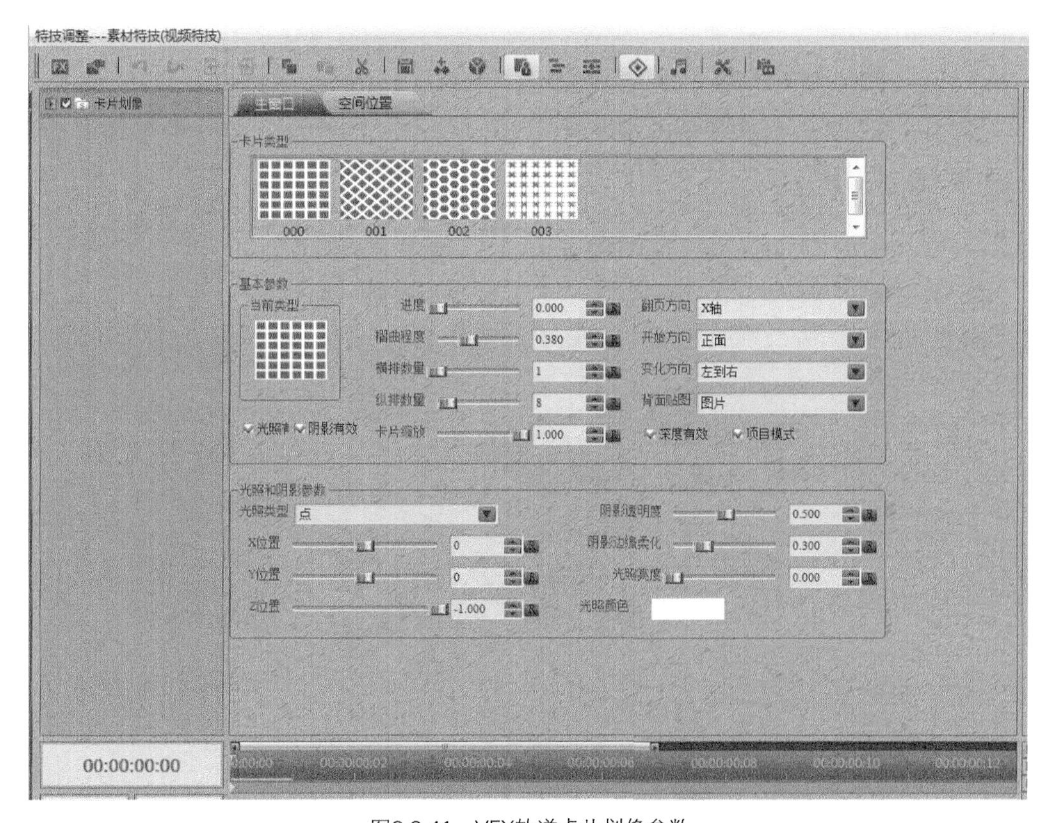

图8.3.41　VFX轨道卡片划像参数

图8.3.42　卡片划像效果

以上就是“新闻片头”的故事板模板中两个镜头的实现方式和具体操作步骤，其他镜头都是类似做法。通过几组镜头的组合，新闻片头就制作完成了。

8.3.3　制作水墨片头

水墨画效果也是经常使用的包装效果之一，如图8.3.43所示。本小节将具体介绍水墨画片头的制作方法。

图8.3.43　水墨片头

Step 01 将预置好的背景素材与配音素材放置于轨道上，如图8.3.44所示。

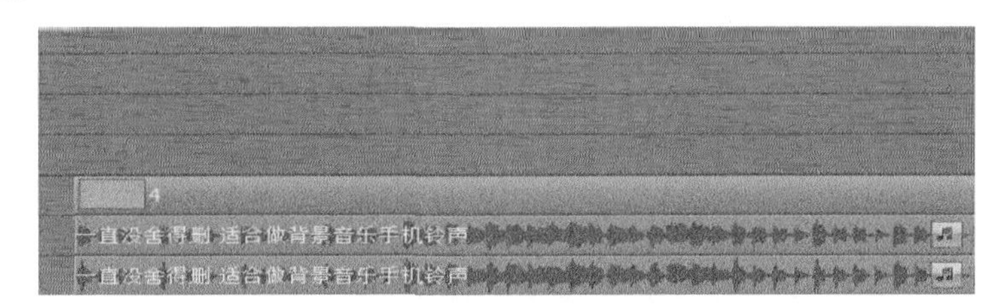

图8.3.44　对应背景素材与配音素材

Step 02 在资源管理器中，选择图片、KEY轨的图像文件和水墨的图像背景三个素材，依次铺在故事板轨道上，如图8.3.45所示。中间轨道为附加KEY轨。

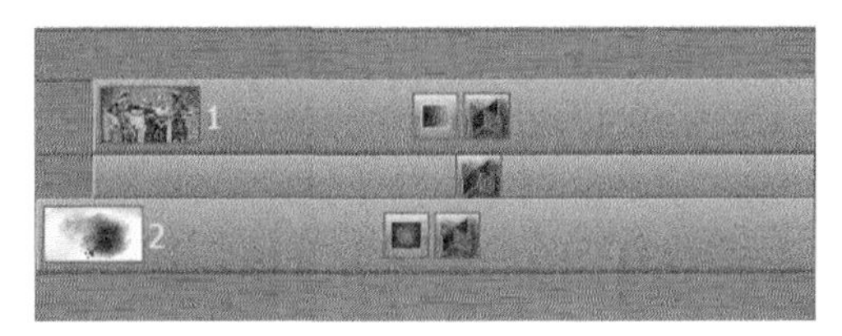

图8.3.45　素材布局

Step 03 在本例中，为了更好地表现形式，需要将上述三个物件生成虚拟素材。选中三个轨道上的素材，按快捷键S键，快速打入出点，执行右键菜单中的“生成虚拟素材”命令，然后设定虚拟素材名称为“R1”，如图8.3.46所示。在生成之后，双击该素材，即可查看到该虚拟素材下包含的实体素材信息。

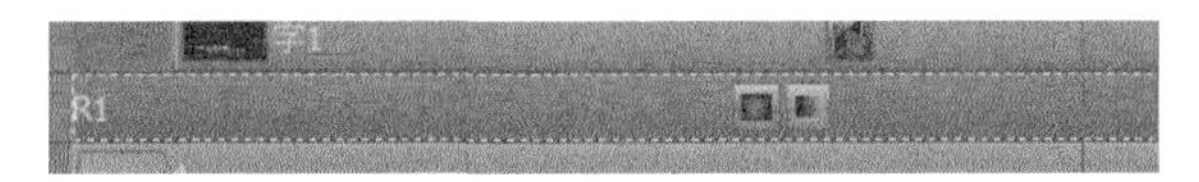

图8.3.46　虚拟素材

需要说明的是，KEY轨图像文件（如图8.3.47所示）为PSD的带通道文件，可以由第三方软件Photoshop生成。

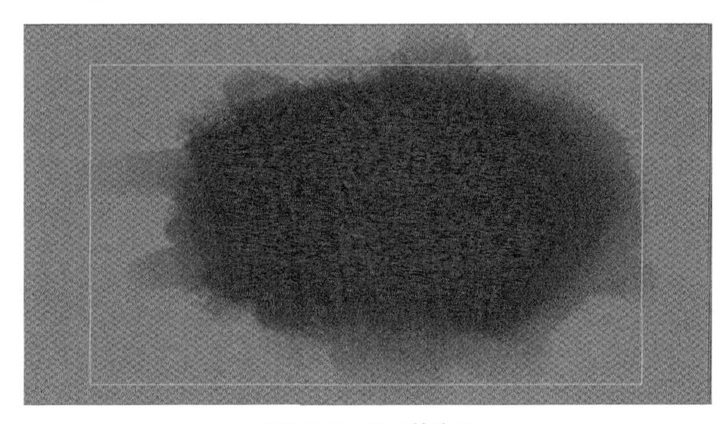

图8.3.47　KEY轨遮罩

Step 04 添加字幕内容，如图8.3.48所示。

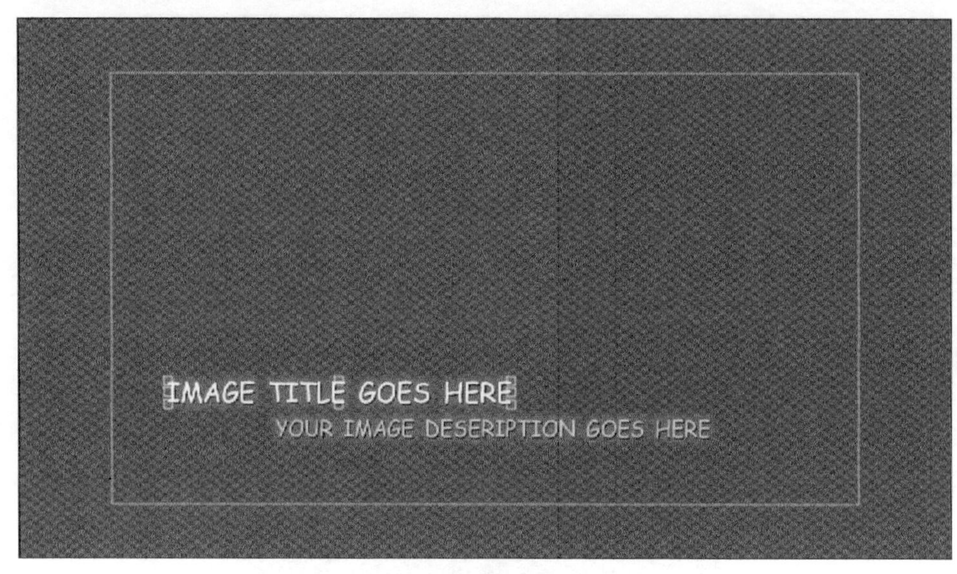

图8.3.48　标题字制作

Step 05 为字幕内容添加相应的特技效果。本例中，在“特技”页签下选择入特技中的“划像”特技，设置入速度为24；为第二段素材选择“划像”特技，设置入等待时间为11、入速度为24。设置完成后，在“时码轨”页签下可看到如图8.3.49所示的轨道信息。

图8.3.49　添加划像特技

Step 06 在字幕制作结束后添加三维立体的缩放效果。在故事板上选择字幕素材文件，按回车键，进入特技调整窗。在特技选择界面上右键选择“三维-DVE”特技，对参数进行设置。首先可以看到时间线上的关键点位置，如图8.3.50所示。

图8.3.50　设置关键帧

四个关键帧的参数设置分别如图8.3.51、图8.3.52、图8.3.53和图8.3.54所示。

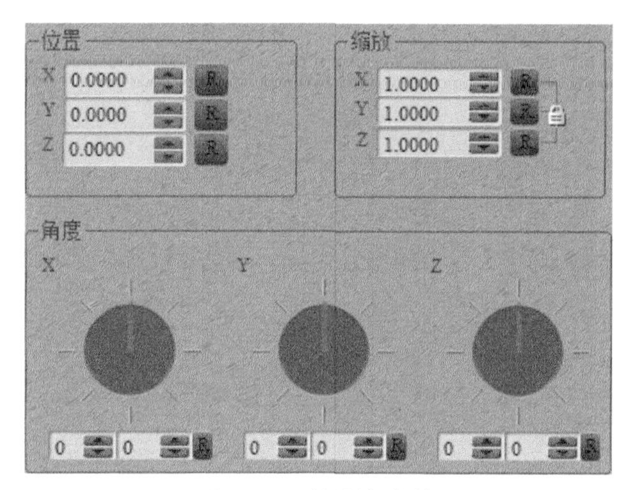

图8.3.51　关键帧1参数

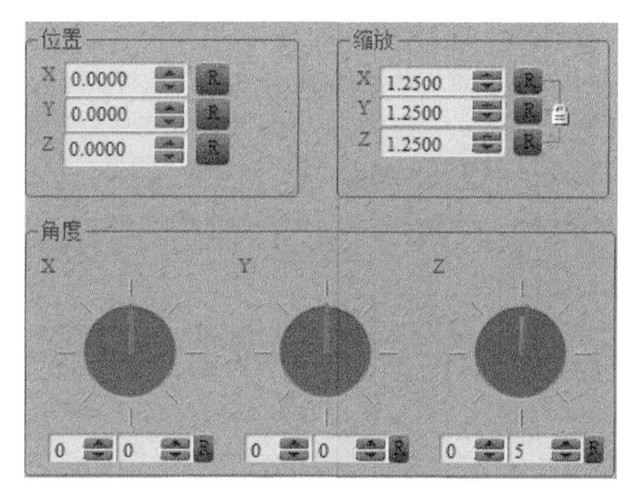

图8.3.52　关键帧2参数设置

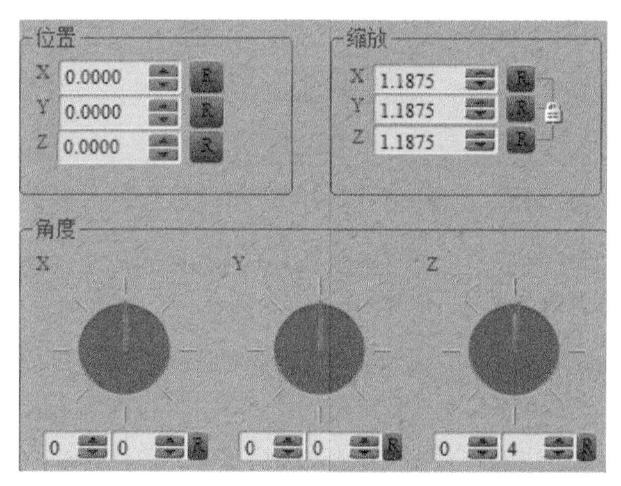

图8.3.53　关键帧3参数设置

位置
X 0.0000
Y 0.0000
Z 0.0000
缩放
X 1.1000
Y 1.1000
Z 1.1000
角度
X
Y
Z

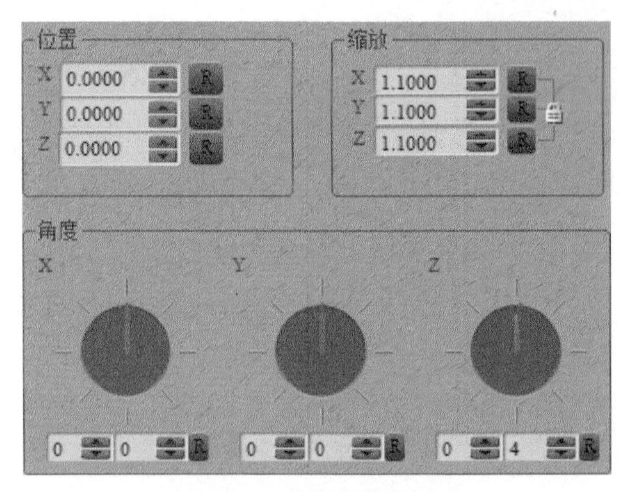

图8.3.54　关键帧4参数设置

至此，字幕部分就制作完成了。

Step 07 对虚拟素材进行整体特技处理。单击虚拟素材，按回车键，进入特技编辑界面，在特技选择界面右键分别选择“模糊划像”特技和“淡入淡出”特技。两个特技的参数分别如图8.3.55和图8.3.56所示。

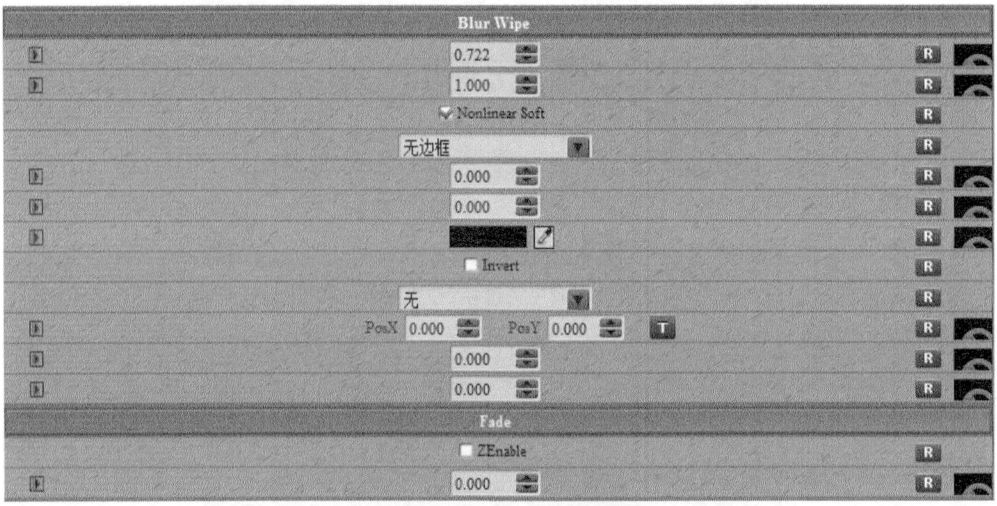

Blur Wipe
0.722
1.000
Nonlinear Soft
无边框
0.000
0.000
Invert
无
PosX 0.000
PosY 0.000
0.000
0.000
Fade
ZEnable
0.000

图8.3.55　模糊划像参数设置

Step 08 制作两个类似的片段。复制第一部分做好的片段，然后找到虚拟素材中的图片部分，执行右键菜单中的“释放素材”命令，然后将图片替换掉，完成第二个、第三个片段的制作，这样水墨画的整体的架构就基本完成了，如图8.3.57所示。

Step 09 为了突出画面的移动和镜头缩放效果，可在两个片段衔接之间添加总的视频特技。在故事板衔接处设定入出点，在VFX轨道上执行右键菜单中的“入出点之间添加特技素材”命令（如图8.3.58所示），添加后如图8.3.59所示。

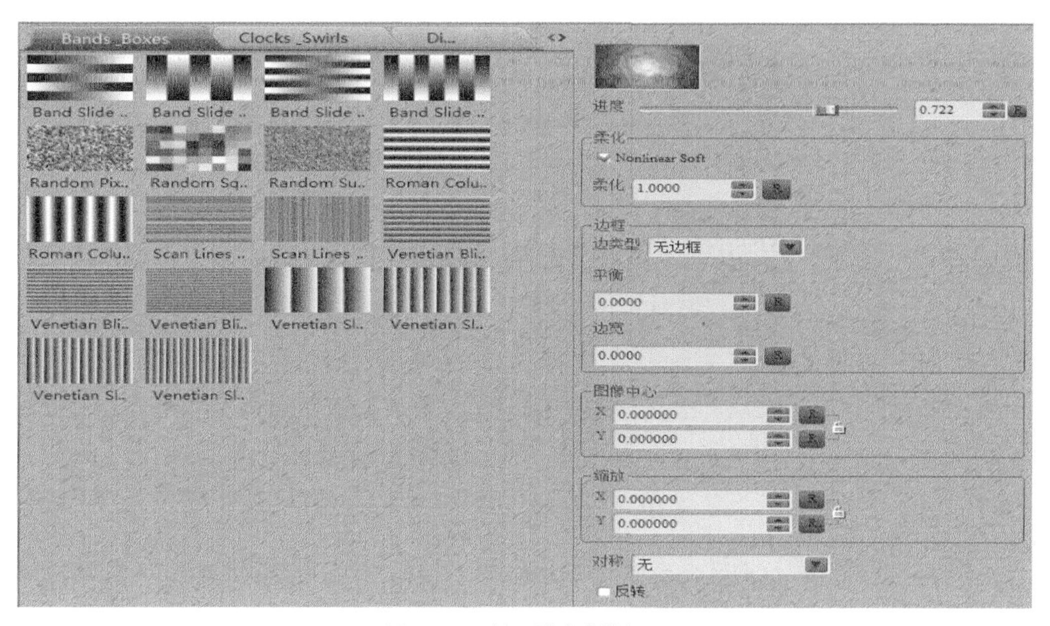

图8.3.56　淡入淡出参数设置

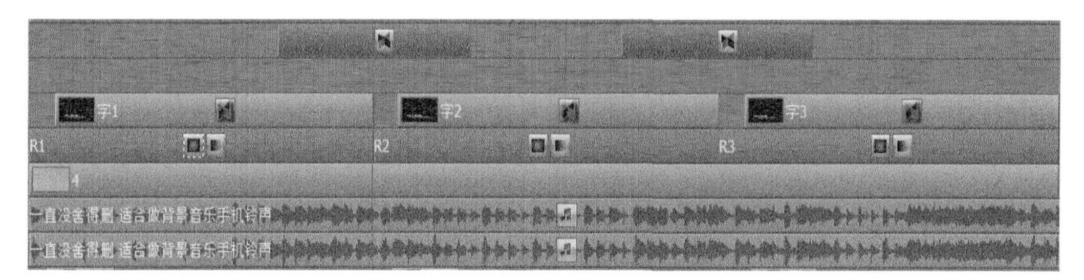

图8.3.57　故事板布局

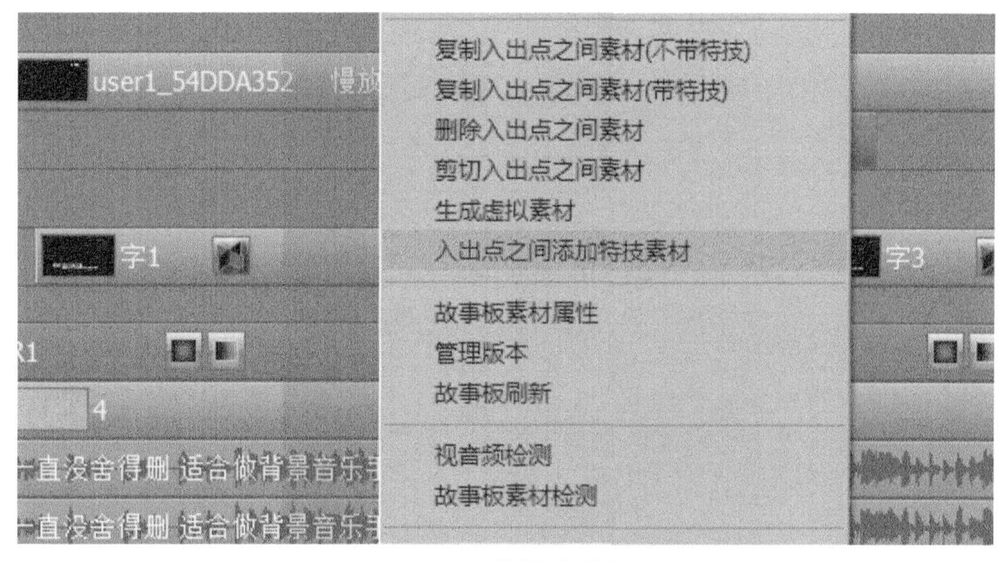

图8.3.58　VFX轨道添加特技素材

图8.3.59 VFX轨道特技素材

Step 10 选中特技素材，添加“通用三维”特技，在时间线上打四个关键帧，参数设置以及关键点参数信息如图8.3.60、图8.3.61、图8.3.62和图8.3.63所示。

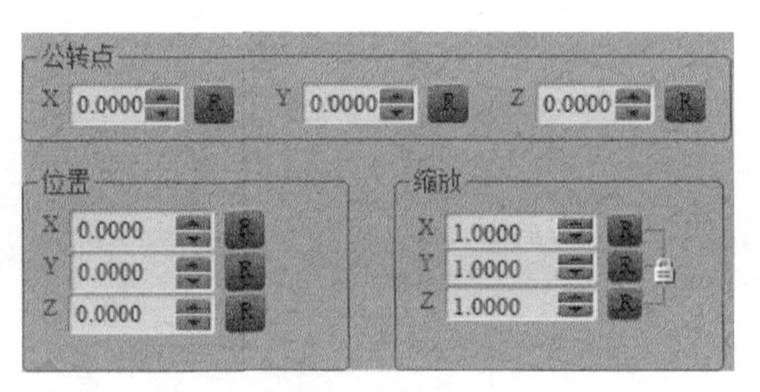

图8.3.60 关键帧1参数

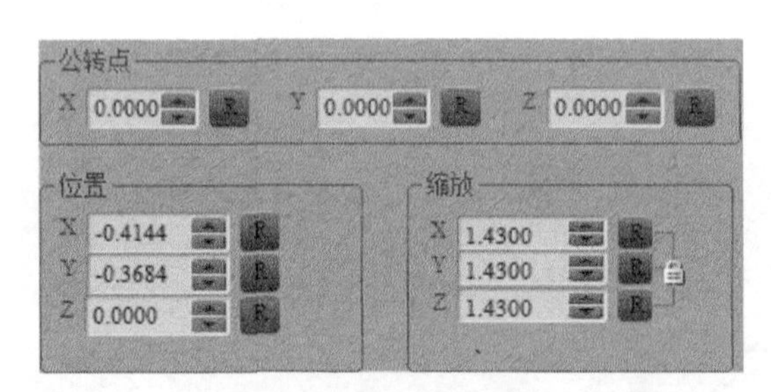

图8.3.61 关键帧2参数

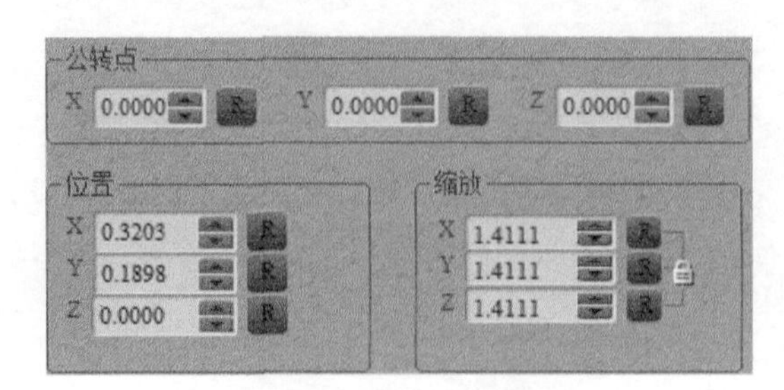

图8.3.62 关键帧3参数

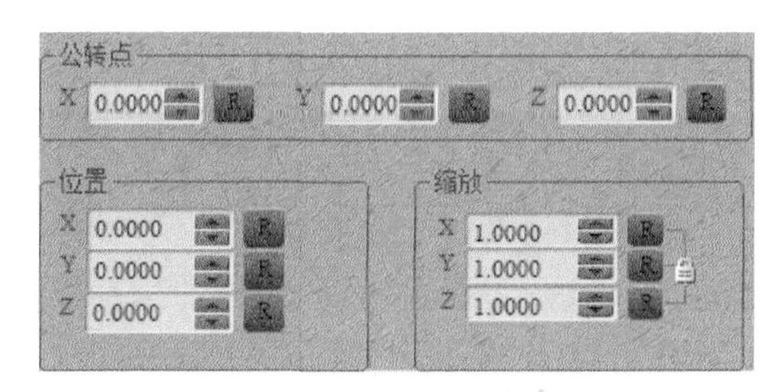

图8.3.63 关键帧4参数

Step 11 使用同样方法，添加第二片段和第三片段之间的VFX轨道特技。设置完成后，这段水墨主题的片头包装就制作完成了。

8.3.4 制作儿童相册

美好的童年需要纪念，U-EDIT同样可以用于活泼可爱的儿童相册的效果制作，如图8.3.64所示。

图8.3.64 儿童相册制作效果

1. 第一组镜头的制作

（1）先将背景素材放置在故事板轨道上，如图8.3.65所示。

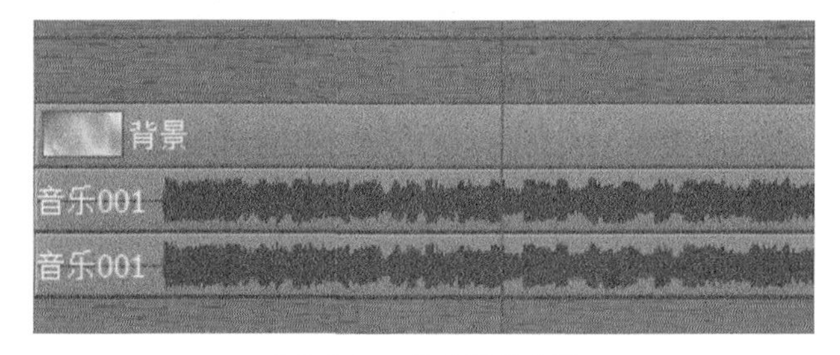

图8.3.65 儿童相册背景

（2）接下来制作字幕底板。新建字幕项目文件，制作效果如图8.3.66所示的字幕。

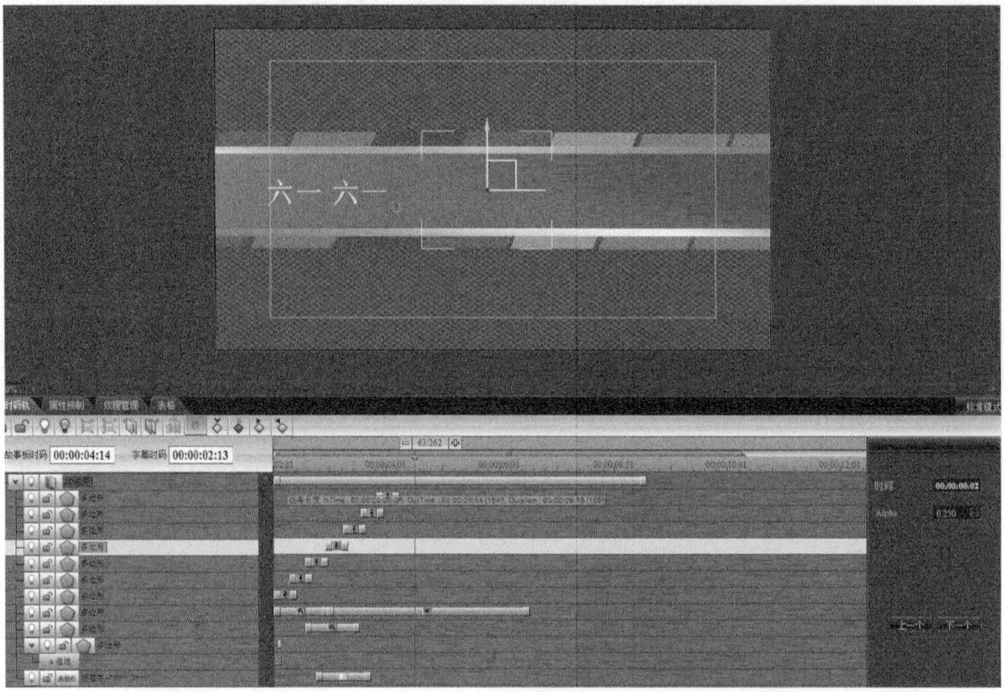

图8.3.66　字幕底板

Step 01 先画出如图8.3.66所示的平行四边形，并设置不同的颜色平铺在画面中轴线上。

Step 02 依次为多个多边形物件添加“淡入淡出”特技，使多个多边形物件呈现从左到右依次淡出的效果。

Step 03 接下来创建长条形的字幕物件组合。分别创建三个长方条物件，如图8.3.66所示效果。底色可选择渐变色，如图8.3.67所示。

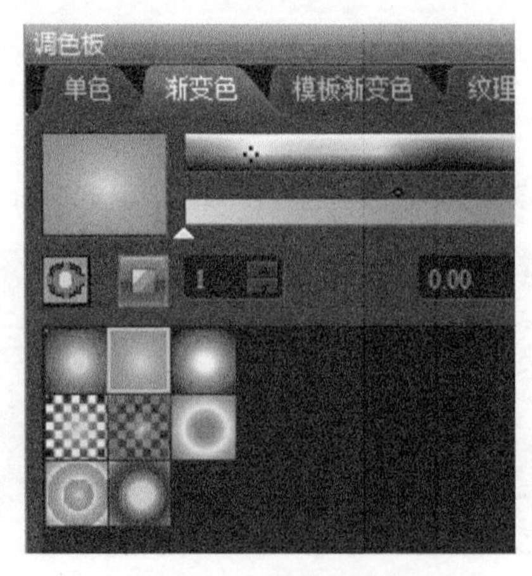

图8.3.67　为字幕物件调色

Step 04 长方条的特技效果可以选择“划像”特技，适应多个四边形的淡入淡出效果。

Step 05 为“六一六一”文字添加“碎块”特技效果。

（3）接下来制作儿童相册字幕文件（如图8.3.68所示），并为该相册添加旋转特技，如图8.3.69所示。各关键帧的参数如图8.3.70、图8.3.71、图8.3.72和图8.3.73所示。

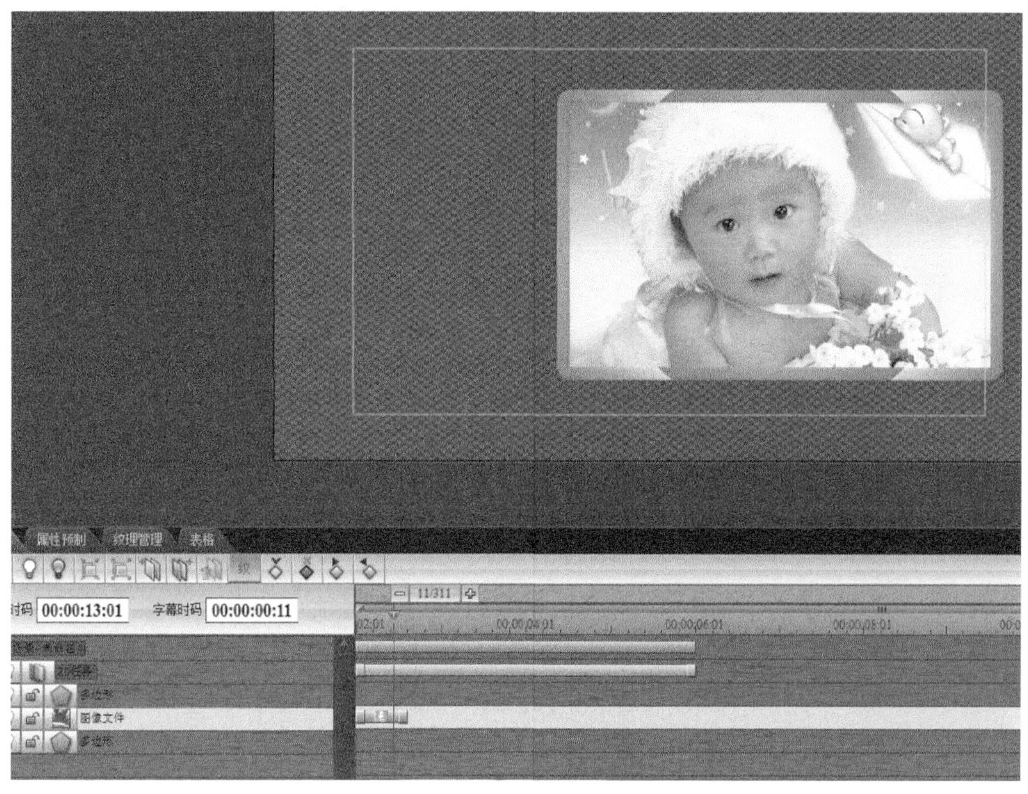

图8.3.68　儿童相册

图8.3.69　相册字幕文件添加三维特技

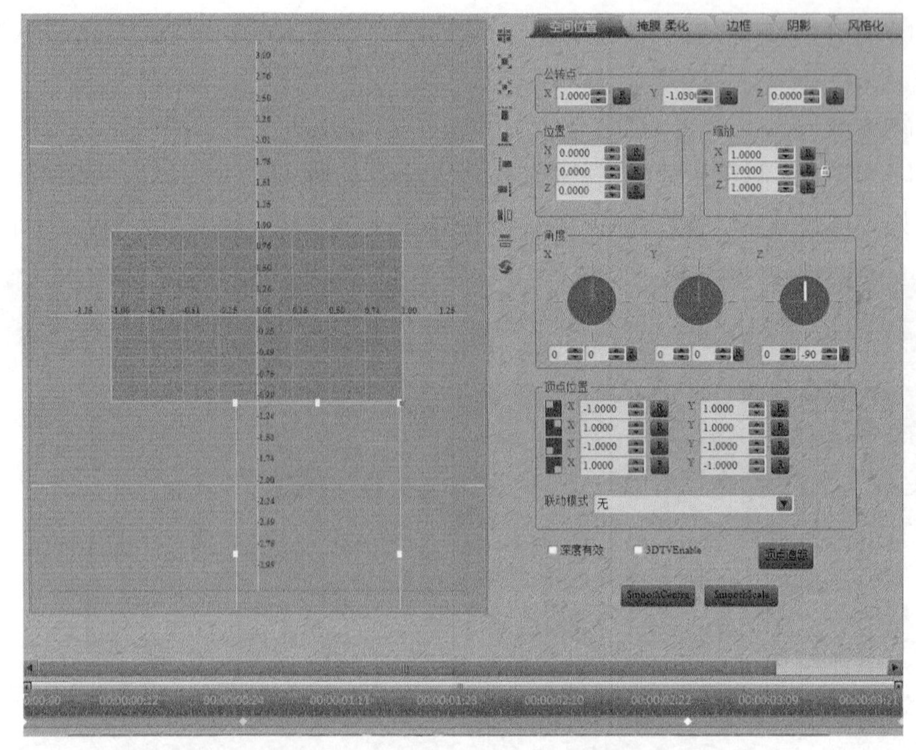

图8.3.70　儿童相册“三维-DVE”关键帧1参数

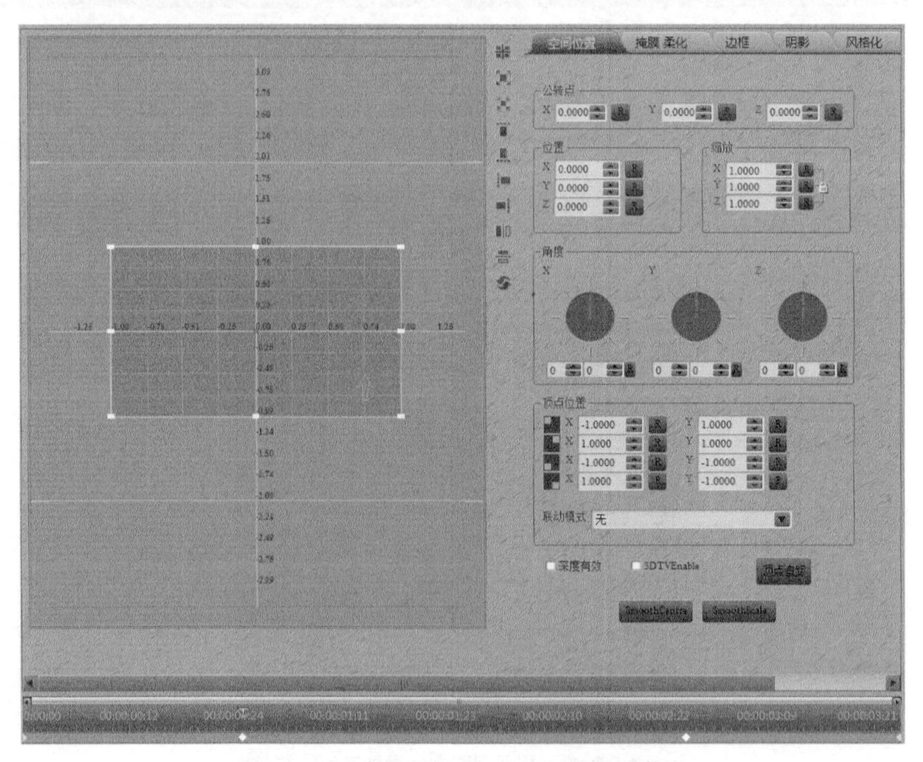

图8.371　儿童相册“三维-DVE”关键帧2参数

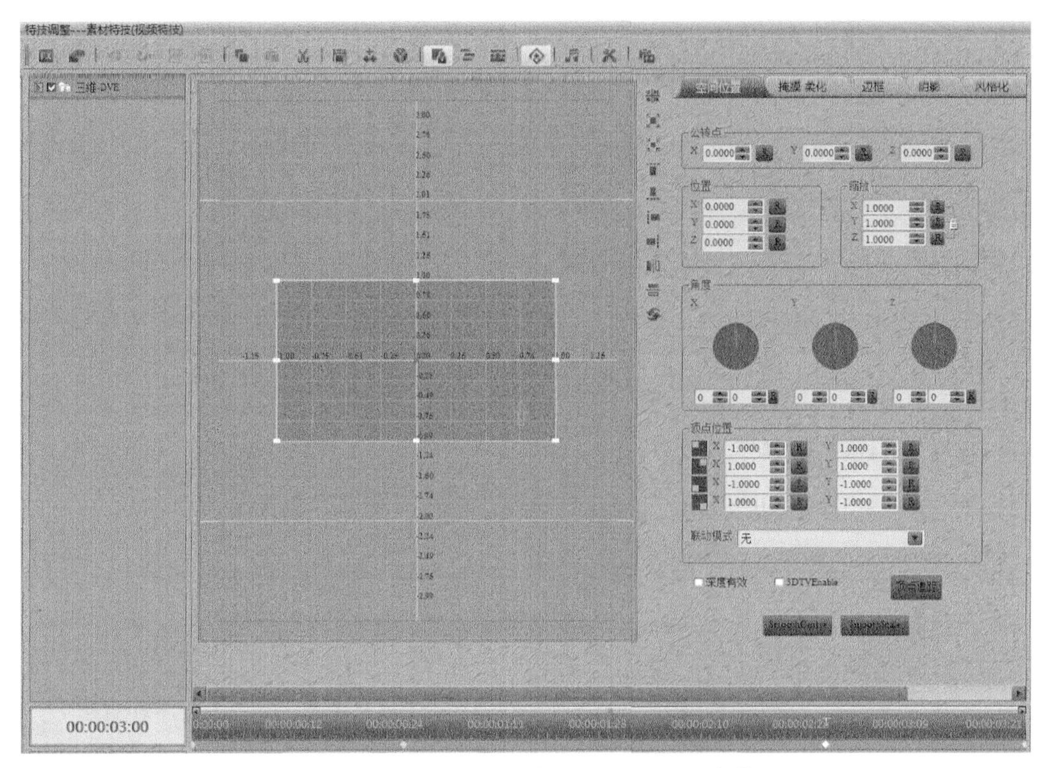

图8.3.72　儿童相册“三维-DVE”关键帧3参数

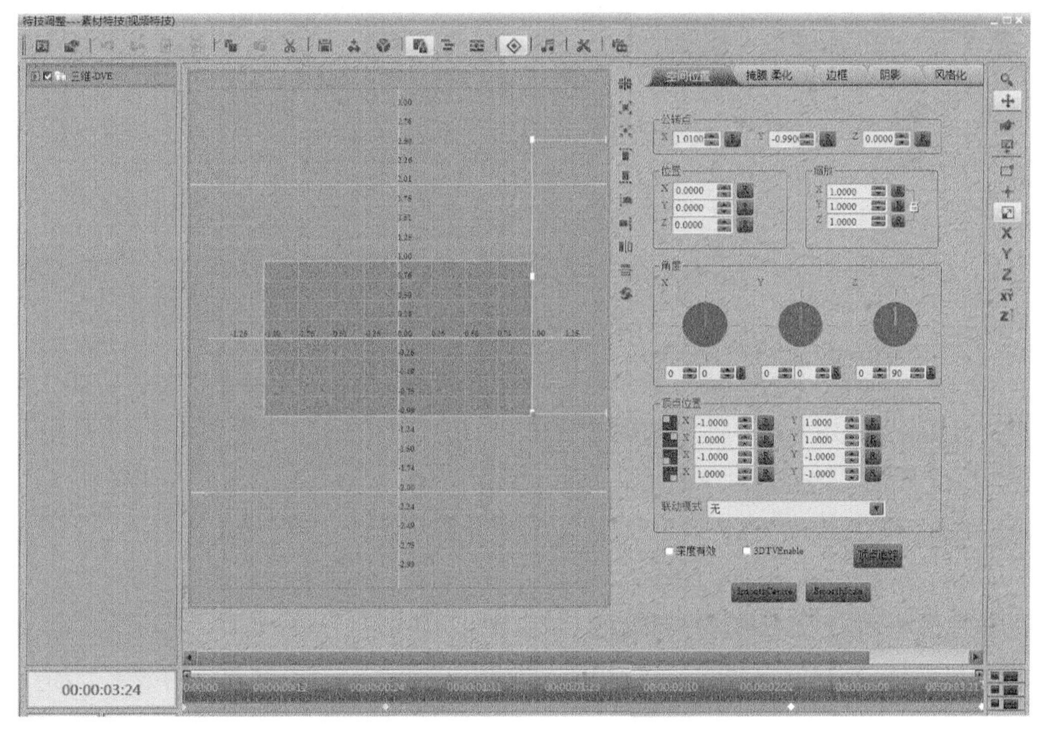

图8.3.73　儿童相册“三维-DVE”关键帧4参数

通过“三维-DVE”的添加，实现了儿童相册的上翻、停留、翻出效果。通过对第一组镜头的延伸，我们制作出一个片段，如图8.3.74所示。

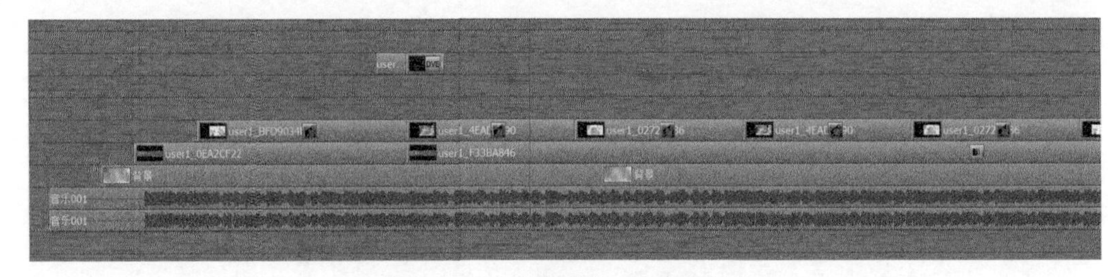

图8.3.74　儿童相册第一组镜头片段

2. 第二组镜头的制作

第二组镜头效果如图8.3.75所示，具体的操作步骤如下所述。

图8.3.75　照片墙的制作效果

（1）先制作一组照片墙背景。利用曲线工具制作相框，叠加“夹子”和“竹竿”等图片元素组合在一起，制作如图8.3.76所示的显示效果。

（2）然后将多张图片文件参照图8.3.77依次铺在故事板轨道上，并为图片添加“三维-DVE”特技和“淡入淡出”特技，使图片画面镶嵌到相框背景中。

（3）为了增加镜头切换的感觉，在前一个素材与后一个素材交接的地方可以添加闪白特技来制作照相机的对焦和闪光灯拍照效果。

Step 01 新建字幕项目，在字幕工程中利用曲线绘制出照相机的效果，如图8.3.78所示。

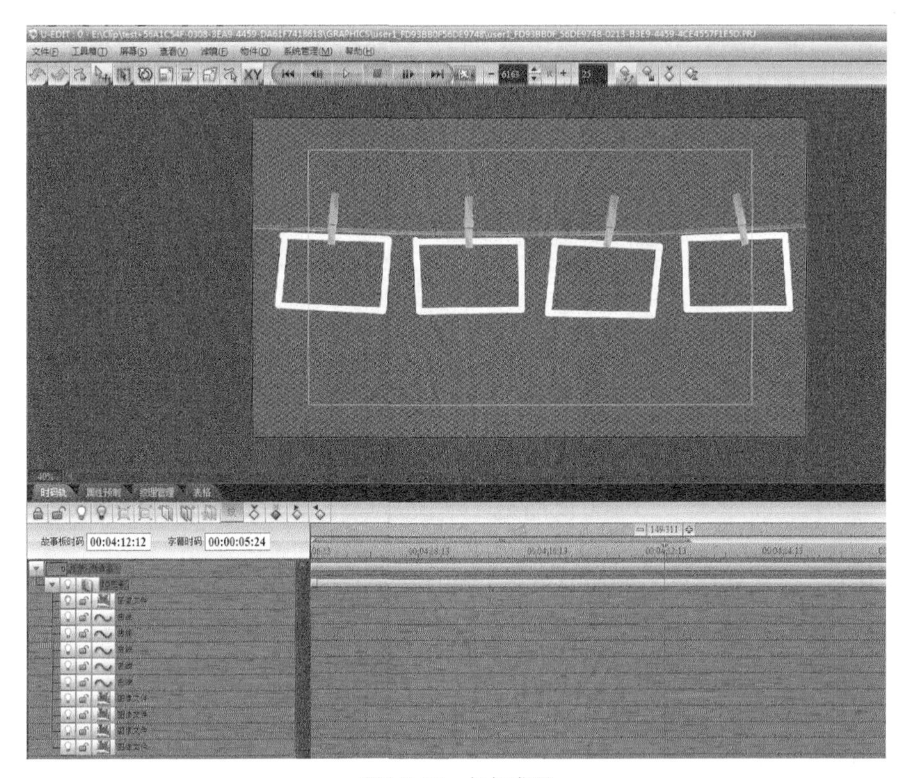

图8.3.76　相框背景

图8.3.77　儿童相册背景布局

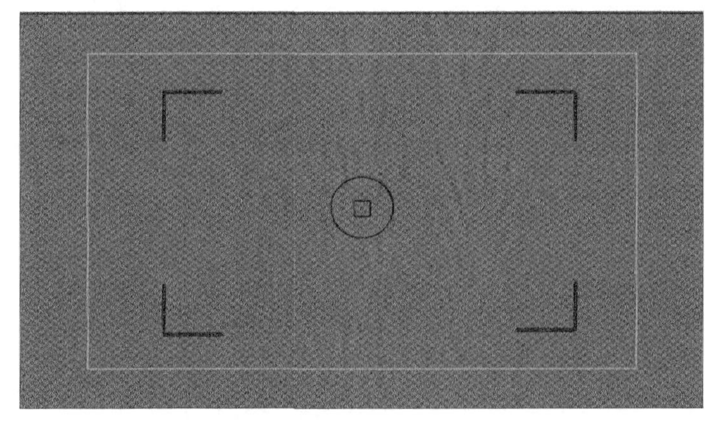

图8.3.78　手绘线条绘制出相机拍摄对焦字幕

Step 02 将对焦镜头放在素材切换节点，把对应儿童照片的三维特技拷贝到对焦字幕上，并把对焦字幕素材切成两部分，之间加入闪白特技，这样就制作出了相机拍摄的对焦闪白效果，如图8.3.79所示。

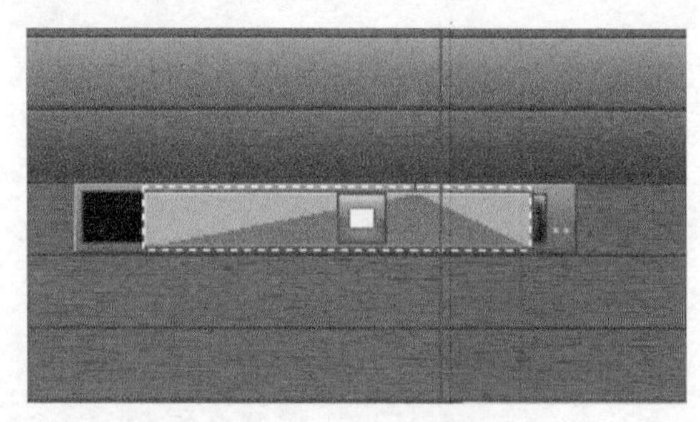

图8.3.79　闪白特技设置

Step 03 调整完成后，按照故事板的顺序在故事板上排列好。为了使画面整体呈现出摇移的效果，可以在总特技轨VFX添加“三维-DVE”特技，根据需要在“三维-DVE”上打个6或7个关键帧，如图8.3.80所示。最终效果如图8.3.81所示。

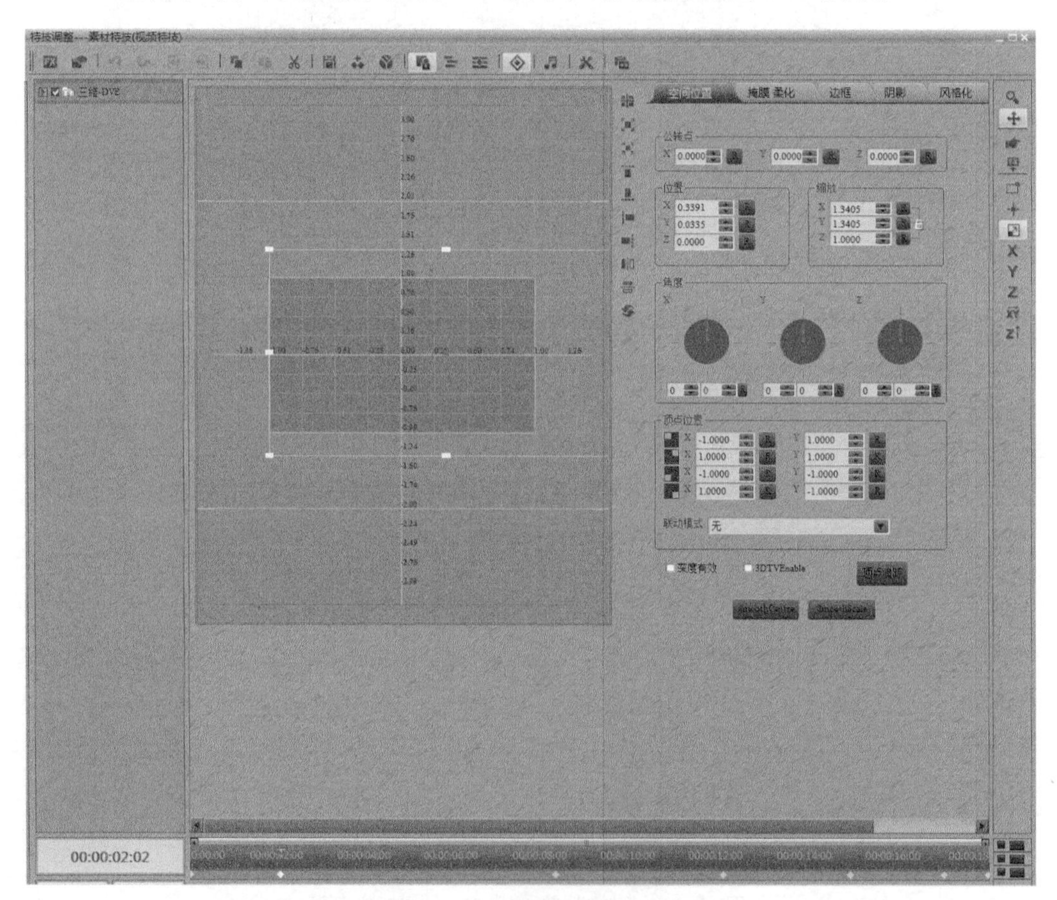

图8.3.80　VFX轨道三维-DVE

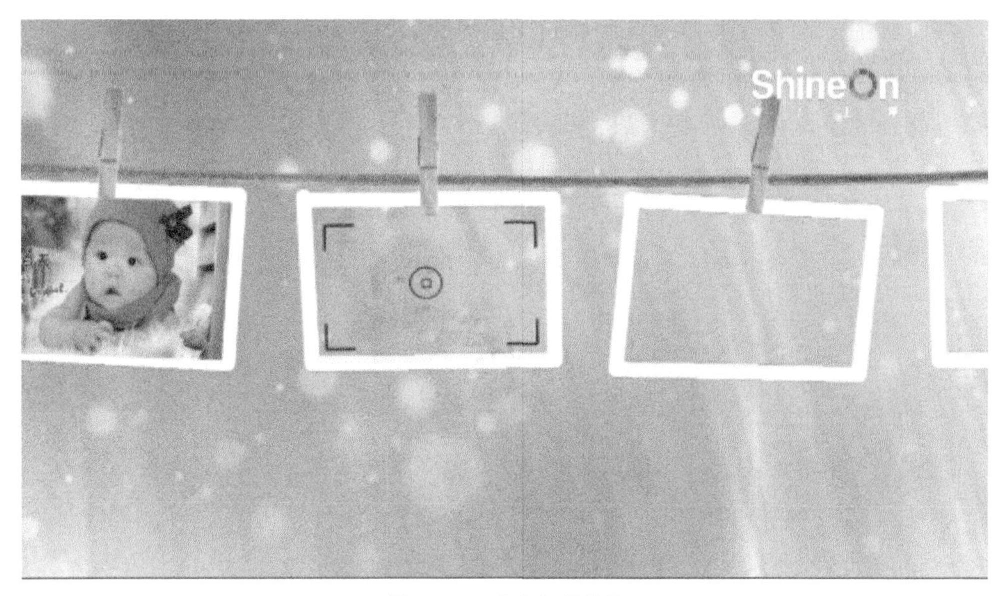

图8.3.81　儿童相册效果

以上两组镜头是给读者举的典型案例。在儿童相册故事板模板上还有其他类型的包装表现形式，相信读者在上述熟悉上述例子后，可以对其他类型触类旁通。

8.3.5　制作婚庆MV

在人生最重要的时刻，一定需要利用影像记录下来，而记录下来之后，也需要通过出色的后期编辑来完成。下面就来介绍使用U-EDIT非编制作婚庆主题MV的方法，如图8.3.82所示。

图8.3.82　婚庆MV整体效果

本实例主要运用“三维-DVE”特技与“掩膜”特技相结合的方式来完成。

Step 01 将准备好的背景及音频素材铺在故事板轨道上。利用钢笔工具调节“动态底”背景的淡入淡出，如图8.3.83所示。

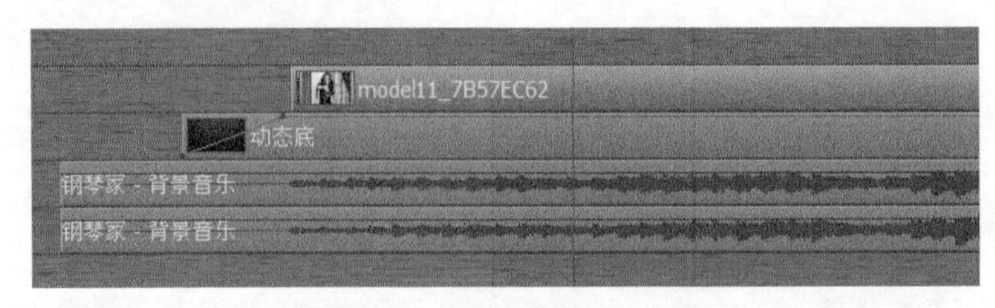

图8.3.83　为背景添加淡入淡出

Step 02 为图片添加“三维-DVE”和“高级掩膜”特技。打开特技调整窗，选择“三维-DVE”特技，添加四个关键帧，如图8.3.84所示，四个关键帧的参数分别如图8.3.85和图8.3.86所示。

图8.3.84　图片关键帧

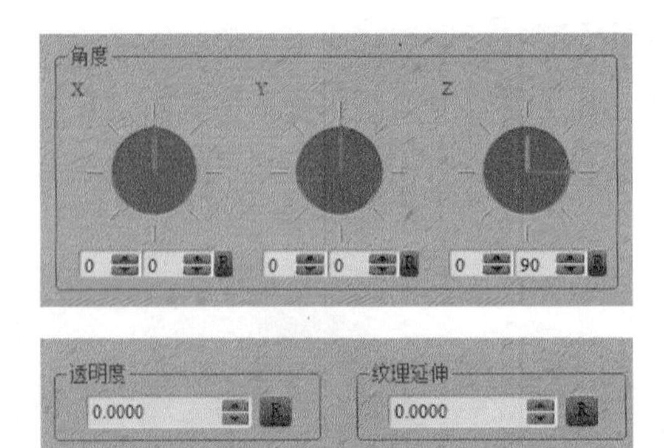

图8.3.85　三维-DVE关键帧1角度和透明度设置

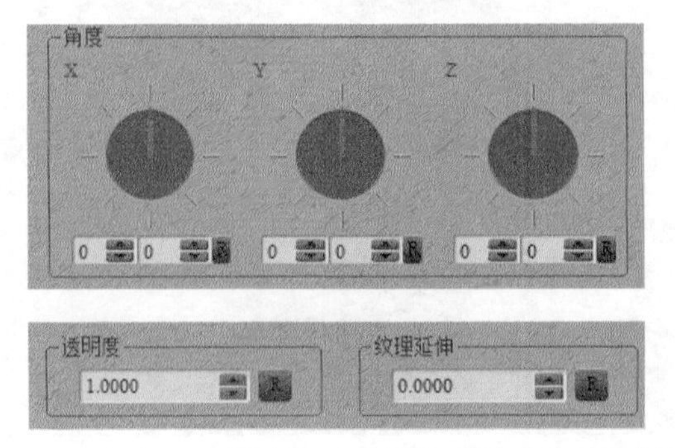

图8.3.86　三维-DVE关键帧2和关键帧3的角度和透明度设置

Step 03 添加“高级掩膜”特技，在特技调整窗的时间轨上需要打四个关键帧，第一和第二关键帧的参数分别如图8.3.87和图8.3.88所示，第三关键帧与第二关键帧致，第四关键帧的参数如图8.3.89所示。

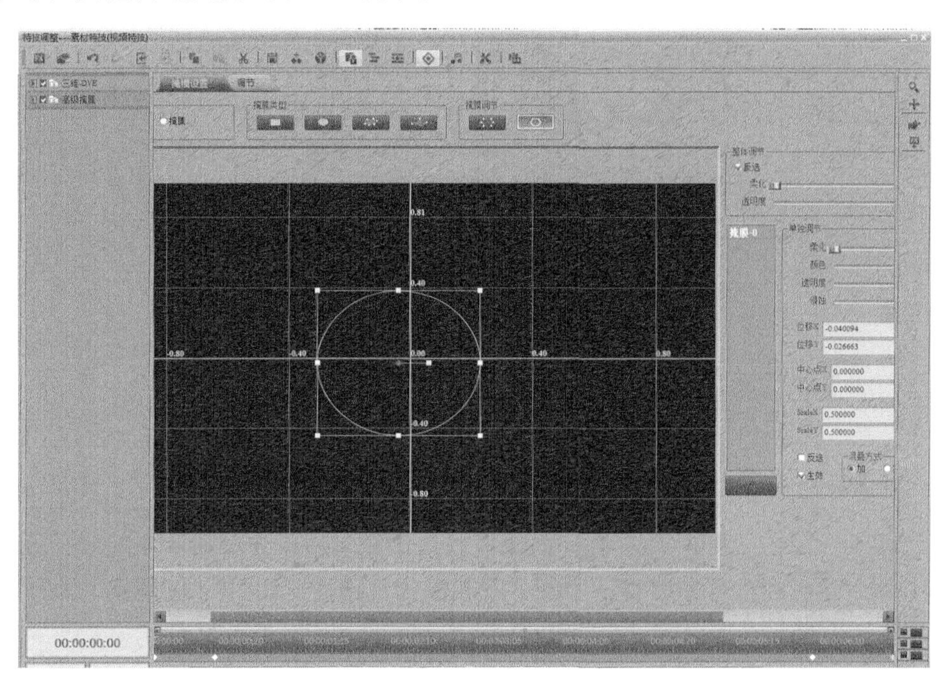

图8.3.87　高级掩膜关键帧1

图8.3.88　高级掩膜关键帧2

图8.3.89　高级掩膜关键帧4

Step 04 在“三维-DVE”和“高级掩膜”做完之后，为增加画面的光影效果，可以在图片上方增加光影素材，添加“视频混合”特技，如图8.3.90所示，添加后可在图片上看到画面的增强感。

图8.3.90　添加视频混合特技

Step 05 在视频轨上方还可以通过字幕工程创建一个圆环，如图8.3.91所示，与掩膜特技大小保持一致。利用字幕工程中的曲线制作，可以得到如图8.3.92所示的效果。

图8.3.91　字幕工程中创建圆环

图8.3.92　圆环与素材叠加效果

Step 06 对于镜头之间的过渡，除了采用常用的特技模板库中的过渡特技，还可以利用字幕物件来实现镜头转场，如图8.3.93所示。其中，椭圆的颜色参数如图8.3.94所示。

图8.3.93　镜头间字幕转场效果

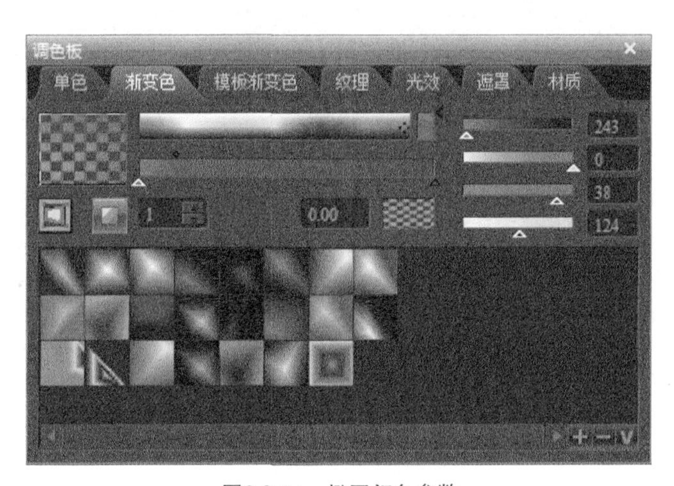

图8.3.94　椭圆颜色参数

Step 07 为使表达形式更加生动，可为椭圆以及文字添加位移、大小、旋转以及α通道参数，可以根据自己的喜好，进行自行设置。这里我们给出一组参数值（如图8.3.95、图8.3.96、图8.3.97、图8.3.98和图8.3.99所示），效果如图8.3.100所示，供读者参考。

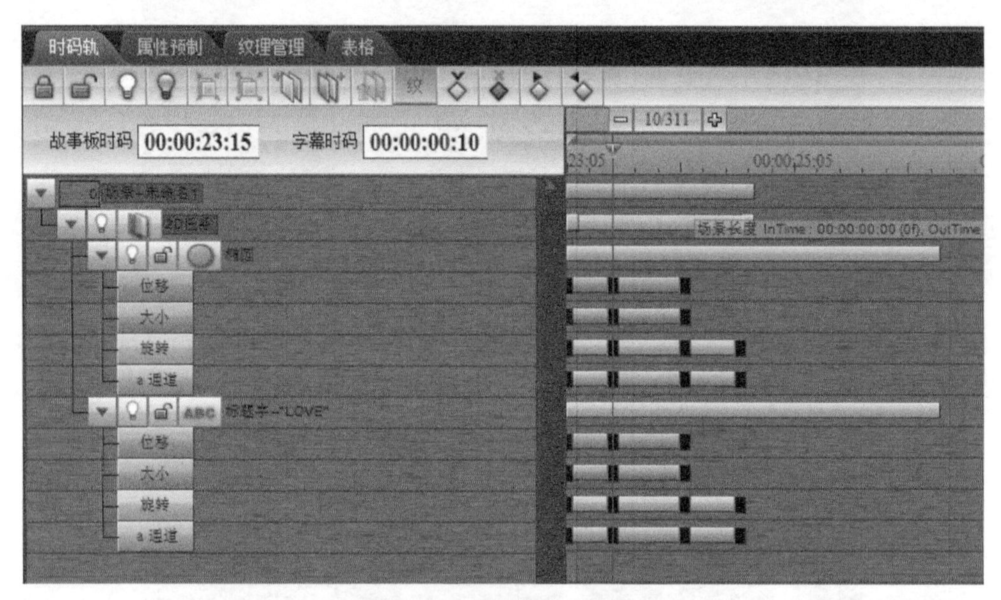

图8.3.95　时码轨特技设置

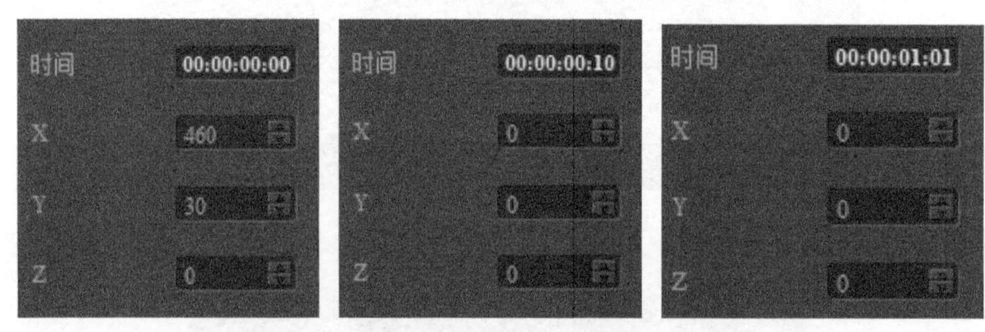

图8.3.96　椭圆位移三个关键帧参数

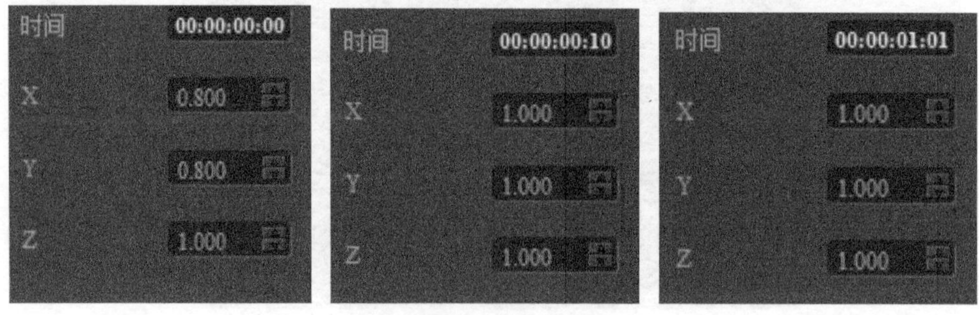

图8.3.97　椭圆大小三个关键帧参数

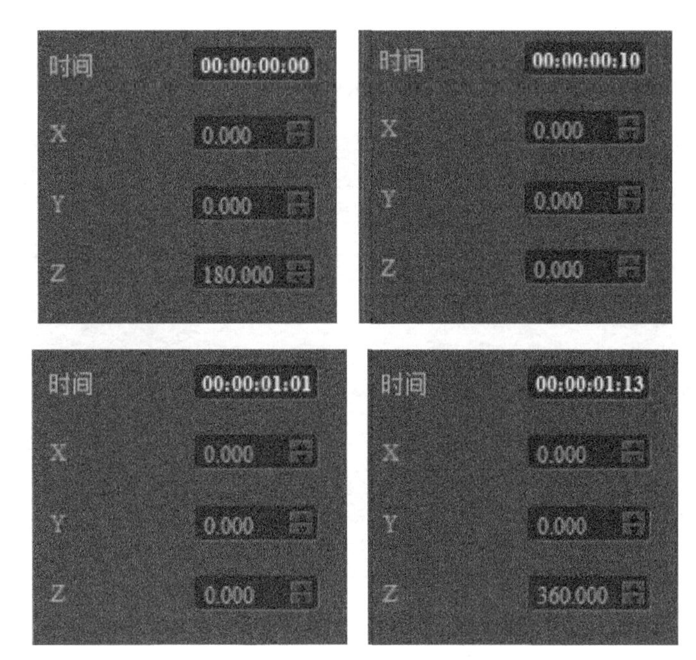

图8.3.98　椭圆旋转的四个关键帧参数

图8.3.99　椭圆 α 通道的四个关键帧参数

图8.3.100　椭圆和文字效果

Step 08 素材制作完成后，放到故事板上，在某一处轨道添加带有“视频混合”特技的光影素材，最终效果如图8.3.101所示。

图8.3.101　婚庆MV效果

8.4　本章小结

本章以实例制作为核心内容，重点介绍了特技、字幕以及主题片头等节目的制作方法，图文并茂，简明易懂。相信读者通过本章的学习，将对U-EDIT的使用方法融会贯通，能够胜任日常节目的剪辑包装。同时，中广上洋公司也将不断推出和更新节目模板和套装，竭诚为广大U-EDIT使用者提供服务。

8.5　思考与练习

1. 练习制作马赛克追踪。
2. 练习镜像字幕“中广上洋非线性编辑产品U-EDIT”。
3. 练习水墨片头的制作。
4. 以“元宵节”为主题，自主创作一个节目片头。